废水处理技术问答

（第二版）

纪　轩　代蓓蓓　编著

U0264294

中国石化出版社

·北京·

内 容 提 要

本书主要介绍工业废水与生活污水知识及其处理技术,内容包括废(污)水基本常识、废水中的污染物及其危害、废水一级处理、废水二级生物处理、废水深度处理、污泥处理、废水处理场(厂)常用设备、废水处理常用药剂、废水处理常规分析控制指标、废水处理场(厂)基本知识。全书采用问答的形式对上述内容做了较系统的阐述,基本上回答和解决了废(污)水处理工作人员在实际工作中遇到的各类问题。

本书可供从事废水处理技术与管理的工作人员学习、培训使用,也可供有关院校师生参考使用。

图书在版编目(CIP)数据

废水处理技术问答 / 纪轩,代蓓蓓编著 . —2 版 . —北京:中国石化出版社,2023.10
ISBN 978-7-5114-7279-3

Ⅰ.①废… Ⅱ.①纪… ②代… Ⅲ.①废水处理-问题解答 Ⅳ.①X703-44

中国国家版本馆 CIP 数据核字(2023)第 192279 号

中国石化出版社出版发行

地址:北京市东城区安定门外大街 58 号
邮编:100011 电话:(010)57512500
发行部电话:(010)57512575
http://www.sinopec-press.com
E-mail:press@ sinopec.com
北京柏力行彩印有限公司印刷
全国各地新华书店经销
*
710 毫米×1000 毫米 16 开本 25.75 印张 460 千字
2024 年 1 月第 2 版 2024 年 1 月第 1 次印刷
定价:79.00 元

前　　言

《废水处理技术问答》自 2003 年出版以来，受到了广大读者的欢迎。为满足读者的需要，应出版社要求，作者对本书第一版进行了修订和完善。新版 900 余个问答，介绍了废（污）水处理相关的基本知识，就废（污）水处理设施管理和运行中容易遇到的问题和解决办法进行了阐述和解答，同时对有关的新技术和新方法也进行了简单介绍。

第 1 章题为"废水及污水常识"，对与污水处理有关的基本概念和生态可持续发展战略做了简单介绍。

第 2 章题为"废水中的污染物及其危害"，介绍了废水中常见污染物的种类、来源、危害及常规处理方法等内容。

第 3 章题为"废水的一级处理"，介绍了格栅、沉砂池、沉淀池、隔油池、气浮池、汽提塔等一级处理装置的基本常识，同时还简单介绍了离心分离、离子交换、酸碱中和、化学沉淀、电解、萃取、化学氧化还原、湿式氧化、超临界水氧化、光化学氧化等工艺技术在一级处理中应用的基本常识。

第 4 章题为"废水的二级生物处理"，生物处理是一般二级废（污）水处理厂的核心工艺过程，因此，本章内容最多。本章分好氧和厌氧两部分，分别介绍了生物法处理有机废水的基本概念、方法、设施等，尤其突出介绍了生物处理设施运行管理中的注意事项和容易出现的异常问题及解决办法。

第 5 章题为"废水的深度处理"，介绍了生物除磷脱氮、混凝、澄清、过滤、膜过滤、电渗析、反渗透、活性炭法、消毒、废水零排放等深度处理工艺的基本原理、方法和应用过程中的注意事项。

第 6 章题为"污泥处理"，重点介绍了生物处理过程中产生的剩余活性污泥的特性及浓缩、消化、调理、脱水、堆肥、干化、焚烧等处理过程的基本知识。

第 7 章题为"废水处理场(厂)常用设备"，重点对废(污)水处理场专用设备的构成、特点、使用注意事项等进行了介绍，这些设备包括格栅除渣机、吸刮泥(砂)机、滗水器、曝气设备、水下搅拌设备、污泥输送设备、脱水机、焚烧炉等。

第 8 章题为"废水处理常用药剂"，对废(污)水处理过程中经常用到的药剂的种类、特点、使用注意事项等进行了介绍，这些药剂包括絮凝剂、助凝剂、消毒剂、碳源、氧化还原剂等。

第 9 章题为"废水处理常规分析控制指标"，介绍了废水处理常规分析控制的主要物理特性指标、化学指标、微生物特性指标等的基本知识及相关注意事项。

第 10 章题为"废水处理场(厂)基本常识"，重点介绍了废(污)水处理设施容易出现的安全问题，同时对各种废(污)水处理设施操作人员和管理人员应掌握的基本知识进行了介绍。

由于编者水平所限，错漏之处，敬请专家和同行予以批评指正。

目　　录

8

20

23

第1章　废水及污水常识

☞　**1.1　自然界的水是怎样循环的？**

地球表面的 3/4 是水，因而有人将地球又叫作"水球"。然而这个"水球"上的水大约 97.5% 是海水，适合人类使用的淡水只有 2.5%；而南极、北极等冰雪约占了这些淡水的 70% 以上，故而人类能够直接利用的淡水不超过地球总水量的 0.8%。自然界中的水在太阳照射和地心引力等的影响下不停地转化和流动，通过降水、径流、渗透和蒸发等方式循环不止，构成水的自然循环，由此形成各种不同的水源。

人类社会为了满足生活和生产的需要，要从各种天然水体中取用大量的水。生活用水和工业用水在使用后，就成为生活污水和工业废水，它们被排出后，最终又被排入天然水体。这样，水在人类社会中，也构成了一个局部循环体系，这个循环称为社会循环。

社会循环中所形成的生活污水和各种工业废水是天然水体最大的污染来源。社会循环所用的水量只占地球总水量的数百万分之一，然而，就是取用这在比例上似乎微不足道的水，却在社会循环中表现出人与自然在水量和水质方面都存在着巨大的矛盾。水体环境保护和水治理工程技术的任务就是调查研究和控制解决这些矛盾，保证用水和废水的社会循环能够顺利进行。

☞　**1.2　什么是污水？**

污水是指在生产与生活活动中排放的水的总称。人类在生活和生产活动中，要使用大量的水，这些水往往会受到不同程度的污染，被污染的水称为污水。按照来源不同，污水包括生活污水、工业废水及有污染地区的初期雨水和冲洗水等。

☞　**1.3　什么是生活污水？**

生活污水是人类日常生活中使用过的，并被生活废料所污染的水，包括厕所、厨房、浴室、洗衣房等处排出的水，含有有机物如蛋白质、动植物脂肪、碳水化合物和氨氮等，还含有肥皂和洗涤剂以及病原微生物寄生虫卵等。

☞　**1.4　什么是工业废水？**

工业废水是在工业生产过程中被使用过、为工业物料所污染，在质量上已不符合生产工艺要求、必须要从生产系统中排出的水。由于生产类别、工艺过程和使用原材料不同，工业废水的水质繁杂多样。其中如循环冷却系统的排污水，只

1

受到轻度污染或只是水温升高，稍做处理就可以排放，这些污水又被称为生产废水。而在使用过程中受到较严重污染的水，有时又被称为生产污水。

☞ **1.5 什么是污水回用？**

将废水或污水经三级处理和深度处理后回用于生产系统或生活杂用被称为污水回用。污水回用的范围很广，从工业上的重复利用到水体的补给水和生活用水。

☞ **1.6 什么是再生水(回用水)？**

再生水又被称为回用水，是指工业废水或城市污水经二级处理和深度处理后供作回用的水。

☞ **1.7 什么是中水？**

再生水用于建筑物内杂用时，也称为中水，英文是 reclaimed water 或 recycled water。中水回用是指民用建筑物或居住小区内使用后的各种排水如生活污水、冷却水及雨水等经过适当处理后回用于建筑物或居住小区内，作为杂用水的供水系统。杂用水主要用于冲洗厕所便器、洗车、园林绿化、景观和浇洒道路等不与人体直接接触的场所。

再生水水质介于上水(饮用水)和下水(生活污水)之间，这也是中水得名的由来，人们又将供应中水的系统称为中水系统。中水系统由原水系统、处理设施和供水系统三部分组成，按服务范围可分为建筑中水系统、小区中水系统和城镇中水系统三种。

☞ **1.8 水工业的概念内涵是什么？**

水工业由水工业企业、水工业制造业、水工业高新技术产业三部分组成，其概念内涵包括四个观点：

(1) 给水与排水是一个具有统一性的整体，因而绝不能偏废废水处理。

(2) 给水排水是一门产业。

(3) 水工业制造业是给水排水事业的支柱产业。

(4) 水工业发展表征了给水排水的高新技术时期。

☞ **1.9 什么是污水处理？**

污水处理就是采用各种技术和手段，将污水中所含的污染物质分离去除、回收利用或将其转化为无害物质，使水得到净化的过程。

污水都需要经过处理后再排放，但对于处理程度，根据实际情况会有所不同。对于污水深度处理后的回用，可以根据回用的目的和对水质的要求来确定深度处理的水平或深度。

工业废水和生活污水中的污染物是多种多样的，往往需要采用几种处理方法的结合，才能去除不同性质的污染物或污泥，实现净化的目的。对于某种污水，要根据污水的水质、水量的特点及回收其中有用物质的可能性和经济性，进行技术经济比较后决定采用哪几种处理方法组成处理系统，必要时还需要进行试验确定。

☞ **1.10 废水处理方法有哪些分类？**

（1）按照处理技术原理划分，废水处理可分为物理处理法、化学处理法和生物处理法三类，具体见表1-1。

表1-1 废水处理方法按技术原理分类

方法分类	处理方法	污染物状态	技术原理
分离法	重力分离、离心分离、筛滤、气浮	悬浮分散态	物理法
	混凝、过滤、浮选、超滤	胶体分散态	
	汽提、吹脱、萃取、吸附、结晶、蒸发、反渗透	分子分散态	物理化学法
	离子交换、电解、电渗析	离子分散态	化学法
转化法	中和、氧化、还原	分子分散态、离子分散态	
	活性污泥法、生物膜法、生物塘		生物处理法

（2）按在处理流程中所处的功能划分，废水处理可分为一级处理、二级处理、三级处理、污水回用处理、废水零排放处理等，具体见表1-2。

表1-2 废水处理方法按处理功能分类

方法分类	处理方法	所起作用
一级处理	中和、汽提、气浮、萃取、沉淀、筛滤、氧化、化学沉淀、均质调节、吹脱	预处理
二级处理	活性污泥法、生物膜法、生物塘、MBR	生物处理
三级处理	生物脱氮、生物除磷、化学除磷、活性炭、BAF、MBR、气浮、高密度沉淀	深度处理
污水回用处理	吹脱、吸附、蒸发、结晶、超滤、反渗透、电吸附、电渗析、混凝、过滤、气浮	
废水零排放处理	碱法除硬、混凝除硅、高压反渗透、MVR、MED	废水零排放

（3）按处理程度划分，废水处理可分为预处理、生物处理和深度处理、废水零排放处理等，具体也见表1-2。

☞ **1.11 为什么生物处理法又被称为生物化学法？**

针对废水中污染物的性质，废水处理方法可分为物理处理法、物理化学处理法、化学处理法和生物处理法等。物理处理法与物理化学处理法都不改变污染物的化学组成和结构，只是实现了污染物与水的分离，它们的区别在于后者发生了污染物在相间的转移。而化学处理法和生物处理法则是处理过程中污染物产生了化学变化，即污染物已经转变为另一些新的物质，这也是生物处理法又被称为生物化学法(简称生化法)的原因。

生物法处理污水具有净化能力强、费用低廉、运行可靠等优点,是污水处理的主要方法。利用化学方法处理有些工业废水,可以使出水水质达到国家有关排放标准,但往往存在药剂消耗和能耗较大、运行费用较高的缺点。对于某种工业废水,如果利用化学法和生物法均能处理净化,一般都选用生物法。

☞ **1.12   为什么有的工业废水处理场只设置一个沉淀池,却被称为二沉池?**

这种分级的方法源自城市污水处理。早期城市污水处理以处理有机物污染为主,把生化处理作为污水处理场的主体工艺过程。为生化处理提供合适的处理条件的过程,称为一级处理;生化处理自然成为二级处理,生化处理的后续处理过程即称为三级处理。

按照这个分级方法划分,在一级处理中使用的去除悬浮杂物的沉淀池被称为初沉池,在二级生化处理阶段使用的用于分离和浓缩活性污泥的沉淀池被称为二沉池,在三级处理中分离悬浮物的沉淀池被称为三沉池。这也是为什么在一个不设初沉池的工业污水处理场,其生化处理池后面的沉淀池仍然被称为二沉池的缘由。

随着对污水处理水平的要求越来越高,面对的水质却越来越复杂,生化处理阶段由早期的一段生化处理构成,逐步演变为二段生化处理构成甚至三段生化处理构成。每段生化处理后的沉淀池称呼也多有不同,比如在采用二段生化处理的污水处理场中,有的将一段生化沉淀池称为中沉池,二段生化沉淀池称为二沉池;也有的将一段生化沉淀池称为二沉池,二段生化沉淀池称为三沉池。

☞ **1.13   三级处理和深度处理是什么关系?**

三级处理通常指常规污水处理的最后一级,是为达到特定的再生水标准或日趋严格的排放标准,对水中的磷、氮以及难以生物降解的有机物和极细微的悬浮物,采用的进一步净化处理工艺;而深度处理常指去除常规净化处理所不能完全去除的污水中的杂质的净化过程。

三级处理有时也被称为深度处理,但两者又不完全相同。三级处理常用于二级处理之后,以达到有关国家排放标准为最主要目的;而深度处理则是以实现污水的回收和再利用为主要目的,在一级、二级,甚至三级处理后再增加的处理工艺。

☞ **1.14   什么是水体污染?**

污染物质进入河流、海洋、湖泊等水体后,水体的水质和水体沉积物的物理、化学性质或微生物群落组成发生变化,从而破坏了水体固有的使用价值或使用功能的现象叫水体污染。

当水中有机物浓度逐渐增加时,细菌就大量繁殖而消耗水中的溶解氧。当溶解氧降到了 3~4mg/L 以下时，鱼类生活就会大受影响，甚至不能生存；当溶解氧继续降低，甲壳类动物、轮虫和原生动物等也将陆续死亡，最后只剩下细菌。由于缺氧，厌氧菌大量繁殖，使水变黑并发出恶臭。

☞ **1.15　水体污染的危害有哪些？**

水污染可导致许多极其不利的危害，主要有以下方面：①水源短缺；②水质对人类健康产生即时的甚至长效的损害；③给水处理出现一些"疑难杂症"；④生态环境遭受破坏；⑤工业、农业、渔业等遭受经济损失或破坏；⑥其他由水污染引起的灾害。

☞ **1.16　什么是水环境容量？**

在满足水环境质量标准的条件下，水体所能接纳的最大允许污染物负荷量，称为水环境容量，又称为水体纳污能力。

水体纳污能力，一方面通过稀释作用降低排入水体的污水中污染物含量，另一方面通过生物化学作用将污水中的污染物分解去除来降低排入水体的污水中污染物含量，最终使整个水体中的污染物含量满足水环境质量标准的要求。

☞ **1.17　什么是水体自净？**

水体受到污染后，在自然条件下由于物理、化学和生物的多重作用，经过一段时间，水中的污染物浓度逐渐降低，最后水体再恢复到污染前的状态的过程，称为水体自净。水体自净包括稀释、混合、沉淀、挥发等物理过程，中和、氧化还原、分解化合、吸附凝聚等物理化学过程以及生物化学过程，各种过程相互影响，同时发生并相互交织进行。其中水体对污染物的稀释和水体中溶解氧的变化是对水体自净影响最大的两个因素，污染物的性质和排放方式也是影响自净作用的重要因素，而且水体自净还需要一定的时间和一定范围的水域及适当的水文条件。

水中生存的生物种类可以反映河流的自净过程。河流受到污染后，对污染敏感的蜉蝣幼虫、硅藻等就会消失，而真菌、污泥蠕虫和某些蓝藻、绿藻等会占优势。当经过自净作用，水质恢复洁净时，生物种类会发生相反的变化。

☞ **1.18　什么是水体生化自净？**

水体的生化自净是指水体对废水中有机物的自净过程。含有有机物质的废水进入水体后，除得到稀释外，有机物还能在微生物的作用下被氧化分解，逐渐变成无机物质。同时消耗水中的溶解氧，而溶解氧又可从大气中和水生植物的光合作用中得到补充。因此为了保证生化自净能够顺利进行，水中必须含有足够的溶解氧。

☞ **1.19　什么是水体的自净容量？**

在满足水环境质量标准的条件下，水体通过正常生物循环能够同化有机废物的最大数量，称为水体的自净容量。水体自净容量主要指的是水体对有机污染物的自净能力，其大小与水体的自净条件、水中生物种群组成及污染物本身的性质有关。

☞ **1.20　正常水体中的生态平衡是怎样维持的？**

在一定的时间内和一定的条件下，正常水体中的生物种群和其他组成表现为相对稳定的状态，即使其中某些成分发生变化，也可以通过一段时间的自然调整而恢复原来的状态，称为水体的生态平衡。

向水体中排放污染物质，在没有超过其自净能力的情况下，通过正常的生物循环，可以维持水体的生态平衡。其中细菌的作用很重要，细菌能将有机物转化成无机物和细菌的细胞，无机物又被藻类转化为藻类的细胞。细菌和藻类又成为浮游动物的食物，而浮游动物又可成为虾类、鱼类等水生动物的食物。而水生动物又可成为鸟类、兽类以及人类的食物。当人类和鸟兽将其废物排入水体后，水中的细菌又将其分解，然后再继续循环下去。当生物循环恢复到原来的正常状态就又恢复了生态平衡。

维持水体正常的生态平衡的关键是水中的溶解氧含量。向水体中排放有机污染物质，细菌分解有机物会使溶解氧含量下降，富营养化可造成藻类等浮游生物的大量繁殖，从而也引起水体缺氧和水质恶化。除溶解氧外，有毒物质和沉积的无机悬浮物等也是影响水体生态平衡的因素。

☞ **1.21　影响水中氧平衡的主要因素有哪些？**

水中的溶解氧主要来源是大气复氧，即空气中的氧气通过与水体接触而不断溶于水中，而且在一定条件下，水体中影响氧平衡的主要因素有三个：

（1）耗氧物质的排入，包括可生物氧化的有机物和无机还原性物质。

（2）抑制大气复氧的物质的排入，包括油脂、去污剂、表面活性剂等。

（3）热污染，因为氧在水中的溶解度随温度的增高而降低。

☞ **1.22　什么是氧垂曲线？**

在水体受到污染后的自净过程中，水体中溶解氧浓度可随着水中耗氧有机物降解耗氧和大气复氧双重因素而变化，反映水中溶解氧浓度随时间变化的曲线被称为氧垂曲线，见图1-1。

有机物在水中被好氧微生物降解为稳定的无机物，要消耗一定的溶解氧，而溶解氧除了水中原有的氧外，主要来自水面复氧（大气中的氧溶于水中）和水体中水生植物光合作用所放出的氧。水体受到有机物污染后，耗氧速度大于复氧速度，水中的溶解氧含量大幅度下降，氧不足量上升，到最亏氧点之后，复氧速度开始超过耗氧速度，经过一段时间后，就可以完全恢复到原来的状态。

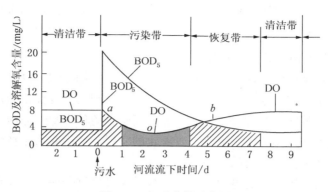

图 1-1　氧垂曲线示意图

在水体自净过程中，耗氧和复氧同时进行，溶解氧的变化反映了水体中有机污染物的净化过程，而溶解氧含量的变化能形成氧垂曲线是水体能够实现自净的一个重要标志。如果耗氧速度远大于复氧速度，使水中的溶解氧含量长时间接近于零，即氧垂曲线不能形成，就表明水体受到的污染超过了其自净能力。

☞ 1.23　什么是水体富营养化？

植物营养物质包括氮、磷及其他一些物质，它们是植物生长发育所需要的养料。适度的营养元素可以促进生物和微生物的生长，过多的植物营养物质进入水体，会使水体中藻类大量繁殖，藻类的呼吸作用及死亡藻类的分解作用会消耗大量的氧，致使水体处于严重的缺氧状态，并分解出有毒物质，从而给水质造成严重的不良后果，影响渔业生产和危害人体健康，这就是所谓的"水体富营养化"现象。

在自然条件下，湖泊也会从贫营养状态逐渐过渡到富营养状态，由于沉积物的不断增多，湖泊会先变为沼泽，再变为陆地。不过这种自然过程非常缓慢，往往需要几千年甚至上万年。但人类的活动（如大量生活污水直接排入水体）可能会加速这一过程，这种情况下的水体富营养化称为人为富营养化，人为富营养化可以在很短时间内出现。

当水体中氮含量超过 0.2~0.3mg/L、磷含量大于 0.01~0.02mg/L、生化需氧量大于 10mg/L、pH 值为 7~9，且细菌总数超过 10 万个、表征藻类数量的叶绿素 a 含量大于 10mg/L 时，即可认为水体已经成为富营养化水体。

☞ 1.24　什么是水华现象？

江河湖泊、水库等水域的植物营养成分（氮、磷等）不断补给，过量积聚，致使水体出现富营养化后，水生生物（主要是藻类）大量繁殖，因占优势的浮游生物颜色不同，因而使水面呈现蓝色、红色、棕色、乳白色等颜色，这就是水华现象。

水华现象是水体富营养化在淡水水体的外在表现形式，水华现象在海洋中发生就被称为赤潮现象。

☞ **1.25　水体富营养化的危害有哪些？**

湖泊等天然水体中磷和氮的含量在一定程度上是浮游生物数量的控制因素，当天然水体接纳含有大量磷和氮的城市污水或工业废水以及大量使用化肥的农田排水后，会促使某些藻类的数量迅速增加，而藻类的种类却逐渐减少。水体中的藻类本来以硅藻和蓝藻为主，随着富营养化的发展，最后变为以蓝藻为主，因此蓝藻的大量出现是富营养化的征兆。

藻类生长周期短、繁殖迅速，死亡后被需氧微生物分解，不断消耗水中的溶解氧；或沉到水底被厌氧微生物分解，不断产生硫化氢等腐败气体，从而使水质恶化，造成鱼类和其他水生生物的死亡。藻类残体在腐烂过程中又把氮和磷释放到水中，供新的一代藻类利用。因此，一旦水体出现了富营养化，即使切断营养物质的来源，如果不把生成的藻类从水中排出，水体也很难再自净和恢复到正常状态。藻类在源源不断地得到营养物质的情况下，可以一代一代一直繁殖下去，死亡的藻类残体沉入水底，一代一代堆积，湖泊逐渐变浅，最终导致湖泊沼泽化，直至致使湖泊死亡。

☞ **1.26　什么是赤潮现象？引起赤潮现象的原因是什么？**

赤潮为海水中某些微小的浮游藻类、原生动物或细菌在一定的环境条件下，短时间内突发增殖或聚集而引起海水变色的一种生态异常现象。赤潮是一个历史沿用名，实际上，赤潮并不一定都是红色的，它可因引发赤潮的生物种类和数量不同而呈现出不同颜色。如夜光藻、中缢虫等形成的赤潮是红色的，裸甲藻赤潮则多呈深褐色、红褐色，角毛藻赤潮一般为棕黄色，绿藻赤潮是绿色的，一些硅藻赤潮一般为棕黄色。因此，赤潮实际上是各种色潮的统称。赤潮由于发生地点的不同，有外海型和内湾型之分，有外来型和原发型之别，还因出现的生物种类的不同而有单相型、双相型和多相型之异。

赤潮现象破坏海洋生态系统的平衡，恶化海洋环境，对渔业生产、海水养殖造成严重经济损失，赤潮产生的毒素会通过食物链对人类的生命健康构成危害。随着沿海地区经济的发展和生活水平的提高，产生了大量的各类污水，未经处理就排入大海，加上一些地方无度、无偿开发海洋资源，使某些地方的海洋水质和生物资源遭到严重破坏。

☞ **1.27　什么是"清洁生产"？"清洁生产"对废水处理的影响有哪些？**

"清洁生产"是指将综合预防的环境策略持续地应用于生产过程和产品中，以便减少对人类和环境的风险性。一是生产的产品本身是清洁的，对人类和环境的危害最小；二是生产产品的过程是清洁的，生产过程对人类和环境的危害也最小。

搞好排污企业的清洁生产，可以减轻污水处理运行负荷，降低电耗和药剂消耗，减少运行费用。污水处理场也应当贯彻"清洁生产"的原则，将处理出水作为一种产品对待。对处理过程中使用的絮凝剂、消毒剂、中和剂、碳源、消泡剂等化学药剂要使用清洁产品，对使用的鼓风机、水泵等设备要做到低噪声、低震动，减少对人的伤害。要设法提高污水的回用率，对消泡水、绿化、基建、冲厕等杂用水要实现将二沉池出水深度处理后回用。

☞ 1.28 什么是可持续发展战略？

可持续发展战略是指既能满足当代人的需要，又不对后代人满足其需要的能力构成威胁的发展战略。可持续发展战略应该达到的原则性标准有四个：①改善人类的生活质量；②保持地球生命力及多样性，就是要保护生命支持系统，保护生物多样性和确保再生资源得到持续利用；③对非再生资源的消耗要降到最低程度；④保持在地球的承载力之内。

因此可持续发展战略的实质是，在不超出支持可持续发展战略的生态系统承载能力的情况下，改善人们的生活质量。这就要求人们必须承担环境义务，与他人、与自然和谐相处，关心他人和其他生命。水作为一种可再生的资源，在可持续发展战略中具有重要作用，上述四个原则中除第三个原则外都与水有直接关系。

☞ 1.29 什么是碳达峰和碳中和？

碳达峰是指某一个时点，二氧化碳的排放量不再增长达到峰值，之后逐步回落。碳达峰是一个过程，即碳排放首先进入平台期并可以在一定范围内波动，之后进入平稳下降阶段。

所谓碳中和是指企业、团体或个人在一定时间内直接或间接产生的二氧化碳，通过植树造林、碳捕集利用与封存等方式全部抵消，实现碳的"净零排放"。

☞ 1.30 污水处理场实现碳中和或减碳措施有哪些？

（1）回收污水中的有机物能量，利用沼气产热发电。

（2）在保证出水达标的前提下，按需提供微生物所需的溶解氧，避免曝气能耗的浪费。

（3）全流程优化碳源和多种化学药剂投加，尽可能减少投加的种类和数量。

（4）风机、水泵、混合搅拌机等采用高能效比配套电机。

（5）使用热泵技术回收排放水中的热量用于冬季供热、夏季空调制冷。

（6）加强有机负荷和水力负荷的合理调配，避免设备设施"大马拉小车"。

（7）利用空闲位置或构筑物顶部等处建设太阳能、风力发电设施，使用绿电。

（8）利用空闲位置植树造林，吸收并储存二氧化碳。

第2章 废水中的污染物及其危害

☞ **2.1 废水中污染物的种类有哪些？**

废水中污染物的种类和含量大小是决定采用哪种处理工艺的关键指标，在选择废水处理工艺之前，首先要明确废水中污染物的特点，然后据此确定一级处理或二级处理的具体方法，做到有的放矢。

按照存在形态，废水中的污染物可分为漂浮物、悬浮固体、胶体、低分子有机物、无机离子、溶解性气体、微生物等。

按照危害特征，废水中的污染物可分为漂浮物、悬浮固体、石油类、耗氧有机物、难降解有机物、植物营养物质、重金属、酸碱、放射性污染物、病原体、热污染等。

☞ **2.2 工业废水中污染物的来源有哪些？**

一般来说，工业废水中某种污染物的产生，可能是由以下一方面原因或多方面原因引起的：①该污染物是生产过程中的一种原料；②该污染物是生产原料中的杂质；③该污染物是生产的产品；④该污染物是生产过程的副产品；⑤该污染物是废水排放前预处理或处理过程中因为输送、投加药剂等原因或其他偶然因素造成的。

☞ **2.3 废水中的杂质颗粒可以怎样分类？**

废水中杂质颗粒按存在形态可以分为悬浮物质、胶体物质和溶解性物质等三种，其具体分散状态和尺寸见表2-1。

表2-1 水中杂质颗粒的分类

存在形态	溶 液	胶 体	悬 浊 液	
颗粒名称	溶解性物质	胶体物质	悬浮物	
观测工具	质子显微镜可见	超显微镜可见、电子显微镜可摄影	显微镜可见	肉眼可见
水外观	透 明	光照下混浊	混 浊	
颗粒尺寸	0.1nm 1nm	10nm	100nm 1μm 10μm 100μm 1mm	

☞ **2.4 废水中漂浮物或悬浮物的来源及对环境或二级生物处理的影响有哪些？**

废水中的无机漂浮物或悬浮物主要指在污水中呈漂浮或悬浮状态的砾石、泥沙、粉尘铁屑类金属残粒等颗粒状或片状物质，大部分来自生活污水、初期雨水和冲洗地面水及洗煤、选矿、冶金等工业废水。这些无机漂浮物或悬浮物本身无毒，但其可以吸附有机毒物、重金属等形成危害更大的复合污染物。如果不加以处理，会随水流扩散迁移，扩大污染范围，污染整个水体，也可能沉淀于底泥中，形成长期污染。

环境水体中的漂浮物或悬浮固体含量过多，会使水变得浑浊不堪，令人厌恶。同时能阻挡光线，影响水生植物的光合作用，并可能导致鱼类等水生动物的死亡，同时淤积河床、水库等。悬浮物含量较高的污水进入处理厂后，会加重沉淀池和沉砂池的负担，甚至造成淤积，减少池体有效容积和影响处理效果。

污水中的有机漂浮物或悬浮物主要指在污水中呈漂浮或悬浮状态的纤维、塑料制品、树枝木块、妇女卫生巾等长条状和块状物质，大部分来自生活污水、初期雨水和冲洗地面水等。这些杂物的处理如果不及时的话，将会对污水处理系统的各种设备(如泵、表曝机、管道、流量计、吸刮泥机等)的正常运转产生不利影响。

☞ **2.5　废水中油类污染物的来源有哪些?**

含油废水的主要工业来源是石油工业、石油化工工业、纺织工业、金属加工业和食品加工业。石油开采、炼制、储存、运输或使用石油制品的过程中均会产生含有石油类污染物的废水，肉类加工、牛奶加工、洗衣房、汽车修理等过程排放的废水中都含有油或油脂。一般的生活污水中，油脂占总有机质的10%左右，每人每天产生的油脂约15g。

含油废水的含油量及其特征，随工业种类的不同而有很大差异，同一种工业也会因为生产工艺流程、设备和操作条件的不同而相差很大。废水中所含的油类，除了重焦油的相对密度可达1.1以上外，其余都小于1，处理含油废水的重点就是去除其中相对密度小于1的油类。

就产生的污水量和对水体环境产生的污染程度来看，油类污染物主要是石油类物质。

☞ **2.6　废水中油类污染物的种类按成分可怎样划分?**

废水中油类污染物的种类按成分可分为由动物和植物的脂肪形成的脂类和石油类。脂类不是一种特定的化合物，而是一类半液体物质的总称，其中包括脂肪酸、皂类、脂肪、蜡及其他类似的物质。石油类通常指原油和矿物油的液体部分，是由各种不同复杂程度的碳氢化合物组成的混合物，包括芳烃、烷烃、机油、石蜡等。

☞ **2.7　废水中油类污染物的种类按存在形式可怎样划分?**

废水中油类污染物的种类按存在形式可划分为五种物理形态：

(1)游离态油：静止时能迅速上升到液面形成油膜或油层的浮油，这种油珠的粒径较大，一般大于 100μm，约占废水中油类总量的 60%～80%。

（2）机械分散态油：油珠粒径一般为 10～100μm 的细微油滴，在废水中的稳定性不高，静置一段时间后往往可以相互结合形成浮油。

（3）乳化态油：油珠粒径小于 10μm，一般为 0.1～2μm，这种油滴具有高度的化学稳定性，往往会因水中含有表面活性剂而成为稳定的乳化液。

（4）溶解态油：极细微分散的油珠，油珠粒径比乳化油还小，有的可小到几个 nm，也就是化学概念上真正溶解于废水中的油。

（5）固体附着油：吸附于废水中固体颗粒表面的油珠。

☞ **2.8 油类污染物对生物处理的影响有哪些？含油废水的处理方法有哪些？**

含有石油类物质的污水进入污水处理场后，如果石油类物质得不到有效去除，会影响充氧效果、导致活性污泥中的微生物活性降低。尤其是在污水处理采用封闭运行的纯氧曝气工艺时，还可能引起纯氧曝气池内可燃气浓度的增加，使污水处理无法正常运转。因此，进入到生物处理构筑物的混合污水的含油浓度通常不能大于 30mg/L。

废水中的油类存在形式不同、处理的程度不同，采用的处理方法和装置也不同。常用的油水分离方法有隔油池、普通除油罐、混凝除油罐、粗粒化（聚结）除油法、气浮除油法等。

☞ **2.9 酸碱废水的来源有哪些？酸碱废水的处理方法有哪些？**

化工、化纤、制酸、电镀、炼油、造纸、印染、制革，以及金属加工厂酸洗车间等都会排出酸性废水或碱性废水。废水中除含有酸、碱外，还可能含有酸式盐和碱式盐，以及其他的酸性或碱性的无机物和有机物等物质。

对酸、碱废水，首先考虑回收和综合利用，当回收利用的意义不大时，进行酸、碱废水混合中和，或碱性废水加酸、酸性废水加碱中和处理。

☞ **2.10 酸碱对生物处理的影响有哪些？**

酸碱污水进入污水处理场后，如果 pH 值在 6～9 之外，会导致活性污泥中的微生物生长受到抑制，直接影响处理效果。酸性污水对输送管道、设备（如水泵叶轮）、构筑物（如曝气池）等均有腐蚀作用，尤其是一些有机酸，由于一般的防腐材料难以对其起到有效的防腐作用，常会造成不可预料的恶果。碱性废水与硬度较高的废水混合后，会生成氢氧化镁沉淀和碳酸钙结垢，导致管道堵塞、填料结块失效等。

☞ **2.11 耗氧有机物的来源有哪些？**

污水中耗氧有机物主要有烃类、有机酸类、酯类、糖类、氨基酸等，以悬浮或溶解状态存在于废水中，在微生物的作用下可以分解为简单的 CO_2 等无机物。这些有机物在天然水体中分解时需要消耗水中的溶解氧，因而称为耗氧有机物。

生活污水和食品、造纸、石油化工、化纤、制药、印染等企业排放的工业废水都含有大量的耗氧有机物。污水生物处理要重点解决的问题就是将这些物质的绝大部分从污水中去除掉。

耗氧有机物成分复杂，分别测定其中各种有机物的浓度相当困难，实际工作中常用 COD_{Cr}、BOD_5、TOC、TOD 等指标来表示。一般来说，上述指标值越高，消耗水中的溶解氧越多，水质越差。

☞ 2.12 什么是难生物降解有机物？

难生物降解有机物指的是不能被未驯化的活性污泥所降解、而经过一定时间驯化后能在某种程度上降解的有机化合物。废水中的一些有毒大分子有机物如有机氯化物、有机磷农药、有机重金属化合物、芳香族为代表的多环及其他长链有机化合物，都属于难以被微生物降解的有机物。还有一些有机化合物根本不能被微生物降解，可称为惰性有机物。因此对含有这类有机物的废水应采取培养特种微生物等形式对其进行单独处理，或对其采用厌氧等特殊工艺处理，使其部分 COD_{Cr} 转化为 BOD_5，提高可生化性，然后再混合其他污水一起进行生物处理。

☞ 2.13 难生物降解有机物的来源有哪些？处理方法有哪些？

随着石油化工、有机化工和使用有机化工原料的其他工业的发展，废水中可能存在的大分子有机物种类越来越多。常见的有机污染物就有 100 多种，主要是多环芳香烃(PAH)类、含氮有机化合物、卤代烃及其他杂类有机化合物。炼油、制药、皮革、钢铁、铸造、橡胶、有色金属、造纸、化工、石化、纺织、农药、油漆油墨等行业都会不同程度地排放含有难生物降解大分子有机物的工业废水。

处理含有难生物降解大分子有机物废水的方法有生物处理、气提（或汽提）、强氧化剂化学氧化以及高浓度废水的焚烧等多种形式。

☞ 2.14 废水中苯并(a)芘的来源有哪些？处理方法有哪些？

苯并(a)芘简称 BaP，是多环芳烃中具有代表性的强致癌稠环芳烃。BaP 的来源可分为人为源和天然源两种，前者主要来自有机物的不完全燃烧，后者主要来自自然生物合成。因此，在有部分有机物不完全燃烧的行业，比如炼油、沥青、塑料、焦化等工业废水以及氨厂、机砖厂、机场等排放的废水中不同程度地存在 BaP。

BaP 虽然毒性较大，但去除相对简单和容易，臭氧、液氯、二氧化氯的氧化作用和活性炭吸附、絮凝沉淀及活性污泥法处理均能有效去除废水中的 BaP。

☞ 2.15 废水中有机氯的来源有哪些？处理方法有哪些？

有机氯化合物包括氯代烷烃、氯代烯烃、氯代芳香烃及有机氯杀虫剂等，其中对环境影响较大的是有机氯杀虫剂和多氯联苯等，主要来自农药、染料、塑料、合成橡胶、化工、化纤等工业排放的废水中。

有机氯废水主要用焚烧法处理，焚烧产物为氯化氢和二氧化碳，为回收和处理焚烧产生的氯化氢，焚烧的具体方法有焚烧-烟气碱中和法、焚烧-回收无水氯化氢法和焚烧-烟气回收盐酸法。此外，有机氯农药废水还可用树脂或活性炭吸附法处理。

2.16 重金属及其他有毒物质对生物处理的影响有哪些？

重金属及其他有毒物质主要是指汞、镉、铅、铬及砷、硫化物、氰化物、酚等生物毒性显著的物质，石油化工、电仪、塑料、涂料、冶金等工业废水中常含有不同种类的这些有毒物质。

砷、硫化氢、氰、酚等生物毒性显著的物质对水中微生物的影响更加直接，即超过一定的摄入量就会中毒受到伤害。因此，含有这类物质的工业废水在进入生物处理之前，必须经过单独处理，将其含量降低到对活性污泥中的微生物失去毒性。

2.17 废水中汞和有机汞的来源有哪些？处理方法有哪些？

汞又称水银，是一种银白色的液体金属，具有升华性质。由于汞具有一些特殊的物理化学性质，因此被广泛应用于氯碱、电子、石化、化工、冶炼、仪表、造纸、炸药、农药、纺织、印染、化肥、电器、制药、油漆、毛皮加工等工业的生产过程中。例如在化工和石油化工工业中，汞被用作塑料生产及加氢、脱氢、磺化等反应的催化剂，这些工业排放的生产废水中自然会含有数量不等的汞。

处理含汞废水的常用方法有硫化物沉淀法、离子交换法、吸附混凝法、还原过滤法、活性炭吸附法及微生物浓集法等。

2.18 废水中铬的来源有哪些？处理方法有哪些？

铬在水中以六价(CrO_4^{2-})和三价(CrO_2^-)离子形态存在，工业废水中主要以六价形态存在。六价铬和三价铬在一定条件下可以相互转化，比如，在有机质和还原剂的作用下，六价铬可以还原为三价铬。因此在厌氧状态的水中，铬一般以三价铬形态存在。

油墨、染料及油漆颜料的制造及铬法制革、电镀、铝阳极化处理和其他金属的清洗等工业都离不开铬化合物，铬化合物还可作为木材的防火剂和阻火剂，这些工业排放的生产废水中自然会含有数量不同的铬。

含铬废水的处理方法是先将六价铬还原成三价铬，再使三价铬生成氢氧化物沉淀后去除。

2.19 废水中铅的来源有哪些？处理方法有哪些？

纯铅呈灰白色，是工业上使用最广泛的有色金属之一，常被作为原料应用于蓄电池、电镀、颜料、橡胶、农药、燃料、涂料、铅玻璃、炸药、火柴等制造业。铅板制作工艺中排放的酸性废水(pH<3)铅浓度最高，电镀业倾倒电镀废液

产生的废水铅浓度也很高。在大多数废水中，铅以无机形态存在。但在四乙基铅工业排放的工业废水中，却含有高浓度的有机铅化合物。

处理含铅废水的常用方法有沉淀法、混凝法、吸附法、电偶铁氧化法等。由于无机铅的常规处理方法（沉淀法）难以去除这些有机化合物，因此对四乙基铅工业废水的处理特别困难。

☞ 2.20 废水中砷的来源有哪些？处理方法有哪些？

砷主要以亚砷酸离子和砷酸离子的形式存在于水中，在存在溶解氧的条件下，亚砷酸可以被氧化成毒性较低的砷酸盐。砷酸和砷酸盐存在于冶金、玻璃仪器、陶瓷、皮革、化工、肥料、石油炼制、合金、硫酸、皮毛、染料和农药等行业的工业废水中。

砷的常规处理方法有石灰或硫化物沉淀，或者用铁或铝的氢氧化物共沉淀，废水处理传统的絮凝过程也可以有效去除废水中的砷。

☞ 2.21 废水中镉的来源有哪些？处理方法有哪些？

含镉废水主要来源于电镀、颜料、塑料稳定剂、合金及电池等行业，以及金属矿山的采选、冶炼、电解、农药、医药、油漆、合金、陶瓷与无机颜料制造、电镀、纺织印染等工业的生产过程中。

含镉废水处理方法有氢氧化物或硫化物沉淀法、吸附法、离子交换法、氧化还原法、铁氧化体法、膜分离法和生化法等，对于高浓度或经过离子交换后浓缩的含镉废水，可采用电解及蒸发回收法。

☞ 2.22 废水中镍的来源有哪些？处理方法有哪些？

废水中的镍主要以二价离子存在，比如说硫酸镍、硝酸镍以及与许多无机和有机络合物生成的镍盐。含镍废水的工业来源主要是电镀业，此外，采矿、冶金、机器制造、化学、仪表、石油化工、纺织等工业，以及钢铁厂、铸铁厂、汽车和飞机制造业、印刷、墨水、陶瓷、玻璃等行业排放的废水中也含有镍。

处理镍和镍合金的酸洗和电镀废水比其他金属的电镀废水要困难得多。处理含镍废水的方法有石灰沉淀或硫化物沉淀法、离子交换法、反渗透法、蒸发回收法等。

☞ 2.23 废水中银的来源有哪些？处理方法有哪些？

常见银盐中唯一可溶的是硝酸银，这也是废水中含银的主要成分。硝酸银广泛应用于无线电、化工、机器制造、陶瓷、照相、电镀以及油墨制造等行业，含银废水的主要来源是电镀业和照相业。

从废水中除去银的基本方法有沉淀法、离子交换法、还原取代法和电解回收法四种，吸附法、反渗透法和电渗析法也有被采用的。因为从废水回收银的经济价值较高，因此为了达到高回收率，常联合运用多种方法，比如含银较多的电镀废水可通过离子交换、蒸发或电解还原得到较完全的回收。

☞ **2.24 废水中酚的来源有哪些？处理方法有哪些？**

炼油、化工、炸药、树脂、焦化等行业会排放含酚废水，其中以土法炼焦排放的废水中含酚浓度最高；另外，机械维修、铸造、造纸、纺织、陶瓷、煤制气等行业也排放大量的含酚废水。

高浓度(>500mg/L)含酚废水的处理方法有萃取、活性炭吸附和焚烧等方法，中浓度(5~500mg/L)含酚废水的处理方法有生物法、活性炭吸附法和化学氧化法等。在没有高浓度的其他有毒物质或预先脱除有毒物质的情况下，酚类化合物可以被经过驯化的微生物有效分解。因此，对于中浓度含酚废水来说，活性污泥法或生物膜法均是行之有效的手段。低浓度含酚废水也可用臭氧氧化或活性炭吸附等方法处理。

挥发酚是容易被生物降解的有机物，有些污水(如某些炼油污水等)的主要污染物就是挥发酚，不仅可以采用生物法对其进行处理，而且在生物处理系统运转正常的情况下，二沉池出水的挥发酚含量是可以达到国家排放标准的。因此，在常规污水处理运行中，应重点监测排放口的挥发酚含量，如果超标准，则说明生物处理系统出现了问题或来水中的酚类化合物浓度过大，此时就需要调整进入生物处理系统的污水水质或其他参数。

☞ **2.25 水中氰化物的形式有几种？**

水中氰化物包括无机氰化物和有机氰化物，无机氰化物又可分为简单氰化物和络合氰化物。常见的简单氰化物有氰化钾、氰化钠、氰化铵等，此类氰化物易溶于水，且毒性很大。络合氰化物有$[Zn(CN)_4]^{2-}$、$[Cd(CN)_4]^{2-}$、$[Ag(CN)_2]^{2-}$等，络合氰化物的毒性比简单氰化物小，但水中的大部分络合氰化物受pH值、水温和光照等影响，可以离解为简单的氰化物。

自然水体中一般不含氰化物，水中氰化物的主要来源为工业污染，石油化工、农药、电镀、选矿等工业排放的污水中常含有上述两种形式的氰化物。

☞ **2.26 废水中氰化物的来源有哪些？处理方法有哪些？**

自然水体中一般不含氰化物，如果发现水体中存在氰化氢，那一定是人类活动所引起的，水中氰化物的主要来源为工业污染。氰化物和氢氰酸是广泛应用的工业原料，采矿提炼、摄影冲印、电镀、金属表面处理、焦炉、煤气、染料、制革、塑料、合成纤维及工业气体洗涤等行业都排放含氰废水。另外，石油的催化裂化和焦化过程、聚醚和环氧丙烷生产过程也会排放含氰废水。

含氰废水的处理原理是将氰化物氧化成毒性较低的氰酸盐，或完全氧化成二氧化碳和氮。常用的处理方法是氯氧化法、臭氧氧化法和电解氧化法。

处理含氰污水时，通常加入一定量的氧化剂次氯酸钠，首先使其转化为氯化氰，再水解为氰酸盐，然后在碱性条件下被氧化成二氧化碳和氮，在酸性条件下转变为铵盐。过量的氰化物对活性污泥的毒害作用很大，但在不超过一定的浓度时，只要保证 pH 值大于 7、水温低于 35℃ 和合理的曝气量，活性污泥中的微生物可以将氰化物氧化生成铵离子和碳酸根。

☞ **2.27　废水中硫化物的来源有哪些？处理方法有哪些？**

炼油、纺织、印染、焦炭、煤气、纸浆、制革及多种化工原料的生产过程中都会排放含有硫化物的工业废水，含有硫酸盐的废水在厌氧条件下，也可以还原产生硫化物，成为含有硫化物的废水。

含硫化物废水的处理方法有：将硫化物转化为硫化盐进行絮凝沉淀和将硫化物转化为硫化氢(汽提)两类。

☞ **2.28　废水中硫化物对污水处理的影响有哪些？**

由于 H_2S 对甲烷菌具有很强的抑制作用和毒性，所以高浓度有机污水中如果含有硫酸盐，会因厌氧还原生成硫化物而对该污水的厌氧处理带来极为不利的影响，一般认为采用厌氧工艺时，水中硫化物的最大允许浓度为 150mg/L。

好氧生物处理过程中，负二价的硫化物被氧化成硫酸根，会导致生物池中混合液的 pH 值降低，如果 pH 值低于 6 需要及时加碱调整。

硫化氢不仅可以直接腐蚀金属管道，而且它在污水管壁上能被微生物氧化成 H_2SO_4，从而间接而严重地腐蚀水泥管道，所以硫化物含量较高的工业废水的排放都应采用耐腐蚀的塑料或玻璃钢材质等非金属管道。

硫化亚铁在空气中可以自燃，排放含硫废水的钢制管道和储存含硫废水的钢制容器，在每年的清理检修时，如果混入空气和一些可燃气体，就有可能引发爆炸和火灾。

☞ **2.29　废水中氟化物的来源有哪些？处理方法有哪些？**

含氟产品的制造、焦炭生产、煤化工、电子元件生产、电镀、玻璃和硅酸盐生产、钢铁和铝的制造、金属加工、木材防腐及农药化肥生产等过程中，都会排放含有氟化物的工业废水。

含氟化物废水的处理方法可分为沉淀法和吸附法两大类。沉淀法适于处理氟化物含量较高的工业废水，但沉淀法处理不彻底，往往需要二级处理，处理所需的化学药剂有石灰、明矾、白云石等。吸附法适于处理氟化物含量较低的工业废水或经沉淀法处理后氟化物浓度仍旧不能符合有关规定的废水。

☞ **2.30　植物营养性物质有哪些？其对生物处理的影响有哪些？**

植物营养性物质是指硝酸盐、亚硝酸盐、铵盐、氨氮、有机氮化物及一些含磷化合物，主要来自生活污水和炼油、石油化工、化肥、食品等工业废水。

生物处理的过程就是设法为微生物提供其赖以生存的最佳条件(包括 C、N、P、O 等因素)使其分解消化水中的有机物，同时自身得到生长繁殖，再通过采取一些除磷、脱氮的三级处理措施使最终排水中的 N、P 达标。

☞ **2.31　废水中有机氮和氨氮的来源有哪些？处理方法有哪些？**

生活污水中的有机氮主要以蛋白质形式存在，还有尿素、胞壁酸、脂肪胺、尿酸和有机碱等含氨基和不含氨基的化合物，有些有机氮如果胶、甲壳质和季铵化合物等很难生物降解。生产这些有机氮或以这些有机氮为原料的工业排放的废水中会含有这些有机氮。钢铁、石油化工、化肥、无机化工、铁合金、玻璃制造、肉类加工和饲料生产等行业排放含有氨氮和有机胺的工业废水，由于废水中有机氮的脱氨基反应，在废水储存后或生物处理过程中，氨氮的浓度会逐渐增加。

对有机氮工业废水可采用生物法处理，在微生物去除有机碳的同时，通过生物同化及生物矿化作用将废水中的有机氮转化为氨氮。氨氮废水的处理方法有汽提、空气吹脱、离子交换、活性炭吸附、生物硝化和反硝化等。

☞ **2.32　废水中硝酸盐氮和亚硝酸盐氮的来源有哪些？处理方法有哪些？**

化肥制造、钢铁生产、火药制造、饲料生产、肉类加工、电子元件及核燃料生产等工业排放的废水中含有高浓度的硝酸盐和亚硝酸盐。某些含有有机氮或氨氮的工业废水起初也许不含硝酸盐和亚硝酸盐，但对这些废水进行好氧生物处理时，就有可能转化成硝酸盐或亚硝酸盐。

亚硝酸盐是氮循环的中间产物，在水中的稳定性很差，在有氧和微生物的作用下，可被氧化成硝酸盐，在缺氧或无氧条件下可以被还原为氨。

同时测定水中的氨氮、亚硝酸盐氮和硝酸盐氮等三种无机氮，并结合有机氮和总氮的分析化验结果，可以判断污水处理的效果，指导调整脱氮工艺的运行。

处理含硝酸盐或亚硝酸盐工业废水的常规方法是生物反硝化脱氮。

☞ **2.33　废水中磷酸盐和有机磷的来源有哪些？处理方法有哪些？**

化肥、农药、人类粪便和食物残渣及含磷洗涤剂是地表水体含磷量增加的主要原因，生活污水是增加地表水体含磷量的主要来源之一。工业循环冷却水处理系统和锅炉水处理系统磷肥厂等会排放含有磷酸盐的工业废水，有机磷农药生产过程中会排放出来含有有机磷的工业废水。

有机磷化合物属于难生物降解物质，可以采用强氧化剂氧化法、水解法、吸附法等形式预处理后再用生物法处理。在含磷废水生物处理过程中，有机磷可以转化为正磷酸盐。然后可以和含磷酸盐废水一样利用化学法或 A^2/O 法等生物除磷工艺流程实现最终排放废水的磷含量达标。

☞ **2.34　废水中致病微生物的来源有哪些？处理方法有哪些？**

生活污水及屠宰、生物制品、医院、制革、洗毛等工业废水中常含有能传染各种疾病的致病微生物。比如说 1991 年秘鲁的霍乱大流行和 1998 年上海市的肝炎流行，都是由于水体被病原微生物污染而引起和暴发的。

对致病病原体较为集中和含量较大的污水最好进行单独消毒处理，然后再和其他污水一起进行生化处理，这样可以减少消毒剂的消耗量。消毒杀菌的方法有氯、二氧化氯、臭氧等氧化法、石灰处理、紫外线照射、加热处理、超声波等，另外超滤处理也可以除去水中大部分的细菌。就细菌、病毒的去除而言，臭氧氧化、紫外线照射等方法效果很好，但处理后的水中没有类似余氯的剩余消毒剂，无法防止微生物的再繁殖，通常需要在处理后再补充加氯处理。

☞ **2.35 热污染对生物处理的影响有哪些?**

温度高于40℃的废水排入污水处理场，在冬季有利于提高生物处理系统的温度，使活性污泥的活性不因冬季气温低而降低太多；但在夏季气温较高时，若不采取适当降温措施，将会导致生物处理系统的温度过高，使活性污泥的活性降低、处理效果下降，甚至导致出水水质变差。

☞ **2.36 废水中放射性同位素的来源有哪些? 处理方法有哪些?**

放射性同位素种类繁多，广泛应用于多个领域，放射性废水主要来自核能工业、放射性同位素实验室、医院、自动化仪表、军事训练及一些工业生产过程。

放射性废水可按其放射性水平分为高、中、低放射性废水三类。放射性废水由于其化学性质、放射性同位素组成、放射性强度的不同，处理方法也不相同。常见方法包括稀释法、放置衰减法、反渗透浓缩低放射性法、蒸发法、超滤法、混凝沉淀法、离子交换法、固化法等。对于低浓度的放射性废水，首先进行酸碱中和处理，然后通过活性污泥池、生物滤池、氧化塘等生物处理设施，利用微生物的激烈活动使废水得到净化。

☞ **2.37 废水色度的来源有哪些? 处理方法有哪些?**

色度废水的主要来源是染料、纺织印染(有机染料)、造纸制浆(木质素)和制革(鞣酸)等，这些工业废水往往含有深度的、持久性的颜色。

由于一般的生物处理对色度无效，普通沉淀和生物处理对以上工业废水的去除效果较差，所以色度处理往往成为污水处理的一个难点，需要使用湿式氧化法等成本和技术要求较高的高级氧化方法进行处理，或采用接触氧化-生物活性炭法、粉末炭活性污泥法等联合处理。

☞ **2.38 废水发泡的原因有哪些?**

废水发泡的原因有：

(1) 表面活性剂：用于工业生产过程中的各种表面活性剂，是发泡的主要因素。表面活性剂的活性越高，则越容易发泡。表面活性剂的浓度越大，泡越难以消失。

(2) 表面活性物质：淀粉、蛋白质、蔗糖等虽然不像表面活性剂那样具有表面活性，但因为其分子中具有亲水基和亲油基，因此可以像表面活性剂那样在膜

（3）各种悬浮物质：有些悬浮物质单独存在，不会发泡，但如果混入因表面活性剂等产生的泡中，却可以使膜稳定，成为难以消失的泡。例如，造纸废水中的微细纸浆、食品废水中的淀粉、蛋白质、蔗糖类原料中的纤维质及废水处理中的活性污泥等，尤其是处理食品废水的曝气池活性污泥中的泡沫最难消失。

（4）盐类：含有硫酸钠、硫酸铝等盐类的废水，单独存在时几乎不发泡，但和悬浮物质一样，有助于形成难以消失的泡。

（5）温度：一般来说，混入表面活性剂的废水，温度越高，发泡量越大。

（6）pH 值：通常情况下，pH 值越高，泡越难以消失。

☞ **2.39　发泡物质的来源有哪些？对废水处理系统的危害是什么？**

在纸浆、纤维、食品、发酵、合成橡胶（树脂）、涂料、石油等工业的生产过程中，因为原料和添加剂的性质等原因，会排放产生发泡现象的废水。发泡对废水处理系统曝气池和沉淀池产生的危害可以归纳如下：

（1）曝气池：利用鼓风机或机械将空气中的氧向曝气池中废水和活性污泥的混合液传送，很容易产生大量的泡沫。在废水中使薄膜稳定化的上述物质含量达到一定程度后，泡沫就会越积越多，直至溢出曝气池，引起外部设备的污染、操作条件恶化和环境卫生变差等问题。残留在活性污泥混合液中的微细泡沫同时又是二沉池产生泡沫的直接原因。

（2）沉淀池：从曝气池而来、已夹带微细泡沫的活性污泥混合液进入二沉池后，微细泡沫会使活性污泥上浮流出，积累一定量后，二沉池表面会积聚大量泡沫浮渣，不仅有碍观瞻，而且还会引起二沉池出水悬浮物超标，影响污水处理的效果。

☞ **2.40　污水的臭味是哪些成分形成的？**

通常所说的污水臭味是由于污水中有机物的分解消耗氧量不能及时得到补偿而导致厌氧发酵而产生某些气体造成的，有鱼腥臭、氨臭、腐肉臭、腐蛋臭、粪臭等多种形式。废水中含有了一些有臭味的成分可以使污水具有特定的臭味，比如废水中存在 H_2S 时，就会具有臭鸡蛋味，废水中微生物尤其是藻类的腐败变质会产生鱼腥臭味。

另外，工业废水中含有某种有特殊臭味的挥发性有机物质也会使废水产生臭味，例如含有苯酚的废水就具有特殊的苯酚气味。

第3章 废水的一级处理

☞ **3.1 什么是废水的一级处理？其作用是什么？**

一级处理是去除污水中影响二级生物处理正常运转的杂物的过程，主要包括去除污水中的漂浮物及悬浮状态的污染物、调整 pH 值和其他减轻污水的腐化程度及后处理工艺负荷的过程。

一级处理是二级生物处理的预处理过程，只有一级处理出水水质符合要求，才能保证二级生物处理运行平稳，进而确保二级出水水质达标。针对不同污水中存在的不同污染物，应实施与之相对应的一级处理工艺。比如酸碱污水应当采取中和处理，含盐污水应当采取离子交换、电解或膜法处理，对超高浓度有机污水就应当采取萃取法处理。

☞ **3.2 什么是格栅？其作用有哪些？**

格栅由一组平行的金属栅条制成，一般斜置于污水提升泵集水池之前的重力流来水主渠道上，用以阻挡截留污水中的呈悬浮或漂浮状态的大块固形物，如草木、塑料制品、纤维及其他生活垃圾，以防止阀门、管道、水泵、表曝机、吸泥管及其他后续处理设备堵塞或损坏。其基本结构示意见图 3-1。

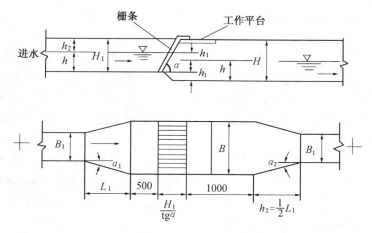

图 3-1 格栅基本结构示意图

污水过栅越缓慢，拦污效果越好，但因过栅缓慢造成栅前渠道或栅下积砂而使过水断面缩小时，又会使流速变大。因此过栅流速的具体值应根据污水中污物的组成、含砂量及栅条间距等情况而定。比如有的污水中大粒径砂粒较多，即使将渠道内的水流速度控制在 0.4m/s 以上，仍会有泥砂在栅前渠道内沉积，而有的污水含砂粒径主要分布在 0.1mm 左右，在栅前渠道内水流速度为 0.3m/s 左右时，也不会出现积砂现象。

☞ **3.3　格栅的主要工艺参数有哪些？**

格栅的主要工艺参数有栅距、过栅流速和水头损失。

（1）栅距即相邻两根栅条间的距离，栅距大于 40mm 的为粗格栅，栅距在 20~40mm 之间的为中格栅，栅距小于 20mm 的为细格栅。

（2）过栅流速是指污水流过栅条和格栅渠道的速度。过栅流速不能太大，否则有可能将本应拦截下来的软性杂物冲过去，过栅流速太小，又可能使污水中粒径较大的砂粒在栅前渠道中沉积下来。

（3）污水过栅水头损失指的是格栅前后的水位差，它与过栅流速有关。如果过栅水头损失增大，说明过栅流速增大，此时有可能是过栅水量增加，更有可能是格栅局部被堵死，需要及时清理。如果过栅水头损失减少，说明过栅流速降低，需要注意采取措施防止栅前渠道内积砂。

☞ **3.4　格栅选型应考虑哪些原则？**

格栅选型时应考虑的原则有：

（1）格栅分人工格栅和机械格栅两种，为避免污染物对人体产生的毒害和减轻工人劳动强度、提高工作效率及实现自动控制，应尽可能采用机械格栅。污水中含有油类等可释放挥发性可燃性气体时，机械格栅的动力装置应有防爆设施。

（2）要根据污水的水质特点如 pH 值的高低、固形物的大小等确定格栅的具体形式和材质。

（3）大型污水处理厂一般要设置两道格栅和一道筛网，格栅栅条间距应根据污水的种类、流量、代表性杂物种类和尺寸大小等因素来确定，既满足水泵构造的要求，同时满足后续水处理构筑物和设备的要求。第一道使用粗格栅（50~100mm）或中格栅（20~40mm），第二道使用中格栅或细格栅（4~10mm），第三道为筛网（<4mm）。

（4）常用格栅栅条断面形状有边长 20mm 正方形、直径 20mm 圆形、10mm×50mm 矩形、一边半圆头的 10mm×50mm 矩形和两边半圆头的 10mm×50mm 矩形等 5 种。圆形栅条水力条件好，水流阻力小，但刚度较差，容易受外力变形，因此在没有特殊需要时最好采用矩形断面。

（5）格栅一般安装在处理流程之首或泵站的进水口处，位属咽喉，为保证安全，要有备用单元或其他手段，以保证在不停水情况下对格栅的检修。

（6）为保护动力设备，机械格栅一般安装在通风良好的格栅间内，大中型格栅间要配置安装吊运设备，便于设备检修和栅渣的日常清除。

☞ **3.5 格栅安装的基本要求有哪些?**

（1）格栅前的渠道应保持 5m 以上的直管段，渠道内的水流速度为 0.4～0.9m/s，流过栅条的速度为 0.6～1.0m/s。

（2）放置格栅的渠道与栅前渠道的连接，应有一个小于 20° 的展开角。

（3）格栅的安装角度，人工清渣时为 45°～60°，机械清渣时多为 70°～90°。

（4）通过格栅的水头损失，一般为 0.08～0.15m，因此，栅后渠道比栅前相应降低 0.08～0.15m。

（5）格栅有效过水面积是按设计流量下过栅流速 0.6～1.0m/s 计算而得的，但格栅总宽度不小于进水管渠宽度的 1.2 倍。

（6）格栅上部必须设置栅顶工作平台，其高度高出栅前最高设计水位 0.5m 以上。工作台设栏杆等安全设施和冲洗设施，两侧平台过道应不小于 0.7m，正面过道宽度在人工清渣时不应小于 1.2m，机械清渣时不小于 1.5m。

☞ **3.6 栅条间距如何确定?**

当格栅设置在废水处理系统之前，采用机械除渣机清除栅渣时，栅条间距一般为 16～25mm；而采用人工清除栅渣时，栅条间距一般为 25～40mm。

当格栅设置于水泵前，只需要将污水提升或排放时，栅条间距应满足水泵构造的要求，一般要小于水泵叶轮的最小间隙。与常用排水泵相匹配的栅条间距见表 3-1。

表 3-1 与常用排水泵相匹配的栅条间距

格栅种类	格栅间距/mm	适用水泵型号
细格栅	≤15	1¼LP-6-2，1¾LP-6-3，4LP-7，4LP7-(409)
	≤20	2½PW，2½PWL
中格栅	≤25	20Sh，24Sh
	≤40	4PW，4PWL，32Sh，14ZLB-70
粗格栅	50～70	6PWL，12PWL-7，12PWL-12，14PWL-12，20Z
	70～90	8PWL，10PWL，32PWL，28ZLB

☞ **3.7 格栅运行管理的注意事项有哪些?**

（1）不管采用什么形式，操作人员都应该定时巡回检查，根据栅前和栅后的水位差变化或栅渣的数量，及时开启除渣机将栅渣清除。同时注意观察除渣机的运转情况，及时排除其出现的各种故障。

（2）检查并调节栅前的流量调节阀门，保证过栅流量的均匀分布。同时利用投入工作的格栅台数将过栅流速控制在所要求的范围内。当发现过栅流速过高时，适当增加投入工作的格栅台数；当发现过栅流速偏低时，适当减少投入工作的格栅台数。

（3）随着运行时间的延长，格栅前后的渠道内可能会积砂，应当定期检查清理积砂，分析产生积砂的原因。如果是渠道粗糙的原因，就应该及时修复。

（4）经常测定每日栅渣的数量，摸索出一天、一月或一年中什么时候栅渣量多，以利于提高操作效率，并通过栅渣量的变化判断格栅运转是否正常。

（5）栅渣中往往夹带许多挥发性油类等有机物，堆积后能够产生异味，因此要及时清运栅渣，并经常保持格栅间的通风透气。

☞ **3.8　筛网过滤的作用是什么？**

某些工业废水中经常含有纤维状的长、软性悬浮或漂浮物，这些污染物或因尺寸太小、或因质地柔软细长能钻过格栅的空隙。这些悬浮物如果不能有效去除，可能会缠绕在泵或表曝机的叶轮上，影响泵或表曝机的效率。对一些含有这样漂浮物的特殊工业废水可利用筛网进行预处理，方法是使污水先经过格栅截留大尺寸杂物后用筛网过滤，或直接经过筛网过滤。

筛网孔眼通常小于 4mm，一般为 0.15～1.0mm。由于孔眼细小，当用于城市污水处理时，其去除 BOD_5 的效果相当于初沉池。

☞ **3.9　筛网过滤分为几种形式？**

从结构上看，筛网是穿孔金属板或金属格网，要根据被去除漂浮物的性质和尺寸确定筛网孔眼的大小。根据其孔眼的大小，可分为粗滤机和微滤机；依照安装形式的不同，筛网可分为固定式、转动式和电动回转式三种。

（1）固定式筛网：固定式筛网的形式为防堵楔形格网，大小为 0.25～1.5mm，可以根据处理废水的水质特点，在筛网的栅条上再覆以 16～100 目的不锈钢丝网或尼龙网。固定式筛网处理城市污水时，水力负荷一般为每米筛宽承受污水 36～144m³/h，可去除其中悬浮固体 5%～25%，过水的水头损失为 1.2～2.3m。固定式筛网特点是筛网固定安装，进水从高处沿筛网宽度均匀分布过滤。滤后水流入筛网后面的出水箱，再由出水管排出；固体杂物沿筛面下滑落入渣槽，然后用螺旋输送机或皮带输送机送走。常用固定式筛网根据构造形式分为固定平面式和固定曲面式，其示意图分别见图 3-2 和图 3-3。

（2）转动式筛网：转动式筛网有水力旋转筛网和转筒筛两种。水力旋转筛网呈圆台形，污水以一定的流速从小端进入，水的冲击力和重力作用使筛体旋转，水流在从小端向大端的流动过程中得到过滤，杂质从大端落入渣槽，这种筛网常用于印染、纺织废水的处理，以清除其中的毛类及纤维类杂物。转筒筛呈圆筒状，其工作原理见图 3-4。含有纤维类悬浮杂质的污水进入缓慢旋转的网筒内，经筒形筛过滤后的出水与水平旋转轴呈垂直方向通过筛网，拦截了水中悬浮杂物的筛网随转筒旋转，被截留的悬浮杂质和筛网一起运动到水面以上后，被冲洗水冲到安装在筒形筛网中心的渣槽或皮带输送机再被传送到外部。转筒式筛网可用于纺织、印染、皮革和屠宰的工业废水的处理，这些废水中常夹带大量 4~200mm 的纤维类杂物，普通的格栅、筛网不容易将这些杂物截留去除，而转筒式筛网可以有效地清除。

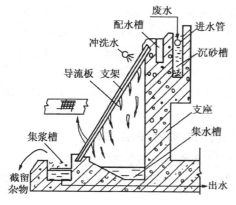

图 3-2　固定平面式筛网示意图

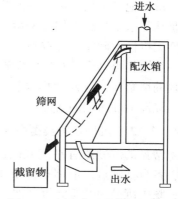

图 3-3　固定曲面式筛网示意图

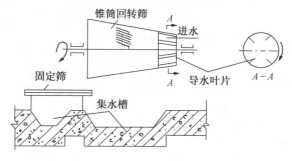

图 3-4　转筒式筛网示意图

（3）电动回转式：电动回转式一般安装在压力管道上，筛孔直径为 5μm~5mm。孔眼小，截留悬浮物多，清洗次数也会增加。因此电动回转式筛网一般用在悬浮物含量不大的场合，比如代替滤池用在深度处理系统或在超滤、电渗析或反渗透等膜处理工艺前作为预处理工艺。

☞　**3.10　筛网运行管理的注意事项有哪些？**

筛网的运行管理应注意以下事项：

（1）筛网总是处于干湿交替状态，故其材质必须耐腐蚀。

（2）为消除油脂对筛网孔眼的堵塞，要根据具体情况，随时用蒸汽或热水及时冲洗筛网。

（3）筛网得以正常运转的关键是将被截留的悬浮杂质及时清理排出，使筛网及时恢复工作状态。

（4）如果自动除渣情况不理想，就要求操作工在巡检时，及时将堵塞筛网孔眼的杂物人工清理掉。

☞ **3.11 什么是沉砂池？沉砂池在废水处理系统中的作用有哪些？**

沉砂池是采用物理法将砂粒从污水中沉淀分离出来的一个预处理单元，其作用是从污水中分离出相对密度大于 1.5 且粒径为 0.2mm 以上的颗粒物质，主要包括无机性的砂粒、砾石和少量密度较大的有机性颗粒如果核皮、种子等。沉砂池一般设在提升设备和处理设施之前，以保护水泵和管道免受磨损，防止后续构筑物的堵塞和污泥处理构筑物容积的缩小，同时可以减少活性污泥中无机物成分，提高活性污泥的活性。

☞ **3.12 沉砂池的类型有哪些？其适用范围及优缺点如何？**

常见的沉砂池有平流沉砂池、竖流沉砂池、曝气沉砂池和旋流沉砂池等类型，各自优缺点、适用条件及排砂方式见表 3-2。其中应用较多的是平流沉砂池、曝气沉砂池和旋流沉砂池。

表 3-2　常用沉砂池的特点

池型	优点	缺点	排砂方式	适用条件
平流式	（1）构造简单，水流平稳； （2）沉砂效果好； （3）施工方便	（1）占地面积较大； （2）采用多斗排泥时，每个泥斗需单独设排泥管，排泥操作复杂	（1）重力斗式排砂； （2）空气提升器排砂； （3）螺旋提升器排砂	适用于大、中、小各种类型的污水处理场
曝气式	（1）泥砂中有机物含量少； （2）对小粒径砂粒去除效率高； （3）可去除部分 COD_{Cr}	需要曝气，消耗一定动力	（1）重力斗式排砂； （2）链条带式刮砂机排砂	适用于处理有机物含量多、水量较大且多变的污水处理场
旋流式	（1）自动化程度高； （2）池容小、效率高，受水流量的影响较小	（1）消耗自来水； （2）机械部分多，维修量大	空气提砂、无轴螺旋式砂水分离器	适用于大、中、小各种类型的污水处理场
竖流式	（1）排砂方式简单； （2）占地面积较小	（1）池深较大，施工困难； （2）对冲击负荷适应能力差； （3）池径不宜太大，否则布水不均	（1）重力斗式排砂； （2）中心传动刮砂机排砂； （3）水射器排砂	适用于处理水量不大的小型污水处理场

☞ **3.13　什么是平流式沉砂池?**

平流式沉砂池实际上是一个比入流渠道和出流渠道宽而深的渠道,当污水流过时,由于过水断面增大,水流速度下降,废水中夹带的无机颗粒在重力的作用下下沉,从而达到分离水中无机颗粒的目的。

平流沉砂池内的水流速度过大或过小都会影响沉砂效果,废水流量的波动会改变已建成沉砂池内的水流速度,工程上需要采用多格并联方式,实际操作时根据进水水量的变化调整运行的沉砂池格数。

☞ **3.14　平流式沉砂池基本要求有哪些?**

平流式沉砂池的基本要求主要有以下几项:

(1)以初期雨水、冲洗地面水和生活污水为主的污水应设置沉砂池,进水端一般设置间距为 20~25mm 的细格栅,并有消能和整流设施。

(2)沉砂池的格数应为 2 个以上,且是并联运行。当污水水量较少时,部分工作、其余备用。

(3)废水在池内的最大流速一般为 0.3m/s,最小为 0.15m/s。最大流量时,污水在沉砂池内的停留时间不少于 30s,一般应为 30~60s。

(4)池底坡度为 0.01~0.02,有效水深一般不大于 1.2m,通常为 0.25~1.0m,每格宽度应大于 0.6m,超高不能小于 0.3m。

(5)应尽量使用机械方法除砂,当采用重力排砂时,排砂斗斗壁与水平面的角度应不小于 55°。排砂管的管径应不小于 DN200mm,长度应尽可能短,控制阀门应尽可能设在靠近砂斗的位置,这样可使排砂管排砂畅通且易于维护管理。

(6)尽量避免有机物与砂粒一同沉淀,以防沉砂池或储砂池因有机物腐败发臭而影响周围环境。

☞ **3.15　什么是曝气沉砂池?**

普通沉砂池的最大缺点就是在其截留的沉砂中夹杂有一些有机物,这些有机物的存在,使沉砂易于腐败发臭,夏季气温较高时尤甚,这样对沉砂的处理和周围环境产生不利影响。普通沉砂池的另一缺点是对有机物包裹的砂粒截留效果较差。

曝气沉砂池是在长方形水池的一侧通入空气,使污水旋流运动,流速从周边到中心逐渐减小,砂粒在池底的集砂槽中与水分离,污水中的有机物和从砂粒上冲刷下来的污泥仍呈悬浮状态,随着水流进入后面的处理构筑物。曝气沉砂池的基本构造见图3-5。

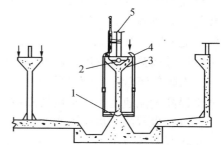

图 3-5　曝气沉砂池构造示意图

1—扩散器组件;2—空气干管;3—头部支座;
4—活动接头;5—单轨吊车支架

曝气沉砂池的优点是除砂效率稳定，受进水流量变化的影响较小。水力旋转作用使砂粒与有机物分离效果较好，从曝气沉砂池排出的沉砂中，有机物只占5%左右，长期搁置也不会腐败发臭。曝气沉砂过程的同时，还能起到预曝气充氧并氧化部分有机物的作用。

☞ 3.16 曝气沉砂池的基本要求有哪些？

曝气沉砂池的基本要求主要有以下几项：

（1）停留时间 1～3min，若兼有预曝气的作用，可延长池身，使停留时间达到 15～30min。

（2）污水在曝气沉砂池过水断面周边最大的旋流速度为 0.25～0.3m/s，在池内水平前进的流速为 0.08～0.12m/s。

（3）有效水深 2～4m，宽深比为 1～1.5。如果考虑预曝气的作用，可将过水断面增大为原来的 3～4 倍。

（4）曝气沉砂池进气管上要有调节阀门，使用的空气扩散管安装在池体的一侧，扩散管距池底 0.6～0.9m，曝气管上的曝气孔孔径为 2.5～6mm，曝气量一般为每立方米污水 0.2m³ 空气或曝气强度为 3～5m³ 空气/（m² · h）。

（5）为防止水流短路，进水方向应与水在沉砂池内的旋转方向一致，出水口应设在旋流水流的中心部位，出水方向与进水方向垂直，并设置挡板诱导水流。

（6）曝气沉砂池的形状以不产生偏流和死角为原则，因此，为改进除砂效果、降低曝气量，应在集砂槽附近安装纵向挡板，若池长较大，还应在沉砂池内设置横向挡板。

☞ 3.17 曝气沉砂池运行管理的注意事项有哪些？

曝气沉砂池的运行操作主要是控制污水在池中的旋流速度和旋转圈数。旋流速度与砂粒粒径有关，污水中的砂粒粒径越小，要求的旋流速度越大。但旋流速度也不能太大，否则有可能将已沉下的砂粒重新泛起。而曝气沉砂池中的实际旋流速度与曝气沉砂池的几何尺寸、扩散器的安装位置和强度等因素有关。旋转圈数与除砂效率相关，旋转圈数越多，除砂效率越高。要去除直径为 0.2mm 的砂粒，通常需要维持 0.3m/s 的旋转速度，在池中至少旋转 3 圈。在实际运行中，可以通过调整曝气强度来改变旋流速度和旋转圈数，保证达到稳定的除砂效率。当进入曝气沉砂池的污水量增大时，水平流速也会加大，此时可通过提高曝气强度来提高旋流速度和维持旋转圈数不变。

沉砂量取决于进水的水质，运行人员必须认真摸索和总结砂量的变化规律，及时将沉砂排放出去。排砂间隔时间太长会堵卡排砂管和刮砂机械，而排砂间隔时间太短又会使排砂数量增大、含水率增高，从而增加后续处理的难度。曝气沉砂池的曝气作用常常会使池面上积聚一些有机浮渣，也要及时清除，以免重新进入水中随水流进入后续生物处理系统，增加后续处理的负荷。

☞ 3.18 什么是沉淀池？

沉淀池是利用重力沉降作用将密度比水大的悬浮颗粒从水中去除的处理构筑物，是废水处理中应用最广泛的处理单元之一，可用于废水的预处理、生物处理的后处理以及深度处理。在沉砂池应用沉淀原理可以去除水中的无机杂质，在初沉池应用沉淀原理可以去除水中的悬浮物和其他固体物，在二沉池应用沉淀原理可以去除生物处理出水中的活性污泥，在浓缩池应用沉淀原理分离污泥中的水分，使污泥得到浓缩，在深度处理领域对二沉池出水加絮凝剂混凝反应后应用沉淀原理可以去除水中的悬浮物。

沉淀池包括进水区、沉淀区、缓冲区、污泥区和出水区五个部分。进水区和出水区的作用是使水流均匀地流过沉淀池，避免短流和减少紊流对沉淀产生的不利影响，同时减少死水区、提高沉淀池的容积利用率；沉淀区也称澄清区，即沉淀池的工作区，是可沉淀颗粒与废水分离的区域；污泥区是污泥储存、浓缩和排出的区域；缓冲区则是分隔沉淀区和污泥区的水层区域，保证已经沉淀的颗粒不因水流搅动而再行浮起。

☞ 3.19 沉淀池的原理是什么？

沉淀池是利用水流中悬浮杂质颗粒向下沉淀速度大于水流向上流动速度、或向下沉淀时间小于水流流出沉淀池的时间时能与水流分离的原理实现水的净化。

理想沉淀池的处理效率只与表面负荷有关，即与沉淀池的表面积有关，而与沉淀池的深度无关，池深只与污泥储存的时间和数量及防止污泥受到冲刷等因素有关。而在实际连续运行的沉淀池中，由于水流从出水堰顶溢流会带来水流的上升流速，因此沉淀速度小于上升流速的颗粒会随水流走，沉淀速度等于上升流速的颗粒会悬浮在池中，只有沉淀速度大于上升流速的颗粒才会在池中沉淀下去。而沉淀颗粒在沉淀池中沉淀到池底的时间与水流在沉淀池的水力停留时间有关，即与池体的深度有关。

理论上讲，池体越浅，颗粒越容易到达池底，这正是斜管或斜板沉淀池等浅层沉淀池的理论依据所在。为了使沉淀池中略大于上升流速的颗粒沉淀下去和防止已沉淀下去的污泥受到进水水流的扰动而重新浮起，因而在沉淀区和污泥储存区之间留有缓冲区，使这些沉淀池中略大于上升流速的颗粒或重新浮起的颗粒之间相互接触后，再次沉淀下去。

☞ 3.20 常用沉淀池的类型有哪些？各自的优缺点和适用条件是什么？

按水流方向划分，沉淀池可分为平流式、辐流式和竖流式三种，还有根据"浅层理论"发展出来的斜板（管）沉淀池。各自的优缺点和适用范围见表3-3。

表 3-3 常用沉淀池的性能比较

池型	优　点	缺　点	适用范围
平流式	(1)沉淀效果好； (2)对冲击负荷和温度变化的适应能力较强； (3)施工简易，造价较低	(1)配水不易均匀，排泥连续性差； (2)采用多斗排泥时，每个泥斗需要单独设排泥管，操作量大；采用链条式刮泥机排泥时，水下构件易腐蚀	(1)适用于地下水位高及地质条件较差的地区； (2)适用于大、中、小型污水处理场
辐流式	(1)采用定型机械排泥，设备管理方便； (2)运行效果稳定	(1)机械排泥设备复杂； (2)对施工质量要求高	(1)适用于地下水位高的地区； (2)适用于大、中型污水处理场
竖流式	(1)排泥方便，管理简单； (2)占地面积小	(1)池深较大，施工困难，造价较高； (2)对冲击负荷和温度变化的适应能力较差； (3)池径不能过大，否则布水不均	适用于小型污水处理场
斜板(管)式	(1)水力负荷高、效率高； (2)停留时间短，占地面积小	(1)构造复杂、易堵塞，须定期更换斜板(管)； (2)固体负荷不宜过大，耐冲击负荷能力较差，需要表面冲洗设备	(1)适用于中、小型污水处理场； (2)可用于已有沉淀池的挖潜改造

☞　**3.21　什么是沉淀池的水力负荷？**

沉淀池的水力负荷也就是沉淀池的表面水力负荷，即沉淀池单位时间内单位面积所承受的水量，单位是 $m^3/(m^2 \cdot h)$。根据表面水力负荷可以设计和确定沉淀池澄清区的面积和有效水深。

沉淀池的水面上升流速和其水力负荷在数值上是相同的，但两者的单位和意义不同，上升流速的单位是 m/h。比如说在竖流式沉淀池中，只有沉降速度大于沉淀池水面上升流速的杂质颗粒才能在沉淀池中沉淀去除，而沉降速度等于或小于沉淀池水面上升流速的杂质颗粒会随水流溢流出去；而在平流式沉淀池中，部分沉降速度小于沉淀池水面上升流速的杂质颗粒也会被沉淀去除。

☞　**3.22　什么是沉淀池的固体通量？**

沉淀池的固体通量也叫固体表面负荷，即沉淀池单位时间内单位面积所承受的固体质量，单位是 $kg/(m^2 \cdot h)$。

固体通量是初次沉淀池和二次沉淀池的关键运行控制指标，污泥浓缩池也利用固体通量作为控制运行的重要参数。

☞ **3.23 设置沉淀池的一般要求有哪些？**

（1）沉淀池的个数或分格数一般不少于2个，为使每个池子的入流量均等，要在入流口处设置调节阀，以便调整流量。池子的超高不能小于0.3m，缓冲层为0.3~0.5m。

（2）一般沉淀池的停留时间不能小于1h，有效水深多为2~4m（辐流式沉淀池指周边水深），当表面负荷一定时，有效水深与沉淀时间之比也为定值。

（3）沉淀池采用机械方式排泥时，可以间歇排泥或连续排泥。不用机械排泥时，应每日排泥，初沉池的静水头不应小于1.5m，二沉池的静水头，生物膜法后不应小于1.2m，活性污泥法后不应小于0.9m。

（4）采用多斗排泥时，每个泥斗均应设单独的排泥管和阀门，排泥管的直径不能小于200mm。污泥斗的斜壁与水平面的倾角，采用方斗时不能小于60°，采用圆斗时不能小于55°。

（5）当采用重力排泥时，污泥斗的排泥管一般采用铸铁管，其下端伸入斗内，顶端敞口伸出水面，以便于疏通，在水面以下1.5~2.0m处，由排泥管接出水平排泥管，污泥借静水压力由此管排出池外。

（6）使用穿孔排泥管排泥时，排泥管长度应在15m以内，排泥管管径150~200mm，孔径15~25mm，孔眼内流速4~5m/s，孔眼总面积与管截面积的比值为0.6~0.8，孔眼向下成45°~60°交错排列。为防止排泥管堵塞，应设压力水冲洗管，根据堵塞情况及时疏通。

（7）进水管有压力时，应设置配水井，进水管由配水井池壁接入，且应将进水管的进口弯头朝向井底。沉淀池进、出水区均应设置整流设施，同时具备刮渣设施。

（8）沉淀池的出水整流措施通常为溢流式集水槽，出水堰可用三角堰、孔眼等形式，普遍采用的是直角锯齿形三角堰，堰口齿深通常为50mm，齿距为200mm左右，正常水面应当位于齿高的1/2处。堰口设置可调式堰板上下移动机构，在必要时可以调整。

（9）沉淀池最大出水负荷，初沉池不宜大于2.9L/（s·m），二沉池不宜大于1.7L/（s·m）。在出水堰前必须设置收集与排除浮渣的措施，如果使用机械排泥，排渣和排泥可以综合考虑。

☞ **3.24 平流式沉淀池的基本要求有哪些？**

平流式沉淀池表面形状一般为长方形，水流在进水区经过消能和整流进入沉淀区后，缓慢水平流动，水中可沉悬浮物逐渐沉向池底，沉淀区出水溢过堰口，通过出水槽排出池外。平流式沉淀池基本要求如下：

（1）平流式沉淀池的长度多为30~50m，池宽多为5~10m，沉淀区有效水深一般不超过3m，多为2.5~3.0m。为保证水流在池内的均匀分布，一般长宽比不小于 4，长深比为 8~12。

（2）采用机械刮泥时，在沉淀池的进水端设有污泥斗，池底的纵向污泥斗坡度不能小于 0.01，一般为 0.01~0.02。刮泥机的行进速度不能大于 1.2m/min，一般为 0.6~0.9m/min。

（3）平流式沉淀池作为初沉池时，表面负荷为 1~3m³/(m²·h)，最大水平流速为 7mm/s；作为二沉池时，最大水平流速为 5mm/s。

（4）入口要有整流措施，常用的入流方式有溢流堰-穿孔整流墙（板）式、底孔入流-挡板组合式、淹没孔入流-挡板组合式和淹没孔入流-穿孔整流墙（板）组合式等四种。使用穿孔整流墙（板）式时，整流墙上的开孔总面积为过水断面的 6%~20%，孔口处流速为 0.15~0.2m/s，孔口应当做成渐扩形状。

（5）在进出口处均应设置挡板，高出水面 0.1~0.15m。进口处挡板淹没深度不应小于 0.25m，一般为 0.5~1.0m；出口处挡板淹没深度一般为 0.3~0.4m。进口处挡板距进水口 0.5~1.0m，出口处挡板距出水堰板 0.25~0.5m。

（6）平流式沉淀池容积较小时，可使用穿孔管排泥。穿孔管大多布置在集泥斗内，也可布置在水平池底上。沉淀池采用多斗排泥时，泥斗平面呈方形或近于方形的矩形，排数一般不能超过两排。大型平流式沉淀池一般都设置刮泥机，将池底污泥从出水端刮向进水端的污泥斗，同时将浮渣刮向出水端的集渣槽。

（7）平流式沉淀池非机械排泥时缓冲层高度为 0.5m，使用机械排泥时缓冲层上缘宜高出刮泥板 0.3m。

☞ **3.25　竖流式沉淀池的基本要求有哪些？**

竖流式沉淀池池体为圆形或方形，污水从中心管的进口进入池中，通过反射板的拦阻向四周分布于整个水平断面上，缓慢向上流动。沉降速度大于水流上升速度的悬浮颗粒下沉到污泥斗中，上清液则由池顶四周的出水堰口溢流到池外。竖流式沉淀池基本要求如下：

（1）为保证池内水流的自下而上垂直流动、防止水流呈辐流状态，圆池的直径或方池的边长与沉淀区有效水深的比值一般不大于 3，池子的直径一般为 4.0~7.0m，最大不超过 10m。圆池直径或正方形池边长 $D \leqslant 7m$ 时，沉淀出水沿周边流出；$D \geqslant 7m$ 时，应增加辐射式集水支渠。

（2）水流在竖流式沉淀池内的上升流速为 0.5~1.0mm/s，沉淀时间为 1~1.5h。中心管内的流速一般应大于 100mm/s，其下出口处设有喇叭口和反射板。反射板板底距泥面至少 0.3m，喇叭口直径及高度均为中心管直径的 1.35 倍，反射板直径为喇叭口直径的 1.3 倍，反射板表面与水平面的倾角为 17°。

（3）喇叭口下沿距反射板表面的缝隙高度为 0.25~0.50m，作为初沉池时缝隙中的水流速度应不大于 30mm/s，作为二沉池时缝隙中的水流速度应不大于 20mm/s。

（4）锥形贮泥斗的倾角为 45°~60°，排泥管直径不能小于 200mm，排泥管口与池底的距离小于 0.2m，敞口的排泥管上端超出水面不能小于 0.4m。浮渣挡板淹没深度 0.3~0.4m，高出水面 0.1~0.25m，距集水槽 0.25~0.50m。

3.26　什么是辐流式沉淀池？

辐流式沉淀池内水流的流态为辐流形，因此，污水由中心或周边进入沉淀池。

中心进水辐流式沉淀池的进水管悬吊在桥架下或埋设在池体底板混凝土中，污水首先进入池体的中心管内，然后在进入沉淀池时，经过中心管周围的整流板整流后均匀地向四周辐射流动，上清液经过设在沉淀池四周的出水堰溢流而出，污泥沉降到池底，由刮泥机或刮吸泥机刮到沉淀池中心的集泥斗，再用重力或泵抽吸排出。

周边进水辐流式沉淀池进水渠布置在沉淀池四周，上清液经过设在沉淀池四周或中间的出水堰溢流而出，污泥的排出方式与中心进水辐流式沉淀池相同。

3.27　辐流式沉淀池的基本要求有哪些？

辐流式沉淀池基本要求如下：

（1）圆池的直径或方池的边长与有效水深的比值一般采用 6~12，池子的直径一般不小于 16m，最大可达 100m。池底坡度一般为 0.05~0.10。

（2）通常采用机械刮泥，再用空气提升或静水头排泥；当池径小于 20m 时，也可采用斗式集泥（一般为四斗）。污泥可用压缩空气提升或用机械泵（潜污泵、螺旋泵等）提升排出，也可以利用静水头将污泥输送到下一级处理系统。

（3）进、出水的布置方式有中心进水周边出水、周边进水中心出水和周边进水周边出水三种形式。

（4）当池径小于 20m 时，一般采用中心传动的刮泥机，其驱动装置设在池子中心走道板上。当池径大于 20m 时，一般采用周边传动的刮泥机，其驱动装置设在桁架的外缘。

（5）刮泥机的旋转速度一般为 1~3r/h，外周刮泥板的线速度不能超过 3m/min，通常采用 1.5m/min。

（6）出水堰前应设置浮渣挡板，浮渣用装在刮泥机桁架一侧的浮渣刮板收集。

（7）周边进水的辐流式沉淀池效率较高，与中心进水、周边出水的辐流式沉淀池相比，表面负荷可提高 1 倍左右。

3.28　什么是斜板（管）沉淀池？

斜板（管）沉淀池是根据"浅层沉淀"原理，在沉淀池中加设斜板或蜂窝斜管，以提高沉淀效率的一种沉淀池。按水流与污泥的相对运动方向划分，斜板（管）

沉淀池有异向流、同向流和侧向流等三种形式，污水处理中主要采用升流式异向流斜板(管)沉淀池。

常用斜板(管)沉淀池的进水从斜板(管)层的下部进入后，由下向上流经斜板(管)，悬浮颗粒沉降在斜板(管)底面，在积聚到一定程度后自行下滑至集泥斗由穿孔管排出池外，上清液则在沉淀池水面由穿孔管收集或由三角堰溢流而出。

斜板(管)沉淀池具有沉淀效率高、停留时间短、占地少等优点，常应用于城市污水的初沉池和小流量工业废水的隔油等预处理过程。斜板(管)沉淀池的表面负荷比普通沉淀池大约高一倍，因此在需要挖掘原有沉淀池潜力或需要压缩沉淀池占地时，可以采用斜板(管)沉淀池。

☞ **3.29　斜板(管)沉淀池的基本要求有哪些?**

(1) 斜板垂直净距一般采用 80~120mm，斜管孔径一般为 50~80mm。斜板(管)长度一般为 1.0~1.2m，倾角一般为 60°。斜板(管)上部水深和底部缓冲层高度一般都是 0.5~1.0m。

(2) 斜板上端应向沉淀池进水端方向倾斜安装。为防止水流短路，在池壁与斜板的间隙处应装设阻流挡板。

(3) 进水方式一般设置配水整流布水装置，常用的有穿孔配水板和缝隙配水板等，整流配水孔流速一般低于 0.15m/s。出水方式一般采用在池面上设置多条集水槽的方式，集水槽的集水方式为孔眼式或三角堰式。

(4) 斜板(管)沉淀池一般采用集泥斗收集污泥后靠重力排泥，每日排泥 1~2 次，或根据具体情况增加排泥的频率，甚至连续排泥。

(5) 初沉池水力停留时间一般不超过 30min，二沉池一般不超过 60min。

(6) 斜板(管)沉淀池必须设置冲洗斜板(管)的设施，冲洗可以在检修或临时停运时放空沉淀池，用高压水对斜板(管)内积存的污泥彻底冲刷和清洗，防止污泥堵塞斜板(管)、影响沉淀效果。

(7) 升流式斜板(管)沉淀池的表面负荷一般为 $3~6m^3/(m^2 \cdot h)$，比普通沉淀池的设计表面负荷高约一倍，池内水力停留时间一般为 30~60min。

☞ **3.30　什么是废水处理系统的初次沉淀池? 其作用是什么?**

初次沉淀池一般设置在污水处理厂的沉砂池之后、曝气池之前，二次沉淀池设置在曝气池之后、深度处理或排放之前。

初沉池是一级污水处理厂的主体处理构筑物，处理的对象是污水中的悬浮物质，可去除 40%~55%，同时可去除 20%~30% 的 BOD_5(主要是悬浮性 BOD_5)，可改善生物处理构筑物运行条件并降低其 BOD_5 负荷。

初沉池用于处理城市污水时，沉淀时间一般为 1.5~2h，对进水中 BOD_5 的去除率可以达到 20%~30%，对悬浮物(SS)的去除率可以达到 50% 以上。

☞ **3.31 初次沉淀池运行管理的注意事项有哪些？**

（1）根据初沉池的形式及刮泥机的形式，确定刮泥方式、刮泥周期的长短。避免沉积污泥停留时间过长造成浮泥，或刮泥过于频繁或刮泥太快扰动已沉下的污泥。

（2）初沉池一般采用间歇排泥，因此最好实现自动控制；无法实现自控时，要注意总结经验并根据经验人工掌握好排泥次数和排泥时间。当初沉池采用连续排泥时，应注意观察排泥的流量和排放污泥的颜色，使排泥浓度符合工艺要求。

（3）巡检时注意观察各池的出水量是否均匀，还要观察出水堰出流是否均匀，堰口是否被浮渣封堵，并及时调整或修复。

（4）巡检时注意观察浮渣斗中的浮渣是否能顺利排出，浮渣刮板与浮渣斗挡板配合是否适当，并及时调整或修复。

（5）巡检时注意辨听刮泥、刮渣、排泥设备是否有异常声音，同时检查其是否有部件松动等，并及时调整或修复。

（6）排泥管道至少每月冲洗一次，防止泥砂、油脂等在管道内尤其是阀门处造成淤塞，冬季还应当增加冲洗次数。定期（一般每年一次）将初沉池排空，进行彻底清理检查。

（7）按规定对初沉池的常规监测项目进行及时分析化验，尤其是 SS 等重要项目要及时比较，确定 SS 去除率是否正常，如果下降就应采取必要的整改措施。

（8）初沉池的常规监测项目：进出水的水温、pH 值、COD_{Cr}、BOD_5、TS、SS 及排泥的固含率和挥发性固体含量等。

☞ **3.32 初次沉淀池出水含有细小悬浮颗粒的原因有哪些？如何解决？**

为充分发挥初沉池的作用，许多污水处理厂的剩余污泥都从初沉池集中排放，即将二级生物处理系统剩余污泥也排放到初沉池的进水管渠中。因此，初沉池出水中带有细小悬浮颗粒的原因主要有：水力负荷冲击或长期超负荷；因为水短流而减少了停留时间，以致絮体在沉降下去之前即随水流进入出水堰；曝气池活性污泥过度曝气，使污泥自身氧化而解体；进水中增加了某些难沉淀污染物颗粒。

与以上原因对应的解决办法有：增设调节池，均匀分配进水水力负荷；调整进水、出水配水设施的不均匀性，减轻冲击负荷的影响，克服短流现象；调整曝气池的运行参数，以改善污泥絮凝性能，如营养盐缺乏时及时补充，泥龄过长造成污泥老化时应缩短泥龄，过度曝气时应调整曝气量；投加絮凝剂，改善某些难沉淀悬浮颗粒的沉降性能；使消化池、浓缩池上清液均匀进入初沉池，消除其负面影响；使二沉池剩余污泥均匀进入初沉池，消除剩余污泥回流带来的负面影响。

☞ 3.33　在废水处理系统中设置均质调节池的作用是什么？

均质调节池的作用是克服污水排放的不均匀性，均衡调节污水的水质、水量、水温的变化，储存盈余、补充短缺，使生物处理设施的进水量均匀，从而降低污水的不一致性对后续二级生物处理设施的冲击性影响。此外，酸性废水和碱性废水还可以在调节池内互相进行中和处理。

☞ 3.34　废水处理系统中设置均质调节池的目的是什么？

废水处理系统中设置均质调节池的目的，主要有以下内容：

（1）使间歇生产的工厂在停止生产时，仍能向生物处理系统继续输入废水，维持生物处理系统连续稳定地运行；

（2）提高对有机负荷的缓冲能力，防止生物处理系统有机负荷的急剧变化；

（3）对来水进行均质，防止高浓度有毒物质进入生物处理系统；

（4）控制 pH 值的大幅度波动，减少中和过程中酸或碱的消耗量；

（5）避免进入一级处理装置的流量波动，使药剂投加等过程的自动化操作能够顺利进行；

（6）没有生物处理场的工厂设置均质池，可以控制向市政系统的废水排放，以缓解废水负荷分布的变化。

☞ 3.35　均质调节池的类型有哪些？

均质调节池的主要作用是减小污水处理设施进水水质和水量的波动，其形式和容量大小与废水排放的类型、特征和后续污水处理系统的要求有关。根据作用的不同，均质调节池可分为以下几类：

（1）均量池：常用的均量池实际上是一种变水位的贮水池，废水以平均流量进入后续污水处理系统，多余的水量排入贮水池，在来水量低于平均流量时再回流到泵的集水井。均量池适用于两班生产而污水处理场需要 24h 连续运行的情况。

（2）均质池：最常见的均质池为异程式均质池，结合进出水槽的合理布置，使进入均质池的前后时程的水流得以混合，取得随机均质的效果。有时还设置搅拌装置，促进混合均匀。异程式均质池水位固定，因此只能均质，不能均量。

（3）均化池：均化池结合了均量池和均质池的做法，既能均量又能均质，一般也要在池中设置搅拌装置。

（4）间歇式均化池：当水量较小时，可以设间歇贮水、间歇运行的均化池。间歇均化池为多个或一池多格，交替使用，池中设搅拌装置。间歇均化池效果可靠，但不适合于大流量的污水。

（5）事故调节池：为了防止水质出现恶性事故，有破坏污水处理厂正常运行的可能时，设置所谓事故池，贮存事故出水，这是变相的均化池。事故池的进水阀门必须和排水系统连锁,实现自动控制,否则无法及时发现事故。事故池平时必须保持空池状态。

☞ **3.36 均质调节池的混合方式有哪些?**

为保证调节的作用,进入均质调节池的污水通常要进行混合。常用的混合方法有:

(1)水泵强制循环:在池底均匀布设穿孔管,水泵压水管与穿孔管相连,压力水在池内释放产生搅动作用。此法不需要在池内安装特殊的机械设备,简单易行,混合完全,但动力消耗量较大。

(2)空气搅拌:空气搅拌是在池底设穿孔管或螺旋曝气器等设施,压缩空气通过穿孔管或螺旋曝气器对池内水流产生搅拌作用。这种搅拌方式效果较好,能够防止水中悬浮物的沉积,动力消耗也较少。

(3)机械搅拌:机械搅拌是在池内安装机械搅拌设备,如桨式、推进式、涡流式、泵式等,这些设备常年浸泡在水中,容易腐蚀损坏,维修保养工作量大。

(4)穿孔导流槽引水:穿孔导流槽引水是通过合理布置出水槽的位置或出水方式,实现对水质和水量的均化调节,几乎不需要消耗动力,但会出现水中杂质在池中积累的现象,而且池体结构也较为复杂。

☞ **3.37 均质调节池的空气搅拌混合方式有什么特点?**

空气搅拌不仅起到混合均化的作用,还具有预曝气的功能。空气混合与曝气可以防止水中固体物质在池中沉降下来和出现厌氧的情况,还可以使废水中的还原性物质被氧化,吹脱去除挥发性物质,使废水的 BOD_5 值下降,改进初沉效果和减轻曝气池负荷。空气搅拌的缺点是能使废水中的挥发性物质散逸到空气中,产生一些气味,有时需要在池顶安装收集排放这些气体的装置。

均质调节池中采用穿孔曝气管搅拌时,曝气强度一般为 $2 \sim 3m^3/(m \cdot h)$ 或 $5 \sim 6m^3/(m^2 \cdot h)$,当进水中悬浮物的含量为 200mg/L 时,保持悬浮状态所需动力为 $4 \sim 8W/(m^3$ 废水$)$。为使废水保持好氧状态,所需空气量平均为 $0.6 \sim 0.9m^3/(m^3 \cdot h)$。

空气搅拌时,布气管常年淹没在水中,使用普通碳钢管材容易腐蚀损坏,必须使用玻璃钢、ABS 塑料等耐腐蚀材质,安装要求较高。

☞ **3.38 设置均质调节池的基本要求有哪些?**

均质调节池的基本要求如下:

(1)为使均质调节池出水水质均匀和避免其中污染物沉淀,均质调节池内应设搅拌、混合装置。

(2)停留时间根据污水水质成分、浓度、水量大小及变化情况而定,一般按水量计为 10~24h,特殊情况可延长到 5d。

37

（3）以均化水质为目的的均质调节池一般串联在污水处理主流程内，水量调节池可串联在主流程内，也可以并联在辅助流程内。

（4）均质调节池池深不宜太浅，有效水深一般为 2~5m；为保证运行安全，均质调节池要有溢流口和排泥放空口。

（5）废水中如果有发泡物质，应设置消泡设施；如果废水中含有挥发性气体或有机物，应当加盖密闭，并设置排风系统定时或连续将挥发出来的有害气体（搅拌时产生的更多）高空排放。

☞ **3.39 什么是事故池？其在废水处理系统中的作用有哪些？**

事故池是均质调节池的一种类型，许多化工、石化等排放高浓度废水的工厂污水处理厂都设置事故池，因为这些工厂在生产出现事故后，在退料过程中部分废料会掺入排水系统，恢复生产前往往还需要对生产装置进行酸洗或碱洗，所以会在短时间内排出大量浓度极高而且 pH 值波动很大的有机废水。这样的废水如果直接进入污水处理系统，对正在运行的生物处理系统的影响和平时所说的冲击负荷相比要大得多，往往是致命的和不可挽救的。

为了避免生产事故排放废水对污水处理系统的影响，许多专门的工业废水处理场都设置了容积很大的事故池，用于贮存事故排水。在生产恢复正常且污水处理系统没有受到影响的情况下，再逐渐将事故池中积存的高浓度废水连续或间断地以较小的流量引入到生物处理系统中。因此，事故池一般设置在污水处理系统主流程之外。

为发挥其应有的作用，事故池平时必须保持空池状态，因此利用率较低。另外事故池的进水必须和生产废水排放系统的在线水质分析设施连锁，实现自动控制，当生产废水水质发生突变时，能够自动将高浓度事故排水及时切入事故池。否则，等污水处理系统已经有被冲击的迹象时再采取措施，活性污泥往往已经受到了严重的伤害。

☞ **3.40 什么是隔油池？其基本要求有哪些？**

隔油池的作用是利用自然上浮法分离来去除含油废水中可浮性油类物质的构筑物。隔油池能去除污水中处于漂浮和粗分散状态的相对密度小于 1.0 的石油类物质，而对处于乳化、溶解及细分散状态的油类几乎不起作用。其基本要求如下：

（1）隔油池必须同时具备收油和排泥措施。

（2）隔油池应密闭或加活动盖板，以防止油气对环境的污染和火灾事故的发生，同时可以起到防雨和保温的作用。

（3）寒冷地区的隔油池应采取有效的保温防寒措施，以防止污油凝固。为确保污油流动顺畅，可在集油管及污油输送管下设热源为蒸汽的加热器。

（4）隔油池四周一定范围内要确定为禁火区，并配备足够的消防器材和其他消防手段。隔油池内防火一般采用蒸汽,通常是在池顶盖以下200mm处沿池壁设一圈蒸汽消防管道。

(5)隔油池附近要有蒸汽管道接头,以便接通临时蒸汽扑灭火灾,或在冬季气温低时因污油凝固引起管道堵塞或池壁等处粘挂污油时清理管道或去污。

☞ **3.41 常用隔油池的类型有哪些?其各自适用范围及优缺点如何?**

常用隔油池的形式有平流式和斜板式两种,也有在平流隔油池内安装斜板,即成为具有平流式和斜板式双重优点的组合式隔油池。常用隔油池的特点和主要理论数据分别见表3-4和表3-5。

表3-4 常用隔油池的比较

池型	优 点	缺 点	适用条件
平流式	(1)耐冲击负荷; (2)施工简单	(1)布水不均匀; (2)采用刮油刮泥机操作复杂; (3)不能连续排泥,操作量大	适用于各种规模的含油污水处理场
斜板式	(1)水力负荷高; (2)占地面积少	(1)斜板易堵,需增加表面冲洗系统; (2)不宜作为初次隔油设施	适用于各种规模的含油污水处理场
组合式	(1)耐冲击负荷; (2)占地面积少	(1)池子深度不同,施工难度大; (2)操作复杂	适用于对水质要求较高的含油污水处理场

表3-5 常用隔油池的主要理论数据表

序号	平流隔油池	斜板隔油池
1	进水pH值6.5~8.5	进水pH值6.5~8.5
2	去除油粒粒径≥150μm	去除油粒粒径≥60μm
3	停留时间1.5~2h	停留时间5~30min
4	水平流速10mm/s	板间流速3~7mm/s
5	集泥斗按含水率99%、8h沉渣计	板间水力条件$Re<500$,$Fr>10^{-5}$
6	集油管管径为200~300mm,最多串联4根	板体倾斜角≥45°
7	池体长宽比≥4,深宽比为0.3~0.5,超高>0.4m	板体材料疏油、耐腐蚀、光洁度好
8	刮油泥速度0.3~1.2m/min	刮油泥速度0.3~1.2m/min
9	排泥阀直径≥200mm,端头设压力水冲泥管	排泥阀直径≥200mm,端头设压力水冲泥管
10	自流进水使水流平稳	自流进水使水流平稳
11	寒冷地区池内要设加热设施	寒冷地区池内要设加热设施
12	池顶要设阻燃盖板和蒸汽消防设施	池顶要设阻燃盖板和蒸汽消防设施
13	池体数≥2个,并能单独工作	池体数≥2个,并能单独工作

☞ **3.42 什么是平流隔油池？**

装有链条板式刮油刮泥机的平流隔油池基本构造见图3-6。

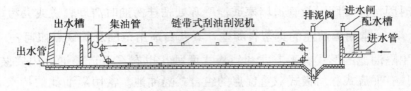

图3-6 平流隔油池构造示意图

普通平流隔油池与平流沉淀池相似，废水从池的一端进入，从另一端流出，由于池内水平流速较低，进水中相对密度小于1.0的轻油滴在浮力的作用下上浮，并积聚在池的表面，通过设在池面的集油管和刮油机收集浮油；相对密度大于1.0的油滴随悬浮物下沉到池底，通过刮泥机排到收泥斗后定期排放。通常可将废水含油量从400~1000mg/L降到150mg/L以下，除油效率为70%以上，所去除油粒最小直径为100~150μm。

☞ **3.43 设置平流隔油池的基本要求有哪些？**

平流隔油池的基本要求有以下几点：

（1）池数一般不少于2个，池深1.5~2.0m，超高不小于0.4m，单格池宽一般不大于6m，每单格的长宽比不小于4，工作水深与每格宽度之比不小于0.4，池内流速一般为2~5mm/s，水力停留时间为1.5~2.0h。

（2）使用链条板式刮渣刮油机时，在池面上将浮油推向平流隔油池的末端，而将下沉的池底污泥刮向进水端的泥斗。池底应保持0.01~0.02的坡度，贮泥斗深度为0.5m、底宽不小于0.4m、侧面倾角为45°~60°，刮板的移动速度不大于2m/s。

（3）平流隔油池的进水端要有不少于2m的富余长度作为稳定水流的进水段，该段与池主体宽深相同，并设消能、整流设施，以尽可能降低流速和稳定水流。

（4）为提高出水水质、降低出水中的含油量，平流隔油池的出水端也要有不少于2m的富余长度来保持分离段的水力条件，该段与池主体宽深相同，并分成两格，每格长度均为1m左右，且设固定式或可调式堰板，出水堰板沿长度方向出水量必须均匀。

（5）平流隔油池的进水端一般采用穿孔墙进水，溢流堰出水。

☞ **3.44 什么是斜板隔油池？**

根据浅层理论发展而来的斜板隔油池，是一种异向流分离装置，其水流方向与油珠运动方向相反。废水沿板面向下流动，从出水堰排出。水中相对密度小于1.0的油珠沿板的下表面向上流动，然后用集油管汇集排出。水中其他相对密度大于 1.0 的悬浮颗粒沉降到斜板上表面，再沿着斜板滑落到池底部经穿孔排泥管排出。

斜板隔油池所需的停留时间约为 30min，仅为平流隔油池的 1/2~1/4。斜板隔油池可以去除油滴的最小直径为 60μm。

☞ **3.45　设置斜板隔油池的基本要求有哪些?**

斜板隔油池的基本要求如下：

（1）斜板隔油池的表面水力负荷为 0.6~0.8m³/（m²·h）。

（2）斜板体的倾角要在 45°以上，斜板之间的净距离一般为 40mm。为避免油珠或油泥粘挂在斜板上，斜板的材质必须具有不粘油的特点，同时要耐腐蚀和光洁度好。

（3）布水板与斜板体断面的平行距离为 200mm。布水板过水通道为孔状时，孔径一般为 12mm，孔隙率为 3%~4%，孔眼流速为 17mm/s。布水板过水通道为栅条状时，过水栅条宽 20mm，间距 30mm。

（4）为保证斜板体过水的畅通性和除油效果，要在斜板体出水端 200~500mm 处设置斜板体清污器。清污动力可采用压缩空气或压力为 0.3MPa 的蒸汽，根据斜板体积污多少随时进行清污。

☞ **3.46　隔油池的收油方式有哪些?**

（1）固定式集油管收油。固定式集油管设在隔油池的出水口附近，其中心线标高一般在设计水位以下 60mm，距池顶高度要超过 500mm。固定式集油管一般由直径为 300mm 的钢管制成，由蜗轮蜗杆作为传动系统，既可以顺时针转动也可以逆时针转动，但转动范围要注意不超过 40°。集油管收油开口弧长为集油管横断面 60°所对应的弧长，平时切口向上，当浮油达到一定厚度时，集油管绕轴线转动，使切口浸入水面浮油层之下，然后浮油溢入集油管并沿集油管流到集油池。小型隔油池通常采用这种方式收油。

（2）移动式收油装置收油。当隔油池面积较大且无刮油设施时，可根据浮油的漂浮和分布情况，使用移动式收油装置灵活地移动收油，而且移动式收油装置的出油堰标高可以根据具体情况随时调整。移动式收油装置使用疏水亲油性质的吸油带在水中运转，将浮油带出水面后，进入移动式收油装置的挤压板把油挤到集油槽内，吸油带再进入池中吸取浮油。

（3）自动收油罩收油。隔油池分离段没有集油管或集油管效果不好时，可安装自动收油罩收油。要根据回收油品的性质和对其含水率的要求等因素，综合考虑出油堰口标高和自动收油罩的安装位置。

（4）刮油机刮油。大型隔油池通常使用刮油机将浮油刮到集油管，刮油机的形式和气浮池刮渣机相同，有时和刮泥同时进行成为刮油刮泥机。平流式隔油池刮油刮泥机设置在分离段，刮油刮泥机将浮油和沉泥分别刮到出水端和进水端，因此需要整池安装。斜板隔油池则只在分离段设刮油机,其排泥一般采用斗式重力排泥。

☞ **3.47 隔油池的排泥方式有哪些?**

(1)小型隔油池多采用泥斗排泥,每个泥斗要单独设排泥阀和排泥管,泥斗倾角为45°~60°,排泥管直径不能小于DN200mm。当排泥管出口不是自然跌落排泥,而是采用静水压力排泥时,静水压头要大于1.5m,否则会排泥不畅。

(2)隔油池采用刮油刮泥机机械排泥时,池底要有坡向泥斗的1%~2%的坡度。

(3)刮油刮泥机的运行速度要控制在0.3~1.2m/min之间,刮板探入水面的深度为50~70mm。刮油刮泥机应当震动较小、翻板灵活,刮油不留死角。

(4)刮油刮泥机多采用链条板式,如果泥量较少,可以只考虑刮油。常用链条式刮油刮泥机具体性能见表3-6。

表3-6 链条板式刮油刮泥机主要性能

项目	刮油机 I	刮油机 II	刮油刮泥机
隔油池规格/m	长×宽=20×45	长×宽=3.6×2.4	长×宽=30×45
温度/℃	<50	<50	<50
操作方式	连续运行	连续运行	每4h至少运行一次
刮板规格/mm	3660×120×8	1640×120×8	4440×150×20
刮板块数	9	2	14
刮板移动速度/(mm/s)	0.016	0.0155	0.016
减速机型号	XWED0.55-63-1/1003	XWED0.55-63-1/1003	XWED1.5-84
电机功率/kW	0.6	0.4	1.5
传动链条型号	TG381×1-92	20A-1×96	—
传动链条规格/mm	38.10×22.23×25.30	31.75×19.05×18.9	45×27×27
牵引链条种类	片式牵引链	片式牵引链	单排套筒滚子链
牵引链条规格/mm	150×300×29	150×33×24	200×44×44

☞ **3.48 粗粒化(聚结)除油法的原理是什么?**

粗粒化(聚结)除油法的原理是利用油和水对聚结材料表面亲和力相差悬殊的特性,当含油污水流过时,微小油粒被吸附在聚结材料表面或孔隙内,随着被吸附油粒的数量增多,微小油粒在聚结材料表面逐渐结成油膜,油膜达到一定厚度后,便形成足以从水相分离上升的较大油珠。

能够进行聚结处理的乳化油珠最小粒径为5~10μm。油珠粒径越大,油水相间的界面张力越大,越有利于附聚;提高含油水中无机盐的含量,可使表面张力增大,而含油废水的碱性增强和表面活性物质增多,将有碍于乳化油珠的聚结。

粗粒化(聚结)除油一般设置在隔油池后,代替气浮法除油过程。

☞ **3.49 选择聚结材料的基本要求有哪些?**

选择聚结材料时,首先要考虑其物理性能,然后还要用待处理的含油污水进行试验考证后再确定。表3-7列出了常用聚结材料的物理性能,表3-8列出了表面性质不同的聚结材料的除油结果。

表3-7 常用聚结材料的物理性能

材料名称	润湿角	密度/(kg/L)	润湿角测定条件
聚丙烯	7°38′	0.91	
无烟煤	13°18′	1.60	(1)水温44℃;
陶 粒	72°42′	1.50	(2)介质为净化后含油污水;
石英砂	99°30′	2.66	(3)润湿剂为原油
蛇文石	72°9′	2.52	

表3-8 表面性质不同的聚结材料的除油结果

项 目	粒状材料			纤维材料		
	原水/(mg/L)	出水/(mg/L)		原水/(mg/L)	出水/(mg/L)	
		亲油材料	亲水材料		亲油材料	亲水材料
最大值	306.4	66	75	297	89	107
最小值	81	3	5	93	58	53
平均值	218	16.9	20.8	151	74	78
效率/%		92.2	90.5		51.0	48.3

选择聚结材料的基本要求如下:①耐油性能好,不能被所除油溶解或溶胀;②尽可能选用亲油疏水材料;③具有一定机械强度,不易磨损;④再生冲洗方便简单,不易板结成团;⑤使用颗粒材料时,粒径为3~5mm。

☞ **3.50 使用聚结材料的注意事项有哪些?**

聚结材料都具有疏水性,不论其疏油还是亲油,只要粒径合适,都能取得较好的聚结性能。若聚结材料具有亲油性,当含油污水流经聚结材料的堆积床时,分散在水中的微小乳化油粒就会被吸附在材料表面,小油粒聚结成较大油珠后,在浮力作用下上升分离。若聚结材料具有疏油性,当含油污水流经聚结材料的堆积床时,乳化油粒在聚结材料之间的微小且方向多变的空隙内运动时,多个微小乳化油粒可通过相互接触而聚结成能靠浮力上升分离的大油珠。

聚结材料不同,聚结效果也会有所差异。同一种聚结材料,改变其外形或改变其表面疏水性质,都会影响其聚结性能。因此选择聚结材料时,一般要针对某种含油污水进行可聚结性试验和聚结除油试验。根据试验结果,确定使用何种聚结材料和确定聚结床层的高度和通水倍数,根据通水倍数确定聚结床层的工作周期。

☞ **3.51 常用粗粒化(聚结)除油装置的结构是怎样的?**

粗粒化(聚结)除油装置由聚结段和除油段两部分组成,根据这两段的组合形式可将粗粒化(聚结)除油装置分为合建式和分建式两种(见图3-7),常用的是合建承压式粗粒化(聚结)除油装置。

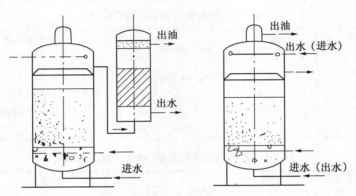

图3-7　常用聚结除油装置示意图

粗粒化(聚结)除油装置与过滤工艺的承压滤池有许多相似之处,从下而上由承托垫层、承托垫、聚结材料层、承压层构成,水流方向多为反向流,聚结床工作周期结束后的清洗采用气-水联合冲洗。常使用级配卵石作为承托垫层,卵石级配见表3-9。管理方法和注意事项等与承压滤池也基本相同。

表3-9　垫层卵石级配表

层状	粒径/mm	厚度/mm
上	16~32	100
中	8~16	100
下	4~8	100
总厚		300

承托垫一般由钢制格栅和不锈钢丝网组成,其作用是承托聚结材料层、承压层等部分的重量。钢制格栅的间距要比粒状聚结材料的上限尺寸大1~2mm,而不锈钢丝网的孔眼要比粒状聚结材料的下限尺寸略小,以防聚结材料漏失。

当使用相对密度小于1.0的聚结材料时,在聚结材料的顶部也要设置钢制格栅、不锈钢丝网及压网卵石层以防清洗时跑料。常用压网卵石粒径为16~32mm,厚度0.3m。钢制格栅、不锈钢丝网的选择原则与承托垫一样。

☞ **3.52 气浮法的原理是什么?**

气浮法也称为浮选法,其原理是设法使水中产生大量的微细气泡,从而形成水、气及被去除物质的三相混合体,在界面张力、气泡上升浮力和静水压力差等多种力的共同作用下，促使微细气泡黏附在被去除的杂质颗粒上后，因黏合体密度小于水而上浮到水面，从而使水中杂质被分离去除。

气浮过程由气泡产生、气泡与固体或液体颗粒附着及上浮分离等步骤组成，实现气浮分离的必要条件有两个：①必须向水中提供足够数量的微小气泡，气泡的直径越小越好，常用的理想气泡尺寸是 $15 \sim 30 \mu m$；②必须使杂质颗粒呈悬浮状态而且具有疏水性。

☞ 3.53 影响气浮效果的因素有哪些?

影响气浮效果的因素有四个：①微气泡的尺寸，决定于溶气方式和释放器的构造；②气固比，决定于向水中释放的空气量；③进水浓度、工作压力和上浮分离时间；④脱稳和破乳药剂的种类、投加量和混凝反应时间。

☞ 3.54 含油废水的脱稳和破乳的方法有哪些?

（1）防止表面活性物质混入含油废水中，比如对碱渣和含碱废水中的脂肪酸钠盐等物质进行充分回收处理，尽量减少进入废水的表面活性物质数量。

（2）向废水中投加电解质，达到压缩双电层和电中和的目的，促使已经乳化的微细油珠互相凝聚。例如加酸使废水的 pH 值降低到 $3 \sim 4$，可以产生强烈的凝聚现象。

（3）投加硫酸铝、氯化铁等无机絮凝剂，既可压缩油珠的双电层，又可起到使废水中其他杂质颗粒凝聚的作用，这些无机絮凝剂的投加量一般比混凝沉淀处理时的投加量要少一些。当含油废水中含有硫化物时，不宜使用铁盐絮凝剂，否则会因生成硫化铁而影响破乳效果。

（4）当含油废水中含有脂肪酸钠盐而引起乳化时，可以向废水中投加石灰，使钠皂转化为疏水性的钙皂，以促进微细油珠的相互凝聚。

☞ 3.55 气浮法的特点有哪些?

（1）不仅对于难以用沉淀法处理的废水中的污染物可以有较好的去除效果，而且对于能用沉淀法处理的废水中的污染物往往也能取得较好的去除效果。

（2）气浮池的表面负荷有可能超过 $12m^3/(m^2 \cdot h)$，水流在池中的停留时间只需要 $10 \sim 20min$，而池深只需要 2m 左右，因此占地面积只有沉淀法的 1/2 ~ 1/8，池容积只有沉淀法的 1/4 ~ 1/8。

（3）浮渣含水率较低，一般在 96% 以下，比沉淀法产生同样干重污泥的体积少 2 ~ 10 倍，简化了污泥处置过程，节省了污泥处置费用，而且气浮表面除渣比沉淀池底排泥更方便。

（4）气浮池除了具有去除悬浮物的作用以外，还可以起到预曝气、脱色、降低 COD_{Cr} 等作用，出水和浮渣中都含有一定量的氧，有利于后续处理，泥渣不易腐败变质。

（5）气浮法所用药剂比沉淀法要少，使用絮凝剂为脱稳剂时，药剂的投加方法与混凝处理工艺基本相同，所不同的是气浮法不需要形成尺寸很大的矾花，因而所需反应时间较短。

（6）气浮法所用的释放器容易堵塞，室外设置的气浮池浮渣受风雨的影响很大，在风雨较大时，浮渣会被打碎重新回到水中。

☞ **3.56 气浮法在废水处理系统中的作用是什么？**

气浮法的传统用途是用来去除污水中处于乳化状态的油或密度接近于水的微细悬浮颗粒状杂质。

气浮法通常作为对含油污水隔油后的补充处理，即为二级生物处理之前的预处理。隔油池出水一般仍含有 50～150mg/L 的乳化油，经过一级气浮法处理，可将含油量降到 30mg/L 左右，再经过二级气浮法处理，出水含油量可达 10mg/L 以下。

污水中固体颗粒粒度很细小，颗粒本身及其形成的絮体密度接近或低于水、很难用沉淀法实现固液分离时，可以利用气浮法。

另外，有的气浮法以去除污水中的悬浮杂质为主要目的，或是作为二级生物处理的预处理，或是放在二级生物处理之后作为二级生物处理的深度处理。

☞ **3.57 常用气浮法有哪些？**

气浮法按产生气泡方式可分为细碎空气气浮法、压力溶气气浮法两种。其中，压力溶气气浮法又分为全溶气式、部分溶气式及部分回流溶气式，细碎空气气浮法又分为机械细碎空气气浮法和喷射细碎空气气浮法。

最常用的气浮法是部分回流压力溶气气浮法、机械细碎空气气浮法和喷射细碎空气气浮法。

☞ **3.58 什么是机械细碎空气气浮法？其有哪些特点？**

机械细碎空气法使用高速旋转叶轮产生的离心力产生的真空负压状态将空气吸入，在叶轮的搅动下，空气被粉碎成为微细的气泡而扩散于水中，气泡由池底向水面上升并黏附水中的悬浮物一起带至水面。

机械细碎空气气浮法的优点是设备结构简单，维修量较小，其缺点是叶轮的机械剪切力不能把空气粉碎得很充分，产生的气泡较大，气泡直径可达 1mm 左右。这样在供气量一定的条件下，气泡的表面积小，而且由于气泡直径大、运动速度快，与废水中杂质颗粒接触的时间短，不易与细小颗粒或絮凝体相吸附，同时水流的机械剪切力反而可能将加药后形成的絮体打碎。因此细碎空气气浮法不适用于处理含细小颗粒与絮体的废水，可用于含有大油滴的含油废水。

☞ **3.59 喷射器作为溶气设备的原理是什么？有哪些特点？**

喷射气浮法是用水泵将污水或部分气浮出水加压后，高压水流流经特制的射流器，将吸入的空气剪切成微细气泡，再和污水中的杂质接触结合在一起后上升到水面。

喷射器的原理是高压水流流经喉管时形成负压引入空气，经激烈的能量交换后，动能转换为势能，增加了水中溶解的空气量，然后进入气浮池进行分离。一般要求喷射器后背压力值达到 0.1~0.3MPa，喉管直径与喷嘴直径之比为 2~2.5，喷嘴流速范围为 20~30m/s。为提高溶气效果，喷射器后要配以管道混合器，混合器要保证水头损失 0.3~0.4m，混合时间为 30s 左右。

喷射气浮法不设溶气罐，构造简单、维修量小，适于做成处理小水量的气浮净化机。其优势在于土建费用较低，经过适当保温后，可安装于室外正常运行。

☞ **3.60　什么是部分回流压力溶气气浮法？其有哪些特点？**

部分回流压力溶气气浮法是压力溶气气浮法的一种，具体做法是用水泵将部分气浮出水提升到溶气罐，加压到 0.3~0.55MPa，同时注入压缩空气使之过饱和，然后瞬间减压，原来溶解在水中的空气骤然释放，产生出大量的微细气泡，从而使被去除物质与微细气泡结合在一起并上升到水面。其工艺流程见图 3-8。

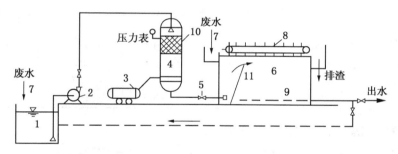

图 3-8　部分回流压力溶气气浮法工艺流程示意图

1—吸水井；2—加压泵；3—空压机；4—压力溶气罐；5—减压释放阀；6—渣水分离池；
7—原水进水管；8—刮渣机；9—集水系统；10—填料层；11—隔板

部分回流压力溶气气浮法的特点如下：

（1）在加压条件下，空气的溶解度大，供气浮用的气泡数量多，能保证气浮的效果。

（2）溶入水中的气体经急骤减压后，可以释放出大量的尺寸微细、粒度均匀、密集稳定的微气泡。微气泡集群上浮过程稳定，对水流的扰动较小，可以确保气浮效果，特别适用于细小颗粒和疏松絮体的固液分离过程。

（3）工艺流程及设备比较简单，管理维修方便，处理效果稳定，并且节能效果显著。

（4）加压气浮产生的微气泡可以直接参与凝聚并和微絮粒一起共聚长大，因此可以节约混凝剂的用量。

☞ **3.61 常用溶气罐的结构是怎样的?**

溶气罐内部结构相对简单,不用填料的中空型溶气罐除了进出水管的布置方式有一定要求外,就是一只普通的空罐。溶气罐规格很多,高度与直径的比值一般为2~4,许多设计研究单位和制造厂都可以提供有关技术,表3-10列出了常用溶气罐的主要参数。也有的溶气罐采用卧式安装,并沿长度方向将罐长分为进水段、填料段、出水段,这种类型的溶气罐进出水稳定,而且可以对进水中的杂质予以截留,避免溶气释放器的堵塞问题。

表3-10 常用溶气罐主要参数

直径/mm	高度/mm	流量/(m³/h)	压力/MPa	进水管径/mm	出水管径/mm
200	2550	3~6	0.2~0.5	40	50
300	2580	7~12	0.2~0.5	70	80
400	2680	13~19	0.2~0.5	80	100
500	3000	20~30	0.2~0.5	100	125
600	3000	31~42	0.2~0.5	125	150
700	3180	43~58	0.2~0.5	125	150
800	3280	59~75	0.2~0.5	150	200
900	3330	76~95	0.2~0.5	200	250
1000	3380	96~118	0.2~0.5	200	250
1200	3510	119~150	0.2~0.5	250	300
1400	3610	151~200	0.2~0.5	250	300
1600	3780	201~300	0.2~0.5	300	350

☞ **3.62 溶气罐基本要求有哪些?**

溶气罐的作用是实施水和空气的充分接触,加速空气的溶解。

(1)溶气罐形式有中空式、套筒翻流式和喷淋填料式三种,其中喷淋填料式溶气效率最高,比没有填料的溶气罐溶气效率可高30%以上。可用的填料有瓷质拉西环、塑料淋水板、不锈钢圈、塑料阶梯环等,一般采用溶气效率较高的塑料阶梯环。

(2)溶气罐的溶气压力为0.3~0.55MPa,溶气时间即溶气罐水力停留时间1~4min,溶气罐过水断面负荷一般为100~200m³/(m²·h)。一般配以扬程为40~60m的离心泵和压力为0.5~0.8MPa的空压机,通常风量为溶气水量的15%~20%。

(3)污水在溶气罐内完成空气溶于水的过程,并使污水中的溶解空气过饱和,多余的空气必须及时经排气阀排出,以免分离池中气量过多引起扰动,影响气浮效果。排气阀设在溶气罐的顶部,一般采用$DN25mm$手动截止阀,但是这种方式在北方寒冷地区冬季气温太低时,常会因截止阀被冻住而无法操作,必须予以适当保温。排气阀尽可能采用自动排气阀。

（4）溶气罐属压力容器，其设计、制作、使用均要按一类压力容器要求考虑。

（5）采用喷淋填料式溶气罐时，填料高度 0.8~1.3m 即可。不同直径的溶气罐，要配置的填料高度也不同，填料高度一般在 1m 左右。当溶气罐直径大于 0.5m 时，考虑到布水的均匀性，应适当增加填料高度。

（6）溶气罐内的液位一般为 0.6~1.0m，过高或过低都会影响溶气效果。因此，溶气系统气液两相的压力平衡的及时调整很重要。除通过自动排气阀来调整外，可通过安装浮球液位传感器探测溶气罐内液位的升降，据此调节进气管电磁阀的开或关，还可通过其他非动力式来实现液位控制。

（7）溶气水的过流密度即溶气量与溶气罐截面积之比，有一个最优化范围。常用溶气罐的直径、流量的适应范围见表 3-10。

☞ **3.63　常用溶气释放器的基本要求有哪些？**

溶气释放器是气浮法的核心设备，其功能是将溶气水中的气体以微细气泡的形式释放出来，以便与待处理污水中的悬浮杂质黏附良好。释放器各有千秋，多是专利产品。

（1）高效溶气释放器要具有最大的消能值。消能值是指溶气水从溶解平衡的高能值降到几乎接近常压的低能值之间的差值，高效溶气释放器的消能值应在 95% 以上，最高者可达 99.9%。

（2）两个体积相同的气泡合并之后，其表面能将减少 20.62%。为避免微气泡的合并，在获得最大消能值的前提下，还要具有最快的消能速度，或叫最短的消能时间。高效溶气释放器的消能时间应在 0.3s 以下，最优者可达 0.03~0.01s。

（3）性能较好的释放器能在较低的压力（0.2MPa 左右）下，将溶气量的 99% 左右予以释放，即几乎将溶气全部释放出来，以确保在保证良好的净水效果前提下，能耗较少。

（4）根据吸附值理论，只有比悬浮颗粒小的气泡，才能与该悬浮颗粒发生有效的吸附作用。污水中难于在短时间内沉淀或上浮的悬浮颗粒粒径通常都在 50μm 以下，乳化液的主体颗粒粒径为 0.25~2.5μm。虽然经过投加混凝剂反应后，水中悬浮颗粒粒径可以变大，但为了获得较好的出水水质，采用气浮法时，气泡直径越小越好。高效溶气释放器释放出的气泡直径大致在 20~40μm，有些可使气泡直径达到 10μm 以下，甚至接近 1μm。

（5）为达到气浮池正常运转的目的，释放器还须具备以下条件：一是抗堵塞（因为要达到上述目的就要求水流通道尽可能窄小），二是结构要力求简单、材质要坚固耐腐蚀，同时要便于加工和安装、尽量减少可动部件。

（6）为防止水流冲击，保证微气泡与颗粒的黏附条件，释放器前管道流速要低于 1m/s，释放器出口流速为 0.4~0.5m/s，每个释放器的服务直径为 0.3~1.1m。

☞ **3.64 设置气浮池的基本要求有哪些?**

（1）气浮池溶气压力为 0.2～0.4MPa，回流比为 25%～50%。为获得充分的共聚效果，一般需要投加絮凝剂，有时还要投加助凝剂，投药后混合时间通常为 2～3min，反应时间为 5～10min。

（2）气浮池一般采用矩形钢筋混凝土结构，常与反应池合建，池顶设有轻型盖板，内设刮渣机，池内水流水平流速为 4～6m/s，不宜大于 10m/s。气浮池的长宽比通常不小于 4，中小型气浮池池宽可取 4.5m、3m 或 2m，大型气浮池池宽可根据具体情况确定，一般单格池宽不超过 10m、池长不超过 15m。

（3）为防止打碎絮体，水流衔接要平稳，因此气浮池与反应池最好合建在一起，进入气浮池接触室的水流速度要低于 0.1m/s。

（4）气浮池接触室的高度以 1.5～2.0m 为佳，平面尺寸要能满足布置溶气释放器的要求。其中水流上升流速要控制在 10～20mm/s，水流在其中的停留时间要大于 60s。

（5）分离室深度一般为 1.5～2.5m，超高不小于 0.4m。其中水流的下向流速度范围要在 1.5～3.0mm/s，即控制其表面负荷在 5.5～10.8m³/(m²·h)，废水在气浮池内的停留时间不能超过 1.0h，一般为 30～40min。

（6）气浮池的集水要能保证进出水的平衡，以保持气浮池的水位正常。一般采用集水管与出水井相连通，集水管的最大流速要控制在 0.5m/s 左右。中小型气浮池在出水井的上部设置水位调节管阀；大型气浮池则要设可控溢流堰板，依此升降水位，调节流量。

☞ **3.65 气浮池的形式有哪些?**

根据待处理水的水质特点、处理要求及各种具体条件，已有多种形式的气浮池投入使用。其中有平流与竖流，方形与圆形等布置形式，也有将气浮与反应、沉淀、过滤等工艺综合在一起的组合形式。

（1）平流式气浮池是使用最为广泛的一种池形，通常将反应池与气浮池合建。废水经过反应后，从池体底部进入气浮接触室，使气泡与絮体充分接触后再进入气浮分离室，池面浮渣用刮渣机刮入集渣槽，清水则由分离室底部集水管集取。

（2）竖流式气浮池的优点是接触室在池中央，水流向四周扩散，水力条件比平流式单侧出流要好，而且便于与后续处理构筑物配合。其缺点是池体的容积利用率较低，且与前面的反应池难以衔接。

（3）综合式气浮池可分为气浮-反应一体式、气浮-斜板沉淀一体式、气浮-过滤一体式等三种形式。

50

☞ **3.66　设置刮渣机的基本要求有哪些?**

刮渣机的基本要求主要有以下几点:

(1) 大量的浮渣不能及时清除或刮渣时对渣层扰动较大、刮渣时液位和刮渣程序不当、刮渣机行进速度过快都会影响气浮效果。

(2) 尺寸较小的矩形气浮池通常采用链条式刮渣机,而对大型的矩形气浮池(跨度为10m左右)可采用桥式刮渣机。对于圆形气浮池,使用行星式刮渣机。

(3) 为使刮板移动速度不大于浮渣溢入集渣槽的速度,刮渣机的行进速度要控制在 50~100mm/s。

(4) 一般情况下,当溶气罐实现自控后,根据渣量的多少,刮渣机每隔 2~4h 运行一次。

☞ **3.67　加压溶气气浮法调试时的注意事项有哪些?**

气浮法调试时的运行管理注意事项有以下几点:

(1) 调试进水前,首先要用压缩空气或高压水对管道和溶气罐反复进行吹扫清洗,直到没有容易堵塞的颗粒杂质后,再安装溶气释放器。

(2) 进气管上要安装单向阀,以防压力水倒灌进入空压机。调试前要检查连接溶气罐和空压机之间管道上的单向阀方向是否指向溶气罐。实际操作时,要等空压机的出口压力大于溶气罐的压力后,再打开压缩空气管道上的阀门向溶气罐注入空气。

(3) 先用清水调试压力溶气系统与溶气释放系统,待系统运行正常后,再向反应池内注入污水。

(4) 压力溶气罐的出水阀门必须完全打开,以防由于水流在出水阀处受阻,使气泡提前释放、合并变大。

(5) 控制气浮池出水调节阀门或可调堰板,将气浮池水位稳定在集渣槽口以下 5~10cm,待水位稳定后,用进出水阀门调节并测量处理水量,直到达到设计水量。

(6) 等浮渣积存到 5~8cm 后,开动刮渣机进行刮渣,同时检查刮渣和排渣是否正常、出水水质是否受到影响。

☞ **3.68　气浮法日常运行管理的注意事项有哪些?**

(1) 巡检时,通过观察孔观察溶气罐内的水位。要保证水位既不淹没填料层,影响溶气效果;又不低于 0.6m,以防出水中夹带大量未溶空气。

(2) 巡检时要注意观察池面情况。如果发现接触区浮渣面高低不平、局部水流翻腾剧烈,这可能是个别释放器被堵或脱落,需要及时检修和更换。如果发现分离区浮渣面高低不平、池面常有大气泡鼓出,这表明气泡与杂质絮粒黏附不好,需要调整加药量或改变混凝剂的种类。

（3）冬季水温较低影响混凝效果时，除可采取增加投药量的措施外，还可利用增加回流水量或提高溶气压力的方法，增加微气泡的数量及其与絮粒的黏附，以弥补因水流黏度的升高而降低带气絮粒的上浮性能，保证出水水质。

（4）为了不影响出水水质，在刮渣时必须抬高池内水位，因此要注意积累运行经验，总结最佳的浮渣堆积厚度和含水量，定期运行刮渣机除去浮渣，建立符合实际情况的刮渣制度。

（5）根据反应池的絮凝、气浮池分离区的浮渣及出水水质等变化情况，及时调整混凝剂的投加量，同时要经常检查加药管的运行情况，防止发生堵塞（尤其是在冬季）。

☞ **3.69　什么是汽提？什么是吹脱？**

汽提和吹脱都用于脱除废水中的溶解性气体和某些挥发性物质，原理是将载气通入水中，使载气与废水充分接触，导致废水中的溶解性气体和某些挥发性物质向气相转移，从而达到脱除水中污染物的目的。

吹脱一般使用空气为载气，汽提则使用蒸汽。

☞ **3.70　汽提和吹脱在废水处理系统中的应用分别有哪些？**

汽提法常被用于含有 H_2S、HCN、NH_3、CS_2 等气体和甲醛、苯胺、挥发酚等其他挥发性有机物的工业废水的处理。废水中的这些成分可能对系统设施产生危害或对后续处理不利，或者本身有毒、对环境有害，通常使用生物处理和其他方法处理效果不理想或代价较大。为减少能耗，汽提在塔式设备中进行。

吹脱法常被用于脱除石灰石中和酸性废水和经过阳床、反渗透处理后等废水中的 CO_2。空气吹脱可以使用吹脱池或吹脱塔，有毒气体的吹脱通常采用塔式吹脱设备。

☞ **3.71　炼油酸性废水的特点有哪些？**

石油炼制加工过程中，原油蒸馏装置和各种二次油品加工装置都会排出酸性污水，其中硫化氢和氨氮的含量都较高。

除硫化氢和氨氮外，炼油酸性污水中还含酚、氰化物等物质，若这些酸性物质含量过高（硫化物大于 50mg/L、挥发酚大于 300mg/L、氰化物大于 20mg/L、氨氮大于 100mg/L），就可能对活性污泥中的微生物产生毒害，影响生物处理的效果。

如果酸性废水掺入含油污水中排放，污水管道、检查井内部及污水处理场的隔油、浮选、曝气等工艺设施附近大气中都将有可能出现硫化氢等有毒气体含量超标，有关人员在污水处理设施内从事任何工作（甚至取样化验）都有可能发生硫化氢中毒事故。

☞ **3.72　常用汽提类型有哪些?**

处理含硫污水常用的蒸汽汽提方式有双塔汽提和单塔汽提两大类。

双塔汽提是使原料污水依次进入硫化氢汽提塔和氨气汽提塔,在两个塔内分别实现硫化氢和氨气从污水中分离的过程。双塔汽提可同时获得高纯度的硫化氢和氨气,净化水水质较好,可回用或进入综合污水处理场处理后排放。其缺点是设备复杂,蒸汽消耗量大。

单塔汽提是在一个汽提塔内同时实现硫化氢和氨气分离的过程,其优点是设备简单,蒸汽单耗低。常用的单塔汽提为单塔加压侧线抽出汽提(见图3-9),能同时高效率地将硫化氢和氨脱出;当污水中氨含量较低,只需脱除硫化氢时,可采用单塔加压无侧线抽出流程(见图3-10)。

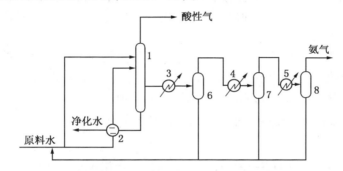

图3-9　单塔加压侧线抽出汽提示意图

1—汽提塔;2—换热器;3—一级冷凝器;4—二级冷凝器;5—三级冷凝器;
6—一级分凝器;7—二级分凝器;8—三级分凝器

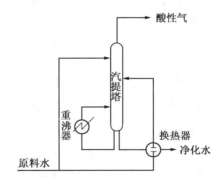

图3-10　单塔加压无侧线抽出流程示意图

☞ **3.73　单塔加压侧线抽出汽提原理是什么?**

单塔加压侧线抽出汽提的具体原理是在低温(低于80℃)和一定压力下,氨在水中溶解度较大,相比之下二氧化碳、硫化氢等酸性气体的溶解度较小,即液相中氨含量较大而气相则主要由酸性气体组成。当温度较高(大于80℃)时,因为氨在水中的溶解度迅速下降而挥发至气相，从而改变气相组成，使气相主要成分为氨。

单塔加压侧线抽出汽提的流程是以部分冷原料水或净化水作为冷进料打入汽提塔顶部，将塔顶温度降低，实现硫化氢、二氧化碳从污水中分离；同时，经与净化水换热后的其余原料水作为热进料打入塔的上部，塔底部由重沸器或蒸汽直接供热，将硫化氢、二氧化碳和氨气从污水中分离出来，塔底排出合格的净化水，塔中部形成一个硫化氢含量最少、氨气浓度最高的区域，由此抽出富氨侧线气，实现氨气从污水中分离的过程。

☞ **3.74　单塔加压侧线抽出汽提塔运行控制的参数有哪些?**

单塔加压侧线抽出汽提法的主要控制参数有塔底温度、塔顶温度、操作压力、侧线抽出比等，另外，抽出口位置、冷热进料比、酸性气流量等参数对汽提效果的影响也很大。

实际生产中，塔底温度、塔顶温度、操作压力是固定不变的，要根据污水的具体性质，结合一定的汽提负荷，进行优化筛选来确定侧线抽出比、抽出口位置、冷热进料比、酸性气流量这几个参数的具体值。

☞ **3.75　单塔加压侧线抽出汽提塔塔底温度如何控制?**

塔底温度：160~163℃。

根据酸性水(NH_3-H_2S-CO_2-H_2O)的性质，当温度高于120℃时，随着温度的继续升高，NH_4HS、NH_4HCO_3、NH_4COONH_2 的水解反应加速进行，NH_3、H_2S、CO_2 等水解产物加速向气相转移，水中这些成分的含量自然会急速下降。汽提塔就是利用酸性气在水中的这种特性，将酸性水初步净化。

对于重量比小于2%的酸性污水，如果侧线抽出口以下取20块浮阀塔盘，则塔底温度为160~163℃时，可以使净化水中氨含量小于250mg/L、硫化氢含量小于100mg/L。

为尽可能降低净化水中硫化氢和氨的含量，必须保证塔底温度不能低于160℃。

☞ **3.76　单塔加压侧线抽出汽提塔塔顶温度如何控制?**

塔顶温度：35~45℃，即40℃左右。

以80℃为界，硫化氢和氨在汽提塔气相中的组成会出现相反的变化。低于80℃时，NH_3 在水中的溶解度较大，而 H_2S、CO_2 的溶解度较小。在低温和一定压力下，气相中的 NH_3 几乎全部溶解在液相中，并与水中的 H_2S、CO_2 形成可溶性的铵盐，此时气相主要由 H_2S 和 CO_2 组成。当温度高于80℃时，NH_3 在液相的溶解度就迅速降低，大量挥发使得气相中 NH_3 的浓度随之急增，从而改变气相的组成。

为达到既保证塔顶排出的酸性气体的质量、又降低蒸汽消耗的目的，塔顶温度的控制十分重要。在塔上段分离单元高度足够时，若塔顶温度为35~45℃，对于重量比高达 8% 的酸性污水，氨几乎都溶解在液相中，酸性气体中氨的体积比含量均小于 0.2%。因此，要严格控制塔顶温度在 40℃ 左右，不要出现大的波动。

☞ **3.77 单塔加压侧线抽出汽提塔操作压力如何控制？**

操作压力：塔底压力为 0.51~0.53MPa，塔顶压力为 0.49~0.50MPa。

理论上看，塔顶温度和塔顶压力的变化都会影响塔顶气相组分。若塔顶气相平衡压力升高，气相中硫化氢的浓度就会变大；如果气相温度降低，气相中硫化氢组分含量就会升高。而实际做法是保持塔的操作压力和塔底温度恒定，通过采取改变汽提负荷、侧线抽出比、冷热进料比、酸性气流量等措施以调整塔顶温度的方法来控制净化水的水质和酸性气体的质量。

汽提塔底温度控制在 160~163℃ 时，一般控制塔底压力为 0.51~0.53MPa，减掉全塔塔盘和填料的 3~5kPa 的压降，塔顶压力常维持在 0.49~0.50MPa。

☞ **3.78 单塔加压侧线抽出汽提塔侧线抽出比如何控制？**

单塔加压侧线抽出汽提的侧线抽出比是指侧线抽出气量与汽提塔进污水量的比值。侧线抽出比直接影响净化水水质。

当来水浓度一定时，若侧线抽出比过小，塔内富氨聚集区的范围加宽，会导致部分氨再次回到液相，引起净化水中氨含量上升。若侧线抽出比过大，分凝系统的冷凝液量增加，会导致汽提蒸汽消耗量变大，引起装置能耗升高。侧线抽出比一般为 20% 左右。

☞ **3.79 单塔加压侧线抽出汽提塔冷热进料比如何控制？**

单塔加压侧线抽出汽提的冷热进料比指冷进料和热进料数量的比值，冷热进料比减小，即冷进料减少、热进料增加，有利于降低能耗。进料比的大小与原料酸性水的浓度有关，由于冷进料主要在塔顶冷回流，因此原料酸性水浓度越高，为保持塔顶 40℃ 左右的低温和酸性气的质量，所需要的冷进料量就越大，装置的能耗也相应增加。

生产上冷热进料比一般为 1:5 左右。

☞ **3.80 单塔加压侧线抽出汽提塔酸性气流量如何控制？**

汽提塔内的压力一般都保持不变，因此，可以将塔顶的温度作为控制酸性气流量和质量的参数，即温度降低时加大酸性气的流量，温度升高时减少酸性气的流量。

当原料水中硫化氢含量升高后，塔上段的气相中硫化氢的分压就会增加，随之引起塔上段的温差变大，此时加大酸性气的流量。反之，原料水中硫化氢含量降低后，塔上段的气相中硫化氢的分压就会减少，塔上段的温差变小，此时减小酸性气的流量。

☞ **3.81 单塔加压侧线抽出汽提塔原料水中氨的含量升高后的对策有哪些？**

(1)加大汽提蒸汽量，可以促使液相中的 NH_3 向气相转移，从而使净化水的水质得到保证。此时由于蒸汽负荷加大，塔内压力将会升高，为稳定汽提塔的操作压力，同时还要加大侧线抽出气量，将氨带出塔体，保持塔压的平衡。

(2)加大侧线抽出气量，将氨带出塔体。由于塔中部抽出气量加大，塔内压力将会降低，此时加大汽提蒸汽负荷量，可以将液相中的 NH_3 汽提出来，使净化水的水质得到保证，同时也保持了塔内压力的平衡。

实际上，上述两种措施是相辅相成的，一般根据塔顶压力来控制侧线抽出气量，并通过定时监测进水水质的化验结果，调节汽提蒸汽负荷量，从而保证汽提塔操作压力的稳定和净化水的质量。

☞ **3.82 单塔加压侧线抽出汽提塔运行的注意事项有哪些？**

(1)关注原料水的脱气除油效果。为减少污油在汽提塔相关设备中的积累和对汽提塔内气液平衡的影响，一定要严格控制进入汽提塔的酸性污水的含油量。保证原料水进口处设除油器、罐和分凝器上排油口等运行效果。

(2)关注冷进料的冷却效果。汽提塔酸性气的质量主要与塔顶温度有关，而作为冷进料的原料水温度又直接影响塔顶温度。为了克服原料水温的不稳定性，重点关注冷进料的冷却效果，可以降低整个装置的生产能耗。

(3)关注酸性气的冷凝器的冷却效果。为保证酸性气的质量和增加装置的操作稳定性，在尽可能控制塔顶温度不变的同时，降低酸性气的温度。

(4)侧线气分凝系统的第二级冷凝器负荷要有适当富裕，能适应第一级冷凝器的冷后富氨气温度波动±5℃的要求。

☞ **3.83 什么是离心分离法？其基本原理是什么？**

离心分离处理废水是利用快速旋转所产生的离心力使废水中的悬浮颗粒从废水中分离出去的处理方法。当含有悬浮颗粒的废水快速旋转运动时，质量大的固体颗粒被甩到外围，质量小的留在内圈，从而实现废水与悬浮颗粒的分离。

完成离心分离的常用设备是旋流分离器或离心分离机，其分离性能常用分离因数作为比较系数。分离因数是液体中颗粒在离心场(旋转容器中的液体)的分离速度同其在重力场(静止容器中的液体)的分离速度之比值，即离心机产生的离心加速度与重力加速度之比，可用下式表示：$\alpha = r \cdot n^2 / 900$，式中 r、n 分别表示旋转半径(m)和转速(r/min)。当 $r=0.1m$、$n=500r/min$ 时，$\alpha=28$，由此可以看出，离心力大大超过了重力，转速增加，α 值提高更快。因此在高速旋转产生的离心场中，废水中悬浮颗粒的分离效率将大为提高。

☞ **3.84 离心分离法在废水处理系统中的应用有哪些？**

离心分离法适用于处理小流量的废水、污泥脱水和很难用一般过滤法处理的废水。对于固液密度差很小或固相密度比水小的废水中悬浮杂质去除效果不好。

离心分离法经常被用于污泥的脱水处理，在工业废水一级处理领域有时作为生物处理前的预处理，比如可以使用分离因数 $\alpha > 3000$ 的高速离心机分离回收洗羊毛废水中的羊毛脂。一般洗羊毛废水中的羊毛脂粒径只有 $5 \sim 8\mu m$，使用其他方法很难从废水中分离出来。回收时首先利用转速为 $5000 \sim 6000r/min$ 的离心机分离 $30 \sim 40min$，将羊毛脂进行初步富集，此时富集羊毛脂的废水量减少到原来体积的 8% 左右。然后加热到 95℃ 左右增大羊毛脂和水的密度差，再进行二级和三级离心分离，最后可获得含水率为 2.2% ~ 6.6% 的粗羊毛脂，羊毛脂的回收率可达 50%。

☞ **3.85　离心分离设备的类型有哪些?**

按离心力产生的方式，离心设备可分为两种类型：

（1）旋流分离器：带有较大动能的废水沿着切线方向进入特制的分离器后，在其中产生旋转时，废水和水密度相差较大的杂质颗粒在不同离心力的作用下实现和水的分离。

旋流分离器又可分为压力式旋流分离器和重力式旋流分离器两种类型。

（2）离心机：液体流入离心机内，由离心机旋转实现固液分离或液液分离。离心机原理是依靠一个可以随转动轴旋转的圆筒（又称转鼓），在转动设备驱动下产生高速旋转，含有杂物的废水进入圆筒后随圆筒一起旋转，废水中不同密度、不同大小的杂质在旋转中产生和水不同的离心力，从而达到分离的目的。

☞ **3.86　水力旋流分离器的原理是什么?**

压力式水力旋流分离器的上部呈圆筒形，下部为截头圆锥体，可用于去除密度较大的悬浮固体，如砂粒、铁屑等。结构示意图见图 3-11。

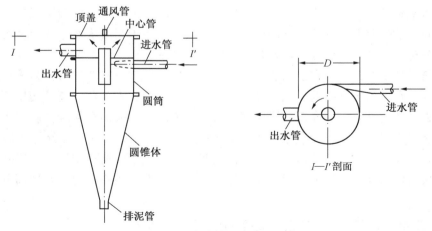

图 3-11　压力式旋流分离器示意图

含有悬浮杂物的废水在水泵和其他外加压力的作用下，以切线方向进入旋流器后高速旋转，在离心力的作用下，固体颗粒杂物被抛向器壁，并随旋流下降到锥形底部出口。澄清后的废水则形成螺旋上升的内层旋流，由上端溢流而出。

待处理废水中悬浮杂物性质一定时，压力式旋流分离器的分离效率与悬浮颗粒的直径有密切关系。一般将分离效率为 50% 的颗粒直径称为极限直径或临界直径，极限直径是判别水力旋流分离器的主要参数之一。

☞ **3.87 污泥离心脱水机的原理是什么？**

用于污泥脱水的离心机，按分离因数 α 可分为高速离心机（α>3000）、中速离心机（1500<α<3000）和低速离心机（α<1500）。按几何形状可分为转筒离心机（有圆锥形、圆筒形、锥筒形）、盘式离心机和板式离心机等；按安装形式分有立式离心机、卧式离心机等。图 3-12 是立式转筒离心机的构造原理图。

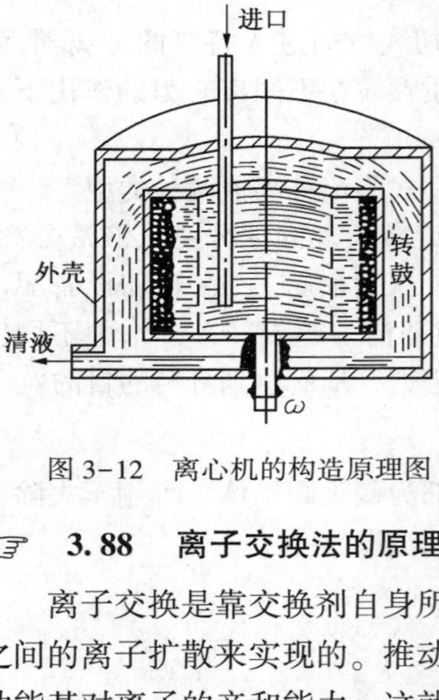

含有悬浮杂物的废水间歇式进入转鼓或连续流过转鼓，转鼓高速旋转产生分离作用。转鼓有两种：一种壁上有孔和滤布，工作时液体在惯性作用下穿过滤布和小孔排出，而固体颗粒被截留在滤布上，这样的分离形式称为过滤式离心机；另一种壁上无孔，工作时固体颗粒贴在转鼓内壁上，清液从紧靠转轴的孔隙或导管连续排出，这样的分离形式称为沉降式离心机。

图 3-12　离心机的构造原理图

☞ **3.88 离子交换法的原理是什么？**

离子交换是靠交换剂自身所带的能自由移动的离子与被处理的溶液中的离子之间的离子扩散来实现的。推动离子交换的动力是离子间的浓度差和交换剂上的功能基对离子的亲和能力，这就是离子交换的基本原理。

离子交换剂是实现交换功能的最基本物质，根据其材料性质可分为无机离子交换剂和有机离子交换剂，又可分为天然离子交换剂和人工合成离子交换剂。天然离子交换剂有黏土、沸石、褐煤等，人工合成离子交换剂有凝胶树脂、大孔树脂、吸附树脂、氧化还原树脂、螯合树脂等。按其交换能力又可分为强碱性树脂、弱碱性树脂、强酸性树脂、弱酸性树脂等多种类型。离子交换树脂实际上是由网状结构的高分子固体与附着在母体上的许多活性基团构成的不溶性高分子电解质。

☞ **3.89 离子交换法在废水处理中的应用有哪些？**

在废水处理中，离子交换法可用于去除废水中的某些有害物质，回收有价值化学品、重金属和稀有元素，或为了实现水资源的重复利用。主要用于处理电镀废水，如镀铬废水、镀镍废水、镀镉废水、镀金废水、镀银废水、镀锌废水、镀铜废水及含氰废水等，在胶片洗印废水中回收银、CD-2、CD-3 等贵重化学药品，还可用于其他含铬废水、含镍废水和含汞废水、放射性废水的处理。

离子交换法在废水处理中的另外一个应用，出现在废水零排放的浓缩阶段，常用弱酸阳树脂对经过碱法除硬后、又经过 RO 膜浓缩的高盐废水进一步除硬。

☞ **3.90　离子交换法的常用设施有哪些？**

一个完整的离子交换系统由离子交换、树脂再生 2 个工艺过程组成，其中离子交换单元是系统的核心，通常所说的离子交换法的常用设备和装置其实是离子交换单元的形式。根据离子交换柱的构造、用途和运行方式，离子交换单元装置可分为固定床式离子交换体系和连续式离子交换体系两大类。

☞ **3.91　离子交换法运行管理应注意哪些事项？**

（1）悬浮物和油脂：由于废水中的 SS 会堵塞树脂孔隙、油脂会将树脂颗粒包裹起来，影响离子交换的正常进行，因此必须保证对进水的预处理效果，降低其中的悬浮物和油脂类物质含量。

（2）有机物：某些高分子有机物与树脂活性基团的固定离子结合力很大，一旦结合就很难进行再生，进而影响树脂的再生率和交换能力。例如废水中含有高分子有机酸时，高分子有机酸与强碱性季胺基团的结合力就很大，很难洗脱下来。要关注处理含有高分子有机物废水时的 COD 值变化，运行中严控最高限值。

（3）高价金属离子：Fe^{3+}、Cr^{3+}、Al^{3+} 等高价金属离子容易被树脂吸附，而且再生时难以洗脱，引起树脂中毒，使树脂的交换能力降低。树脂高铁中毒后，颜色会变深，此时可用高浓度酸、碱、氯化钠溶液等长时间浸泡再生。

（4）pH 值：弱酸树脂和弱碱树脂则分别需要在碱性条件和酸性条件下，才能发挥出较大的交换能力。因此，针对不同酸、碱废水，应该选用不同的交换树脂；对于已经选定的交换树脂，可根据处理废水中离子的性质和树脂的特性，对废水进行 pH 值调整。

（5）水温：在一定范围内，水温升高可以加速离子交换的过程，但水温超过树脂的允许使用温度范围后，会导致树脂交换基团的分解和破坏。如果待处理废水的温度过高，必须进行降温处理。

（6）氧化剂：Cl_2、O_2、$Cr_2O_7^{2-}$ 等强氧化剂会引起树脂的氧化分解，导致活性基团的交换能力丧失和树脂固体母体的老化，影响树脂的正常使用。因此，在处理含有强氧化剂的废水时，加入适量的还原剂消除氧化剂的影响。

（7）电解质：交换树脂在高电解质浓度的情况下，由于渗透压的作用会导致树脂出现破碎现象。当处理含盐量浓度较高的废水时，应当选用交联度较大的树脂。

☞ **3.92　酸碱中和法的原则是什么?**

　　用化学法去除废水中过量的酸或碱,使其 pH 值达到中性的过程称为中和。处理含酸废水时,以碱或碱性氧化物为中和剂,而处理碱性废水则以酸或酸性氧化物为中和剂。对于中和处理,首先考虑以废治废的原则,将酸性废水与碱性废水互相中和,或者利用废碱渣(碳酸钙碱渣、电石渣等)中和酸性废水,条件不具备时,才使用中和剂处理。

　　当酸碱废水的流量和浓度变化较大时,应该先进入水质均质调节池进行均化,均化后的酸碱废水再进入中和池。为使酸碱中和反应进行得较完全,中和池内要设搅拌器进行混合搅拌。当水质水量较稳定或后续处理对 pH 值要求较宽时,可直接在集水槽、管道或混合槽中进行中和。

☞ **3.93　酸性废水的中和方法有哪些?**

　　酸性废水的中和法可分为酸性废水与碱性废水混合、投药中和及过滤中和等三种。

　　(1)酸、碱废水中和法。这种方法是将酸性废水和碱性废水共同引入中和池中,并在池内进行混合搅拌。当酸、碱废水的流量和浓度经常变化,而且波动很大时,应该分别设置酸、碱废水调节池加以调节,再单独设置中和池进行中和反应,此时中和池容积应按 $1.5\sim2.0h$ 的废水量考虑。

　　(2)投药中和法。酸性废水中和处理可采用氢氧化钠、氢氧化钙、碳酸钠等碱性物质。石灰价格便宜,使用较广,最常采用的是石灰乳法,氢氧化钙对废水杂质具有凝聚作用,因此很适用于处理含杂质多的酸性废水。如果废水中含有铁、铅、铜、锌等金属离子,能消耗氢氧化钙生成沉淀,因此计算中和药剂的投加量时,应考虑氢氧化钙与金属离子反应所消耗的量。

　　(3)过滤中和法。过滤中和法适用于中和处理不含悬浮杂质的盐酸废水、硝酸废水和浓度不大于 $2\sim3g/L$ 的硫酸废水等生成易溶盐的各种酸性废水,不适于处理含有大量悬浮物、油、重金属盐、砷、氟等物质的酸性废水。具体做法是使废水流过具有中和能力的滤料,过滤中和设施有重力式普通中和滤池与升流式膨胀滤池两种。

☞ **3.94　碱性废水的中和法有哪些?**

　　碱性废水的中和处理法除了用酸性废水中和外,还有投酸中和和烟道气中和等两种。

　　(1)在采用投酸中和时,一般使用 93% ~96% 的工业浓硫酸。在处理水量较小的情况下,或有方便的废酸可利用时,也有使用盐酸中和的。在原水 pH 值和流量都比较稳定的情况下,可以按一定比例连续加酸。当水量及 pH 值经常有变化时,一般要配制自动加药系统。

（2）烟道气中含有 CO_2 和 SO_2，通入碱性废水中可以使 pH 值得到调整，还可以将碱性废水作为湿式除尘器的喷淋水。这种中和方法的优点是效果良好，缺点是会使处理后的废水中悬浮物含量增加，硫化物和色度也都有所增加，需要进一步处理。

☞ **3.95 酸碱中和法运行管理应注意哪些事项？**

（1）用石灰中和酸性废水时，混合反应时间一般采用 1~2min，当废水中含有重金属或其他能与石灰反应的物质时，必须考虑去除这些物质。

（2）用石灰石做滤料时，进水含硫酸浓度应小于 2g/L，用白云石做滤料时，应小于 4g/L。当滤料使用到一定期限，滤料中的无效成分积累过多时，可逐渐降低滤速，以最大限度地消耗滤料。

（3）过滤中和时，废水中不宜有高浓度的金属离子或惰性物质，一般要求重金属含量小于 50mg/L，以免在滤料表面生成覆盖物，使滤料失效。

（4）含 HF 的废水中和过滤时，因为 CaF_2 溶解度很小，因此要求 HF 浓度小于 300mg/L。如果浓度过高，应当采用石灰乳进行中和。

（5）由于酸的稀释过程中大量放热，而且在热条件下酸的腐蚀性大大增强，所以不能采用将酸直接加到管道中的做法，否则管道将很快被腐蚀。一般应使用混凝土结构的中和池，并保证 3~5min 的停留时间和充分考虑到防腐和耐热性能的要求。

☞ **3.96 化学沉淀法的原理是什么？**

向废水中投加某种化学药剂，使其与水中某些溶解物质产生反应，生成难溶于水的盐类沉淀下来，从而降低水中这些溶解物质的含量，这种方法称为水处理的化学沉淀法。

为去除废水中的某种离子，向水中投加能生成难溶解盐类的另一种离子，并使两种离子的乘积大于该难溶解盐的溶度积，形成沉淀，从而降低废水中这种离子的含量。

化学沉淀法的工艺流程和设备与混凝处理法相似，主要步骤包括化学沉淀剂的配制与投加、沉淀剂与原水混合反应、利用沉淀池或气浮池实现固液分离、泥渣的处理与应用等四个环节。

☞ **3.97 化学沉淀法在废水处理中的应用有哪些？**

化学沉淀法经常用于处理含有汞、铅、铜、锌、六价铬、硫、氰、氟、砷等有毒化合物的废水。

废水中某种离子能否采用化学沉淀法与废水分离，首先决定于能否找到合适的沉淀剂。比如，向废水中投加钡盐生成铬酸盐沉淀可用于处理含六价铬的工业废水，向废水中投加石灰生成氟化钙沉淀可以去除水中的氟化物。

☞ **3.98　化学沉淀法的常用方法有哪些？**

根据使用的沉淀剂不同，常见的化学沉淀法有氢氧化物沉淀法、硫化物沉淀法、碳酸盐沉淀法、钡盐沉淀法、卤化物沉淀法等。

（1）氢氧化物沉淀法。采用此法处理的最经济的化学药剂是石灰，一般适用于不准备回收的低浓度废水处理。采用氢氧化物沉淀法处理废水中的金属离子时，调节好 pH 值是操作的关键条件，pH 值过高或过低都会使处理失败。

（2）硫化物沉淀法。硫化物沉淀法比氢氧化物沉淀法可更完全地去除重金属离子，但硫化物沉淀困难，常常需要投加凝聚剂以加强去除效果，有时仅作为氢氧化物沉淀法的补充方法。

（3）碳酸盐沉淀法。对于重金属含量较高的废水，可以用投加碳酸钠的方法加以回收。比如对含锌、铜、铅的废水，投加碳酸钠与之反应生成碳酸盐沉淀，沉渣用清水漂洗后，再经真空抽滤筒抽干后进行回收或利用。

（4）钡盐沉淀法。钡盐沉淀法主要用于处理含六价铬的工业废水，钡离子与废水中的铬酸根进行反应，生成难溶盐铬酸盐沉淀。为了提高除铬效果，应当投加过量的碳酸盐。

（5）卤化物沉淀法。当废水中只含有氟离子时，投加石灰，将 pH 值调至 $10 \sim 12$，生成 CaF_2 沉淀，可使废水中的氟浓度降到 $10 \sim 20mg/L$。

☞ **3.99　化学沉淀法运行管理应注意哪些事项？**

（1）增加沉淀剂的使用量，可以提高废水中离子的去除率，但沉淀剂的用量也不宜加得过多，否则会导致相反的作用，一般不要超过理论用量的 $20\% \sim 50\%$。

（2）采用化学沉淀法处理工业废水时，采用普通的平流式沉淀或竖流式沉淀即可，而且停留时间要比生活废水或有机废水处理中的沉淀时间短。

（3）当用于不同的处理目标时，所需的投药和反应装置也不相同。有些药剂可以干式投加，而另一些则需要先将药剂溶解并稀释成一定浓度，然后按比例投加。

（4）有些废水或药剂有腐蚀性，采用的投药和反应装置要充分考虑满足防腐要求。

☞ **3.100　电解法的原理和特点是什么？**

当对某些废水进行电解时，废水中的有毒物质在阳极失去电子被氧化成新的产物，或在阴极得到电子还原成新的产物，或与电极的电解产物反应生成新的物质。这种利用电解原理来处理废水的方法，就是废水处理中的电解工艺。

电解装置药剂消耗量和废液排放量都较少，通过调节电解电压或电流，可以适应废水水量和水质大幅度变化带来的冲击。缺点是电耗和可溶性阳极材料消耗较大，副反应多，电极容易钝化。

☞ **3. 101   电解法在废水处理中的应用有哪些?**

按照污染物被净化的机理,可以将电解处理废水的方法分为电解氧化法、电解还原法、电解絮凝法等。

利用电解法可以处理废水中各种离子状态的污染物,如 CN^-、Cr^{6+}、Cd^{2+}、AsO_2^-、Pb^{2+}、Cu^{2+}、Hg^{2+} 等;还可以处理各种无机或有机的耗氧物质,如硫化物、氨、酚、油和有色物质等。

电解法处理含铬废水时,操作简单,处理效果较好,Cr^{6+} 通常可降到 0.1mg/L 以下。处理含氰电镀废水时,出水游离氰的浓度可降到 0.5mg/L 以下。

电解法能够一次去除水中的多种污染物,电解处理氰化铜废水时,CN^- 在阳极被氧化的同时,Cu^{2+} 在阴极被还原沉积。

☞ **3. 102   萃取法的原理和特点是什么?**

萃取法的原理是向废水中投加一种与水不相溶、但能对污染物良好溶解的溶剂,使其与废水充分混合接触,由于污染物在溶剂中的溶解度大于在水中的溶解度,因而废水中大部分污染物转移到溶剂中,然后将溶剂与废水分离,达到提取污染物和净化废水的目的。采用的溶剂称为萃取剂,被萃取的污染物称为溶质。萃取后含有污染物的萃取剂称为萃取液或萃取相,经过萃取法处理后的废水称为萃余液或萃余相。

萃取法使用的萃取剂必须具有良好的热稳定性和化学稳定性,不仅要和水互不相溶,而且不能和废水中的任何杂质发生化学反应,也不能对萃取塔等设备产生腐蚀作用,同时还要易于回收和再利用。萃取剂要具有良好的选择性,即对废水中的特定污染物具有较好的分离能力,而且萃取剂与废水的密度差越大越好。另外,萃取剂的表面张力要适中,过小会使萃取剂在废水中乳化,影响两相分离;过大时虽然分离容易,但分散程度差,影响两相的充分接触。

☞ **3. 103   如何提高萃取效果?**

(1)设法增大两相接触面积:对于界面张力不大的萃取剂,只要依靠重力推动混合液通过筛板或填料,即可获得适当的分散度。但对于界面张力较大的萃取剂,则需要通过搅拌或脉冲装置来实现适当分散的目的。

(2)提高传质系数:通过萃取剂液滴在废水中的反复破碎和聚集,或强化液相的湍动程度,使传质系数增大。如果废水中含有阻碍传质的某些固体杂质或表面活性剂存在,必须提前采取措施去除。

(3)加大传质动力:为保证萃取过程有较大的推动力,可以采用萃取剂和废水的逆流操作。

☞ **3. 104   萃取法在废水处理中的应用有哪些?**

(1)萃取法处理含酚废水。萃取法经常用来处理焦化厂、煤气厂、石油化工厂排出的高浓度含酚废水，实现酚的回收利用。废水先经除油、澄清和降温处理后从顶部进入脉冲筛板塔，同时由塔底供入萃取剂二甲苯。对于酚含量为 1000～3000mg/L 的废水，当萃取剂与废水的流量为 1∶1 时，可将废水的酚浓度降到 100～150mg/L，脱酚率为 90% 以上，出水可以进入生物处理系统进行进一步处理。萃取液再进入三段串联碱洗塔再生，再生后的萃取液含酚量降至 1000～2000mg/L，可再进入萃取塔循环处理，同时可以从塔底回收酚钠。

（2）萃取法处理含重金属废水。例如处理同时含有铜和铁的废水时，可使用对金属离子有络合作用的萃取剂进行六级逆流萃取，总萃取率达 90% 以上。含铜萃取液可用 1.5mol/L 的 H_2SO_4 进行反萃取，脱除铜的萃取剂可再进入萃取塔循环处理；反萃取所得的 $CuSO_4$ 溶液进行电解处理可得高纯电解铜，废电解液可再用于反萃取。已进行脱铜处理的废水再用投加氨水的方法除铁，在 NH_3 的投加量约为铁含量的 1/2 的情况下，于 90～95℃ 条件下反应 2h，除铁率也可达 90%。

☞ **3.105　萃取塔的常用类型有哪些？**

（1）填料萃取塔。填料萃取塔在结构上与塔式生物滤池类似，塔内使用陶质环形、塑料或钢质球形、木质棚板形等填料，为实现萃取液与萃余液的有效分离，在塔的上部和下部均设置沉降分离段。

（2）脉冲筛板萃取塔。往复叶片式脉冲筛板萃取塔由萃取段和上、下分离段三部分组成。在塔顶电机的偏心轮装置带动下，中心轴和筛板一起作上下脉冲运动。筛板脉冲强度是影响萃取效率的主要因素，脉冲强度值过低，两相混合效果不好，而脉冲强度过高，又容易造成乳化现象。

（3）转盘萃取塔。转盘萃取塔也是由萃取段和上、下分离段三部分组成。在萃取段的内壁上安装多个间距相等的固定环形挡板，使塔内形成多级分离单元。废水与萃取剂分别从塔的上部和下部切线引入，逆向流动接触，在转盘的转动作用下，液体被剪切分散，进而取得较好的萃取效果。

（4）离心萃取机。离心萃取机的外形为圆筒卧式转鼓，其中有多层同心圆筒，每层都有许多孔口相通。萃取剂由外层的同心圆筒进入，废水从最中心的同心圆筒进入。转鼓以 1500～3000r/min 的高速旋转产生离心力，使废水和萃取剂分别由里向外和由外向里流动，即进行逆流接触，最后萃取液和萃余液分别从内层和外层排出。

☞ **3.106　化学氧化还原法的原理是什么？**

利用某些溶解于废水中的有毒有害物质在氧化还原反应中能被氧化或还原的性质，通过投加氧化剂或还原剂将其转化为无毒无害的新物质，或者转化成容易从水中分离排除的气体或固体形态，从而达到处理这些有毒有害物质的目的，这种方法就是废水处理中的氧化还原法。

在氧化还原反应中，失去电子的过程叫氧化，得到电子的过程叫还原；得到电子的物质称为氧化剂，失去电子的物质称为还原剂。氧化还原能力就是指某种物质失去或得到电子的难易程度，可以统一用氧化还原电位作为指标。氧化剂与还原剂的氧化还原电位差越大，氧化还原反应越容易发生，而且进行得越完全。

影响氧化还原反应进行的因素还有废水的 pH 值、温度、氧化剂和还原剂的浓度等。

☞ **3.107　化学氧化法的常用方法有哪些？**

向废水中投加氧化剂，氧化废水中的有害物质，使其转变为无毒无害的或毒性较小的新物质的方法称为氧化法。常用的氧化法有氯氧化法、空气氧化法和臭氧氧化法等。

比如，次氯酸钠作为氧化剂在废水处理中可以用于氰化物、氨氮的去除，以及脱色、除臭、杀菌、防腐等；采用空气曝气的方法，将脱硫废水中的还原性无机盐亚硫酸氢钠氧化为硫酸盐，COD 由数百 mg/L 降低到 50mg/L 以下。

☞ **3.108　化学还原法的常用方法有哪些？**

向废水中投加还原剂，还原废水中的有毒物质，使其转变为无毒的或毒性较小的新物质的方法称为还原法。常用的还原法有金属还原法、硼氢化钠法、硫酸亚铁法和亚硫酸氢钠法等，主要用于含铬、含汞等废水的处理，以及双膜法 RO 膜进水中微量氧化剂的去除等。

☞ **3.109　化学氧化还原法运行管理应注意哪些事项？**

（1）利用化学氧化还原法处理废水时，氧化剂或还原剂的投加量都要高于理论量，有时甚至要高出数倍。

（2）使用氯氧化法处理含氰废水时，必须在碱性条件下进行，一方面避免氰化物挥发引起的中毒问题，另一方面也可以促进反应的尽快进行。

（3）采用空气氧化法除铁时，除了供给足够的空气保证氧量外，适当提高 pH 值可以加快反应速度，pH 值至少要在 6.5 以上。

（4）当用铁屑处理含汞废水时，如果 pH 值较低，必须先调整 pH 值后再进行处理。

（5）利用硼氢化钠处理含汞废水时，需要先将废水的 pH 值调整到 9 以上。如果废水中的汞存在于有机汞化合物中，必须使用氧化法将其转化为无机汞盐。

（6）当使用硫酸亚铁法或亚硫酸氢钠法处理含铬废水时，反应必须分两步进行。第一步过程中废水 pH 值必须在 4 以下，第二步过程中必须将废水的 pH 值由酸性调整为 7.5~9。

（7）还原除铬反应器必须采用耐酸的陶瓷或塑料制造，当用二氧化硫还原时，要保证设备的密封性能良好。

☞ **3.110　什么是湿式氧化技术？什么是催化湿式氧化技术？**

湿式空气氧化法是在高温（150～350℃）和高压（5～20MPa）操作条件下，在液相中利用空气或氧气作为氧化剂，将废水中的溶解态或悬浮态有机物氧化成低分子有机酸或二氧化碳和水，从而达到去除污染物的目的，同时将还原态无机物氧化成稳定态物质。

催化湿式氧化技术就是在传统的湿式氧化处理工艺中加入催化剂，降低反应所需的温度和压力，提高氧化分解能力，缩短反应时间，达到使反应在较温和的条件下和较短的时间内完成及降低处理成本的目的。催化剂有选择性，氧化处理有机物的种类和结构不同，所需要的催化剂也不同，即必须对催化剂进行筛选评价。目前应用于湿式氧化的催化剂主要包括过渡金属及其氧化物、复合氧化物和盐类。

☞ **3.111　催化湿式氧化技术可分为哪两类？**

根据所用催化剂的状态，可将用于湿式氧化的催化剂分为均相催化剂和非均相催化剂两类，催化湿式氧化法也相应分为均相氧化催化法和非均相氧化催化法两类。

均相催化湿式氧化法是通过向反应溶液内加入可溶于水的催化剂，在分子或离子水平对反应过程起催化作用。常见的是过渡金属的盐类，以二价铜离子的催化效果最好。均相催化反应性能专一，有特定的选择性，反应温度更温和。但由于均相催化湿式氧化过程中催化剂混溶于水，必须对氧化出水进行后续处理回收催化剂，使得流程较为复杂，废水处理的成本较高。

非均相催化湿式氧化法使用的催化剂以固态形式存在，这样的催化剂与废水的分离比较简单，可使氧化处理流程大大简化。目前，常见的非均相催化剂仍是利用铜盐的高催化活性，只不过是利用 Al_2O_3 和活性炭等具有较大表面积和许多微孔的材料作为载体，使用浸渍法将 Cu^{2+} 负载在其上面，制成固体负载型催化剂。除了铜系非均相催化剂外，还有贵金属系列和稀土金属系列非均相催化剂。

☞ **3.112　湿式氧化技术的原理和特点是什么？**

在高温高压下，水及作为氧化剂的氧气的物理性质都发生了很大变化。在室温到100℃的范围内，氧在水中的溶解度随温度的升高而降低，但当温度超过150℃后，氧在水中的溶解度随温度的升高反而增大，而且溶解度远大于室温下的溶解度。同时氧在水中的扩散系数也随温度的升高而增大，高温下进行的湿式空气氧化法就是利用了氧和水的这一性质。

湿式空气氧化发生的反应属于自由基反应，经历诱导期、增殖期、退化期及结束期四个阶段。在诱导期和增殖期，分子态氧参与各种自由基的形成，生成的 HOO・、RO・、ROO・、HO・等自由基攻击有机物 RH，引发一系列的链反应，生成其他低分子酸和二氧化碳。

湿式氧化法适用于处理高浓度有机废水，可处理 COD_{Cr} 为 $10\sim300g/L$ 的高浓度有机废水。在湿式氧化反应过程中，废水中的有机硫和硫化物被氧化成 SO_4^{2-}，有机氮和氨氮被氧化成 NO_3^-，不会形成 SO_x 和 NO_x，因此几乎不会产生二次污染。

☞ **3.113   湿式氧化法的主要影响因素有哪些?**

（1）温度：温度是湿式氧化工艺的主要影响因素。温度升高有助于水黏度的减少，提高氧气在水中的传质速度。但温度过高会增加能耗，所以通过使用催化剂等方法尽量降低反应温度，一般将温度控制在 $150\sim280℃$。

（2）压力：虽然压力不是氧化反应的直接影响因素，但为了保持反应在液相进行，压力必须与温度相配合，即要高于该温度下的饱和蒸气压。同时，为保证液相中的高溶解氧浓度，气相中的氧分压也必须保持在一个合适的范围内。

（3）反应时间：为缩短反应时间，提高反应速率，通常可以采用提高反应温度或使用催化剂的方法。

（4）废水性质：废水中有机物成分直接影响湿式氧化工艺的进行。氰化物、脂肪族和卤代脂肪族化合物、芳烃(如甲苯)、芳香族和含非卤代基团的卤代芳香族化合物等容易被氧化，而不含非卤代基团的卤代芳香族化合物(如氯苯和多氯联苯)难以被氧化。

☞ **3.114   湿式氧化技术的工艺流程是怎样的?**

湿式氧化系统的工艺流程如图3-13所示。

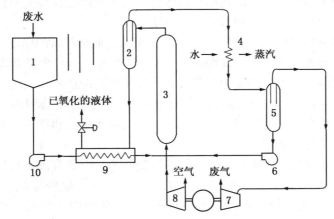

图 3-13   湿式氧化法工艺流程示意图

1—储存罐；2，5—分离器；3—反应器；4—再沸器；6—循环泵；

7—透平机；8—空压机；9—热交换器；10—高压泵

废水用泵加压注入热交换器，与反应后的高温氧化水换热，使温度上升到接近于反应温度后进入反应器，同时用空气压缩机将反应所需的氧源加入反应器。

在反应器内，废水中的有机物与空气中的氧发生放热反应，在高温下将废水中的有机物氧化成二氧化碳和水，或氧化成低级有机酸等中间产物。反应后的气液混合物经分离器分离，液相经热交换器预热进水，回收热量。高温高压的尾气首先通过再沸器(如废热锅炉)产生蒸汽或经热交换器预热进水，其冷凝水由第二分离器分离后通过循环泵再加入反应器，分离后的高压尾气送入透平机产生机械能或电能。

☞ **3.115 什么是超临界水氧化技术?**

超临界水氧化技术是利用具有特殊性质的超临界水作为介质，将废水中所含的有机物用氧气分解成水、二氧化碳等简单无毒的小分子化合物，是一种能够彻底破坏有机物结构的高级氧化技术。超临界水氧化将有机碳转化为 CO_2，氢转化为 H_2O，卤素原子转化为卤离子，硫和磷分别转化为硫酸盐和磷酸盐，氮转化为硝酸根。

超临界水氧化技术在处理各种废水和污泥方面已取得了较大的成功，其缺点是反应条件苛刻和对金属有很强的腐蚀性，及氧化某些化学性质稳定的化合物所需时间较长。

☞ **3.116 超临界水氧化技术的原理和特点是什么?**

所谓超临界，是指流体物质的一种特殊状态。当把处于气液平衡的流体升温升压时，热膨胀引起液体密度减小，而压力的升高又使气液两相的相界面消失，成为均相体系，这就是临界点。当流体的温度、压力分别高于临界温度和临界压力时就称为处于超临界状态。超临界流体具有类似气体的良好流动性，但密度又远大于气体，因此具有许多独特的理化性质。

水的临界点是温度 374.3℃、压力 22.05MPa，如果将水的温度、压力升高到临界点以上，即为超临界水，其密度、黏度、电导率、介电常数等基本性能均与普通水有很大差异，表现出类似于非极性有机化合物的性质。因此，超临界水能与非极性物质(如烃类)和其他有机物完全互溶，而无机物特别是盐类，在超临界水中的电离常数和溶解度却很低。同时，超临界水可以和空气、氧气、氮气和二氧化碳等气体完全互溶。

由于超临界水对有机物和氧气均是极好的溶剂，因此有机物的氧化可以在富氧的均一相中进行，反应不存在因需要相间转移而产生的限制。同时，400~600℃的高反应温度也使反应速度加快，可以在几秒钟内达到对有机物很高的破坏作用。有机物在超临界水中进行的氧化反应，可以简单表示为：

$$有机化合物中的碳氢氧成分 + O_2 \longrightarrow CO_2 + H_2O$$
$$有机化合物中的杂原子 + O_2 \longrightarrow 酸、盐、氧化物$$
$$酸 + NaOH \longrightarrow 无机物$$

超临界水氧化反应完全彻底，而且在氧化过程中释放出大量的热量。

☞ **3.117 超临界水氧化技术在废水处理中的应用有哪些?**

目前,已对包括硝基苯、多氯联苯、尿素、氰化物、酚类、乙酸和氨等在内的许多化合物进行过超临界水氧化的试验,结果证明都有效。还有试验表明,用超临界水氧化火箭推进剂、神经毒气及芥子气等有毒物质,可以将其转化成无毒的最简单小分子。表3-11列出了用超临界水氧化法处理含有多氯联苯等高分子有机物废水的试验结果。

表3-11 超临界水氧化部分高分子有机物试验结果

化合物	温度/℃	压力/MPa	氧化剂	反应时间/min	去除率/%
2-硝基苯	515	44.8	O_2	10	90
	530	43.0	$O_2+H_2O_2$	15	99
2,4-二硝基酚	580	44.8	$O_2+H_2O_2$	10	99
2,4-二硝基甲苯	460	31.1	O_2	10	98
	528	29.0	O_2	3	99
四氯二苯并呋喃	600~630	25.6	O_3	0.1	99.99
2,7,8-四氯二苯并二噁英	600~630	25.6	O_2	0.1	99.99
八氯二苯并呋喃	600~630	25.6	O_3	0.1	99.99
八氯二苯并对二噁英	600~630	25.6	O_2	0.1	99.99

另外,也有使用超临界水氧化系统处理污泥的报道:污泥固含量为5%、COD_{Cr}为46500mg/L,COD_{Cr}去除率随着温度的升高显著增加,在20min内,去除率从300℃时的84%增加到400℃时的99.8%。在温度达到临界水氧化条件时,有机物被完全破坏。

☞ **3.118 超临界水氧化技术的工艺流程是怎样的?**

超临界水氧化处理污水的工艺流程见图3-14。

用泵将废水加入反应器,同时经压缩机压缩后的高压空气将循环反应物也加入反应器,废水和循环物一起在反应器内互相混合提高温度后发生反应。离开反应器的废水进入分离器,将反应中生成的无机盐等固体物质从水中沉淀析出。经过沉淀分离后的废水部分循环重新进入反应器,另一部分先通过蒸汽发生器产生高压蒸汽后,再通过高压气液分离器实现N_2及大部分CO_2与水的分离。高压气液分离器排出的高压气体,进入透平机为空气压缩机提供动力;高压气液分离器排出的废水经减压阀排出后,进入低压气液分离器,分离出的气体(主要是CO_2)进行排放,分离出的水即是超临界水氧化处理后的出水。

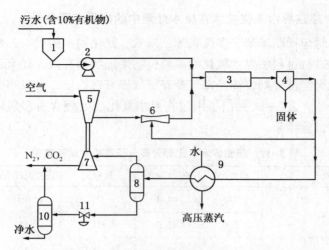

图 3-14　超临界水氧化处理污水流程示意图

1—污水槽；2—污水泵；3—氧化反应器；4—固体分离器；5—空气压缩机；6—循环用喷射泵；
7—膨胀机透平；8—高压气液分离器；9—蒸汽发生器；10—低压气液分离器；11—减压阀

☞　**3.119　超临界水氧化技术的优点有哪些？**

与湿式空气氧化法及焚烧法对比，超临界水氧化法具有许多优点，具体情况见表 3-12。

表 3-12　几种氧化法的比较

运行参数	超临界水氧化法	湿式空气氧化法	焚烧法
温度/℃	400~600	150~350	2000~3000
压力/MPa	30~40	2~20	常压
停留时间/min	≤1	15~20	≥10
去除率/%	≥99.99	75~90	99.99
是否自热	是	是	否
催化剂	不需要	需要	不需要
适用性	普遍适用	受限制	普遍适用
排出物	无毒、无色	有毒、有色	含 NO_x、SO_x 等
后续处理	不需要	需要	需要

超临界水氧化技术的优点可归纳如下：

（1）在适当的温度、压力和一定的保留时间下，使用超临界水氧化技术可以将有机物完全氧化成水、二氧化碳、氮气及盐类等简单无毒小分子化合物，有毒物质的清除率达 99.99% 以上。

（2）由于超临界水氧化反应是在高温高压下进行的均相反应，反应效率高，可以在很短时间内(<1min)完成反应，因此反应器的体积很小。

（3）适用范围广，可以处理各种有毒物质、废水或废物。

（4）氧化产物清洁，不需要进一步处理，无机盐可以从水中分离出来，不会产生二次污染，处理后的水只含有少量无机盐，容易实现回收利用。

（5）当有机物含量超过2%时，可以实现自热，不需要额外供给热量。

☞ **3.120　影响超临界水氧化法工业应用的因素有哪些?**

（1）在超临界水氧化环境中比通常条件下更容易导致金属的腐蚀，因为高浓度的溶解氧、高温高压、极端的 pH 值及某些无机离子都是加快金属腐蚀的因素，对反应器材质提出更严格的要求。

（2）在超临界水氧化过程中，往往需要在进水中加入碱中和氧化过程产生的酸。由于超临界条件下无机盐的溶解度很小，因此中和产生的盐及水中原有的盐会沉淀结晶，由此有可能引起反应器或管路的堵塞。

（3）水的性质在临界点附近变化较大，温度升高接近临界点时水的运动黏度很低，传热效果增加，但温度超过临界点时水的传热系数又会急剧下降，因此必须解决好热量传递有关的问题。

☞ **3.121　什么是处理难生物降解污水的高级氧化技术? 分类有哪些?**

高级氧化技术(advanced oxidation process，AOPs)是通过外界能量(光能、电能等)和物质(O_3、H_2O_2等)的持续输入，经过一系列物理过程和化学反应，产生具有强氧化性的羟基自由基(·OH)，将废水中的有机污染物氧化成 CO_2、H_2O 和无机盐等。

高级氧化依据输入能量的类型可分为:

（1）依据化学药品驱动：芬顿氧化、臭氧氧化、臭氧催化氧化。

（2）依据光能驱动：太阳光催化氧化、紫外光催化氧化。

（3）依据电能驱动：电化学氧化等离子体高级氧化、电子束高级氧化。

（4）依据机械能驱动：超声波氧化。

☞ **3.122　高级氧化法的特点有哪些?**

（1）高级氧化技术是在不断提高羟基自由基的产生效率的基础上发展起来的。羟基自由基(·OH)氧化能力极强(氧化电位 2.80V)，其氧化能力仅次于氟(2.87V)，而它相比氟来说，又具有无二次污染的优势，在处理污水时能实现零环境污染零废物排放的目标。

（2）羟基自由基是一种无选择进攻性最强的物质，具有广谱性、无选择性。

（3）由于·OH属于游离基反应，羟基自由基所发生的化学反应速率极快。比臭氧化学反应速率常数高出 7 个数量级以上，·OH 形成时间极短，约为 10^{-14}s，反应时间约为 1s，所以可在 10s 内完成整个生化反应，提高处理效率。

（4）高级氧化技术与湿式空气氧化或超临界水氧化等普通的热力学反应机理不同。热力学反应的活化能来源于分子碰撞，因此温度对反应速度的影响很大，一般温度升高10℃，反应速度增加2~4倍，而光化学反应的活化能主要来源于光能，因此温度对反应速度的影响较小，温度升高10℃，反应速度一般增加不到1倍。

☞ **3.123 什么是光化学氧化技术？什么是光化学催化氧化技术？**

光化学氧化反应就是指在光作用下，采用臭氧或过氧化氢等氧化剂将废水中有机物氧化分解成水、二氧化碳、NO_3^-、PO_4^{3-}、卤素离子等。

光化学反应是在光的作用下进行的反应，反应中分子吸收光能，被激发到高能态，然后和电子激发态分子进行化学反应。有机物光降解分为直接光降解和间接光降解，前者是有机物分子吸收光能呈激发态与周围环境中的物质进行反应，后者是周围环境存在的某些物质吸收光能呈激发态，再诱导有机物的降解反应。许多有机材料制品在阳光照射下容易损坏是直接光降解的结果，天然水体还原性有机物质在光照的作用下可以被降解和实现水体的自净，是间接光降解的结果。

光化学氧化技术其实就是间接光降解的人工化，多采用臭氧和过氧化氢作为氧化剂，在紫外光的照射下使废水中的有机污染物氧化分解。为使反应加快，光化学氧化反应中也开发使用了一些催化剂，光化学氧化因此变成了光化学催化氧化。

☞ **3.124 光化学氧化技术的原理是什么？**

光化学氧化反应的原理是利用200~280nm的紫外光UV-C，使氧化剂分子受激产生激发态分子，变成引发热反应的中间产物。臭氧和过氧化氢溶于水中后，在紫外光的照射下，产生羟基自由基（·OH）。

光化学氧化反应通过产生羟基自由基（·OH）来对废水中的有机污染物进行彻底的降解。羟基自由基（·OH）首先与有机化合物（HRH）发生脱氢反应，生成有机自由基（·RH）。然后·RH迅速与溶解氧发生反应，形成有氧化有机自由基及过氧化有机自由基。

☞ **3.125 光化学氧化技术在废水处理中的应用有哪些？**

脉冲紫外连续光谱灯可处理石油烃类化合物、饱和及不饱和卤代烃、农药、氰化物、TNT等多种复杂有机物。

紫外/H_2O_2系统能有效地氧化难处理的有机物，如二氯乙烯、四氯乙烯、三氯甲烷、四氯化碳、甲基异丁基酮、TNT等。紫外/H_2O_2系统用于处理重度污染的工业废水更能发挥其特色，比如处理制革废水、造纸废水、炼油废水和印染纺织废水等。

紫外/臭氧系统是目前应用最多的氧化工艺。紫外/臭氧系统作为一种高级氧化水处理技术，不仅能对有毒的、难降解的有机物及细菌、病毒进行有效的氧化和分解，而且可用于造纸业漂白废水的褪色。臭氧能氧化水中许多有机物，但其与有机物的反应是有选择性的，而且氧化后的产物往往是羧酸类有机物，而不是将有机物彻底分解为 CO_2 和 H_2O。

☞ **3.126　光化学催化氧化的方法有哪些？**

光化学催化氧化一般分为均相和非均相两种类型。

均相光催化氧化反应主要是指紫外/芬顿试剂法，即在废水中投加 Fe^{2+} 或 Fe^{3+} 及 H_2O_2 后，利用亚铁离子作为 H_2O_2 的催化剂，生成·OH，可氧化大部分的有机物。均相反应除了能利用紫外光以外，还能直接利用可见光。

非均相光催化氧化反应是在废水中投加一定量的 TiO_2、ZnO 光敏半导体材料，同时加以一定能量的光辐射，使光敏半导体在光的照射下激发产生电子-空穴对，吸附在半导体上的溶解氧、水分子等与电子-空穴对作用，产生·OH 等氧化性极强的自由基，再通过与废水中有机污染物之间的羟基加合、取代、电子转移等，使有机物全部或接近全部矿化。

☞ **3.127　什么是芬顿氧化技术？**

在废水处理中，芬顿(Fenton)试剂对污染物的去除机理可分为自由基氧化机理和混凝机理。其中，自由基氧化机理是在酸性条件下，通过 Fe^{2+} 催化 H_2O_2 产生·OH，所生成的·OH 可以加成到有机污染物的碳碳双键、苯环等不饱和键中，也可以通过夺取 N—H、O—H、C—H 键上的氢原子生成 R·；在有氧条件下，R·会快速地与 O_2 结合产生 ROO·，ROO·会夺取其他 RH 上的 H，直至裂解为小分子有机酸或矿化为 CO_2 和 H_2O；此外，体系中会存在具有凝聚作用的铁水络合物。

类芬顿体系是在芬顿体系基础上发展产生的一种新型氧化技术。广义上，把除传统芬顿体系之外，所有通过 H_2O_2 产生羟基自由基，促进有机物分解的方法称为类芬顿法。类芬顿技术主要包括光芬顿法、电芬顿法、超声芬顿法及无铁芬顿法。

☞ **3.128　芬顿氧化的影响因素有哪些？**

芬顿试剂影响因素主要有 pH 值、H_2O_2 与 Fe^{2+} 的摩尔比、H_2O_2 的投加量、Fe^{2+} 浓度、反应时间、反应温度等。

pH 值：pH 值对芬顿试剂的影响主要在于对催化剂铁离子状态的影响，进而影响到羟基自由的产生，最终影响到整个体系的反应。

H_2O_2 用量：H_2O_2 投加量较少时，羟基自由基产生的数量相对较少；然而 H_2O_2 投加量过高时，效果反而不好。这是因为 H_2O_2 又是羟基自由基的捕捉剂，当 H_2O_2 投量升高到一定浓度后，会引起最初产生的羟基自由基湮灭，造成 H_2O_2

自身无效分解。

Fe^{2+}浓度：催化剂 Fe^{2+}浓度也是影响芬顿试剂氧化的重要因素。H$_2$O$_2$难以自身分解产生·OH，并且当二价铁离子的浓度过低时，·OH 的产生量和产生速度都很小；随着 Fe^{2+}浓度的不断增加，产生的·OH 来不及与水中的有机物发生反应，自身发生了复合反应，从而起不到氧化作用。

反应时间：芬顿氧化反应作为化学反应，所以反应时间对整个反应有比较重要的影响。反应时间短，芬顿试剂很难发挥作用。相反的话，时间太长，对反应本身作用不大，反而会造成一定程度的浪费。

反应温度：升温会提高反应速率，适当升温可激活自由基，但同时也会加快 H$_2$O$_2$ 的分解，一般在 30℃ 左右为宜。

☞ 3.129 芬顿氧化技术的特点是什么？

芬顿氧化技术兼具凝聚作用，无须外界额外提供能量，操作简便，可控性强。

芬顿法的·OH 产生速率低，体系中存在大量的竞争反应；该技术需要在酸性条件下进行，出水需要调至中性，导致消耗大量酸碱，增加处理费用，同时产生大量铁泥，增加了出水 COD、色度并造成二次污染的风险；运输和储存 H$_2$O$_2$ 需要较高的费用，存在安全风险。

☞ 3.130 什么是臭氧氧化技术？

臭氧有很强的氧化性，氧化还原电位为 2.07V，单质中仅低于 F$_2$（3.06V）。臭氧氧化技术就是利用臭氧能够氧化大多数有机物的特性，以及在水中产生氧化还原电位高达 2.80V 的·OH 的能力，广泛应用于去除废水中的 COD，特别适合氧化难以生物降解的有机物质的情况。

臭氧能有效氧化分解水中几乎所有有机物，其最大特点是氧化该过程不会出现二次污染。然而，臭氧氧化技术也存在一些弊端，比如臭氧在水中较低的溶解度使其在使用过程中利用率较低，臭氧的无用损耗增加了废水处理成本；臭氧氧化技术具有选择性，臭氧与部分饱和类烃和低电子云密度多环芳烃有机物反应速率较低。

☞ 3.131 臭氧氧化法预处理工业废水的优势有哪些？

改善可生化性，降低生物毒性。由于工业废水含有大量难降解大分子有机物，废水具有高 COD、高生物毒性、低生物降解性。臭氧将这些大分子分解成短链中间产物，该短链中间产物可进入细胞并变得易于生物降解。

提高后续生化过程效率。难降解工业废水经臭氧氧化预处理后，可显著提高后续厌氧或好氧生化降解、厌氧产甲烷、生物大分子转化等生化过程效率。臭氧氧化预处理通过将剧毒、难溶性化合物转化成更容易生物降解的组分而促进后续的生物处理。

降低风险特征污染物。臭氧氧化预处理可有效降解废水中抗生素等风险特征污染物，同时直接或间接消减后续生物反应器中抗生素抗性基因，有效控制环境生态风险。

☞ **3.132　臭氧在工业废水中的应用有哪些?**

（1）出水消毒作用。生化出水中含有许多微生物，为了排放后降低对环境的污染或满足回用标准，减少细菌再生，许多污水处理厂使用臭氧对出水进行消毒，同时也能够去除气味和色度。

（2）转化有毒的无机物。氰化物广泛存在于电子和化工行业排放的污水中，臭氧能够有效地氧化 CN^-、SCN^-，降低废水毒性，为后续生物处理提供了有利条件。

（3）处理难降解有机废水。臭氧对酚类化合物也有很好的处理效果，臭氧能快速氧化煤化工废水中所含有的酚和氰，降低 COD_{Cr}，提高可生化性，同时能够起到去除色度的作用。

（4）适应越来越严格的排放标准要求，采用臭氧+BAF、臭氧+BAC 或 BAF+臭氧等工艺组合形式降低外排水中的 COD 值。

☞ **3.133　臭氧氧化技术的影响因素有哪些?**

臭氧氧化法主要受 pH 值、温度、O_3 投加量/投加方式、淬灭剂等影响。

（1）pH 值：当 pH 值<4 时，间接氧化作用可忽略不计；而在碱性条件下，以间接氧化为主。当介质处于弱酸性与中性时，间接氧化以 SBH 模式为主；当处于碱性时，间接氧化以 TFG 模式为主。

（2）温度：O_3 在水体中的溶解度、稳定性及反应速率会受温度影响，升温会导致溶解度下降并加快 O_3 分解，但升温有利于提高反应速率。

（3）O_3 投加量直接影响污染物的降解效果。一般而言，增大 O_3 投加量，污染物去除率会逐渐提高，但随着 O_3 投加量的增加，增幅逐渐减小，故 O_3 投加量存在一个效果与经济均较佳的范围。另外，还需要考虑到溴酸盐、甲醛等臭氧化副产物的生成问题。

（4）投加方式影响传质过程。常见的投加方式有预投加、中间投加等。多点布气和增加布气点数有助于 O_3 传质，但当布气点数高于 3 个点时，传质效率无明显提高并容易导致出水 O_3 浓度过高。

（5）介质自由基淬灭剂如 CO_3^{2-}、HCO_3^-、Cl^- 等会与污染物分子形成竞争，降低氧化效率。在实际应用中，可以通过加强预处理减少淬灭剂含量。

☞ **3.134　臭氧催化氧化技术可分为哪几类?**

催化臭氧氧化技术可以分为两类：第一类是以金属离子作为催化剂的均相催

化臭氧氧化技术，另一类是利用金属氧化物或金属氧化物负载的非均相催化臭氧氧化技术。

均相催化臭氧氧化的催化剂常常采用过渡金属离子，具有代表性的均相活化臭氧的物质有 Fe^{2+} 和 Mn^{2+}。主要作用一是金属离子加快臭氧分解生成·OH，二是有机物与催化剂形成的复合物被臭氧氧化分解。但是，均相催化臭氧氧化体系催化剂难以回收利用，且残留的催化剂会产生二次污染。

非均相催化臭氧氧化技术利用固体催化剂，提高臭氧的利用率，加快·OH的生成，通过·OH与有机物快速反应强化污染物的去除效能。此外，固体催化剂可回收利用且不易产生二次污染。通常，固体催化剂包括金属氧化物催化剂和负载型催化剂，主要有 MnO_2、Al_2O_3、$FeOOH$、Fe_3O_4、TiO_2 等。

☞ **3.135 什么是废水的辐射处理？**

电离辐射产生的 α 粒子、β 粒子、中子、γ 射线、X 射线以及经过加速器加速的电子、质子、氚核等，其能量比紫外线高得多，辐照作用与最强的化学氧化作用相类似。利用辐射技术可以处理不同领域的废水，能够实现降低 COD_{Cr}、破坏有毒有机物、杀死微生物、改善污泥沉降和过滤性能等一种或多种作用。

辐射法适用范围广，在射线作用下，任何有机物都可以变成氧化物，只是氧化的速度不同。因此对那些不能生物降解的有机物，如氯酚类、有机染料等，都可以用辐射法破坏。例如利用 ^{60}Co 的 γ 射线照射含二氯酚的废水，可以将有机氯全部降解为无机氯化物、酚基消失，生成的产物更容易用生物法处理。废水中的表面活性物质对生物处理的曝气、沉淀等工序都有影响，用辐射法处理，并不需要完全破坏表面活性物质，只需将其转变为没有活性的中间产物就可以使生物处理正常进行。

辐射出水的 COD_{Cr} 和 BOD_5 变化随水质而异。随着吸收辐射剂量的增加，含有较易氧化有机物的废水 COD_{Cr} 值会减少，而含有难氧化有机物的废水的 COD_{Cr} 可能会增加。对二丁基苯磺酸钠等组分非常复杂的工业废水进行辐射处理的结果表明，废水的可生化性得到了提高。

第4章 废水的二级生物处理

☞ **4.1 什么是废水的二级处理？**

二级处理主要去除污水中呈胶体和溶解状态的有机污染物质，使出水的有机污染物含量达到排放标准的要求。主要使用的方法是微生物处理法，具体方式有活性污泥法和生物膜法。因此，二级处理又称二级生物处理或生物处理。

☞ **4.2 什么是废水的生物处理？**

生物处理就是利用微生物分解氧化有机物的这一功能，并采取一定的人工措施，创造有利于微生物的生长、繁殖的环境，使微生物大量增殖，以提高其分解氧化有机物效率的一种废水处理方法。

所有的微生物处理过程都是一种生物转化过程，在这一过程中易于生物降解的有机污染物可在数分钟至数小时内进行两种转化：一是变成从液相中溢出的气体，二是变成剩余生物污泥。

☞ **4.3 如何选择废水的二级生物处理流程？**

当含有有机物的工业废水拟选用生物法处理时，可按照图4-1所描述的程序开展工作。

☞ **4.4 废水生物处理的影响因素有哪些？**

（1）负荷：生物处理反应器的负荷要控制在合理的范围内。

（2）温度：好氧微生物在15~30℃之间活动旺盛，厌氧微生物的最佳温度是35℃左右和55℃左右。

（3）pH值：好氧微生物生长活动的最佳pH值在6.5~8.5，范围相对较宽，而厌氧微生物的活动要求的最佳pH值在6.8~7.2，即只有在7左右相当窄的范围内有效。

（4）氧含量：空气曝气池出口混合液中溶解氧浓度应保持在2mg/L左右，A/O工艺的A段溶解氧浓度要保持在0.5mg/L以下，而厌氧微生物必须在氧含量极低，甚至绝对无氧的环境下才能生存。

（5）营养平衡：废水中的各种营养物质不平衡，就会影响微生物的活性，进而影响处理效果。

（6）有毒物质：废水中的有毒物质含量超过限度，就会影响微生物的活性，进而影响处理效果。

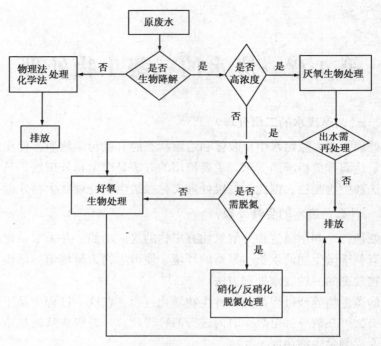

图 4-1 选择生物法处理废水的程序示意图

☞ **4.5 细菌活动与溶解氧的关系是怎样的？**

（1）好氧细菌以分子氧作为生物氧化过程的电子受体，因此只有在有氧情况下才能生长和繁殖。好氧性细菌根据被其氧化的底物不同，又可分为好氧性异养菌和好氧性自养菌。好氧性自养菌在呼吸过程中以还原态的无机物氨氮、硫化氢等为底物；好氧性异养菌则以有机物为底物，在好氧生物处理过程中正是利用这类细菌来氧化分解废水中的污染物。

（2）厌氧性细菌的生长不需要分子氧。

（3）兼性细菌是在有氧和无氧条件下均能生长的细菌，他们在有氧时以氧为电子受体进行好氧呼吸作用，无氧时则以代谢中间产物为受氢体进行发酵作用。

☞ **4.6 细菌活动与氧化还原电位的关系是怎样的？**

水中的各种微生物对氧化还原电位的要求不同。专性好氧微生物要求的氧化还原电位环境为$+300 \sim +400$mV；一般的专性厌氧微生物要求的氧化还原电位环境为$-200 \sim -250$mV，专性厌氧产甲烷菌要求的氧化还原电位为$-300 \sim -400$mV，最适宜的氧化还原电位为-330mV；兼性微生物氧化还原电位在$+100$mV以上时，进行好氧呼吸，而在$+100$mV以下时进行无氧呼吸。好氧活性污泥法曝气池中的正常氧化还原电位为$+200 \sim +600$mV，而二沉池出水的氧化还原电位有时会降到0以下。

☞ **4.7 使用生物处理法时为什么要保持进水中 N、P 及一些无机盐的含量适中?**

无论好氧微生物还是厌氧微生物细胞,其主要组成物质都是 C、H、O、N、P 等元素,另外还有 S、K、Mn、Mg、Ca、Fe、Co、Zn、Cu 等无机元素。

废水的生物处理过程中,C、H、O 三种元素都不缺乏,大多微量元素因微生物需要量很少,一般也不缺乏。但由于种种原因,尤其是工业废水中,往往会出现 N、P、S 及某些微量元素比例过低或缺少而影响生物处理效果的现象,只有设法保持进水中 N、P 及一些无机盐的含量适中,才能保证微生物的活性,进而确保生物处理效果。

☞ **4.8 常用鉴定和评价废水可生化性的方法有哪些?**

鉴定和评价废水可生化性可通过鉴定和评定污水中主要有机污染物来判断,具体方法见表 4-1。

表 4-1 污水可生化性的评定方法

分类	方法	方法要点	方法评价
根据氧化所需氧量	水质指标法	采用 BOD_5/COD_{Cr} 作为评价指标: >0.45 好, 0.3~0.45 较好, 0.2~0.3 较差, <0.2 不宜	比较简单,可粗略反映废水的可降解性能,但精度较差
	瓦呼仪法	根据废水生化呼吸线与内源呼吸线的比较来判断废水的生化降解性能。测试时,用活性污泥作为接种物,接种量 SS 为 1~3g/L	能较好地反映微生物氧化分解特性,但因为试验水量较少,结果存在一定偏差
根据有机物去除效果	静置烧杯筛选试验	以 10mL 沉淀后的生活污水上清液为接种物,90mL 含有 5mg 酵母膏和 5mg 受试物的 BOD_5 标准稀释水作为反应液,两者混合在室温下培养一周后,测试受试物浓度,并以该培养液作为下周培养的接种物,如此连续四周	操作简单,但耗时较长,且在静态条件下混合及充氧效果不好
	振荡培养试验法	在烧杯中加入接种物、营养液及受试物等,在一定温度下振荡培养,在不同反应时间测定反应液内受试物含量,依此评价受试物的生化降解性能	生物作用条件好,但吸附对测定有影响
	半连续活性污泥法	采用试验组与对照组两套反应器间歇运行,测定反应器内 COD_{Cr} 的变化,通过比较两套反应器的结果来评价	试验结果较为可靠,但仍不能完全模拟处理场运行条件
	活性污泥模拟试验法	模拟连续流活性污泥法生物敞开工艺,通过对比和分析试验组与对照组两套反应器的结果来评价	结果最切近实际,但方法也是最为复杂

分类	方法	方法要点	方法评价
根据 CO_2、CH_4 量	斯特姆测试法	采用半连续活性污泥上清液为接种液，反应时间 28d、温度 25℃，以 CO_2 的实际产量占理论产量的百分率来判断	可以较为准确地反映有机物的无机化程度，但测试系统较为复杂
	史氏发酵管测定厌氧产 CH_4 的速率	将受试物与接种物放入 100mL 的密闭容器内，测量所产 CH_4 的体积。可用排水集气法收集 CH_4、用 NaOH 吸收 CO_2，CH_4 生成快且累计量大的易生化降解	
根据微生物生理、生化指标		可利用 ATP 测试法、脱氢酶测试法、细菌标准平板计数测试法等	结果可靠，但测试程序较为复杂

需要说明的是，有些污水即使经过上述方法鉴定和评价后，结论是难于生化降解，也有可能在经过一定时间的驯化培养或引入某些特殊种类的细菌后，污水的生化降解性能得到提高。

☞ **4.9　废水生物处理的基本方法有哪些？**

按照微生物对氧需求程度的不同，生物处理法可分为好氧、缺氧、厌氧等三类；按照微生物的生长方式不同，生物处理法可分为悬浮生长、固着生长、混合生长等三类。

好氧是指污水处理构筑物内的溶解氧含量在 1mg/L 以上，最好大于 2mg/L。

厌氧是指污水处理构筑物内基本没有溶解氧，硝态氮含量也很低。一般硝态氮含量小于 0.3mg/L，最好小于 0.2mg/L。

缺氧指污水处理构筑物内 BOD_5 的代谢有硝态氮维持，硝态氮的初始浓度不低于 0.4mg/L，溶解氧浓度小于 0.7mg/L，最好小于 0.4mg/L。

悬浮生长型生物处理法的代表是活性污泥法，固着生长型生物处理法的代表是生物膜法，混合生长型生物处理法的代表是接触氧化法。

☞ **4.10　什么是水力停留时间？什么是固体停留时间(污泥龄)？**

水力停留时间 HRT 是水流在处理构筑物内的平均驻留时间，从直观上看，可以用处理构筑物的有效容积与处理进水量的比值来表示，HRT 的单位一般用 h 表示。

固体停留时间 SRT 是生物体(污泥)在处理构筑物内的平均驻留时间，即污泥龄。从直观上看，可以用处理构筑物内的污泥总量与剩余污泥排放量的比值来表示，SRT 的单位一般用 d 表示。

就生物处理构筑物而言，HRT 实质上是为保证微生物完成代谢降解有机物所提供的时间。而 SRT 实质上是为保证微生物能在生物处理系统内增殖并占优势地位且保持足够的生物量所提供的时间。

☞ 4.11 什么是污泥负荷？什么是容积负荷？

污泥负荷是指曝气池内单位质量的活性污泥在单位时间内承受的有机质的数量，单位是 $kgBOD_5/(kgMLSS \cdot d)$，一般记为 F/M，常用 N_s 表示。容积负荷是指单位有效曝气体积在单位时间内承受的有机质的数量，单位是 $kgBOD_5/(m^3 \cdot d)$，一般记为 F/V，常用 N_v 表示。

☞ 4.12 什么是生物处理设施的有机负荷？

有机负荷可以分为进水负荷和去除负荷两种。

进水负荷是指曝气池内单位重量的活性污泥在单位时间内承受的有机质的数量，或单位有效曝气池容积在单位时间内承受的有机质的数量，即进水有机负荷可以分为污泥负荷 N_s 和容积负荷 N_v 两种。

去除负荷是指曝气池内单位重量的活性污泥在单位时间内去除的有机质的数量，或单位有效曝气池容积在单位时间内去除的有机质的数量。因此，去除负荷可以用进水负荷和去除率两个参数来表示。

☞ 4.13 什么是冲击负荷？

冲击负荷指在短时间内污水处理设施的进水负荷超出设计值或正常运行值的情况，可以是水力冲击负荷，也可以是有机冲击负荷。

每一种生物处理工艺都有其最佳水力负荷或有机负荷，也都能忍耐一定程度的冲击负荷。但是，如果冲击负荷过大，超过了生物处理工艺本身能承受的能力，就会影响处理效果，使出水水质变差，甚至导致处理系统瘫痪。

☞ 4.14 什么是生物选择器？其作用有哪些？

生物选择器的主要作用是防止丝状菌的过度繁殖，避免丝状菌在微生物处理系统中成为优势菌种。也可以说，就是通过创造一定的条件，确保沉淀性能好的菌胶团细菌等非丝状菌占优势。

生物选择器的工作原理是在好氧或厌氧生物反应器之前，设置一个停留时间较短的反应器，使回流污泥和未被稀释的废水在其中接触，即在选择器中维持较高的 F/M 值。在高 F/M 值下，沉淀性能好的微生物可以优先在选择器基质浓度高的区域吸收利用基质，并在整个悬浮活性污泥体系中处于优势地位。生物选择器的类型有好氧选择器、缺氧选择器和厌氧选择器三种。好氧选择器内需要进行曝气充氧，使之处于好氧状态，而缺氧选择器与厌氧选择器只进行搅拌。

一、好氧生物处理

☞ **4.15 什么是好氧生物处理？**

好氧生物处理是利用好氧微生物在有氧条件下将污水中复杂的有机物降解，并用释放出的能量来完成微生物本身的繁殖和运动等功能的方法，是处理污水最常利用的方法。好氧生物处理方法，可分为生物膜法和活性污泥法两大类。

☞ **4.16 什么是活性污泥？**

活性污泥是由好氧菌为主体的微生物群体形成的絮状绒粒，绒粒直径一般为 0.02~0.2mm，含水率一般为 99.2%~99.8%，密度因含水率不同而有一些差异，一般为 $1.002~1.006g/m^3$，绒粒状结构使得活性污泥具有较大的比表面积，一般为 $20~100cm^2/mL$。

成熟的活性污泥具有良好的凝聚沉淀性能，其中含有大量的菌胶团和纤毛虫原生动物，如钟虫、等枝虫、盖纤虫等，并可使 BOD_5 的去除率达到 90%左右。正常生长的活性污泥呈茶褐色，菌胶团絮体发育良好，个体大小适宜，稍具泥土味。

☞ **4.17 活性污泥是怎样组成的？**

活性污泥由有机物和无机物两部分组成，组成比例因处理污水的不同而有差异，一般有机成分占75%~85%，无机成分仅占15%~25%。活性污泥中有机成分主要由生长在其中的微生物组成，活性污泥上还吸附着微生物的代谢产物及被处理废水中含有的各种有机和无机污染物。污水、回流污泥在曝气的搅动下形成曝气池中的混合液，这是活性污泥在水中的基本形态。

好氧活性污泥和生物膜中的微生物主要由细菌组成，其数量可占污泥中微生物总量的90%~95%左右，在处理某些工业废水的活性污泥中甚至可达100%。此外污泥中还有原生动物和后生动物等微型动物，在处理某些工业废水的活性污泥中还可见到酵母、丝状真菌、放线菌以及微型藻类。

☞ **4.18 活性污泥的微生物结构是怎样的？**

活性污泥由不同大小的微生物群落组成，具有良好沉降性和传质性能的菌胶团以结构丝状菌为骨架、胶团菌附着其上，并且具有不断生长的特性，增长过程和老化过程中脱落的碎片及其他游离细菌被附着或游离生长的原生动物和后生动物捕食。少量以无机颗粒为核心形成的致密颗粒也可能存在于系统之中，并具有良好的沉降性能。

结构丝状菌与胶团菌在活性污泥中形成共生关系，而非结构丝状菌与胶团菌之间存在着拮抗关系，活性污泥系统的稳定性得益于大环境中微生态群落的相对稳定。当细菌处于碳氮比高的条件下，絮凝体的结构就比较好。当细菌处于碳氮比低或高温、营养不足的环境时，细菌体外多糖类胶体基质或纤维素类基质会被作为营养而被细菌利用，从而导致污泥解絮。

☞ **4.19 活性污泥的性能指标有哪些?**

活性污泥的这些性能可用污泥沉降比(SV)、污泥浓度(MLSS)、污泥体积指数(SVI)三项指标来表示。这三项活性污泥性能指标是相互联系的。沉降比的测定比较容易，但所测得的结果受污泥量的限制，不能全面反映污泥性质，也受污泥性质的限制，不能正确反映污泥的数量；污泥浓度可以反映污泥数量；污泥指数则能较全面地反映污泥凝聚和沉降的性能。

此外，能反映污泥性能的还有生物相，所谓生物相就是活性污泥的微生物组成。在较好的活性污泥中，除了细菌菌胶团以外，占优势的微生物常是固着型纤毛类原生动物，如钟虫、等枝虫等。

☞ **4.20 活性污泥的增长规律是怎样的?**

活性污泥的增长曲线如图4-2所示。

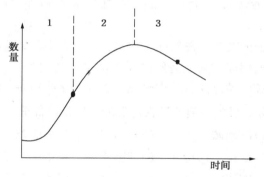

图4-2　污泥增长曲线示意图

1—适应阶段和对数增长阶段；2—减速增长阶段；3—内源代谢阶段

活性污泥的增长过程可分为适应阶段、对数增长阶段、减速增长阶段和内源代谢阶段等四个阶段。

(1)适应阶段也叫调整阶段，这是活性污泥培养的最初阶段，微生物不增殖但在质的方面却开始出现变化。这一阶段与图4-2中增长曲线开始的水平部分相对应，一般持续时间较短。在适应阶段后期，微生物酶系统已经逐渐适应新的环境，个体发育也达到了一定程度，细胞开始分裂，微生物开始增殖。

(2)在活性污泥生长率上升阶段(对数增长阶段)，F/M比值较大，有机底物充足、活性污泥活性强，微生物以最高速率摄取有机底物的同时，也以最高速率合成细胞，实现增殖。此时活性污泥去除有机物的能力大，污泥增长不受营养条件所限制，而只与微生物浓度有关。此时污泥凝聚性能差，不易沉淀，处理效果差。

（3）在生长率下降阶段（减速增长阶段），F/M 值持续下降，活性污泥增长受到有机营养的限制，增长速度下降。这是一般活性污泥法所采用的工作阶段，此时，废水中的有机物能基本去除，污泥的凝聚性和沉降性都较好。

（4）在内源代谢阶段，营养物质基本耗尽，活性污泥由于得不到充足的营养物质，开始利用体内存储的物质，即处于自身氧化阶段，此时，污泥无机化程度高，沉降性良好，但凝聚性较差，污泥逐渐减少。但由于内源呼吸的残留物多是难于降解的细胞壁和细胞质等物质，因此活性污泥不可能完全消失。

☞ **4.21　什么是菌胶团？其作用是什么？**

菌胶团是活性污泥的结构和功能中心，是活性污泥的基本组分，一旦菌胶团受到破坏，活性污泥对有机物的去除率将明显下降或丧失。

进入正常运转阶段的活性污泥，具有很强吸附能力和氧化分解有机物能力的菌胶团会把废水中的杂质和游离微生物吸附在其上，形成活性污泥絮凝体。细菌形成菌胶团后，可以防止被微型动物所吞噬，并在一定程度上免受废水中有毒物质的影响，而且具有很好的沉降性能、有利于混合液在二沉池迅速完成泥水分离。

通过观察菌胶团的颜色、透明度、数量、颗粒大小及结构松紧程度等可以判断和衡量活性污泥的性能。新生菌胶团无色透明、结构紧密，吸附氧化能力强、活性高；老化的菌胶团颜色深、结构松散，吸附氧化能力差、活性低。

☞ **4.22　为什么说丝状细菌是活性污泥的重要组成部分？**

丝状细菌同菌胶团细菌一样，是活性污泥的重要组成部分。其长丝状形态有利于其在固相上附着生长，保持一定的细胞密度，防止单个细胞状态时被微型动物吞食；细丝状形态的比表面积大，有利于摄取低浓度底物。

丝状细菌增殖速率快、吸附能力强、耐供氧不足能力以及在低基质浓度条件下的生活能力都很强，因此在废水生物处理生态系统中存活的种类多、数量大。

丝状细菌具有很强的氧化分解有机物的能力，当污泥中丝状菌在数量上超过菌胶团细菌时，会使污泥絮凝体沉降性能变差，严重时能引起污泥膨胀，造成出水水质下降。

☞ **4.23　活性污泥中微型藻类有哪些？**

微型藻类在活性污泥中的种类和数量较少，而且大多是单细胞种类；但在沉淀池边缘、出水槽等阳光暴露处较多见，甚至可见成层附着生长。在氧化塘及氧化沟等类占地大、空间开阔的废水处理系统中微型藻类的种类和数量较多，常呈菌藻共生状态，还可出现丝状、甚至更大型的种类。

藻类光合作用可补充水中的溶解氧，在氧化塘处理系统中，可采用适当的方法收集藻类以达到除磷和脱氮的目的。

☞ **4.24 活性污泥中微型动物的种类有哪些?**

活性污泥中能见到的原生动物有 220 多种(可查看有关微生物图谱进行认识),其中以纤毛虫居多,可占 70%～90%。在污泥培养初期或污泥发生变化时可以看到大量的鞭毛虫、变形虫。而在系统正常运行期间,活性污泥中微型动物以固着型纤毛虫为主,同时可见游动型纤毛虫类(草履虫、肾形虫、豆形虫、漫游虫等)、匍匐型纤毛虫类(楯纤虫、尖毛虫、棘尾虫等)、吸管虫类(足吸管虫、壳吸管虫、锤吸管虫等)等纤毛虫类。固着型纤毛虫类主要是钟虫类原生动物,这是在活性污泥中数量最多的一类微型动物,常见的有沟钟虫、大口钟虫、小口钟虫、累枝虫、盖纤虫、独缩虫等。

活性污泥中除了上述仅有一个细胞构成的原生动物以外,尚有由多个细胞构成的后生动物,较常见的有轮虫(猪吻轮虫、玫瑰旋轮虫等)、线虫和瓢体虫等。

☞ **4.25 活性污泥中原生动物的作用有哪些?**

原生动物在活性污泥中所起的作用可归纳如下:

(1)促进絮凝和沉淀:污水处理系统主要依靠细菌起净化和絮凝作用,原生动物分泌的黏液能促使细菌发生絮凝作用,大部分原生动物如固着型纤毛虫本身具有良好的沉降性能,加上和细菌形成絮体,更提高了在二沉池的泥水分离效果。

(2)减少剩余污泥:从细菌到原生动物的转换率约为 0.5%,因此,只要原生动物捕食细菌就会使生物量减少,减少的部分等于被氧化量。

(3)改善水质:原生动物除了吞噬游离细菌外,沉降过程中还会黏附和裹带细菌,从而提高细菌的去除率。原生动物本身也可以摄取可溶性有机物,还可以和细菌一起吞噬水中的病毒。这些作用的结果是可以降低二沉池出水的 BOD_5、COD_{Cr} 和 SS,提高出水的透明度。

☞ **4.26 为什么可以将微型动物作为污水处理的指示生物?**

活性污泥中出现的微型动物种类和数量,往往和污水处理系统的运转情况有着直接或间接的关系,进水水质的变化、充氧量的变化等都可以引起活性污泥组成的变化,微型动物体积比细菌要大很多,比较容易观察和发现其微型动物的变化,因而可以作为污水处理的指示生物。

比如固着型纤毛虫类的沉渣取食方式可吞噬废水中的细小有机物颗粒、污泥碎屑和游离细菌,起到清道夫的作用,使出水更清澈。在正常情况下,固着型纤毛虫类体内有维持水分平衡的伸缩泡定期收缩和舒张,但当废水中溶解氧降低到 1mg/L 时,伸缩泡就处于舒张状态,不活动,因此可以通过观察伸缩泡的状况来间接推测水中溶解氧的含量。

再比如轮虫也采用沉渣取食方式。因此,通常在废水处理系统运转正常、有机负荷较低、出水水质良好时，轮虫才会出现；但当废水处理系统因泥龄长、负荷较低导致污泥因缺乏营养而老化解絮后，轮虫会因为污泥碎屑增多而大量增殖。这时，轮虫数量过多又成为污泥老化解絮的标志。

☞ **4.27　活性污泥净化废水的过程是怎样的？**

活性污泥净化废水主要通过三个阶段来完成。

（1）在第一阶段，废水主要通过活性污泥的吸附作用而得到净化。吸附作用进行得十分迅速，一般在30min内完成，BOD_5的去除率可高达70%。

（2）第二阶段，也称氧化阶段，主要是继续分解氧化前阶段被吸附和吸收的有机物，同时继续吸附一些残余的溶解物质。氧化作用在污泥同有机物开始接触时进行得最快，随着有机物逐渐被消耗掉，氧化速率逐渐降低。

（3）第三阶段是泥水分离阶段，在这一阶段中，活性污泥在二沉池中进行沉淀分离。微生物的合成代谢和分解代谢都能去除污水中的有机污染物，但产物不同。分解代谢的产物是CO_2和H_2O，可直接消除污染，而合成代谢的产物是新生的微生物细胞，只有将其从混合液中去除才能实现污水的完全净化处理。

☞ **4.28　常用培养活性污泥的方法有哪几种？**

按照待处理污水的水量、水质和污水处理场的具体条件，可采用间歇培养法、连续培养法两类方法培养活性污泥。连续培养法又可以分为低负荷连续培养法、高负荷连续培养法、接种培养法等三种。

在活性污泥的培养与驯化期间，一是保证足够的溶解氧和保持营养平衡，对于缺乏某些营养物质的工业废水，要适量多投加一些营养物质。二是水温、pH值要尽量在最适范围内，且没有大的波动。三是有机负荷要由低而高、循序渐进。四是可以从正在运行的同类污水处理场提取一定数量的污泥进行接种。

☞ **4.29　什么是活性污泥的间歇培养法？**

间歇培养法是将污水注满曝气池，然后停止进水，开始闷曝（只曝气而不进水）。闷曝2~3d后，停止曝气，静沉1~1.5h，然后再进入部分新鲜污水，水量约为曝气池容积的1/5即可。以后循环进行闷曝、静沉、进水三个过程，但每次进水量应比上次有所增加，而每次闷曝的时间应比上次有所减少，即增加进水的次数。

当污水的温度在15~20℃时，采用这种方法经过15d左右，就可使曝气池中的污泥浓度超过1g/L以上，混合液的污泥沉降比（SV）达到15%~20%。此时停止闷曝，连续进水连续曝气，并开始回流污泥。最初的回流比应当小些，可以控制在25%左右，随着污泥浓度的增高，逐渐将回流比提高到设计值。

☞ **4.30　什么是活性污泥的连续培养法？**

连续培养法首先将曝气池注满污水后，停止进水，闷曝1~2d，然后使污水直接通过活性污泥系统的曝气池和二沉池，连续进水和出水；二沉池不排放剩余污泥，全部回流曝气池，直到混合液的污泥浓度达到设计值为止的方法。

具体做法有低负荷连续培养法、高负荷连续培养法和接种培养法三种。

接种培养能大大缩短污泥培养时间，当污水处理场改建或扩建时，利用旧曝气池污泥为新曝气池提供接种污泥，是经常见到的做法。

☞ **4.31　什么是活性污泥的驯化？驯化的方法有几种？**

活性污泥的驯化通常是针对含有有毒或难生物降解的有机工业废水而言。驯化的方法可分为异步法和同步法两种。

（1）异步驯化法是用生活污水或粪便水将活性污泥培养成熟后，再逐步增加工业废水在混合液中的比例。每变化一次配比，污泥浓度和处理效果的下降不应超过 10%，并且经过 7~10d 运行后，能恢复到最佳值。

（2）同步驯化法是用生活污水或粪便水培养活性污泥的同时，就开始投加少量的工业废水，随后逐渐提高工业废水在混合液中的比例。

对于生化性较好、有毒成分较少、营养也比较全面的工业废水，可以使用同步驯化法同时进行污泥的培养和驯化。否则，必须使用异步驯化法将培养和驯化完全分开。

☞ **4.32　活性污泥所需营养物质的比例是多少？**

好氧法处理有机废水时，所需营养比例大都按 $C:N:P=100:5:1$ 来衡量，在培养污泥阶段，要按照高于这个比例添加营养盐。

但在实际的生物处理系统中，微生物对废水中 C、N、P 的需求并不是固定的，它与污泥的种类和污泥产率有关，而这又与工业废水的性质和处理系统的运行方式有关。对于好氧生物处理工业废水营养物质的比例可以为 $C:N:P=(100~200):5:(0.8~0.1)$，对于厌氧生物处理工业废水营养物质的比例可以为 $C:N:P=(500~800):5:(0.8~0.1)$。

☞ **4.33　为什么处理某些工业废水时要投加营养盐？**

某些工业废水污染物成分单一，比如一些化工废水，污染物只有其生产过程的添加剂和副产品等，这些工业废水的 COD_{Cr} 或 BOD_5 值往往高达数千 mg/L，甚至几万 mg/L，而 N、P 等营养元素的含量几乎接近于零。为了成功地利用生物法处理这些工业废水，必须使参与分解氧化有机物的微生物获得必要的营养，向废水中补充其所缺乏的营养盐。

☞ **4.34　什么是活性污泥法？其基本原理是什么？**

活性污泥法是以活性污泥为主体，利用活性污泥中悬浮生长型好氧微生物氧化分解污水中的有机物质的污水生物处理技术，是一种应用最广泛的废水好氧生物处理技术。其净化污水的过程可分为吸附、代谢、固液分离三个阶段，由曝气池、曝气系统、回流污泥系统及二次沉淀池等组成，其基本流程如图 4-3 所示。

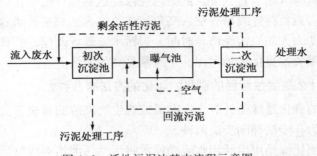

图 4-3　活性污泥法基本流程示意图

☞ **4.35　活性污泥法有效运行的基本条件有哪些?**

活性污泥法有效运行的基本条件是:

（1）污水中含有足够的胶体状和溶解性易生物降解的有机物,作为活性污泥中微生物的营养物质。

（2）曝气池混合液中有足够的溶解氧。

（3）活性污泥在曝气池内呈悬浮状态,能够与污水充分接触。

（4）连续回流活性污泥、及时排出剩余污泥,使曝气池混合液中活性污泥保持一定浓度。

（5）污水中有毒害作用的物质的含量在一定浓度范围内,不对微生物的正常生长繁殖形成威胁。

☞ **4.36　活性污泥法的运行控制方法有哪些?**

活性污泥法的控制方法有污泥负荷法、SV 法、MLSS 法和泥龄法等四种。

（1）污泥负荷法。污泥负荷法是污水生物处理系统的主要控制方法,尤其适用于系统运行的初期和水质水量变化较大的生物处理系统。

（2）MLSS 法。MLSS 法是经常测定曝气池内 MLSS 的变化情况,通过调整排放剩余污泥量来保证曝气池内总是维持最佳 MLSS 值的控制方法,适用于水质水量比较稳定的生物处理系统。

（3）SV 法。对于水质水量稳定的生物处理系统,SV 值能代表活性污泥的絮凝和代谢活性,反映系统的处理效果。

（4）泥龄法。泥龄法是通过控制系统的污泥停留时间来使处理系统维持最佳运行效果的方法。

☞ **4.37　活性污泥法日常管理中需要观测的项目有哪些?**

首先对活性污泥状况的镜检和观察,其次对池曝气效果和二沉池沉淀效果进行观察,然后对曝气量(供气量)、剩余污泥排放量、回流污泥量以及曝气池混合液 30min 污泥沉降比进行记录或测定。

☞ **4.38 活性污泥法日常管理中需要监测和记录的参数有哪些？**

按照用途可以将废水处理场的常规监测项目分为以下五类：

（1）反映处理流量的项目：主要有进水量、回流污泥量和剩余污泥量。

（2）反映处理效果的项目：进、出水的 BOD_5、COD_{Cr}、SS 及其他有毒有害物质的浓度。

（3）反映污泥状况的项目：包括曝气池混合液的各种指标 SV、SVI、MLSS、MLVSS 及生物相观察等和回流污泥的各种指标 RSSS、RSV 及生物相观察等。

（4）反映污泥环境条件和营养的项目：水温、pH 值、溶解氧、氮、磷等。

（5）反映设备运转状况的项目：水泵、泥泵、鼓风机、曝气机等主要工艺设备的运行参数，如压力、流量、电流、电压等。

☞ **4.39 活性污泥法的影响因素有哪些？**

（1）溶解氧：一般曝气池出口混合液中溶解氧浓度维持在 2mg/L，才能保持活性污泥系统整体具有良好的净化功能。

（2）有机负荷：进水有机负荷接近或等于其最佳值，才能取得最佳的运行效果。

（3）营养物质：除了需要碳、氢、氧等基本物质外，还需要氮、磷等营养元素，且营养平衡。

（4）pH 值：活性污泥法的最适宜的 pH 值介于 6.5~8.5 之间。

（5）水温：好氧活性污泥法的最适宜温度范围是 15~30℃。

（6）有毒物质：污水中对微生物有抑制作用的物质可控。

☞ **4.40 活性污泥法的主要形式有哪些？**

活性污泥法是悬浮生长型好氧生物法。其实质是设法维持曝气池内混合液具有一定的污泥浓度，并保持一定的溶解氧含量，为微生物分解污水中的有机物创造条件。根据曝气池内混合液流态、进水方式和供氧方式的不同，活性污泥法有许多运行形式。常见的活性污泥法有传统推流式活性污泥法、完全混合活性污泥法、阶段曝气活性污泥法、吸附-再生活性污泥法、延时曝气活性污泥法、纯氧曝气活性污泥法、间歇曝气式活性污泥法、氧化沟、缺氧/好氧活性污泥法（A/O法）、吸附生物降解法（AB法）等，其运行参数见表 4-2。

表 4-2 常见活性污泥法运行参数

运行方式	污泥负荷 N_s/ [kgBOD_5/ (kg泥·d)]	容积负荷 N_v/ [kgBOD_5/ (m³·d)]	污泥浓度/ (g/L)	曝气时间/ h	泥龄/d	回流比	BOD_5去除率/%
传统推流	0.2~0.4	0.3~0.6	1.5~3.0	4~8	5~15	0.25~0.75	85~95
完全混合	0.25~0.5	0.5~1.8	3.0~6.0	4~8	5~15	1.0~4.0	85~95
阶段曝气	0.2~0.4	0.6~1.0	2.0~3.5	3~8	5~15	0.25~0.75	85~95

运行方式		污泥负荷 N_s/ [kgBOD$_5$/ (kg泥·d)]	容积负荷 N_v/ [kgBOD$_5$/ (m³·d)]	污泥浓度/ (g/L)	曝气时间/ h	泥龄/d	回流比	BOD$_5$去除率/%
吸附再生	吸附段 再生段	0.2~0.6	1.0~1.2	1.0~3.0 4.0~10	0.5~1 3~6	5~15	0.5~1.0	80~90
延时曝气		0.05~0.10	0.1~0.4	3.0~6.0	18~48	20~30	0.75~1.0	≥95
纯氧曝气		0.4~0.8	2.0~3.2	5.0~10.0	1.5~3	8~20	0.25~0.6	85~95
间歇曝气		0.2~0.4	0.1~1.3	2.0~5.0	0.5~2	3~10	0.5~1.5	85~95
氧化沟		0.03~0.07	0.1~0.4	3.0~6.0	20~48	8~30	—	≥95
A/O 法		0.2~0.4	0.6~1.0	≥3.0	3~6	3~10	0.1~0.2	85~95
AB 法	A 段 B 段	2.0~6.0 0.15~0.3	0.6~1.0	2~4	0.5~1 2~6	0.3~0.6 15~20	0.5~0.8 0.5~1.0	85~95

☞ **4.41 温度对好氧生物处理的影响有哪些?**

好氧活性污泥微生物能正常生理活动的最适宜温度范围是 15~30℃。一般水温低于 10℃或高于 35℃时，都会对好氧活性污泥的功能产生不利影响。当温度高于 40℃或低于 5℃时，甚至会完全停止。

在一定范围内，如果水温的变化缓慢，活性污泥中的微生物可以逐步适应这种变化，通过采取降低负荷、提高溶解氧浓度、延长曝气时间等措施，仍能取得较好的处理效果。

因此，在实际生产运行中，要重视水温的突然变化，尤其是水温的突然升高带来的不利影响。

☞ **4.42 pH 值对活性污泥法的影响有哪些?**

活性污泥微生物的最适宜的 pH 值介于 6.5~8.5 之间。当 pH 值降至 4.5 以下，活性污泥中原生动物将全部消失，大多数微生物的活动会受到抑制，优势菌种为真菌，活性污泥絮体受到破坏，极易产生污泥膨胀现象。当 pH 值大于 9 后，微生物的代谢速率将受极大的不利影响，菌胶团会解体，也会产生污泥膨胀现象。

活性污泥混合液本身对 pH 值变化具有一定的缓冲作用，因为好氧微生物的代谢活动能改变其活动环境的 pH 值。此外，废水本身所具有的碱度对 pH 值的下降有一定抑制作用。

但是，若污水的 pH 值发生突变，譬如碱性污水进入已适应酸性环境的活性污泥系统时，将会对其中微生物造成冲击，甚至有可能破坏整个系统的正常运行。

☞ **4.43 溶解氧对活性污泥法的影响有哪些?**

如果溶解氧浓度过低，好氧微生物正常的代谢活动就会下降，活性污泥会因此发黑发臭，进而使其处理污染物能力受到影响。而且溶解氧浓度过低，易于滋生丝状菌，产生污泥膨胀，影响出水水质。如果溶解氧浓度过高，氧的转移速率降低，活性污泥中的微生物会进入自身氧化阶段，还会增加动力消耗。

对混合液的游离细菌而言，溶解氧保持在 0.2~0.3mg/L 即可满足要求。但为了使溶解氧扩散到活性污泥絮体的内部，保持活性污泥系统整体具有良好的净化功能，混合液必须维持在 2mg/L 左右。

☞ **4.44　对好氧活性污泥法造成影响的常见有毒物质有哪些？**

表 4-3 列出了常见的有毒物质会对活性污泥产生抑制作用的最低浓度。

表 4-3　常见有毒物质会对活性污泥产生抑制作用的最低浓度　　　　mg/L

毒物	抑制浓度	毒物	抑制浓度	毒物	抑制浓度	毒物	抑制浓度
铅	1	钒	5	苯	10	酚	100
汞	0.5	铜	0.5	氯苯	10	对苯二酚	15
砷	0.1	镍	1	苯胺	100	邻苯二酚	100
镉	1	硫化物	10	甲苯	7	间苯二酚	450
铬	2	氰化物	5	二甲苯	7	苯三酚	100
锑	0.2	油脂	30	烷基苯磺酸盐	15	甲醛	100
银	5	甘油	5				

当污水中含有对好氧微生物有抑制作用的物质的浓度超过表 4-3 的限值后，活性污泥的性能将会下降直至完全失去应有的作用。但是，经过长期驯化或培养特殊菌种，可以适当提高活性污泥法处理对有毒有机物的适应浓度，有时甚至可以将有毒物质变成微生物的主要营养成分。比如酚本身是有毒物质，但有些炼油废水的主要成分就是酚，使用经过驯化的活性污泥法处理却可以使出水水质达到国家有关排放标准。

☞ **4.45　什么是曝气？曝气的作用有哪些？**

为了使活性污泥法系统正常运行，将空气中的氧强制溶解到混合液中去的过程，称为曝气。曝气的作用主要有三个：

（1）曝气的基本作用是产生并维持空气（或氧气）有效地与水接触，在生物氧化作用不断消耗氧气的情况下保持水中一定的溶解氧浓度。

（2）除供氧外，还在曝气区产生足够的搅拌混合作用，促使水的循环流动，实现活性污泥与废水的充分接触混合。

（3）维持混合液具有一定的运动速度，使活性污泥在混合液中始终保持悬浮状态。

☞ **4.46　好氧生物处理的曝气方式主要有哪些？**

通常采用的曝气方法有鼓风曝气法和机械曝气法两种，有时也可以将两种方法联合使用。对于不同的曝气方法，曝气池的构造也各有特点。

☞ **4.47 鼓风曝气系统是怎样构成的？**

鼓风曝气系统由鼓风机(空压机)、空气扩散装置(曝气器)和一系列的连通管道组成。鼓风机将空气进行压缩形成一定压力后，通过管道输送到安装在曝气池底部的扩散装置。压缩空气经过不同的扩散装置，形成不同尺寸的气泡。气泡在扩散装置出口处形成后，经过上升和随水流动并搅动混合液，最后在液面处破裂，气泡在移动过程中将空气中的氧转移到混合液中。

☞ **4.48 鼓风曝气的类型有哪些？**

根据扩散设备在曝气池混合液中的淹没深度不同，鼓风曝气法又可分为四种：

（1）底层曝气：将鼓风充氧装置安置在曝气池底部，曝气池的有效水深通常在 3~4.5m 之间。

（2）浅层曝气：扩散设备安装在距液面 800~900mm 处，曝气池的有效水深一般在 3~4m。

（3）深水曝气：曝气池水深可达 8.5~30m，曝气又分深水底层曝气、深水中层曝气两种形式。

（4）深井曝气：深井曝气装置深度为 50~150m，将压缩空气通入深水中曝气。

☞ **4.49 什么是推流式曝气池？什么是完全混合式曝气池？**

按曝气池的流态分，曝气池可分为推流式和完全混合式及两种流态的组合形式。

（1）推流式

典型推流式曝气池的平面一般是长宽比为 5~10 的长方形，有效水深为 3~9m。为节省占地面积，推流式曝气池往往建成两折或多折。污水从一端进入，从另一端推流出去。在推流式曝气池中，有机物浓度和种类沿程不断变化。污泥负荷和耗氧速率前高后低，长池前后的微生物种类和数量存在差异。沿程各个断面之间存在较大的浓度梯度，因此降解速率较快，运行灵活，可采用多种运行方式，特别适用于处理水质比较稳定的废水。

（2）完全混合式

完全混合式曝气池一般为圆形，曝气装置多采用表面曝气机。曝气机置于曝气池中心平台上，污水进入搅拌中心后立即与全池混合液混合，全池的污泥负荷、耗氧速率和微生物种类等性能完全相同，不像推流式曝气池那样上下游有明显的区别，由于曝气池原有混合液对进水的稀释作用，完全混合式曝气池耐冲击负荷的能力较强，负荷均匀使供氧与需氧容易平衡，从而节省供氧动力。

（3）两种流态的结合式

在许多实际运行的曝气池中，推流和完全混合并不是绝对的。①在推流池中，可用一系列表面曝气机串联充氧和搅拌，这样一来在每个表面曝气机周围的流态都是完全混合式的，而对全池来说，流态具有推流式性质；②将曝气池建成独立的多个完全混合池，各池可以串联也可以部分并联，即整个流程的流态为推流式。

☞ **4.50 曝气池在好氧活性污泥法中的作用是什么？**

曝气池是好氧活性污泥法的核心，好氧活性污泥法对废水中溶解性和胶体状的有机物的去除就是在曝气池内完成的，因此曝气池有时也被称为污水处理的反应池。

可以说，污水处理厂的其他构筑物和设施都是围绕曝气池设置或以曝气池为基础的。比如各种一级处理设施和二沉池、回流污泥泵房等都是以满足曝气池需要为前提的，各种三级处理或深度处理设施也需要根据曝气池的处理效果而确定工艺流程和处理方式。

☞ **4.51 曝气池进水常规监测项目有哪些？**

曝气池进水常规监测项目主要有温度、pH 值、COD_{Cr} 和 BOD_5、氨氮和磷酸盐、有毒物质等。

☞ **4.52 曝气池混合液常规监测项目有哪些？**

曝气池混合液常规监测项目有温度、pH 值、溶解氧（DO）、污泥浓度（MLSS）、污泥沉降比（SV）、污泥容积指数（SVI）、污泥龄、回流污泥浓度（RSSS）和回流污泥沉降比（RSV）等，还要进行污泥生物相镜检。

☞ **4.53 如何通过观测混合液中原生动物和后生动物种属和数量来判断曝气池运行状况？**

根据曝气池混合液中出现的原生动物和后生动物种属和数量，可以大体上判断出污水净化的程度和活性污泥的状态。

（1）混合液溶解氧含量正常，活性污泥生长、净化功能强时，出现的原生动物主要是固着型的纤毛虫，一般以钟虫属居多。这类纤毛虫以体柄分泌的黏液固着在污泥絮体上，它们的出现说明污泥凝聚沉淀性能较好。

（2）在曝气池启动阶段，即活性污泥培养的初期，活性污泥的菌胶团性能和状态尚未良好形成的时候，有机负荷率相对较高而 DO 含量较低，此时混合液中存在大量游离细菌，也就会出现大量的游泳型的纤毛虫类原生动物，比如豆形虫、肾形虫、草履虫等。

（3）混合液溶解氧不足时，可能出现的原生动物较少，主要是适应缺氧环境下的扭头虫。这是一种体形较大的纤毛虫，体长 $40 \sim 300 \mu m$，主要以细菌为食，适应中等污染程度的水域。因此镜检时一旦发现原生动物以扭头虫居多，说明曝气池内已出现厌氧反应，需要及时降低进水负荷和加大曝气量等有效措施。

（4）混合液曝气过度或采用延时曝气工艺时，活性污泥因氧化过度使其凝聚沉降性能变差，呈细分散状，各种变形虫和轮虫会成为优势菌种。

（5）活性污泥分散解体时，出水变得很浑浊，这时候出现的原生动物主要是小变形虫，如辐射变形虫等。这些原生动物体形微小、构造简单，以细菌为食、行动迟缓。如果发现有大量这样的原生动物出现，就应当立即减少回流污泥量和曝气量。

（6）进水浓度极低时，会出现大量的游仆虫属、鞍甲轮虫属、异尾轮虫属等原生动物。

（7）原生动物对外界环境的变化影响的敏感性高于细菌，冲击负荷和有毒物质进入时，作为活性污泥中敏感性最高的原生动物，盾纤虫的数量就会急剧减少。

（8）活性污泥性能不好时，会出现鞭毛虫类原生动物，一般只有波豆虫属和屋滴虫属出现；当活性污泥状态极端恶化时，原生动物和后生动物都会消失。

（9）在活性污泥状况逐渐恢复时，会出现漫游虫属、斜管虫属、尖毛虫属等缓慢游动或匍匐前进的原生动物，和曝气池启动阶段的原生动物种类相似。

☞ 4.54 什么是曝气池混合液污泥浓度（MLSS）？

曝气池混合液污泥浓度（MLSS）的英文是 Mixed Liquor Suspended Solid，因此又称混合液悬浮固体浓度，它表示的是混合液中的活性污泥浓度，即单位容积混合液内所含有的活性污泥固体物的总质量。其单位是 mg/L 或 g/L。

MLSS 中包含了活性污泥中的所有成分，即由具有代谢功能的微生物群体、微生物代谢氧化的残留物、吸附在微生物上的有机物和无机物等四部分组成。

☞ 4.55 什么是曝气池混合液挥发性污泥浓度（MLVSS）？

曝气池混合液挥发性污泥浓度（MLVSS）的英文是 Mixed LiquorVolatile Suspended Solid，因此又称混合液挥发性悬浮固体浓度，表示的是混合液活性污泥中有机性固体物质的浓度，MLVSS 扣除了活性污泥中的无机成分，能够比较准确地表示活性污泥中活性成分的数量。其单位是 mg/L 或 g/L。

在条件一定时，MLVSS/MLSS 比值是固定的，比如城市污水一般在 0.75 ～ 0.85 之间，但不同的工业废水，MLVSS/MLSS 比值的差异很大。

☞ 4.56 曝气池 MLVSS 越高处理效果越好吗？

曝气池混合液必须维持相对固定的污泥浓度 MLVSS，才能维持处理效果的和处理系统稳定运行。每一种好氧活性污泥法处理工艺都有其最佳曝气池 MLVSS，比如普通空气曝气活性污泥法的 MLSS 最佳值为 2g/L 左右，而纯氧曝气活性污泥法的 MLSS 最佳值为 5g/L 左右，两者差距很大。曝气池中的 MLVSS 接近其最佳值时，处理效果最好，而 MLVSS 过低时往往达不到预计的处理效果。

当 MLVSS 过高时，泥龄延长，曝气池混合液的密度会增大，也就会增加机械曝气或鼓风曝气的电耗。而且有时还会导致污泥过度老化，活性下降，最后甚至影响处理效果。在实际运行时，有时需要通过加大剩余污泥排量的方式强制减少曝气池的 MLSS 值，刺激曝气池混合液中微生物的生长和繁殖，提高活性污泥分解氧化有机物的活性。

☞ **4.57 什么是曝气池混合液污泥沉降比(SV)? 其作用是什么?**

污泥沉降比(SV)的英文是 Settling Velocity，又称 30min 沉降率，是曝气池混合液在量筒内静置 30min 后所形成的沉淀污泥容积占原混合液容积的比例，以%表示。一般取混合液样 100mL 用 100mL 量筒测量，静置 30min 后泥面的高度恰好是 SV 的数值。由于 SV 值的测定简单快速，因此是评定活性污泥浓度和质量的最常用方法。

SV 能反映曝气池正常运行时的污泥量和污泥的凝聚、沉降性能，通常 SV 值越小，污泥的沉降性能越好。可用于控制剩余污泥的排放量，通过 SV 的变化可以判断和发现污泥膨胀现象的发生。不同污水处理场的 SV 值的差别很大，城市污水处理厂的正常 SV 值一般在 20%~30%之间，而有些工业废水处理场的正常 SV 值在 90%以上。每座污水处理厂(场)都应该根据自己的运行经验数据确定本厂(场)的最佳 SV 值。

SV 值可以通过增减剩余污泥的排放量来加以调节，SV 值的变动性较大，而且与进水量有关。因此最好每个运行班都需要测定混合液的 SV 值，而且要与进水量相对照验证。

在正常生产运行中，有时为了能及时调整运行状况，可以测定 5min 的污泥沉降比来判断污泥的性能。

☞ **4.58 测定 SV 值容易出现的异常现象有哪些? 原因是什么?**

(1)污泥沉淀 30~60min 后呈层状上浮，这一现象多发生在高温的夏季，活性污泥反应功能较强，产生了硝化作用，形成了硝酸盐，硝酸盐在二沉池中被还原为气态氮。气态氮附着在活性污泥絮体上并携带污泥上浮，气泡去除后，污泥能够迅速下沉。可通过减少污泥在二沉池的停留时间或减小曝气量来解决。

(2)在上清液中含有大量的呈悬浮状态的微小絮体，而且透明度下降。其原因是污泥解体，而污泥解体的原因有曝气过度、负荷太低导致活性污泥自身氧化过度、有毒物质进入等。

(3)泥水界面分界不明显，其原因是流入高浓度的有机废水，微生物处于对数增大期，使形成的絮体沉降性能下降、污泥分散。

☞ **4.59 什么是污泥容积指数(SVI)?**

污泥容积指数(SVI)的英文是 Sludge Volume Index，是指曝气池出口处混合液经过 30min 静置沉淀后，每 g 干污泥所形成的沉淀污泥所占的容积，单位以 mL/g 计。计算公式如下：

SVI = 1L 混合液经 30min 静沉后的污泥容积(mL)/1L 混合液的干污泥量(g)

SV 值与 SVI 值的关系如下：

$$SVI = 10 \times SV / MLSS(g/L)$$

SVI 值排除了污泥浓度对污泥沉降体积的影响，因而比 SV 值能更准确地评价和反映活性污泥的凝聚、沉淀性能。

一般说来，SVI 值过低说明污泥颗粒细小，无机物含量高，缺乏活性；SVI 值过高说明污泥沉降性能较差，将要发生或已经发生污泥膨胀。高浓度活性污泥系统，即使沉降性能较差，由于其 MLSS 较高，因此其 SVI 值也不会很高。

☞ **4.60　曝气池混合液 SVI 升高的原因有哪些?**

(1) 水温突然降低使微生物活性降低，分解有机物的功能下降。

(2) 流入含酸废水使曝气池混合液 pH 值长时间处于 3~4 的酸性条件下，嗜酸性丝状微生物大量繁殖，此外排放酸性废水的管道内生长的丝状微生物膜周期脱落也会导致混合液中的丝状微生物的增殖。

(3) 进水中氮磷等营养物质比例偏低，而丝状微生物能够在氮磷等营养物质严重不足的情况下大量繁殖，并在混合液污泥中占优势，进而引起污泥膨胀。

(4) 曝气池有机负荷过高导致活性污泥的凝聚性能和沉淀性能变差，SVI 值增高。

(5) 进水中低分子有机物含量较大，从而使丝状微生物大量增殖、曝气池混合液沉降性能降低。

(6) 曝气池混合液溶解氧含量不足，使絮体形成菌生长受到抑制，导致活性污泥膨胀，SVI 增高。

(7) 进水中有害于絮体形成细菌的有毒有害物质，如酚、醛、硫化物等类物质含量突然升高，菌胶团变得松散、凝聚性能下降，而丝状微生物增殖，SVI 增高。

(8) 高浓度有机废水缺氧腐败后进入曝气池，其中含有大量的低分子有机物和硫化物等，从而使丝状微生物大量增殖，SVI 升高。

(9) 消化池上清液短时间内进入曝气池，其中的高浓度有机物使曝气池有机负荷升高，丝状微生物大量增殖。

(10) 进水中 SS 较低而溶解性有机物比例较大，使得污泥的容重降低，难于固液分离，从而使 SVI 值升高。

(11) 污泥在二沉池停留时间过长，会导致其中溶解氧含量下降，污泥因此腐化变质，进而使回流污泥中丝状微生物大量繁殖，引起曝气池活性污泥膨胀，SVI 增高。

☞ **4.61　什么是污泥龄? 泥龄如何计算?**

微生物代谢有机物的同时自身得到增殖，剩余污泥排放量等于新增污泥量，用新增污泥替换原有系统中所有污泥所需要的时间称为泥龄。泥龄是反应器内微生物从生成到排出系统的平均停留时间，即反应器内微生物全部更新一次所需要的时间，因此又称细胞平均停留时间(MCRT)、固体平均停留时间(SRT)、生物固体平均停留时间（BSRT），是指活性污泥在曝气池内的平均停留时间。即：

$$泥龄 = \frac{曝气池内活性污泥量 + 二沉池污泥量 + 回流系统的污泥量}{每天排放的剩余污泥量 + 二沉池出水每天带走的污泥量}$$

实际上计算泥龄时利用下式：

$$泥龄 = 曝气池内活性污泥量 / 每天排放的剩余污泥量$$

4.62 泥龄调整对废水处理可以产生哪些影响？

泥龄与污泥去除负荷呈反比关系，当选用较长的泥龄时，对应的污泥负荷较小，剩余污泥量就少。当选用的泥龄较短时，对应的污泥负荷较大，剩余污泥量就多。泥龄还能说明活性污泥中微生物的状况，世代时间长于泥龄的微生物不可能在曝气池内繁衍成优势菌种。比如硝化菌在20℃的世代时间为3d，当泥龄小于3d时，硝化菌就不可能在曝气池内大量增殖，也就不能在曝气池内出现明显的硝化反应。

对于一个正常运行的废水处理系统来说，泥龄是相对固定的，即每天从系统中排出的污泥量是相对固定的。

如果排放的剩余污泥量少，使系统的泥龄过长，会造成系统去除单位有机物的氧消耗量增加，即能耗升高，二沉池出水的悬浮物含量升高，出水水质变差。如果过量排放剩余污泥，使系统的泥龄过短，活性污泥吸附的有机物来不及氧化，二沉池出水中有机物含量增大，出水水质也会变差。

4.63 污泥回流的作用有哪些？

由于好氧活性污泥法的进水和出水是连续进行的，微生物在曝气池内的增长速度远远跟不上随着混合液从曝气池中流出的速度。污泥回流的作用是补充曝气池混合液流出带走的活性污泥，使曝气池内的悬浮固体浓度 MLSS 保持相对稳定。同时对缓冲进水水质的变化也能起到一定的作用，二级生物处理系统的抗冲击负荷能力主要是通过曝气池中拥有足够的活性污泥实现的，而曝气池中维持稳定的污泥浓度离不开回流污泥的连续进行。

4.64 如何控制剩余污泥的排放量？

每日排放的剩余污泥量应大致等于污泥每日的增长量，排放量过大或过小都会导致曝气池内 MLSS 值的波动。具体排放量控制方法有：

（1）泥龄控制：如果曝气池进水量和有机物浓度波动较小，可以只用曝气池混合液污泥量来计算剩余污泥排放量，即：

剩余污泥排放量 = 曝气池混合液污泥量 / （泥龄×回流污泥浓度）- 二沉池出水污泥量

当进水量有波动时，因为污泥在曝气池和二沉池中动态分布，计算剩余污泥排放量时应以系统的总污泥量计，即将二沉池的泥量也计算在内。

（2）污泥浓度控制：曝气池内混合液污泥浓度一般都有一个最佳值，如果高于此值，必须及时排泥。计算公式如下：

剩余污泥排放量＝曝气池内混合液污泥浓度与理想浓度之差×
曝气池容积/回流污泥浓度

（3）污泥负荷控制：按照曝气池内污泥量不变的原则，根据污泥负荷计算污泥的产量，并将新产生的污泥全部从系统中排放出去。计算公式如下：

剩余污泥排放量＝（曝气池内混合液污泥量－进水 BOD_5 量/污泥负荷）/
回流污泥浓度

（4）污泥沉降比控制：当测得污泥沉降比（SV）增大后——可能是污泥浓度增加所致，也可能是污泥的沉降性能变差所致，不管哪种情况都应该及时排出剩余污泥，保证 SV 的相对稳定。

☞ **4.65　什么是污泥回流比？**

污泥回流比是污泥回流量与曝气池进水量的比值，一般保持回流比恒定。

在污水处理厂的运行管理中，通过调整回流比作为应付突发情况是一种有效的应急手段。例如当发现二沉池泥水界面突然升至很高时，可迅速增大回流比，将污泥界面降下去，保证不造成污泥流失。然后再分析出引起污泥界面升高的真正原因，寻找到解决问题的手段并使之恢复正常后，再将回流比调回原值。

☞ **4.66　为什么剩余污泥的排放量一般都要保持恒定？**

剩余污泥排放对活性污泥系统的功能及处理效果影响很大，但这种影响很慢。比如通过调节剩余污泥排放量控制活性污泥中的丝状菌过量繁殖，其效果通常要经过 2~3 倍的泥龄之后才能看出来。也就是说，当泥龄为 5d 时，要经过 10~15d 之后才能观察到调节排泥量所带来的控制效果。

因此，无法通过排泥操作来控制或适应进水水质水量的日变化，即使排泥奏效，发生变化的那股污水早已流出系统，所以排泥量一般也都保持恒定。但需要每天统计记录剩余污泥排放量，并利用 F/M 或 SRT 值等方法每天进行核算，总结出规律性。

☞ **4.67　回流污泥量的调整方法有哪几种？**

（1）根据二沉池的泥位调整。这种方式可避免出现因二沉池泥位过高而造成污泥流失的现象，出水水质较稳定，其缺点是使回流污泥浓度不稳定。

（2）根据污泥沉降比确定回流比，计算公式为：

$$R = SV/(100-SV)$$

污泥沉降比测定比较简单、迅速，具有较强的操作性，其缺点是当污泥沉降性能较差，即污泥沉降比 SV 较高时，就需要提高污泥回流量，结果会使回流污泥的浓度下降。

（3）根据回流污泥浓度和混合液污泥浓度调节回流比，计算公式为：

$$R = MLSS / (RSSS - MLSS)$$

分析回流污泥和曝气混合液中的污泥浓度使用烘干法，需要时间较长，直接指导运行不太现实，一般作为回流比的校核方法。

（4）根据污泥沉降曲线，确定特定污水处理场活性污泥的最佳沉降比。再通过调整污泥回流量使污泥在二沉池的停留时间正好等于这种污泥通过沉降达到最大浓度的时间，此时的回流污泥浓度最大，而回流量最小。这种方法简单易行，在获得高回流污泥浓度的同时，污泥在二沉池的停留时间最短，此法尤其适用于反硝化脱氮及除磷工艺。

☞ 4.68 污泥回流系统控制污泥浓度的方式有几种？

为了实现污泥回流浓度及曝气池混合液污泥浓度的相对稳定和操作管理方便，控制污泥回流系统的做法有三种：一是保持回流量恒定；二是保持剩余污泥排放量恒定；三是随时调整回流比和回流量。

前两种的恒定做法是相对的，经过 3~5d，根据污泥浓度数据核算是否需要调整；最后一种方法是比较理想化的调整方式，效果最好，但操作频繁、工作量大，对控制设备和仪表的灵敏度等要求较高。

☞ 4.69 什么是活性污泥膨胀？污泥膨胀可分为几种？

污泥膨胀是活性污泥法系统常见的一种异常现象，是指由于某种因素的改变，活性污泥质量变轻、膨大、沉降性能恶化，SVI 值不断升高，不能在二沉池内进行正常的泥水分离，二沉池的污泥面不断上升，最终导致污泥流失，使曝气池中的 MLSS 浓度过度降低，从而破坏正常工艺运行的污泥。污泥膨胀时，SVI 值异常升高，有时可达 400 以上。

污泥膨胀总体上可以分为丝状菌膨胀和非丝状菌膨胀两大类。丝状菌膨胀是活性污泥絮体中的丝状菌过度繁殖而导致的污泥膨胀，非丝状菌膨胀是指菌胶团细菌本身生理活动异常、黏性物质大量产生导致的污泥膨胀。

☞ 4.70 污泥膨胀的危害有哪些？如何识别？

发生污泥膨胀后，二沉池出水的 SS 将会大幅度增加，同时导致出水的 COD_{Cr} 和 BOD_5 也超标。如果不立即采取控制措施，污泥持续流失会使曝气池内的微生物数量锐减，不能满足分解有机污染物的正常需要，从而导致整个系统的性能下降，甚至崩溃。

污泥膨胀可通过检测曝气混合液的 SVI、沉降速度和生物相镜检来判断和预测，而通过观察二沉池出水悬浮物和泥面的上升变化是最直观的方法。

☞ 4.71 曝气池活性污泥膨胀的原因有哪些？解决的对策有哪些？

（1）水温突然降低：对策是设法提高污水温度或降低进水负荷，使微生物逐渐适应低温环境。

（2）pH 值突然降低：对策是对含酸污水及时调整 pH 值使进入曝气池的污水接近中性。

（3）氮磷等营养物质比例偏低：对策是根据具体情况在进水中投加尿素、磷酸铵、磷酸钾等氮肥和磷肥，提高进水中氮磷等营养物质比例。

（4）有机负荷过高：对策是降低进水有机负荷。

（5）污泥在二沉池停留时间过长：对策是加大剩余污泥排放量，减少污泥在二沉池的停留时间。

（6）曝气充氧量不足：对策是增开风机台数或提高表曝机转速，设法提高曝气池混合液溶解氧含量，对曝气池局部曝气量不足的原因进行检查并予以排除。

（7）有毒有害物质含量突然升高：对策是通过减少曝气池进水量或增加回流污泥量，使曝气池混合液中有毒有害物质含量降低到正常范围内。

☞ **4.72 丝状菌污泥膨胀的原因有哪些？**

活性污泥中丝状菌过度繁殖，就会形成丝状菌污泥膨胀。如果活性污泥环境条件发生不利变化，丝状菌因为其表面积较大、抵抗环境变化的能力比菌胶团细菌强，丝状菌的数量就有可能超过菌胶团细菌，从而导致丝状菌污泥膨胀。

有利于丝状菌过度繁殖的主要因素有：①进水中有机物质太少，曝气池内 F/M 太低，导致微生物食料不足；②进水中 N、P 等营养物质不足；③pH 值太低，不利于菌胶团生长；④曝气池混合液内溶解氧太低；⑤进水水质、水量波动太大，对微生物造成冲击；⑥进入曝气池的污水"腐化"而含有较多的 H_2S（>1～2mg/L）时，导致丝硫菌过量繁殖；⑦进入曝气池的污水温度偏高（超过30℃）。

☞ **4.73 非丝状菌污泥膨胀的原因有哪些？**

非丝状菌膨胀是由于菌胶团细菌本身生理活动异常，导致活性污泥沉降性能恶化的现象。这类污泥膨胀又可分为两种：

（1）第一种非丝状菌膨胀是由于进水口含有大量的溶解性糖类有机物，使污泥负荷 F/M 太高，而进水中又缺乏足够的 N、P 等营养物质或混合液内溶解氧含量太低。高 F/M 时，细菌会很快把大量的有机物吸入体内，而由于缺乏 N、P 或 DO，就不能在体内进行正常的分解代谢，此时细菌会向体外分泌出过量的多聚糖类物质。这些多聚糖类物质由于分子中含有很多羟基而具有较强的亲水性，使活性污泥的结合水高达400%以上，远远高于100%左右的正常水平。结果使活性污泥呈黏性的凝胶状，在二沉池内无法进行有效的泥水分离及浓缩，因此这种污泥膨胀有时又称为黏性膨胀。

（2）第二种非丝状菌膨胀是由于进水中含有大量的有毒物质，导致活性污泥中毒，使细菌不能分泌出足够的黏性物质，形不成絮体，因此也无法在二沉池进行有效的泥水分离及浓缩。这种污泥膨胀有时又称为非黏性膨胀或离散性膨胀。

☞ **4.74 曝气池污泥膨胀控制措施有哪些?**

污泥膨胀的控制措施大体可以分为临时控制措施、调节运行工艺控制措施和永久性控制措施三大类。

（1）临时控制措施。

临时控制措施主要用于控制临时原因造成的污泥膨胀，防止出水 SS 超标和污泥的大量流失，主要方法有絮凝剂助沉法和杀菌法两种。絮凝剂助沉法一般用于非丝状菌引起的污泥膨胀，而杀菌法适用于丝状菌引起的污泥膨胀。①絮凝剂助沉法是指向发生膨胀的曝气池中投加絮凝剂，增强活性污泥的凝聚性能，使之容易在二沉池实现泥水分离。使用 PAC 时，药剂投加量折合三氧化二铝为 10mg/L；②杀菌法是指向发生膨胀的曝气池中投加氧化性杀生剂，杀灭或抑制丝状菌的繁殖，从而达到控制丝状菌污泥膨胀的目的。常用的杀菌剂如液氯、二氧化氯、次氯酸钠、漂白粉、双氧水等都可以使用。一般加氯量为污泥干固体质量的 0.3%~0.6%，H_2O_2 投加量一般应控制在 20~400mg/L。

（2）调节运行工艺控制措施。

调节运行工艺控制措施对工艺条件控制不当产生的污泥膨胀非常有效。具体方法有：①在曝气池的进口处投加黏土、脱水污泥等，以提高活性污泥的沉降性和密实性；②采取预曝气措施，使废水处于好氧状态，避免形成厌氧状态；③加强曝气强度，提高混合液 DO 浓度，防止混合液局部缺氧或厌氧；④补充 N、P 等营养盐，保持混合液中 C、N、P 等营养物质的平衡；⑤提高污泥回流比，降低污泥在二沉池的停留时间；⑥对废水进行加碱，适当提高曝气池进水的 pH 值；⑦充分发挥调节池的作用，适当降低曝气池的污泥负荷。

（3）永久性控制措施。

常用的永久性控制措施是在曝气池前设置生物选择器。通过选择器对微生物进行选择性培养，即在其中创造菌胶团细菌增长繁殖的条件，有效抑制丝状菌的大量繁殖。

☞ **4.75 曝气池运行管理的注意事项有哪些?**

（1）经常检查和调整曝气池配水系统和回流污泥分配系统，确保进入各系列或各曝气池的污水量和污泥量均匀。

（2）按规定对曝气池常规监测项目进行及时的分析化验，尤其是 SV、SVI 等容易分析的项目要随时测定，根据化验结果及时采取控制措施，防止出现污泥膨胀现象。

（3）仔细观察曝气池内泡沫的状况，发现并判断泡沫异常增多的原因，及时并采取相应措施。

（4）仔细观察曝气池内混合液的翻腾情况，检查空气曝气器是否堵塞或脱落并及时更换，确定鼓风曝气是否均匀、机械曝气的淹没深度是否适中并及时调整。

（5）根据混合液溶解氧的变化情况，及时调整曝气系统的充氧量，或尽可能设置空气供应量自动调节系统，实现自动调整鼓风机的运行台数、自动使表曝机变速运行等。

（6）及时清除曝气池边角处漂浮的浮渣。

☞ **4.76　曝气池活性污泥颜色由茶褐色变为灰黑色的原因是什么？**

运行过程中，混合液活性污泥颜色由茶褐色变为灰黑色，同时出水水质变差，其根本原因是曝气池混合液溶解氧含量不足。而溶解氧含量大幅度下降的主要原因是进水负荷增高、曝气不足、水温或 pH 值突变、回流污泥腐败变性等。

☞ **4.77　曝气池活性污泥不增长甚至减少的原因是什么？如何解决？**

（1）二沉池出水悬浮物含量大，污泥流失过多。主要原因是污泥膨胀引起污泥沉降性能变差，通过分析污泥膨胀的原因，采取具体对策（如上所述）。有时为防止污泥的流失和提高沉淀效率，可以使污泥在曝气池中直接静止沉淀，或在曝气池进水或出水中投加少量絮凝剂。

（2）进水有机负荷偏低。进水负荷偏低造成活性污泥繁殖增长所需的有机物相对不足，使活性污泥中的微生物只能处于维持状态，甚至有可能进入自身氧化阶段使活性污泥量减少。对策是设法提高进水量，或减少风机运转台数或降低表曝机转速，或减少曝气池运转间数缩短污水停留时间。

（3）曝气充氧量过大。曝气充氧量过大会使活性污泥过氧化，污泥总量不增加。对策是减少风机运转台数或降低表曝机转速，合理调整曝气量，减少供氧量。

（4）营养物质含量不平衡。营养物质含量不平衡会使活性污泥微生物的凝聚性能变差，对策是及时补充足量的 N、P 等营养盐。

（5）剩余污泥排放量过大。使得活性污泥的增长量少于剩余污泥的排放量，对策是减少剩余污泥的排放量。

☞ **4.78　活性污泥解体的原因和解决对策是什么？**

SV 和 SVI 值特别高、出水非常浑浊、处理效果急剧下降等现象往往是活性污泥解体的征兆，运行中出现这种情况的原因主要有：

（1）污泥中毒：进水中有毒物质或有机物含量突然升高很多，使微生物代谢功能受到损害甚至丧失，活性污泥失去净化活性和絮凝活性。解决的对策是将事故排水及时引向事故池或在均质调节池内与其他污水充分混合均质，并充分发挥预处理设施的作用，再进入生物处理系统的曝气池。

（2）有机负荷长时间偏低：处理水量或污水浓度长期偏低而曝气量仍维持正常值，其结果就会出现过度曝气，引起污泥的过度自身氧化，菌胶团的絮凝性能下降，最后导致污泥解体。对策是减少风机运转台数或降低表曝机转速，或减少曝气池运转间数，只运行部分曝气池。

☞ **4.79 曝气池溶解氧过高或过低的原因和解决对策是什么?**

曝气池溶解氧含量 DO 值过高的原因有污泥中毒、污泥负荷偏低等。污泥中毒会使微生物失去活性,吸收利用氧的功能降低。污泥负荷偏低,会使曝气充氧量超过污泥对氧的吸收利用量,导致氧在混合液中的过量积累。

曝气池溶解氧含量 DO 值过低的原因有混合液污泥浓度过高、污泥负荷过高等。剩余污泥排放不及时,曝气池混合液中出现了污泥的积累,污泥自身的耗氧量增加会使曝气充氧量不足以补充污泥对氧的吸收利用量。剩余污泥排放量过大使曝气池混合液污泥浓度低于正常值、进水量增大及进水有机物含量升高,都是使污泥负荷过高的原因。污泥负荷过高会使耗氧量超过供氧量,导致曝气池 DO 值偏低。

曝气池溶解氧过高或过低的解决对策是根据具体情况,对进水水质水量、剩余污泥排放量、曝气量、曝气池运行间数等进行调整。

☞ **4.80 活性污泥工艺中产生的泡沫种类有哪些?**

活性污泥工艺中产生的泡沫一般分为三种:

(1)化学泡沫。化学泡沫呈乳白色,比较容易处理,可以用水冲消泡,也可投加消泡剂消泡。

(2)反硝化泡沫。如果污水处理厂进行硝化反应,则在沉淀池或曝气不足的地方会发生反硝化作用,产生氮等气泡而带动部分污泥上浮,出现泡沫现象。

(3)生物泡沫。由于丝状微生物的异常生长,与气泡、絮体颗粒混合而成的泡沫具有稳定、持续、较难控制的特点。

☞ **4.81 生物泡沫的形成原因是什么?**

泡沫的产生主要和废水中含有表面活性物质等成分及活性污泥中的各种丝状菌和放线菌有关。与泡沫有关的微生物大都含有脂类物质,如有的丝状菌脂类含量达干重的35%。因此,这类微生物比水轻,易漂浮到水面。而且与泡沫有关的微生物大都呈丝状或枝状,易形成网,能捕扫微粒和气泡等,并浮到水面。被丝网包围的气泡,增加了其表面的张力,使气泡不易破碎,泡沫就更稳定。

另外,无论微孔曝气还是机械曝气,都会产生气泡,而曝气气泡自然会对水中形小、质轻和具有疏水性的物质产生气浮作用,所以,当水中存在油、脂类物质和含脂微生物时,则易产生表面泡沫现象,即曝气常常是泡沫形成的主要动力。

☞ **4.82 生物泡沫的危害是什么?**

(1)泡沫一般具有黏滞性,它会将大量活性污泥等固体物质卷入曝气池的漂浮泡沫层,泡沫层在曝气池表面翻腾,阻碍氧气进入曝气池混合液,降低充氧效率(尤其对机械曝气方式影响最大)。

（2）当混有泡沫的曝气池混合液进入二沉池后，泡沫裹带活性污泥等固体物质会增加出水悬浮物含量而引起出水水质恶化，同时在二沉池表面形成大量浮渣，在冬天气温较低时会因结冰影响二沉池吸（刮）泥机的正常运转。

（3）生物泡沫蔓延到走道板上，影响巡检和设备维修。夏天生物泡沫随风飘荡，产生一系列环境卫生问题；冬季泡沫结冰后，清理困难，还可能滑倒巡检和维修人员。

（4）回流污泥中含有泡沫会引起类似浮选的现象，损坏污泥的正常性能。生物泡沫随排泥进入泥区，干扰污泥浓缩和污泥消化的顺利进行。

☞ **4.83　曝气池出现生物泡沫的原因有哪些？**

活性污泥工艺曝气池中形成泡沫的主要原因可归纳如下：

（1）污泥停留时间：长污泥停留时间（SRT）都会有利于这些微生物的生长，而且一旦泡沫形成，泡沫层的生物停留时间就独立于曝气池内的污泥停留时间，易形成稳定持久的泡沫。

（2）pH值：放线菌和丝状菌的生长对pH值极敏感，最适宜的pH值为7.8左右。

（3）溶解氧（DO）：放线菌是严格的好氧菌。

（4）温度：温度在30℃以上时，容易爆发泡沫现象。

（5）憎水性物质：废水中含有不溶性或憎水性物质（如油、脂类等）有利于放线菌的生长。

（6）曝气方式：微气泡曝气比大气泡更有利于产生生物泡沫，并且泡沫层易集中于曝气强度低的区域。

（7）气温、气压和水温的交替变化：每年都出现在春夏、秋冬换季时，水温高于或低于气温的交变时期容易出现泡沫现象。

☞ **4.84　为什么季节（温度、气压）交变时容易形成生物泡沫？解决方法是什么？**

春夏交变时，形成的泡沫中主要是丝状菌的暴发，丝状菌大量生长，并伸展开来；而秋冬交变时，失去活力的丝状菌包裹在同样失去活力的菌胶团中形成上浮泡沫。

当春夏交变时，污泥的活性均有下降，而一些丝状菌仍然活跃并快速增长，这使得丝状菌出现暴发并形成泡沫。对这些泡沫可采用机械清理、刮除的方法。因为这些泡沫存在大量丝状菌，不宜遗留在混合液中，以免重新造成泡沫现象。

秋冬交变时，主要形成的是上浮污泥，在上浮污泥和泡沫中很难发现展开的丝状菌，显微镜下可见上浮污泥中包裹有细小气泡。原因是在环境交变时，菌胶团变得分散细小，结合曝气气泡后密度减小而产生上浮。这种情况可采用高压水枪喷水来缓解，因为上浮污泥中仍然大部分为絮成菌，被打碎后可以回到混合液中。

☞ **4.85 曝气池出现生物泡沫后的控制对策有哪些?**

（1）喷洒水等增加表面搅拌的方法：喷洒水是一种最简单和最常用的物理方法，通过喷洒水流或水珠以打碎浮在水面的气泡，可以有效减少曝气池或二沉池表面的泡沫。

（2）投加杀菌剂或消泡剂：可以投加氧化性杀菌剂，如氯、臭氧和过氧化物等。还可利用聚乙二醇、硅酮生产的市售药剂，以及氯化铁、PAM 絮凝剂等。药剂的作用仅仅能降低泡沫的增长，却不能消除泡沫的形成。

（3）降低污泥龄：一般来讲，采用降低曝气池中污泥的停留时间，可以抑制生长周期较长的放线菌的生长。

（4）回流厌氧消化池上清液：厌氧消化池上清液能抑制丝状菌的生长，因而采用厌氧消化池上清液回流到曝气池的方法，能控制曝气池表面的气泡形成。

（5）向曝气反应器内投粉末活性炭：粉末活性炭使一些易产生污泥膨胀和泡沫的微生物固着生长，这既能增加曝气池内的生物量、提高处理效果，又能减少或控制泡沫的产生。

☞ **4.86 什么是废水处理系统的二沉池?**

污水经过生物处理后，必须进入二沉池进行泥水分离，澄清后的达标处理水才能排放。二沉池的形式有平流沉淀池、竖流沉淀池、辐流沉淀池、斜板沉淀池等。

二沉池的选择要结合采用的具体生物处理工艺，生物处理工艺不同，产生的生物污泥沉淀性质也有一定差别。比如生物膜法因为其生物污泥沉淀性能较差，所配二沉池的水力负荷就要比活性污泥法略低一些，而池体的有效水深要大一些，有时不得不采用浮选法进行泥水分离。

☞ **4.87 二沉池在废水处理系统中的作用是什么?**

二沉池是污水生物处理的最后一个环节，起着保证出水水质悬浮物含量合格的决定性作用。二沉池的作用除了使混合液澄清外，还起到对混合液中的污泥进行浓缩、为生物处理设施提供一定浓度的回流污泥的作用。

如果二沉池设置得不合理，即使生物处理的效果很好，混合液中溶解性有机物的含量已经很少，混合液在二沉池进行泥水分离的效果不理想，出水水质仍有可能不合格。如果污泥浓缩效果不好，回流到曝气池的微生物量就难以保证，曝气混合液浓度的降低将会导致污水处理效果的下降，进而影响出水水质。

☞ **4.88 设置二沉池的基本要求有哪些?**

（1）水力负荷一般为 $0.5 \sim 1.8 m^3 / (m^2 \cdot h)$，处理工业废水时，活性污泥中有机物比例较大，曝气池混合液的 SVI 偏高，与其配套的二沉池宜采用较低的表面水力负荷。

（2）二沉池的固体表面负荷为 150kg/（m² · d），斜管（板）二沉池的固体表面负荷可扩大到 192kg/（m² · d）。

（3）二沉池池边水深宜采用 2.5~4m，具体值与池体的大小有关，二沉池直径越大，池边水深也应当适当加大，否则二沉池的水力效率将降低、有效容积将减小。当池边水深较低时，为了维持沉淀时间不变，必须采用较低的表面负荷值。

（4）二沉池出水堰的溢流率（或负荷）为 1.5~2.9L/（m · s）。

（5）采用机械排泥时，二沉池污泥区的容积要按污泥浓缩到所需浓度的停留时间来计算。活性污泥法二沉池污泥区的容积一般为 2~4h 污泥量，而且要有连续排泥措施。生物膜法二沉池污泥区的容积一般为 4h 污泥量。

（6）污泥回流最好使用螺旋泵或轴流泵等低扬程、大流量的设备。如果采用鼓风曝气，也可使用气提泵，以简化设备管理和维修。

4.89 二次沉淀池运行管理的注意事项有哪些？

（1）经常检查并调整二沉池的配水设备，确保进入各二沉池的混合液流量均匀。

（2）检查浮渣斗的积渣情况并及时排出，还要经常用水冲洗浮渣斗。同时注意浮渣刮板与浮渣斗挡板配合是否适当，并及时调整或修复。

（3）经常检查并调整出水堰板的平整度，防止出水不均和短流现象的发生，及时清除挂在堰板上的浮渣和挂在出水槽上的生物膜。

（4）巡检时仔细观察出水的感官指标，如污泥界面的高低变化、悬浮污泥量的多少、是否有污泥上浮现象等，发现异常后及时采取针对措施解决，以免影响水质。

（5）巡检时注意辨听刮泥、刮渣、排泥设备是否有异常声音，同时检查其是否有部件松动等，并及时调整或修复。

（6）定期（一般每年一次）将二沉池放空检修，重点检查水下设备、管道、池底与设备的配合等是否出现异常，并根据具体情况进行修复。

（7）由于二沉池一般埋深较大，因此，当地下水位较高而需要将二沉池放空时，为防止出现漂池现象，一定要事先确认地下水位的具体情况，必要时可以先降水位再放空。

（8）按规定对二沉池常规监测项目进行及时的分析化验。

4.90 二沉池出水常规监测项目有哪些？

二沉池常规监测项目及数值范围可以归纳如下：

（1）pH 值：具体值与污水水质有关，一般略低于进水值，正常值为 6~9。

（2）悬浮物（SS）：活性污泥系统运转正常时，二沉池出水 SS 应当在 30mg/L 以下，最大不应该超过 50mg/L。

（3）溶解氧（DO）：因为活性污泥中微生物在二沉池继续消耗氧，出水溶解氧值应略低于曝气池出水。

（4）COD_{Cr} 和 BOD_5：符合设计要求。

（5）氨氮和磷酸盐：符合设计要求。

（6）有毒物质：符合设计要求。

（7）泥面：正常运行时的二沉池上清液的厚度应不少于 0.5 ~ 0.7m，可以使用在线泥位计实现剩余污泥排放的自动控制。

（8）浊度：二沉池出水的外观应该是透明的，浊度小于 10NTU，二沉池水面下的能看见的深度应该大于 1m。

☞ **4.91　二沉池出水悬浮物含量大的原因是什么？如何解决？**

二沉池出水悬浮物含量增大的原因和相应的解决对策可以归纳如下：

（1）活性污泥膨胀使污泥沉降性能变差，泥水界面接近水面，部分污泥碎片经出水堰溢出。对策是通过分析污泥膨胀的原因，逐一排除。

（2）进水量突然增加，使二沉池表面水力负荷升高，导致上升流速加大、影响活性污泥的正常沉降，水流夹带污泥碎片经出水堰溢出。对策是充分发挥调节池的作用，使进水尽可能均衡。

（3）出水堰或出水集水槽内藻类附着太多。对策是操作运行人员及时清除这些藻类。

（4）曝气池活性污泥浓度偏高，二沉池泥水界面接近水面，部分污泥碎片经出水堰溢出。对策是加大剩余污泥排放量。

（5）活性污泥解体造成污泥的絮凝性下降或消失，污泥碎片随水流出。对策是找到污泥解体的原因，逐一排除和解决。

（6）吸（刮）泥机工作状况不好，造成二沉池污泥或水流出现短流现象，局部污泥不能及时回流，部分污泥在二沉池停留时间过长，污泥缺氧腐化解体后随水流溢出。对策是及时修理吸（刮）泥机，使其恢复正常工作状态。

（7）活性污泥在二沉池停留时间过长，污泥因缺氧腐化解体后随水流溢出。对策是加大回流污泥量，缩短污泥在二沉池中的停留时间。

（8）水温较高且水中硝酸盐含量较多时，二沉池出现污泥反硝化脱氮现象，氮气裹带大块污泥上浮到水面后随水流溢出。对策是加大回流污泥量，缩短污泥在二沉池中的停留时间。

☞ **4.92　二沉池出水溶解氧偏低的原因是什么？如何解决？**

二沉池出水溶解氧偏低的原因和相应的解决对策可以归纳如下：

（1）活性污泥在二沉池停留时间过长，污泥中好氧微生物继续消耗氧，导致二沉池出水中溶解氧下降。对策是加大回流污泥量，缩短停留时间。

（2）吸（刮）泥机工作状况不好，造成二沉池局部污泥不能及时回流，部分污泥在二沉池中停留时间过长，污泥中好氧微生物继续消耗氧，导致二沉池出水中溶解氧下降。对策是及时修理吸（刮）泥机，使其恢复正常工作状态。

（3）水温突然升高，使好氧微生物生理活动耗氧量增加、局部缺氧区厌氧微生物活动加强，最终导致二沉池出水中溶解氧下降。对策是设法延长污水在均质调节等预处理设施中的停留时间，充分利用调节池的容积使高温水打循环，或通过加强预曝气促进水汽蒸发来降低温度。

☞ **4.93 二沉池出水 BOD$_5$ 与 COD$_{Cr}$ 突然升高的原因有哪些？如何解决？**

二沉池出水 COD$_{Cr}$ 和 BOD$_5$ 突然升高的原因和相应的解决对策可以归纳如下：

（1）进入曝气池的污水水量突然加大、有机负荷突然升高或有毒有害物质浓度突然升高等，会引起活性污泥性能降低，最终导致出水 COD$_{Cr}$ 和 BOD$_5$ 突然升高。对策是加强污水水质监测和充分发挥调节池的作用，使进水尽可能均衡。

（2）曝气池管理不善（如曝气充氧量不足等），使活性污泥的净化功能降低，最终导致出水 COD$_{Cr}$ 和 BOD$_5$ 突然升高。对策是加强对曝气池的管理，及时调整各种运行参数。

（3）二沉池管理不善（如浮渣清理不及时、刮泥机运转不正常等），会使二沉池沉降功能降低，出水 COD$_{Cr}$ 和 BOD$_5$ 突然升高。对策是加强对二沉池的管理，及时巡检，发现问题立即整改。

☞ **4.94 二沉池污泥上浮的原因是什么？如何解决？**

二沉池污泥上浮指的是污泥在二沉池内发生酸化或反硝化导致的污泥漂浮到二沉池表面的现象。这些漂浮上来的污泥本身不存在质量问题，其生物活性和沉降性能都很正常。漂浮的原因主要是这些正常的污泥在二沉池内停留时间过长，由于溶解氧被逐渐消耗而发生酸化，产生 H$_2$S 等气体附着在污泥絮体上，使其密度减小，造成污泥的上浮。当系统的 SRT 较长，发生硝化后，进入二沉池的混合液中会含有大量的硝酸盐，污泥在二沉池中由于缺乏足够溶解氧（DO<0.5mg/L）而发生反硝化，反硝化产生的 N$_2$ 同样会附着在污泥絮体上，使其密度减小，造成污泥的上浮。

控制污泥上浮的措施：一是及时排出剩余污泥和加大回流污泥量，不使污泥在二沉池内的停留时间太长；二是加强曝气池末端的充氧量，提高进入二沉池的混合液中的溶解氧含量，保证二沉池中污泥不处于厌氧或缺氧状态。对于反硝化造成的污泥上浮，还可以增大剩余污泥的排放量，降低 SRT，通过控制硝化程度，达到控制反硝化的目的。

☞ **4.95 二沉池表面出现黑色块状污泥的原因是什么？如何解决？**

二沉池表面出现黑色块状污泥通常是污泥腐化所致。曝气量过小使污泥在二沉池缺氧，或曝气池污泥生成量大而剩余污泥排放量小使污泥在二沉池的停留时间过长，或者重力排泥时泥斗不合理、使污泥难以下滑，或者刮吸泥机部分吸泥管不通畅及存在刮不到的死角，都会造成污泥在二沉池局部长期滞留沉积而发生厌氧代谢，产生大量 H_2S、CH_4 等气体，包裹在泥块上，促使污泥呈大块状上浮，而且颜色呈现黑色。污泥腐化上浮与一般的污泥上浮不同，腐化上浮时污泥会腐败变黑，产生恶臭。

解决的办法有保证剩余污泥的及时排放，排除排泥设备的故障，清除沉淀池内壁或某些死角的污泥，降低好氧处理系统污泥的硝化程度，加大污泥回流量，防止其他处理构筑物的腐化污泥的进入等。

☞ **4.96 二沉池表面出现泡沫浮渣的原因是什么？**

二沉池表面出现浮渣后，首先应检查刮渣板、浮渣斗和浮渣冲洗水是否正常，浮渣泵是否出现问题，如果是刮渣系统本身的故障，应立即修理。

污水中含有表面活性剂、类脂化合物等能引起放线菌迅速增殖的有机物，导致二沉池表面出现生物泡沫浮渣。对策是用水喷洒、减少曝气时间、投加氧化消毒剂或混凝剂等。

二沉池污泥局部短时间内缺氧，出现反硝化现象造成污泥上浮会形成浮渣。污泥在二沉池中停留时间过长发生腐化变质，在 H_2S、CH_4 等气体的裹带下部分污泥上浮也会形成浮渣。解决这两种浮渣的根本措施是找到造成污泥反硝化和腐化的原因分别予以调整。

☞ **4.97 什么是传统活性污泥法？**

传统活性污泥法又称普通活性污泥法或推流式活性污泥法，是最早成功应用的运行方式，其他活性污泥法都是在其基础上发展而来的。曝气池呈长方形，混合液流态为推流式，污水和回流污泥一起从曝气池的首端进入，在曝气和水力条件的推动下，混合液均衡地向后流动，最后从尾端排出，前段液流和后段液流不发生混合。废水浓度自池首至池尾呈逐渐下降的趋势，因此有机物降解反应的推动力较大，效率较高。曝气池需氧率沿池长逐渐降低，尾端溶解氧一般处于过剩状态，在保证末端溶解氧正常的情况下，前段混合液中溶解氧含量可能不足。推流式曝气池一般建成廊道型，为避免短路，廊道的长宽比一般不小于 5:1，根据需要，有单廊道、双廊道或多廊道等形式。曝气方式可以是机械曝气，也可以采用鼓风曝气。其基本流程见图4-4。

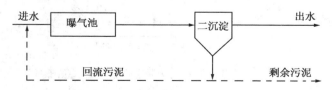

图 4-4 传统活性污泥法流程图

☞ **4.98　传统活性污泥法的特点有哪些？**

（1）传统活性污泥法的优点：①处理效果好，适用于处理净化程度和稳定程度较高的污水；②根据具体情况，可以灵活调整污水处理程度的高低；③进水负荷升高时，可通过提高污泥回流比的方法予以解决。

（2）传统活性污泥法的缺点：①曝气池容积大，占地面积多，基建投资多；②为避免曝气池首端混合液处于缺氧或厌氧状态，进水有机负荷不能过高，因此曝气池容积负荷一般较低；③曝气池末端有可能出现供氧速率大于需氧速率的现象，动力消耗较大；④对冲击负荷适应能力较差。

☞ **4.99　什么是完全混合活性污泥法？**

污水进入完全混合活性污泥法曝气池后，立即与回流污泥及池内原有混合液充分混合，池内混合液的组成，包括活性污泥数量及有机污染物的含量等均匀一致，曝气池内各个部位的有机物降解速率、耗氧速率等参数也都是相同的。曝气方式多采用机械曝气，也有采用鼓风曝气的；曝气池与二沉池可以合建，也可以分建。

典型的完全混合活性污泥法为圆形表面曝气池，也称加速曝气池，其构造和机械澄清池类似（见图4-5）。合建式圆形完全混合曝气池可分为曝气区、沉淀区、污泥区和导流区四个功能区，加上回流窗、回流缝、曝气叶轮、减速机及电机等，组成曝气、沉淀于一池内的生物处理装置。

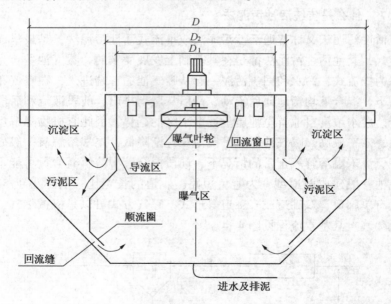

图4-5　合建式圆形完全混合式曝气池示意图

☞ **4.100　合建式曝气池的基本要求有哪些?**

　合建式曝气池的表面曝气机安装在池顶中心,曝气区在池体的中心,沉淀区在池体外环,污泥区则在池体外环的底部。其基本要求如下:

　(1)曝气池深度不宜太大,当曝气池直径小于17m时,池深不应超过4.5m。曝气叶轮直径≥1m时,曝气区超高要≥1.2m,曝气叶轮直径<1m时,曝气区超高要≥1m。

　(2)曝气混合液通过回流窗进入导流区,回流窗可以起到消减旋流的整流作用,过窗流速为0.1~0.2mm/s,窗上设调节闸门。回流窗的高度为600mm,宽度一般为400mm或500mm,通常回流窗口的总开口宽度与曝气筒周长之比为30%~40%。

　(3)导流区位于曝气区和沉淀区之间,其作用是消能和防止旋流,并释放出曝气混合液中挟带的气泡。导流区的宽度和高度分别为0.6m和1.5m左右,水力停留时间为4~6min,沉降流速以5~7mm/s为宜,同时设置辐射状导流板5~7块。

　(4)曝气区底部的顺流圈的作用是为了避免曝气机的强烈搅拌对污泥区和沉淀区产生干扰,并消除污泥回流时对曝气区产生的不利影响。顺流圈底部直径应比池底直径大200~300mm,不论曝气池直径大小,顺流圈的长度均采用600mm,顺流圈距离池底为350mm。

　(5)沉淀区高度一般为1.6~1.8m,表面负荷为3.6~1.2$m^3/(m^2 \cdot h)$,对于炼油废水处理,当曝气池中MLSS为3~4g/L时,表面负荷一般为0.7$m^3/(m^2 \cdot h)$左右。而且出水三角堰的水平度必须合格,沉淀区底部污泥区的容积要求可以储存2h泥量。

　(6)污泥区底部有回流缝与曝气区相通,依靠表面曝气机的提升力使污泥循环回流。为保证回流缝不被堵塞,缝隙尺寸必须足够大,一般回流缝宽150~300mm、长600mm、倾角为45°,回流缝的流速通常为15~20mm/s。

　(7)合建式曝气池回流比较大($R=3~5$),因此这种曝气池的名义停留时间虽然有3~5h,但实际上往往不到1h,属于短时曝气。

☞ **4.101　完全混合活性污泥法的特点有哪些?**

　(1)优点:①污泥回流比大,对冲击负荷的缓冲作用也较大,因而对冲击负荷适应能力较强,适于处理高浓度的有机污水;②曝气池内各个部位的需氧量相同,能最大限度地节约动力消耗,表面曝气机动力效率较高;③可使曝气池与沉淀池合建,不用单独设置污泥回流系统,易于管理。

　(2)缺点:①连续进出水的条件下,容易产生短流,影响出水水质;②与传统活性污泥法相比,出水水质较差,且不稳定;③合建池构造复杂,运行方式复杂。

☞ **4.102　什么是阶段曝气活性污泥法？**

阶段曝气活性污泥法又称分段进水活性污泥法或多段进水活性污泥法。污水沿池长分段注入曝气池，使有机负荷在池内分布比较均衡，缓解了传统活性污泥法曝气池内供氧速率与需氧速率存在的矛盾，沿池长 F/M 分布均匀，有利于降低能耗，又能充分发挥活性污泥微生物的降解功能。曝气方式一般采用鼓风曝气。

☞ **4.103　阶段曝气活性污泥法的特点有哪些？**

阶段曝气活性污泥法克服了传统活性污泥法供氧不合理的不足，其特点可归纳如下：

（1）优点：①池体容积比传统法小 1/3 以上，适于处理水质相对稳定的各类污水；②与传统活性污泥法相比，提高了空气的利用率，即能耗较低；③污水沿池长分段注入，提高了曝气池抗冲击负荷的能力；④曝气池出口混合液中活性污泥不易处于过氧化状态，在二沉池内固液分离效果较好。

（2）缺点：①曝气池最后段进水因污泥浓度较低、处理时间较短，有时影响出水水质；②分段注入曝气池的污水，如果不能与原混合液立即混合均匀，会影响处理效果。

☞ **4.104　什么是吸附－再生活性污泥法？**

吸附－再生活性污泥法又称生物吸附法或接触稳定法，其主要特点是将活性污泥对有机污染物降解的吸附和代谢稳定两个过程，在各自反应器内分别进行。污水和已在再生池经过充分再生、具有很高活性的活性污泥一起进入吸附池，二者充分混合接触 15~60min 后，大部分有机污染物被活性污泥吸附，污水得到净化。吸附－再生法的基本工艺流程见图 4-6。

图 4-6　吸附-再生法基本工艺流程示意图

☞ **4.105　吸附－再生活性污泥法的特点有哪些？**

（1）优点：①对呈悬浮、胶体状态的有机物去除效果显著，适于处理悬浮性有机物较多的工业废水；②与传统活性污泥法相比，净化构筑物吸附池和再生池容积较小，占地面积少，基建投资少；③由于吸附-再生活性污泥法需氧量比较均匀，氧利用率较高，能耗较低；④由于吸附-再生活性污泥法回流污泥量大，且大量污泥集中在再生池，当吸附池内活性污泥受到破坏后，可迅速引入再生池污泥予以补救，因此具有一定冲击负荷适应能力。

（2）缺点：①与传统活性污泥法相比，处理出水水质较差；②对溶解性有机物比例较大的工业废水处理效果较差。

4.106 什么是延时曝气活性污泥法？

延时曝气活性污泥法又称完全氧化活性污泥法，其主要特点是有机负荷率较低，活性污泥持续处于内源呼吸阶段，不但去除了水中的有机物，而且氧化部分微生物的细胞物质，因此剩余污泥量极少，无须再进行消化处理。在较长的停留时间（20~30d）下，可以实现氨氮的硝化过程，即达到去除氨氮的目的。

延时曝气活性污泥法实际上是污水好氧处理与污泥好氧处理的综合构筑物，适用于对处理水质要求较高、不宜建设污泥处理设施的小型生活污水或工业废水处理场。曝气方式可以是机械曝气，也可以采用鼓风曝气。

4.107 延时曝气活性污泥法的特点有哪些？

（1）优点：①处理水质较好，稳定性较高，适于处理水量较小、处理要求较高的生活污水或工业废水；②由于池容较大，对进水水量和水质的变化适应能力较强；③污水在曝气池内停留时间较长，因此抗冲击负荷能力较强；④可以减少初沉池等预处理环节；⑤实现硝化和去除氨氮的作用。

（2）缺点：①池容较大，占地面积多；②曝气时间长，动力消耗大，运行成本高；③进入二沉池的混合液因处于过氧化状态，出水中会含有不易沉降的活性污泥碎片。

4.108 什么是纯氧曝气活性污泥法？

纯氧曝气活性污泥法是利用纯度在90%以上的氧气作为氧源，向污水中输送。纯氧曝气可大大提高氧向水中的转移效率（纯氧曝气氧转移效率高达80%~90%，而空气曝气氧转移效率仅为10%）。纯氧曝气活性污泥法另一显著特点是可使曝气池内活性污泥浓度达到4~7g/L，因而曝气池具有很高的容积负荷，而且抗冲击性能较好。普遍采用的运行方式是密闭式多段混合推流式（见图4-7），即每段为完全混合式，从整体上看，段与段之间又是推流式。纯氧曝气活性污泥法也有采用敞开方式运行的。密闭式纯氧曝气法的曝气方式一般采用机械表面曝气，敞开式纯氧曝气法的曝气方式一般采用射流式曝气器或能将纯氧引入到水中并予以细碎化的水下叶轮搅拌曝气器。

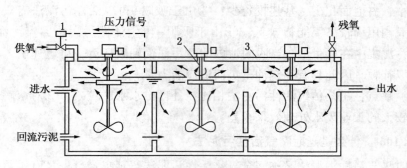

图 4-7 纯氧曝气池构造示意图
1—控制阀；2—搅拌器；3—池盖

☞ **4.109 与传统活性污泥法相比，纯氧曝气法的特点体现在哪些方面?**

与传统活性污泥法相比，纯氧曝气向污水中充入的是纯氧，纯氧曝气池内混合液的氧浓度和充氧速率都要比空气曝气池内混合液高大约 4.7 倍。纯氧曝气池内混合液的氧浓度可超过 10mg/L，而空气曝气池内一般只能维持在 2mg/L 左右。

由于纯氧曝气池内混合液的溶解氧浓度高，活性污泥微生物的活性即吸附分解有机物的能力就可以保持在较高的水平，提高了污水处理的效果和承受冲击负荷、有毒物质侵害的能力。

在高溶解氧条件下，活性污泥微生物的自身氧化作用较强，因而纯氧曝气产泥量相比空气曝气大为减少。

纯氧曝气池内混合液的 MLSS 可以达到 4~7g/L，远高于空气曝气池，活性污泥微生物的代谢能力较强，处理相同污水的水力停留时间只需要空气曝气的 1/2~1/3，因此池容相应减小。

纯氧曝气池产生的废气量极少，只有空气曝气的 1%，日处理能力为 1 万吨的纯氧曝气池的尾气排放只需要一根直径 DN100mm 的管道即可，而且还可根据运行情况使用尾气阀门随时调节排放量。

☞ **4.110 纯氧曝气活性污泥法的优点和缺点有哪些?**

（1）优点：①曝气池污泥浓度高，抗冲击负荷能力强，适用于处理含有难降解有机物质的工业废水；②曝气时间短，曝气池容积较小，占地面积少；③动力消耗低，运行成本低；④纯氧曝气池一般采用多级封闭式，臭味不易扩散；⑤活性污泥沉降、浓缩、脱水性能较好；⑥自动控制水平较高，各操作阶段和各运行参数都可通过计算机加以控制，管理方便。

（2）缺点：①纯氧曝气池周围要设为防火区，不适于处理易挥发有机物含量较高的工业废水；②自控仪表多，维护保养工作较多，且对运行管理人员的技术能力要求较高；③封闭的纯氧曝气池内热量不易损失，因此夏季进水温度较高时，无法采取有效手段进行控制；④受氧源限制，如果是外来氧源，或者是依靠污水处理场自身制备氧气，会导致纯氧曝气法的运行成本上升，增加管理难度。

☞ 4.111 纯氧曝气活性污泥法如何防止氧的泄漏？

为防止纯氧从曝气池泄漏出去，在建设和运行管理中都必须设法保证池体的气密性。因此，池壁应使用气密性能好的材料，而且内壁要涂刷环氧树脂等涂料。曝气池的进水口设置在池体的底部或中部淹没式进水，出水槽做成内外双堰形成水封槽，而且表面曝气机的转动轴穿越池顶部分，也采用水封槽进行轴封，要定期向槽内加水。取样管、仪表安装孔等，均采用混合液淹没套管形式进行封闭。

☞ 4.112 UNOX 纯氧曝气法的自控是怎样实现的？其主要控制仪表有哪些？

UNOX 纯氧曝气工艺过程的控制依靠一些在线仪表，将工艺过程参数的实际值转化为电信号后，传递到中心控制室的计算机和仪表系统，再将控制信号传递到马达控制系统，对 UNOX 系统的自控设备进行指令，从而实现纯氧曝气系统正常、安全，且节能地运行。其主要控制仪表有：①安装在第一段的气相压力表；②安装在第一段的可燃气浓度分析仪；③每段都安装有溶解样测定仪；④尾气氧含量检测仪；⑤安装在进水管道、回流污泥管道、氧气管道上的流量计；⑥安装在进水管道上的 pH 计等；⑦安装在氧气管道和吹扫空气管道上的电动阀门；⑧安装在第一段的温度计等。

☞ 4.113 UNOX 纯氧曝气法的控制回路有哪几个？如何实现控制的？

UNOX 纯氧曝气法的控制回路有三个，即供氧控制回路、溶解氧控制回路和尾气氧含量控制回路。

（1）供氧控制回路

如果 BOD_5 负荷增加，气相氧气压力降低，供氧电动阀的开度加大，供氧量增加；当供氧量增加到气相氧气压力升高到超过设定值的一定程度后，供氧电动阀的开度开始减小，直到气相氧气压力接近设定值。反之，如果 BOD_5 负荷降低，气相氧气压力升高，供氧电动阀的开度减小，供氧量减少；当供氧量减少到气相氧气压力降低到低于设定值的一定程度后，供氧电动阀的开度开始加大，直到气相氧气压力接近设定值。

（2）溶解氧控制回路

如果测得某段溶解氧低于设定值，计算机会自动将该段表曝机的双速电机置于高速；反之，如果测得某段溶解氧高于设定值，计算机会自动将该段表曝机的双速电机置于低速。

（3）尾气氧含量控制回路

如果尾气中的氧含量过高，将排放阀开度减小，减少尾气排放量；氧含量过低，将排放阀开度加大，增加尾气排放量。

☞ **4.114 为什么纯氧曝气系统排放的尾气中氧含量不宜太低？**

为实现纯氧曝气系统的优越性，必须综合考虑水量、水质、气液比、输入氧纯度等各种因素，确定一个合理的氧利用率，尾气中氧含量要在45%左右。

如果氧的利用率过高，必然造成排放的废气量很少，因而氧曝池内发生可燃气体高度积聚的可能性也会增加，可燃气浓度达到一定程度，必然导致报警，增加运行的不安全性，使纯氧曝气池系统经常利用空气吹扫，既增加电耗，又不利于出水水质。

☞ **4.115 纯氧曝气活性污泥法基本要求有哪些？**

（1）密闭多段式曝气池的段数为3~4段，水深一般为4m左右，池内的气相高度为1m左右。

（2）纯氧曝气池及其周围设施必须考虑安全、防爆措施，当池内可燃气浓度超标时，为防止出现爆炸等极端问题，氧曝池内必须设置吹扫置换系统。一般使用压缩空气吹扫，换气率为2~3次/h。

（3）段与段之间的隔墙顶部设有气孔，其尺寸应保证运行时氧气的正常通过和满足吹扫时压缩空气的顺利通过。段与段之间的隔墙角部应设置泡沫孔，孔顶应高于最大流量时的液面，孔底应低于最小流量时的液面，以保证在任何时候泡沫均能顺利通过。

（4）为保证曝气池内液面和气相的相对稳定，出水多使用内外双堰式，一般内堰比外堰高200mm左右。为避免带走气体，混合液在出水处的流速不宜超过15cm/s；为避免在内外堰之间出现沉淀，流速也不宜低于9cm/s。

（5）尾气氧含量控制在40%~45%之间，其流量约为进气量的10%~20%。

（6）为避免密闭池内压力过大，在曝气池首尾两端应设置双向安全阀。首端安全阀正压为1.5~2.0kPa，负压为0.5~1.0kPa；尾端安全阀正压为1.0~1.5kPa，负压为0.5~1.0kPa。

☞ **4.116 纯氧曝气活性污泥法运行注意事项有哪些？**

（1）纯氧曝气池是多段密闭型池体，污水中的有机物和池内气相中的氧浓度逐段降低，混合液溶解氧浓度可达到8~10mg/L，甚至更高。为避免溶解氧动力的浪费，混合液溶解氧浓度控制在4mg/L即可。

（2）严格控制池内可燃气浓度，一般将其报警值设定为25%。可燃气探头的测定值必须准确可靠，必须按照有关规定定期校验复核。

（3）为避免池内压力超标，曝气池首尾两段的正压负压双向安全阀要定期进行校验复核。

（4）溶解氧探头的测定值必须准确可靠，必须按照有关规定定期校验复核。

（5）要避免纯氧曝气池泡沫的积累，设法控制进水中产生泡沫物质的含量，否则要启动自来水水冲消泡。

☞ **4.117 什么是AB法？**

AB法（Adsorption Biodegradation）是吸附-生物降解工艺的简称，由以吸附作用为主的A段和以生物降解作用为主的B段组成。

一般A段的污泥负荷可高达 $2\sim6kgBOD_5/(kgMLSS\cdot d)$，是传统活性污泥法的 $10\sim20$ 倍，而水力停留时间和泥龄都很短，溶解氧只要 0.5mg/L 左右即可。污水经A段处理后，水质水量都比较稳定，可生化性也有所提高，有利于B段的工作，B段生物降解作用得到充分发挥。B段的运行和传统活性污泥法相近，污泥负荷为 $0.15\sim0.3kgBOD_5/(kgMLSS\cdot d)$ 左右，泥龄为 $15\sim20d$，溶解氧 $1\sim2mg/L$ 左右。

☞ **4.118 典型的AB法工艺流程是怎样的？**

在工艺流程上，A段由A段曝气池与沉淀池构成，B段由B段曝气池与二沉池构成。两段分别设污泥回流系统，A段负荷高，B段负荷低，污水先进入高负荷的A段，再进入低负荷的B段，两段串联运行，其典型流程如图4-8所示。

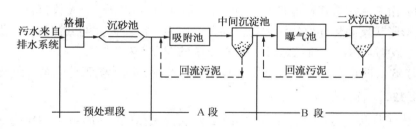

图4-8　AB法典型工艺流程示意图

AB法的重要特征是A、B两段需要严格分开，因此可以将AB法看成是一种改进的两段生物处理技术。AB法中的A段，可以根据原水水质等情况的变化采用好氧或缺氧运行方式；B段除了可以采用普通活性污泥法外，还可以采用生物膜法、氧化沟法、SBR法、A/O法或 A^2/O 法等多种生物处理工艺。

☞ **4.119 AB法的特点有哪些？**

（1）AB法不设初沉池，使原污水中的微生物全部进入系统，污水处理系统相当于由管网和污水处理场共同组成。

（2）AB法将AB两段完全分开，各自拥有独立的污泥回流系统和各自独特的微生物群体，有利于各自功能的发挥。

（3）在正常条件下，A段可以采用缺氧、好氧等多种运行方式，因此可以实现脱氮的反硝化过程和聚磷菌对磷的有效释放，脱氮效果约为 $30\%\sim40\%$，除磷效果约为 $50\%\sim70\%$，和传统活性污泥法相比有很大提高。

（4）经过适当改造，或调整 AB 法的运行方式，使 B 段具有 A/O 法或 A²/O 法的特点。

（5）AB 法不仅适用于生活污水的处理，对某些工业废水的处理也有较好的效果，尤其对 pH 值波动较大的酿造废水、印染废水等更显示出特别的优越性。

☞ **4.120　AB 法的 A 段活性污泥的特点有哪些？**

（1）污泥多由结构均匀的细菌菌胶团组成，没有真核微生物和原生动物，部分絮体呈长条纤维状。

（2）污泥中有机组分高于传统活性污泥法所产生的污泥。

（3）A 段污泥具有良好的吸附、絮凝和沉淀性能，可以认为其本身就是一种自然絮凝剂和沉淀剂。因此容易脱水，通过浓缩即可将含水率降到 95% 以下。

（4）大部分细菌都嵌附于储存营养物的黏性物质上。

（5）原污水经过 A 段污泥处理后，生物降解性能可以得到提高。

☞ **4.121　AB 法的运行注意事项有哪些？**

（1）根据溶解氧浓度经常调节供气量是 A 段工艺运行的特点。为保证 BOD_5/COD_{Cr} 值的提高和 A 段的处理效果，A 段最好缺氧和好氧交替运行。

（2）由于污泥沉降性能良好，SVI 值一般在 40～70 之间，A 段沉淀池内不存在污泥膨胀或反硝化导致的污泥上浮问题，因而不需要太大的回流比，一般小于 70%。A 段剩余污泥的排放最好根据 A 段中的 MLSS 来掌握。

（3）B 段的运行控制，包括脱氮和除磷的控制，同传统工艺完全一致。

☞ **4.122　什么是 A/O 法？**

A/O 法是缺氧/好氧（Anoxic/Oxic）工艺或厌氧/好氧（Anaerobic/Oxic）工艺的简称，通常是在常规的好氧活性污泥法处理系统前，增加一段缺氧生物处理过程或厌氧生物处理过程，污水先后进入缺（厌）氧段和好氧段，充分利用缺（厌）氧微生物和好氧微生物的特点，使污水得到净化。在好氧段，好氧微生物氧化分解污水中的 BOD_5，同时进行硝化或吸收磷。如果前边配的是缺氧段，有机氮和氨氮在好氧段转化为硝化氮并回流到缺氧段，其中的反硝化细菌利用氧化态氮和污水中的有机碳进行反硝化反应，使化合态氮变为分子态氮，获得同时去碳和脱氮的效果。如果前边配的是厌氧段，在好氧段吸收磷后的活性污泥部分以剩余污泥形式排出系统，部分回流到厌氧段将磷释放出来。因此，缺氧/好氧（A/O）法又被称为生物脱氮系统，而厌氧/好氧（A/O）法又被称为生物除磷系统。

☞ **4.123　A/O 法的特点有哪些？**

（1）A/O 系统可以同时去除污水中的 BOD_5 和氨氮，适用于处理氨氮和 BOD_5 含量均较高的工业废水。

（2）因为硝酸菌是一种自养菌，为抑制生长速率高的异养菌，使硝化段内硝酸菌占优势，要设法保证硝化段内有机物浓度不能过高，一般要控制 BOD_5 小于 20mg/L。

（3）为保证硝化过程的顺利进行，当除碳后的污水中碱度低于 30mg/L 时，可以采用向原污水中补充碱度。

（4）当污水中氨氮含量较高，但 BOD_5 值较低时，可以采用外加碳源的方法实现脱氮。一般 BOD_5 与硝态氮的比值小于 3 时，就需要另加碳源。

（5）硝化菌繁殖较慢，泥龄一般要超过 10d。

☞ **4.124 使用缺氧／好氧（A／O）法脱氮时的运行管理注意事项有哪些？**

（1）入流污水碱度不足或呈酸性，会造成硝化效率下降，出水氨氮含量升高。

（2）曝气池供氧不足或系统排泥量太大，会造成硝化效率下降，此时应及时调整曝气量和排泥量。

（3）入流污水 TN 含量太高或污水温度过低（低于 15℃），生物脱氮系统效率会下降，此时应增加曝气池的投运数量或提高混合液污泥浓度 MLSS。

（4）经常测定、计算系统的内回流比和缺氧池的搅拌强度，防止缺氧段 DO 值偏高，超过 0.5mg/L。内回流太少又会使缺氧段的硝酸盐氮含量不足，从而导致二沉池出水 TN 超标。

（5）经常测定入流污水 BOD_5 与 TN 的比值，一般应维持在 5~7 左右。如果 BOD_5/TN 低于 5，应通过跨越初沉池或投加有机碳源等措施来提高 BOD_5 与 TN 的比值。

☞ **4.125 什么是 A^2/O 法？**

A^2/O 法是厌氧/缺氧/好氧（Anaerobic/Anoxic/Oxic）工艺的简称，其实是在缺氧/好氧（A/O）法基础上增加了前面的厌氧段，具有同时脱氮和除磷的功能。A^2/O 法的工艺流程见图 4-9。

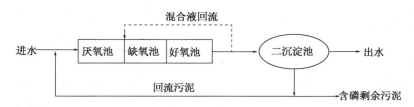

图 4-9　A^2/O 法工艺流程示意图

☞ **4.126 A^2/O 法的特点有哪些？**

（1）A^2/O 法在去除有机碳污染物的同时，还能去除污水中的氮和磷。

（2）A^2/O 工艺流程简单，总水力停留时间少于其他同样功能的工艺，并且不用外加碳源，厌氧和缺氧段只进行缓速搅拌，运行费用较低。

（3）A²/O 法厌氧、缺氧、好氧交替运行，而且这种运行条件使丝状菌不宜生长繁殖，避免了常规活性污泥法经常出现的污泥膨胀问题。

（4）A²/O 法受到泥龄、回流污泥中溶解氧和硝酸盐氮的限制，除磷效果不是十分理想。同时，由于脱氮效果取决于混合液回流比，而 A²/O 法的回流比不宜过高(一般不超过 200%)，因此脱氮效果不能满足较高要求。

（5）A²/O 法不可能同时取得脱氮和除磷都好的双重效果。

☞ **4.127　A²/O 法的运行注意事项有哪些?**

（1）减少加入厌氧段的回流污泥量，将回流污泥分两点加入，从而减少进入厌氧段的硝酸盐和溶解氧。在保证总的回流比(60%～100%)不变的情况下，加入厌氧的回流污泥比为 10%，这样可满足磷的需要，其余的回流污泥则回流到缺氧段以保证氮的需要。

（2）A²/O 法工艺系统中剩余污泥磷含量较高，由于剩余污泥沉淀性能较好，可以直接浓缩脱水后堆肥使用。

（3）在硝化好氧段，污泥负荷率应小于 $0.18kgBOD_5/(kgMLSS \cdot d)$，而在除磷厌氧段，污泥的负荷率应在 $0.1kgBOD_5/(kgMLSS \cdot d)$ 以上。

☞ **4.128　什么是 SBR 法?**

间歇曝气式活性污泥法又称序批式活性污泥法，英文是 Sequencing Batch Reactor，因此简称为 SBR 法。其主要特征是反应池一批一批地处理污水，采用间歇式运行的方式，每一个反应池都兼有曝气池和二沉池作用，因此不再设置二沉池和污泥回流设备，而且一般也可以不建水质或水量调节池。SBR 法一般由多个反应器组成，污水按序列依次进入每个反应器，无论时间上还是空间上，生化反应工序都是按序排列、间歇运行的。间歇曝气式活性污泥法曝气池的运行周期由进水、曝气反应、沉淀、排放、闲置待机五个工序组成，而且这五个工序都是在曝气池内进行，其工作原理见图 4-10。

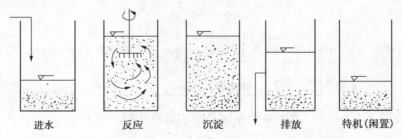

进水　　　　反应　　　　沉淀　　　　排放　　　待机(闲置)

图 4-10　SBR 法曝气池运行工序示意图

SBR 法运行时，五个工序的运行时间、反应器内混合液的体积以及运行状态等都可以根据污水性质、出水质量与运行功能要求灵活掌握。曝气方式可以采用鼓风曝气或机械曝气。

☞ **4.129 SBR 法与连续流活性污泥法的性能有哪些异同?**

SBR 法和连续流活性污泥 CFS 法的性能对比见表 4-4。

表 4-4 SBR 法与连续流活性污泥法的性能对比

项目	SBR 法	CFS 法	解 释
概念	在同一池中按时间进行	在不同的池体中按时间进行	SBR 时序可变,CFS 灵活性差
流量	间断	连续	
排水	周期	连续	SBR 滗水时间可调,而 CFS 固定
有机负荷	周期变化	连续不变	SBR 可在其一个运行周期内调节进水的有机负荷,而 CFS 不能调节
曝气	间断进行	连续	SBR 可调整曝气强度和曝气时间,而 CFS 只能改变曝气强度
污泥回流	在反应器内进行泥水分离,不需要污泥回流	在二沉池泥水分离后污泥回流	SBR 不设二沉池和回流泵,而 CFS 的二沉池和回流泵必不可少
沉淀	理想沉淀	经常有短流和异重流	CFS 非理想沉淀使系统运行受影响
流态	理想推流	完全混合或相当于推流	SBR 对污染物能迅速降解,CFS 需要较长的反应时间
调节能力	本质上有	没有	SBR 对每日流量和 BOD_5 的变化可以自行调节,而此时 CFS 可能失效
适应性	有一定能力	有限	SBR 可改变一个周期内曝气或沉淀时间,而 CFS 是固定不变的
池容	池容大于 CFS 曝气池	曝气池容小于 SBR 反应池	SBR 不需要沉淀和污泥回流,总过水容积小于 CFS
操作管理	可依靠 PLC 控制	可实现 PLC 控制,但很复杂	SBR 适用于小型污水处理场,CFS 对日变化大的小规模污水无法处理
设备	机械设备少,检维修量少	机械设备多,检维修量大	CFS 工艺环节较多,设备种类多
出水水质	大多数情况下好	大多数情况下很好	CFS 曝气时间长,对有机物氧化比较彻底
运行效果	SBR 灵活调节可满足去除 BOD_5、N、P 等不同需要	一般只能按设计流程运行,灵活性差	SBR 通过调节运行参数可达到不同处理目的,CFS 可调节性较差

☞ **4.130 与连续流活性污泥法相比,SBR 法的优点有哪些?**

(1) SBR 是在一个反应池内完成所有的生物处理过程,在不同的时间里可实现有机物的氧化、硝化、脱氮、磷的吸收、磷的释放等过程。

（2）SBR 反应池中浓度是随时间而变化的，接近于理想化的推流式反应池，因此为了获得同样的处理效率，SBR 法与传统活性污泥法相比，反应池容积小、能耗低。

（3）SBR 法能方便地改变反应时间、沉淀时间以及一个处理周期的时间，相当于改变装置处理规模，因此能很好地适应进水负荷的变化。另外，在采用 SBR 法时，只要反应时间有一定富裕（池容足够大），就可以很方便地将新的反应过程综合进来实现新的功能，比如脱氮、除磷等。

（4）由于 SBR 法运行操作的高度灵活性，在大多数场合都能代替连续流活性污泥法，并实现与之相同或相近的功能。

（5）SBR 沉淀过程在静止条件下进行，没有进出水的干扰，泥水分离效果好，可以避免短路、异重流的影响；还可以根据泥水分离情况的好坏调整沉淀时间，使出水 SS 降到最少。

（6）SBR 法是将处理水间歇集中排放，在排放之前可以对排放水进行水质检测；当发现水质不合格的时候，可以停止排放，延长反应时间一直到满足排放标准、确认水质合格之后再排放。

☞ **4.131　SBR 法的工艺特点有哪些？**

（1）兼有推流式和完全混合式的特点，属于时间上的理想推流式反应器，从单元操作上其效率明显高于完全混合式的反应器。反应器内可以维持较高的污泥浓度，污泥有机负荷较低，因此具有很强的抗冲击负荷能力。适用于处理水质水量变化较大的含有有毒物质或有机物浓度较高的工业废水。

（2）泥龄很长，有利于污泥中多种微生物的生长和繁殖，通过适当调节运行方式，可以实现好氧、缺氧（或厌氧）状态交替存在的环境，能充分发挥各类微生物降解污染物的能力，取得单池脱氮和除磷的效果。

（3）废水进入反应池后，浓度随反应时间的延长而逐渐降低，即存在有机物的浓度梯度，浓度梯度的存在及好氧、缺氧（或厌氧）状态交替出现，这些因素都能起到生物选择器的作用，因此一般不会出现污泥膨胀现象。

（4）SBR 法将曝气与沉淀两个工艺过程合并在一个构筑物内进行，不需要二沉池和污泥回流系统，甚至可以不设均质调节池和初次沉淀池，处理构筑物相对较少，因此占地面积可缩小 $1/3 \sim 1/2$。

（5）系统控制设备如电动阀、液位传感器、流量计等自动控制水平较高，各操作阶段和各运行参数都可通过计算机加以控制，简化管理，甚至可以实现无人操作。

（6）沉淀过程不再进水进气，实现了理想的静态沉淀状态。

☞ **4.132　为什么 SBR 法具有脱氮和除磷作用？**

SBR 法具有良好的工艺性能和灵活的可操作性，通过调节曝气的强度和水流方式，可以在反应器内交替出现厌氧、缺氧和好氧状态或出现厌氧区、缺氧区和好氧区。通过改变运行方式，合理分配曝气阶段和非曝气阶段的时间，可以实现生物脱氮和除磷。实现脱氮和除磷的 SBR 系统的运行方式见图 4-11。

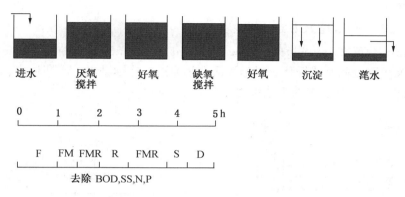

图 4-11　SBR 脱氮除磷时的运行模式示意图

F—进水；FM—进水搅拌；FMR—进水搅拌曝气；R—曝气；S—沉淀；D—滗水

☞ **4.133　SBR 反应器的自动控制是怎样实现的？**

SBR 法采用自动控制技术来实现控制 SBR 工艺的目的，主要通过仪表设备、计算机和控制软件等的有机结合创造出能满足微生物生存的最佳环境。SBR 的自动控制主要以时间为基本参数使 SBR 工艺自动正常运转，控制所需的指令信息及反馈信息均利用各种水质、水量检测仪器仪表获得，这些仪器仪表包括污泥浓度计、溶解氧仪、pH 计、ORP 计、液位计、流量计以及需要控制的各种电动气动阀门、水泵、风机、滗水器等。

主反应池是 SBR 系统的核心，也是自控系统得以实现的关键。主反应池的控制内容主要是按时间控制进水阀门、进气电动蝶阀、出水滗水器、水下推流器、排泥阀门等工艺设备，同时要采集这些设备的运行工况和异常情况的报警信号及溶解氧、污泥浓度、污泥界面等工艺参数。自控系统根据主反应池溶解氧浓度反馈作用于进风管阀门控制系统，根据阀门开启度大小信号，适当开大或关小进风阀门的开度，调整进风量。

☞ **4.134　新型 SBR 法与经典 SBR 法的区别有哪些？**

为克服 SBR 法固有的一些不足(比如不能连续进水等)，人们在使用过程中不断改进，发展出了许多新型和改良的 SBR 工艺，比如 ICEAS 系统、CASS 系统、UNITANK 系统、MSBR 系统、DAT-IAT 系统等。这些新型 SBR 工艺仍然拥有经典 SBR 的部分主要特点，同时还具有自己独特的优势，但因为经过了改良，有些经典 SBR 法所拥有的部分显著特点又会不可避免地被舍弃掉。

为发挥经典 SBR 工艺的优势和克服连续进水对沉淀带来的不利影响，除了

ICEAS 系统外，其余改良型的 SBR 工艺系统使用的反应器都是两个或两个以上，两个反应器交替进行进水、反应、沉淀、滗水、闲置等 SBR 的固有程序，这样一来，对于单个反应器来说是间歇出水，而对于整个系统来说却实现了连续进水和连续出水。

☞ **4.135 什么是 ICEAS 工艺？**

ICEAS 是英文 Intermittent Cyclic Extended Aeration System 的简称，ICEAS 工艺的中文名称是间歇式循环延时曝气活性污泥法，连续进水、周期排水，是一种变形 SBR 工艺，其基本的工艺流程如图 4-12 所示。

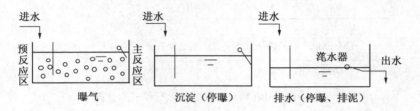

图 4-12　ICEAS 工艺操作过程示意图

ICEAS 一般采用两个矩形池为一组的 SBR 反应器，每个池子分为预反应区和主反应区两部分。预反应区一般处于厌氧或缺氧状态，主反应区是曝气反应的主体，体积占总池容的 85% ~ 90%。污水通过渠道或管道连续进入预反应区，进水渠道或管道上不设阀门，因此可以减少操作的复杂程度。预反应区一般不分格，进水连续流入主反应区，不但在反应阶段进水，在沉淀和滗水阶段也进水。

☞ **4.136 ICEAS 工艺的特点有哪些？**

（1）与传统的 SBR 相比，ICEAS 工艺的最大特点是在反应器的进水端增加了一个预反应区，运行方式变为连续进水、间歇排水，没有明显的反应阶段和闲置阶段。

（2）ICEAS 必须设置选择区，选择区可以处于缺氧状态也可以处于厌氧状态。

（3）ICEAS 采用连续进水，不用多次切换进水阀门，控制管理比经典 SBR 简单，但由于进水贯穿于整个运行周期的每个阶段，沉淀器进水在主反应区底部造成水力紊动会影响泥水分离效果。

（4）ICEAS 系统两个池子交替运行，不同时曝气和排水，因此所需要的曝气设备、管道及排水管渠都可以按单池所需要的一半配置。

（5）ICEAS 的沉淀状态与经典的 SBR 系统不同，经典 SBR 系统属于理想沉淀，而 ICEAS 沉淀受到进水的扰动。

124

☞ **4.137 什么是循环式活性污泥法 CAST?**

循环式活性污泥法 CAST 是 SBR 工艺的一种新类型，CAST 是英文 Cyclic Activated Sludge Technology 的简称，也称为 CASS（Cyclic Activated Sludge System）工艺或 CASP（Cyclic Activated Sludge Process）工艺，是在 ICEAS 工艺的基础上发展而来的。与 ICEAS 工艺相比，预反应区容积较小变成更加优化合理的生物选择器。CAST 工艺的最大特点是将主反应区中的部分剩余污泥回流到选择器中，沉淀阶段不进水，使排水的稳定性得到保证。通行的 CAST 按流程可分为三个部分：生物选择器、缺氧区和好氧区，这三个部分的容积比通常为 1：5：30。其基本的工艺流程如图 4-13 所示。

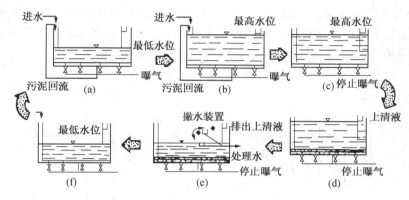

图 4-13 CAST 工艺操作过程示意图
(a)进水，曝气阶段开始；(b)曝气阶段结束；(c)沉淀阶段开始；
(d)沉淀阶段结束，撇水阶段开始；(e)撇水阶段及排泥结束；(f)进水，闲置阶段

☞ **4.138 循环式活性污泥法的特点有哪些?**

（1）由于在反应器入口处设置了一个生物选择器，并进行污泥回流，保证了活性污泥在选择器内经历一个高负荷阶段，并有效地抑制丝状菌的生长和繁殖，使得 CAST 系统能够正常运行而不发生污泥膨胀。

（2）CAST 沉淀阶段不进水，保证了污泥沉淀时没有水力干扰，也是沉淀效果好的一个原因。

（3）CAST 系统的循环过程中，反应器的水位由初始的设计最低水位逐渐上升到最高设计水位，再从最高水位降低到最低水位完成一个循环过程，这种可变容积运行提高了系统对水质、水量波动的适应性，使得操作运行更加灵活。

（4）CAST 工艺通过污泥回流带回生物选择器的硝酸盐氮也能得到反硝化，使系统具有良好的脱氮效果；活性污泥经过反复好氧和缺氧的循环，有利于聚磷菌在污泥中的生长和积累，再通过排出剩余污泥保证了磷的去除。

（5）采用多池串联的运行方式，虽然单池为完全混合流态，而整体可以呈现

推流式流态。

（6）CAST 工艺用于生物选择器的回流比仅为 20%，远低于传统的活性污泥法的回流比，因此回流污泥泵站规模较小。

☞ **4.139 什么是 UNITANK 工艺？**

典型的 UNITANK 工艺系统近似于三沟式氧化沟的运行方式，其主体构筑物为三格条形池结构，三池连通，每个池内均设有曝气和搅拌系统，污水可进入三池中的任意一个。外侧两池设出水堰或滗水器以及污泥排放装置，两池交替作为曝气池和沉淀池，而中间池则总是处于曝气状态。在一个周期内，原水连续不断地进入反应器，通过时间和空间的控制，分别形成好氧、缺氧和厌氧的状态。UNITANK 工艺除了保持传统 SBR 的特征以外，还具有滗水简单、池子结构简化、出水稳定、不需回流等特点，通过改变进水点的位置可以起到回流的作用和达到脱氮、除磷的目的。其基本的工艺流程如图 4-14 所示。

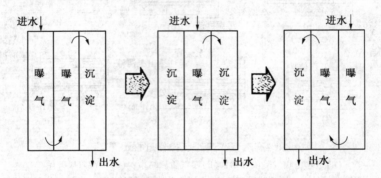

图 4-14　UNITANK 工艺操作过程示意图

☞ **4.140 UNITANK 工艺的特点有哪些？**

UNITANK 工艺在恒定水位下连续运行，从其单个反应池来看具有 SBR 的特征。但从整个系统来看，UNITANK 工艺与交替式氧化沟非常相似，三个池体之间构成了一种串联形式，具有推流式的意义。

与经典 SBR 相比，UNITANK 系统在恒定水位下交替运行，可以利用表曝机等多种曝气方式，出水堰可以使用固定出水堰，不再使用随水位变化的浮式出水堰或其他类型的滗水器。

UNITANK 系统厌氧及缺氧过程可以明确分开，脱氮除磷作用发挥更加容易掌控。

☞ **4.141 什么是 DAT - IAT 工艺？**

DAT-IAT 是英文 Demand Aeration Tank-Intermittent Aeration Tank 的简称，DAT-IAT 工艺是 SBR 工艺的一种变形，主体构筑物由需氧池（DAT）和间歇曝气

池(IAT)组成。DAT 连续进水、连续曝气，DAT 出水进入 IAT 后完成曝气、沉淀、滗水和排出剩余污泥的过程。DAT-IAT 工艺流程如图 4-15 所示。

图 4-15　DAT-IAT 工艺流程示意图

☞　**4.142　DAT - IAT 工艺的特点有哪些？**

（1）由于 DAT 池连续进水、连续曝气，起到了水力均衡作用，提高了处理工艺的稳定性。DAT 池和 IAT 池能够保持很高的污泥浓度 MLSS 和较长的泥龄，对有机负荷和有毒物质有较强的抗冲击能力。IAT 池的可任意调节性，有利于去除难降解有机物质。

（2）DAT-IAT 工艺反应池集曝气、沉淀于一体，可以不设初沉池、二沉池及污泥回流系统，系统处理构筑物少，流程简单。同时，在运行过程中，污泥已得到好氧稳定，不再需要消化处理，只需浓缩脱水即可，即省去了消化池，简化了污泥处理过程。

（3）通过调节 IAT 池的曝气和间歇时间，使污水在池中交替处于好氧、缺氧和厌氧状态，可以方便地实现脱氮和除磷。

（4）DAT 池与 IAT 池串联设置，可减少滗水器的安装数量；DAT 连续进水，减少了 SBR 顺序进水所需要的闸阀及自控装置；DAT 池连续曝气减轻了曝气强度，所需鼓风机的额定风量比 SBR 要少；串联布置的 DAT 池和 IAT 池之间共用一道隔墙，节约土建费用和占地面积。

☞　**4.143　什么是 MSBR 工艺？**

MSBR 又称改良式序列间歇反应器，英文名称为 Modified Sequencing Batch Reactor。MSBR 结合了传统活性污泥法和 SBR 的优点，在恒水位下连续运行，采用单池多格方式，省去了多池工艺所需的连接管道、泵和阀门等设备或设施。由流程特点看，MSBR 实际相当于由 A^2/O 工艺与 SBR 工艺串联而成，因而同时具有很好的除磷和脱氮作用。MSBR 的基本流程示意图见图 4-16。

☞　**4.144　MSBR 工艺的特点有哪些？**

（1）MSBR 系统从连续运行的厌氧单元进水，而不从 SBR 单元进水，将大部分好氧量转移到连续运行的主曝气池中，提高了设备的利用率。同时，从连续运行单元进水，可以提高整个系统承受水力冲击负荷和有机负荷的能力。

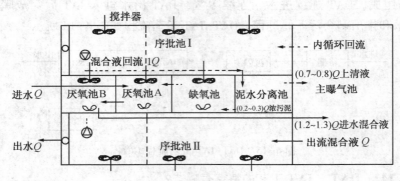

图 4-16　MSBR 流程示意图

（2）MSBR 系统使用低能耗、低水头的回流设施，既有污泥回流又有混合液回流，从而可以提高系统中各个单元内 MLSS 的均匀性，特别是增加了连续运行单元的 MLSS 浓度。

（3）在 MSBR 系统 SBR 池中间设置底部挡板，避免了水力射流的影响，改善了水的流态，使系统混合液能够利用高浓度的沉淀底泥截留过滤污水中的悬浮颗粒，使得剩余污泥排放浓度高，减少排放的数量。

（4）MSBR 系统采用空气堰控制出水，而不是采用出水初期放空的形式排除已经进入集水槽内的悬浮物质，防止了曝气期间的任何悬浮物进入出水堰，从而有效地控制了出水中的悬浮物含量。

（5）MSBR 在循环处理过程中综合了多种工艺的特点，使系统保持了较高的污泥浓度 MLSS 和良好的混合效果，而且在沉淀区存在良好的污泥滤层保证了很好的有机碳去除率。MSBR 系统的实际水力停留时间长，硝化反应进行得比较彻底，沉淀过程也能继续反硝化，因此脱氮效率较高。

（6）MSBR 系统同时采用多种途径避免硝酸盐氮进入厌氧段，使 MSBR 系统在较小的反应体积内具有较高的除磷效果，而且容易控制。

☞　**4.145　什么是氧化沟？**

氧化沟又称氧化渠或循环曝气池，污水和活性污泥混合液在其中循环流动，因此实质上是传统活性污泥法的一种改型，一般不需要设置初沉池，并且经常采用延时曝气。与传统活性污泥法相比，氧化沟池体狭长（可达数十米、甚至上百米），而池深较浅（一般 2m 左右）。结构形式采用环形沟渠形式，沟渠形状呈圆形或椭圆形，分单沟系统或多沟系统。曝气方式多采用转刷曝气器。其基本形式平面示意图见图 4-17。

运行方式有间歇式和连续式两种，间歇式具有 SBR 法的特点，而连续式要设二沉池和污泥回流系统。

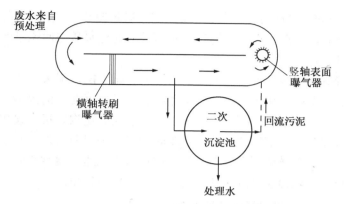

废水来自
预处理

竖轴表面
曝气器

横轴转刷
曝气器

二次
沉淀池

回流污泥

处理水

图 4-17　氧化沟系统平面示意图

☞ **4.146　氧化沟由哪些部分构成?**

氧化沟一般呈环状沟渠形,其平面可为圆形或椭圆形或与长方形的组合状。其主要构成如下:

（1）氧化沟沟体

氧化沟的渠宽、有效水深等与氧化沟分组形式和曝气设备性能有关。除了奥贝尔氧化沟外,其他氧化沟直线段的长度最小为 12m 或最少是水面处渠宽的 2 倍。当配备液下搅拌设备时,实际水深可以比单独使用曝气设备时加大。所有氧化沟的超高不应小于 0.5m,当采用表面曝气机时,其设备平台宜高出水面 1～2m,同时设置控制泡沫的喷嘴。

（2）曝气装置

曝气装置是氧化沟中最主要的机械设备,对氧化沟处理效率、能耗及运行稳定性有关键性影响。除了供氧和促进有机物、微生物与氧接触的作用外,还有推动水流在沟内循环流动、保证沟中活性污泥呈悬浮状态的作用。曝气转刷或转盘应该正好位于弯道下游直线段氧化沟的 4～5m 处,淹没深度为 100～300mm,并将整个氧化沟宽度方向满布。

（3）进出水装置

从平面上看,进水及回流污泥位置与曝气装置保持一定距离,促使形成缺氧区产生反硝化作用,并获得较好的沉降性能(低 SVI)。出水位置应布置在进水区的另一侧,与进水点和回流污泥进口点保持足够的距离,以避免短流。当有两组以上氧化沟并联运行时,设进水配水井可以保证配水均匀;交替式氧化沟进水配水井内设有自动控制配水堰或配水闸,按设计好的程序变换氧化沟内的水流方向和流量。

氧化沟系统中的出水溢流堰具有排出处理后的污水和调节沟内水深的双重作用,因此溢流堰一般都是可升降的。通过调节出水溢流堰的高度,可以改变沟内水深，进而达到改变曝气器的浸没深度，使充氧量改变以适应不同的运行要求。为防止曝气器淹没过深，溢流堰的长度必须满足处理水量与回流量的最大值。

（4）导流装置

为了保持氧化沟内具有污泥不沉积的流速，减少能量损失，必须有导流墙和导流板。一般为保持氧化沟内污泥呈悬浮状态而不致沉淀，沟内断面平均流速要在 0.3m/s 以上，沟底流速不低于 0.1m/s。一般在氧化沟转折处设置导流墙，使水流平稳转弯并维持一定流速。另外，距转刷之后一定距离内，在水面以下要设置导流板，使水流在横断面内分布均匀，增加水下流速。通常在曝气转刷上、下游设置导流板，使表面较高流速转入池底，提高传氧速率。

☞ **4.147　氧化沟的曝气设备有哪些？**

从氧化沟技术发展的历史来看，氧化沟曝气设备的发展，在一定程度上反映了氧化沟工艺的发展，新的曝气设备的开发和应用，往往意味着一种新的氧化沟工艺的诞生。常用的曝气设备有曝气转刷、曝气转盘、立式曝气、射流曝气、混合曝气等。

（1）曝气转刷

曝气转刷主要有可森尔转刷、笼式转刷和 Mammoth 转刷三种，其他产品都是这三种的派生形式。采用曝气转刷的氧化沟水深 2.5～3.5m。为提高转刷的充氧能力，转刷的上下游要根据具体情况设置导流板，如果不设挡水板或压水板，转刷之间的最佳距离为 40～50m。对于反硝化混合，可设置数台可调速的转刷来完成。如果不满足混合的要求，可通过安装一定数量的水下搅拌器来加强混合。

（2）曝气转盘

曝气转盘有大量的曝气孔和三角形凸出物，用以充氧和推动混合液。转盘直径约 1.4m，盘片厚度一般为 12.5mm，盘片之间的最小间距为 25mm，曝气孔直径为 12.5mm。为了使盘片便于从轴上卸脱或重新安装，盘片通常由两个半圆断面构成。曝气转盘的标准转速为 45～60r/min，标准条件下的充氧动力效率为 1.86～2.10kgO$_2$/(kW·h)。曝气转盘的一个优点是，可以借助改变配置在各池中曝气盘片的数目，来调整供氧量。

（3）立式表面曝气机

立式表面曝气机叶轮与活性污泥法中表曝机的原理是一样的。一般每条沟安装一台，置于一端。它的充氧能力随叶轮直径的大小而改变，动力效率一般为 1.8～2.3kgO$_2$/(kW·h)。其主要特点是具有较大的提升能力，使氧化沟的水深可增加到 4～5m，从而减少占地面积。

（4）射流曝气器

射流曝气器一般安装在氧化沟的底部，吸入的压缩空气与加压水充分混合，沿水平方向喷射，推动沟中液体并达到曝气充氧的目的。射流曝气器形成的水流冲力造成了水平方向的混合，然后又由于水流上升而形成了垂直方向的混合，因而可采用较深的水深（可达 8m）。射流过程可以产生很小的气泡，氧的转移效率较高。

（5）导管式曝气机和混合式曝气系统

导管式曝气机又称 U 形鼓风曝气系统，通过改变叶轮转速调节氧化沟内水流速度，调节鼓风机风量来控制供氧量。混合式曝气系统是用置于沟底的固定式曝气器和淹没式水平叶轮或射流，来分别进行充氧和推进水流。这两种曝气系统的优点是利用置于底部的曝气装置和置于上部的推流装置，来分别实现充氧和推进水流；缺点是动力效率较低。

☞ **4.148　氧化沟的工艺特点有哪些？**

（1）氧化沟能够承受水质和水量的冲击负荷，适用于处理高浓度的有机废水。

（2）氧化沟采用多点而非全池曝气的特点使氧化沟内混合液具有推流特性，溶解氧浓度沿池长方向呈浓度梯度，依次形成好氧、缺氧和厌氧环境，可以取得较好的除磷脱氮效果。

（3）氧化沟工艺可以将曝气池和二沉池合建成一体，而且池深较浅，转刷曝气设施容易制作，因此流程简单，施工方便。

（4）对水温、水质和水量的变化适应能力较强，通常不设初沉池和二次沉淀池，经过长时间曝气的污泥可直接浓缩和脱水。

（5）氧化沟的水力停留时间和泥龄接近延时曝气法，处理出水水质较好，剩余污泥量少。

（6）氧化沟的主要缺点是占地面积大。

☞ **4.149　常用氧化沟的种类有哪些？**

（1）卡鲁塞尔氧化沟：应用立式低速表面曝气器供氧并推动水流前进。

（2）奥贝尔氧化沟：多个同心的沟渠组成，污水依次从外沟流入内沟，各沟内有机物浓度和溶解氧浓度均不相同。

（3）交替式氧化沟：双沟（D）式氧化沟和三沟（T）式氧化沟，各沟交替在好氧和沉淀状态下工作，提高设备的利用率。双沟（D）式氧化沟和三沟（T）式氧化沟的设备利用率分别为 50% 和 58.3%。

（4）一体式氧化沟：将氧化沟和二沉池合为一体。

（5）其他类型氧化沟：包括 U 型氧化沟、射流曝气系统和采用微孔曝气的逆流氧化沟等。

☞ **4.150　什么是一体式氧化沟？**

一体式氧化沟又称合建式氧化沟，是指集曝气、沉淀、泥水分离和污泥回流等功能为一体，不需建造单独二沉池的氧化沟。一体式氧化沟常用的固液分离装置形式有内置式和外置式两种。

内置式固液分离装置设置在氧化沟的横断面上，利用了竖流沉淀和斜板沉淀的工作原理。氧化沟的混合液从其底部流过时，混合液向上流过分离器，固相污泥的上升速度小于上清液的上升速度，因而实现固液分离。常用的内置式固液分离装置形式有船型(见图4-18)和BMTS型等。

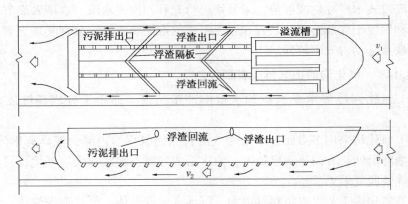

图4-18　船型一体化氧化沟示意图

注：槽内流速v_1为船式沉淀池底部流速v_2的60%

外置式固液分离装置利用了平流沉淀的原理，其特殊的构造使得混合液在分离器内的上升流速逐渐减小，保持较平稳的层流状态，絮凝的污泥形成了一道悬浮污泥层，可以将新进入分离器混合液中的污泥颗粒截留下来，实现泥水分离。比较典型的外置式固液分离装置是侧渠型固液分离装置(见图4-19)。

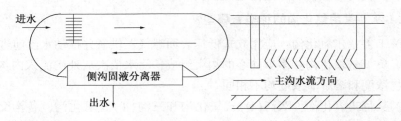

图4-19　侧渠型一体化氧化沟示意图

☞　**4.151　什么是交替式氧化沟?**

常见交替式氧化沟有双沟式和三沟式两种，使用的曝气设施为曝气转刷。由于双沟式氧化沟的设备闲置率较高(超过50%)，三沟式氧化沟在实际中的应用量更多。三沟式氧化沟实际上是一个A/O活性污泥系统，具有生物脱氮功能，生物脱氮三沟式氧化沟的运行方式见图4-20、表4-5。

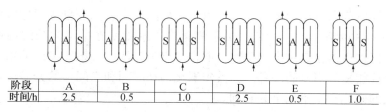

阶段	A	B	C	D	E	F
时间/h	2.5	0.5	1.0	2.5	0.5	1.0

图 4-20　三沟式氧化沟运行示意图

A—曝气；S—沉淀

表 4-5　三沟式氧化沟生物脱氮运行方式

运行阶段	A			B			C			D			E			F		
	Ⅰ沟	Ⅱ沟	Ⅲ沟	Ⅰ沟	Ⅱ沟	Ⅲ沟	Ⅰ沟	Ⅱ沟	Ⅲ沟	Ⅰ沟	Ⅱ沟	Ⅲ沟	Ⅰ沟	Ⅱ沟	Ⅲ沟	Ⅰ沟	Ⅱ沟	Ⅲ沟
各沟状态	反硝化	硝化	沉淀	硝化	硝化	沉淀	沉淀	硝化	沉淀	沉淀	硝化	反硝化	沉淀	硝化	硝化	沉淀	硝化	沉淀
延续时间/h	2.5			0.5			1.0			2.5			0.5			1.0		

三沟式氧化沟由三个相同的氧化沟组建在一起作为一个单元运行，三个氧化沟的邻沟之间相互双双连通，两侧氧化沟可起到曝气和沉淀的双重作用。每个沟都配有可供进水和环流混合的转刷，自控装置自动控制进水的分配和出水调节堰。

☞ **4.152　什么是奥贝尔氧化沟？**

奥贝尔(Orbal)氧化沟是一种多级氧化沟，沟中安装有曝气转盘，来实现充氧和混合，水深为 2~3.6m，沟底流速为 0.3~0.9m/s。奥贝尔氧化沟的构造形式为独特的同心圆型的多沟槽系统(见图 4-21)，进水先引入最外侧的沟中，并在其中不断循环的同时进入入下一个沟，相当于一系列完全混合反应器串联在一起，最后从中心的沟中排出。

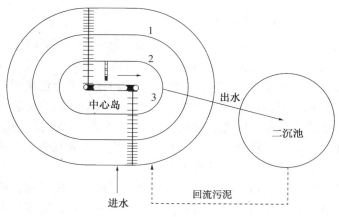

图 4-21　奥贝尔氧化沟示意图

1，2，3—同心圆形沟槽

133

常见的奥贝尔氧化沟为三沟型，由内至外的三沟容积分别为总容积的60%～70%、20%～30%和10%。尽管奥贝尔氧化沟进水很快在单个沟渠内通过扩散分布均匀，但也只是在其沟内实现完全混合，与第二沟内、第三沟内的水质、溶解氧作用等性能具有明显的差异。奥贝尔氧化沟在时间和空间上的分阶段性，对于达到高效的硝化和反硝化十分有利。

☞ **4.153　什么是卡鲁塞尔氧化沟？**

卡鲁塞尔（Carrousel）氧化沟是应用立式低速表面曝气器供氧并推动水流前进的氧化沟形式，多沟串联，进水与活性污泥混合后沿箭头方向在沟内不停地循环流动。表曝机与分隔墙的布局使混合液被表曝机从上游推流到下游，并在沟内维持足够的流动速度。在正常的设计流速下，沟内混合液的流量是进水量的50～100倍，混合液平均每5～20min完成一次循环，具体的循环时间与氧化沟的长度、宽度、深度和进水水量等有关。这种流态可以防止短流，同时通过完全混合作用产生很强的耐冲击负荷能力。

标准的卡鲁塞尔氧化沟构造见图4-22。

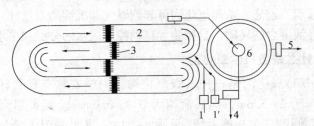

图4-22　标准卡鲁塞尔氧化沟示意图
1—污水泵站；1′—回流污泥泵站；2—氧化沟；3—转刷曝气器；
4—剩余污泥排放；5—处理水排放；6—二沉池

☞ **4.154　什么是生物倍增技术？**

生物倍增工艺（Bio-Doubling Process，BDP）是一种活性污泥法的衍生工艺。在结构上结合了一体化氧化沟的循环流流态、固液分离单元内置，以及气提式环流反应器以空气为循环动力源的特点，将生化区和澄清区合建在同一池体内，集曝气、沉淀、泥水分离和污泥回流功能于一体，实现了污泥的无泵自动回流。

生物倍增工艺将除碳、脱氮、除磷及沉淀等多个单元设置于同一处理池中，实现生物硝化、反硝化、释磷、吸磷，有机物氧化、沉淀等多个工艺过程，低溶氧及高污泥浓度是生物倍增工艺的两大工艺特色。

为了保证低溶氧及高污泥浓度，生物倍增工艺配备了抗堵塞、检修方便的软管曝气器，并利用空气作为提升原动力，利用较小的能耗、实现了大比例泥水混合液循环，使进水的污染物浓度迅速降低，为微生物生长提供稳定的条件。

☞ **4.155 生物倍增工艺的工艺特点有哪些？**

（1）MLSS 高，抗冲击性能好，生物倍增工艺的污泥浓度可达到 6~8g/L。

（2）低溶解氧控制，能耗低。在正常运行中，溶解氧控制在 0.05~0.5mg/L，其中最佳 DO 为 0.3mg/L。

（3）布气方式及软管曝气可实现单位长度曝气器的服务面积小，曝气均匀。

（4）生物倍增工艺依靠气提实现反应器内数十倍以上的大比例循环流动，能耗低且产生的循环流量大，一方面营造稳定的微生物生存环境，另一方面稀释进水，确保水质稳定。

（5）生物倍增污水处理工艺产生的剩余污泥比传统工艺少 40%~60%。

（6）低溶解氧条件下，可实现短程硝化反硝化及生物除磷。

（7）一体化设计，占地面积小。

☞ **4.156 什么是生物膜法？**

好氧生物膜法又称固定膜法，其基本特征是在污水处理构筑物内设置微生物生长聚集的载体（即一般所称的填料），在充氧的条件下，微生物在填料表面积聚附着形成生物膜。经过充氧的污水以一定的流速流过填料时，生物膜中的微生物吸收分解水中的有机物，使污水得到净化，同时微生物也得到增殖，生物膜随之增厚。当生物膜增长到一定厚度，向生物膜内部扩散的氧受到限制，其表面仍是好氧状态，而内层则会呈缺氧甚至厌氧状态，并最终导致生物膜的脱落。随后，填料表面还会继续生长新的生物膜，周而复始，使污水得到净化。

表 4-6 列出了常用的几种生物膜法的主要运行参数，并与普通活性污泥法的运行参数进行了比较。

表 4-6 生物膜法与普通活性污泥法主要运行参数比较

处理工艺	生物量/ (g/L)	剩余污泥产量/[kg 干泥/ (kgBOD$_5$去除量)]	容积负荷/ [kgBOD$_5$/(m³·d)]	水力停留时间/h	BOD$_5$去除率/%
塔式生物滤池	0.7~7.0	0.05~0.1	1.0~3.0	—	60~85
生物转盘法	10~20	0.3~0.5	1.5~2.5	1.0~2.0	85~90
生物接触氧化法	10~20	0.25~0.3	1.5~3.0	1.5~3.0	80~90
普通活性污泥法	1.5~3.0	0.4~0.6	0.4~0.9	4~12	85~95

☞ **4.157 生物膜法净化废水的基本原理是什么？**

微生物在填料表面积聚附着形成生物膜后，由于生物膜的吸附作用，其表面存在一层薄薄的水层，水层中的有机物已经被生物膜所氧化分解，其浓度比进水中的有机物浓度要低得多，当废水在生物膜表面流过时，有机物就会从运动着的废水中转移到附着在生物膜表面的水层中去，并进一步被生物膜所吸附。同时，空气中的氧也经过废水而进入生物膜水层并向内部转移。

生物膜上的微生物在有溶解氧的条件下对有机物进行分解和机体本身进行新陈代谢，因此产生的二氧化碳等无机物又沿着相反的方向，即从生物膜经过附着水层转移到流动的废水中或空气中去。这样一来，出水中的有机物含量减少，废水得到了净化。

☞ **4.158 与活性污泥法相比，生物膜法的特点体现在哪些方面？**

（1）微生物主要固着于填料的表面，微生物量比活性污泥法要高得多，因此对污水水质水量的变化引起的冲击负荷适应能力较强。另外，生物膜反应器还可以处理 BOD_5 低于 $50 \sim 60mg/L$ 的进水，使出水 BOD_5 降低到 $5 \sim 10mg/L$，这是活性污泥法无法做到的。

（2）单位容积反应器内的微生物量可以高达活性污泥法的 $5 \sim 20$ 倍，因此处理能力大，一般也不用再建造污泥回流系统；生物膜含水率比活性污泥低，不会出现活性污泥法经常发生的污泥膨胀现象，能保证出水悬浮物含量较低，因此运转管理也比较方便。

（3）生物膜中存在较高级营养水平的原生动物和后生动物，食物链较长，特别是生物膜较厚时，底部厌氧菌能降解好氧过程中合成的污泥，因而剩余污泥产量低，一般比活性污泥处理系统少 1/4 左右，可减少污泥处理与处置的费用。

（4）由于微生物固着于填料的表面，生物固体停留时间 SRT 与水力停留时间 HRT 无关，因此为增殖速度较慢的微生物提供了生长繁殖的可能性。

（5）生物滤池、转盘等生物膜法采用自然通风供氧，装置不会出现泡沫，管理简单，运行费用较低，操作稳定性较好。但受气候条件影响较大，容易滋生蚊蝇和产生臭气，周围卫生状况不好。

（6）和活性污泥法相比，除了镜检法以外，对生物膜中微生物的数量、活性等指标其他检测方式较少，而活性污泥法可以通过测定污泥沉降比、SVI、污泥浓度等多种方法对微生物的活性进行监测。因此，生物膜出现问题以后，不容易被发现，即调整运行的灵活性较差。

（7）和普通活性污泥法相比，处理效率即 COD_{Cr}（BOD_5）去除率较低。有资料表明，50%的活性污泥法处理厂的 BOD_5 去除率高于91%，50%的生物膜法处理厂的 BOD_5 去除率为83%左右，相对应的出水 BOD_5 分别为 $14mg/L$ 和 $28mg/L$。

☞ **4.159 如何培养和驯化生物膜？**

使具有代谢活性的微生物污泥在生物处理系统中的填料上固着生长的过程称为挂膜，挂膜也就是生物膜处理系统膜状污泥的培养和驯化过程。因此，生物膜法刚开始投运的挂膜阶段，一方面是使微生物生长繁殖直至填料表面布满生物膜、其中微生物的数量能满足污水处理的要求；另一方面还要使微生物逐渐适应所处理污水的水质，即对微生物进行驯化。

挂膜过程使用的方法一般有直接挂膜法和间接挂膜法两种。生物接触氧化池和塔式生物滤池填料量和填料空隙均较大，可以使用直接挂膜法，而普通生物滤池和生物转盘等设施需要使用间接挂膜法。挂膜过程中回流沉淀池出水和池底沉泥，可促进挂膜的早日完成。

直接挂膜法是在合适的水温、溶解氧等环境条件及合适的 pH 值、BOD_5、C/N 等水质条件下，让处理系统连续进水正常运行。对于生活污水、城市污水或混有较大比例生活污水的工业废水可以采用直接挂膜法，一般经过 7~10d 就可以完成挂膜过程。

对于不易生物降解的工业废水，尤其是使用普通生物滤池和生物转盘等设施处理时，为了保证挂膜的顺利进行，可以通过预先培养和驯化相应的活性污泥，然后再投加到生物膜处理系统中进行挂膜，也就是分步挂膜。通常的做法是先将生活污水或其与工业废水的混合污水培养出活性污泥，然后将该污泥或其他类似污水处理厂的污泥与工业废水一起放入一个循环池内，再用泵投入生物膜法处理设施中，出水和沉淀污泥均回流到循环池。循环运行形成生物膜后，通水运行，并加入要处理的工业废水。可先投配 20% 的工业废水，再逐步加大工业废水的比例，直到全部都是工业废水为止。也可以用掺有少量（20%）工业废水的生活污水直接培养生物膜，挂膜成功后再逐步加大工业废水的比例，直到全部都是工业废水为止。

☞ **4.160 生物膜法对布水与布气有什么特殊要求？**

对于各种生物膜处理设施，为了保证生物膜的均匀增长，防止污泥堵塞填料，确保池内处理效果的均匀，处理设施的布水和布气必须十分均匀。

布水布气管淹没在池底，由于进水水质的影响，或污泥的影响，或制作的原因，或运行控制的原因，布水布气管的某些孔眼有可能被堵塞，造成布水或布气的不均匀，使废水或气流在填料上分配不均，从而导致生物膜的生长不均匀，降低处理效果。为此，可通过以下措施解决：①加强预处理设施的管理，提高初沉池对油脂和悬浮物的去除率；②提高回流量，保证布水孔嘴具有足够的流量；③定期对布水管道和喷嘴进行大水量冲洗；④减少池底污泥的沉积量，并避免曝气系统的长时间停运。

☞ **4.161 生物膜严重脱落的原因和对策是什么？**

在生物膜培养挂膜期间，由于刚刚长成的生物膜适应能力较差，往往会出现膜状污泥大量脱落的现象，这可以说是正常的，尤其是采用工业废水进行驯化时，脱膜现象会更严重。

在正常运行阶段，膜大量脱落是非正常现象。产生大量脱膜的主要原因是进水的水质发生了改变，比如抑制性或有毒污染物的含量突然升高或 pH 值发生了突变等，解决的办法是改善进水水质。

☞ **4.162　生物膜法的主要形式有哪些?**

生物膜法的类型很多，按生物膜与废水的接触方式可分为填充式和浸渍式两类。

在填充式生物膜法中，废水和空气沿固定的填料或转动的盘片表面流过，通过与其表面上生长的生物膜接触实现去除水中有机物的目的，填充式生物膜法典型设施有生物滤池和生物转盘。

在浸渍式生物膜法中，生物膜载体完全浸没在水中，通过鼓风曝气供氧，有的载体固定，称为接触氧化法，有的载体在水中处于流化状态，称为流化床。

☞ **4.163　什么是传统生物滤池?**

在传统生物滤池中，废水通过布水器均匀地分布在滤池表面，滤池中装满了填料，废水沿着填料的空隙从上向下流动到池底。废水通过滤池时，填料截留了废水中的悬浮物，同时把废水中的胶体和溶解性物质吸附在自己的表面，其中的有机物使微生物很快繁殖起来，这些微生物又进一步吸附了废水中呈悬浮、胶体或溶解态的物质，逐渐形成了生物膜。生物膜成熟后，栖息在生物膜上的微生物即摄取污水中的有机污染物作为营养，对废水中的有机物产生吸附氧化作用，废水得到净化。

普通生物滤池因负荷较低又称为低负荷生物滤池，或生物滴滤池，普通生物滤池出水水质较好，可用于处理生活污水和城市污水，是最早的生物滤池形式。随着填料形式的改进和增加回流工艺过程，又发展出高负荷生物滤池，有机负荷与水力负荷都大幅提高。塔式生物滤池其实是高负荷生物滤池的一种形式，可被应用于处理浓度较高的有机工业废水。

近年来，由于出水水质较差，存在异味和恶臭等问题，生物滤池的应用越来越少。随着增加曝气工艺过程，曝气生物滤池 BAF 出现并得到了广泛应用，BAF主要用作三级处理，二级处理也有部分应用。

常见的生物滤池有普通生物滤池、高负荷生物滤池和塔式生物滤池等三种，表 4-7 列出了这三种生物滤池的基本参数。

表 4-7　普通生物滤池、高负荷生物滤池和塔式生物滤池的基本参数比较

项　　目	普通生物滤池	高负荷生物滤池	塔式生物滤池
表面负荷/[m³/(m²·d)]	0.9~3.7	9~36(包括回流)	16~97(不包括回流)
BOD₅负荷/[kg/(m³·d)]	0.11~0.37	0.37~1.84	1.0~3.0
深度/m	1.8~3.0	0.9~2.4	8~25
回流比	无	1~4	

项　目	普通生物滤池	高负荷生物滤池		塔式生物滤池
滤料	碎石、焦炭、矿渣	块状填料	塑料填料	波纹或蜂窝塑料填料
比表面积/(m²/m³)	65~100	43~65	98~201	82~220
空隙率/%	45~60	45~60	90~99	93~98
动力消耗/(W/m³)	无	2~10		
蝇	多	很少，幼虫被冲走		很少
生物膜脱落情况	间歇	连续		连续
运行要求	简单	需要一些技术		较复杂
投配时间的间歇	不超过 5min，一般间歇投配，也可连续投配	不超过 15s，必须连续投配		必须连续投配
二次污泥	黑色、高度氧化的轻质细颗粒	棕色、未充分氧化的易腐化细颗粒		片状大颗粒
处理出水	高度硝化，进行到硝酸盐阶段；BOD$_5$≤20mg/L	未充分硝化，一般只到亚硝酸盐阶段；BOD$_5$≥30mg/L		有限度的硝化；BOD$_5$≥30mg/L
BOD$_5$去除率/%	85~95	75~85		65~85

☞ **4.164　传统生物滤池的特点有哪些？**

传统生物滤池的最大优点是构造简单、操作容易，而且能经受有毒废水或有机负荷的冲击。这是因为废水在生物滤池内的停留时间较短，即使表面的微生物可能被杀死而被脱落去除，又可以露出一层未被伤害的生物体。

生物滤池特别适用于处理温度较高的工业废水，废水自上而下流动过程中，温度会逐渐降低，不同高度生长着适应不同温度的微生物，会提高处理效果。

生物滤池尤其适用于处理含有较高浓度有毒有机污染物的含酚含氰污水、丙烯腈污水等，不会出现活性污泥法处理这些污水时出现的污泥膨胀、泡沫等问题。

传统生物滤池采用在填料上喷洒待处理废水的形式布水，而不是采用废水浸没填料的方式。普通生物滤池采用类似循环水凉水塔布水的固定式布水装置，而高负荷生物滤池和塔式生物滤池则使用旋转布水器。

因为微生物附着生长在滤料固定的表面上，废水流经填料的时间只有几分钟，无法随着环境的变化而改变反应器内的生物量，传统生物滤池也就没有有效的方法控制出水的水质。

传统生物滤池主要依靠自然充氧，进水的有机负荷或水力负荷突然增加，出水水质往往也将随之恶化；进水温度下降或环境温度下降，基质的去除速率也将下降。

传统生物滤池敞开式布置，卫生条件较差，容易滋生滤池蝇，处理含有挥发性有机物的废水时现场异味很难控制。

☞ **4.165 什么是活性生物滤池?**

活性生物滤池的英文是 Activated Biofilter，简写为 ABF，由生物滤池和曝气池串联组成的一种生物膜–活性污泥二段生物处理工艺，其中的生物滤池称为活性生物滤池，其工艺流程见图 4-23。

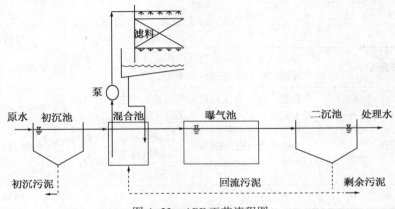

图 4-23 ABF 工艺流程图

ABF 工艺存在两个回流系统，一是滤池出水的回流系统，二是曝气池后的二沉池污泥回流到滤池的回流系统。因此，ABF 系统不完全是生物滤池和曝气池两段生物处理系统的简单串联。对于生物滤池来说，进来的废水不仅同生物膜接触反应，同时还要和活性污泥接触反应，类似生物接触法。对于曝气池来讲，生物滤池的作用类似接触稳定活性污泥法中的稳定池，污泥在进入曝气池之前先在生物滤池内进行了氧化稳定。

☞ **4.166 活性生物滤池的特征有哪些?**

ABF 工艺中的生物滤池高度较低，一般为 5m 左右，而曝气池的结构与通常的曝气池相同。由于有活性污泥的回流，生物滤池进水中的悬浮固体浓度很高，为了防止堵塞，生物滤池的填料通常使用水平木板条，其断面尺寸为 20mm×（15mm～20mm），板条的间距为 20mm，这些木板条在生物滤池中交错排列。生物滤池的填料有时也用孔径≥25mm 的蜂窝塑料填料。

整个系统运行稳定，对进水负荷的变化有较大的适应能力。生物滤池采用自然通风，曝气池污泥的部分稳定是通过生物滤池来实现的，因而运行费用较低。ABF 工艺的生物滤池部分的容积负荷为 3～5kgBOD$_5$/（m^3·d），相应的水力负荷

为 $120\sim200m^3/(m^2\cdot d)$ ，BOD_5 的去除率为 $65\%\sim70\%$；曝气池部分的有机负荷为 $0.5\sim0.6kgBOD_5/(kgMLSS\cdot d)$，相应的曝气时间为 $1.5\sim2h$。

☞ **4.167　什么是曝气生物滤池？**

　　曝气生物滤池简称 BAF，是由生物滴滤池升级而成，属于生物膜法范畴，主要用作三级处理，部分用于二级处理。BAF工艺综合了过滤、吸附和生物代谢等多种净化作用，主要是由滤料、布水系统、曝气系统、出水系统以及反冲洗系统组成，其中，滤料是曝气生物滤池工艺的核心。图 4-24 是升流式曝气生物滤池的工艺示意图。

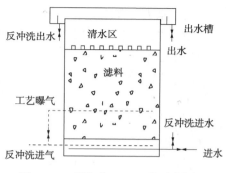

图 4-24　升流式 BAF 工艺示意图

☞ **4.168　曝气生物滤池的原理是什么？**

　　在滤池内填装一定量比表面积大、生化性质稳定的颗粒状滤料，启动时在系统内进行曝气，经驯化培养使滤料挂膜，当废水穿过滤层时，附着在滤料上的微生物充分吸附进水中的有机营养物和盐类等，并利用曝气所产生的溶解氧将其氧化分解，最终转化成 CO_2 和 H_2O 等代谢产物。

　　随着滤层内微生物的大量生长繁殖，生物膜厚度不断增加，外层的异养菌对溶解氧的消耗量逐渐增大，此时在生物膜由外而内的区域便形成了好氧、缺氧及厌氧环境，由于生物膜系统内好氧、缺氧及厌氧区的存在，滤池可实现同步硝化反硝化脱氮过程，若在工艺运行的相应阶段投加适量除磷剂，则还能达到较好的除磷效果。

　　滤料的物理吸附和截留过滤作用是 BAF 的另一个除污机制，在运行中，表面粗糙且粒径较小的滤料可有效吸附和阻截进水中的有机颗粒与悬浮物，被截留的悬浮颗粒与滤料表面微生物新陈代谢所产生的黏性胶体物质黏结形成絮体，并通过絮凝沉降或反冲洗的方式被去除。

☞ **4.169　曝气生物滤池的种类有哪些？**

　　（1）根据水流方向，曝气生物滤池可以分为升流式曝气生物滤池与降流式曝气生物滤池。

　　（2）根据填料密度，曝气生物滤池可分为悬浮填料曝气生物滤池和淹没填料曝气生物滤池。

　　（3）根据填料形式，曝气生物滤池可分为生物活性炭滤池、生物陶粒滤池和生物砂滤池等。

（4）根据处理功能的不同又可分为以有机物去除为目标的脱碳 BAF、以去除氨氮为目标的硝化 BAF、以脱氮为目标的反硝化 BAF 等。

☞ **4.170　曝气生物滤池的特点有哪些？**

（1）水力负荷高，容积负荷大，水力停留时间短，出水水质好。

（2）占地面积小，曝气生物滤池的占地只有常规处理工艺的 $1/5 \sim 1/10$，对于一些用地紧张的环境，具有明显优势。

（3）BAF 反应时间短，具有同步去除 BOD 及悬浮物的功能，可以不设二次沉淀池。

（4）生物相复杂，菌群结构合理，反应器内具有明显的空间梯度特征，可使有机物降解、硝化/反硝化能在同一个池子中发生，工艺流程更为简单有效。

（5）处理效果稳定耐冲击能力强。BAF 滤池的滤层内保持着高浓度的生物量，对水质、水量及温度变化有较强的适应性。

（6）在设置回流或单独设置反硝化段的情况下，可以实现较好的脱氮效果。

（7）自动化程度高，管理维护方便，不存在污泥膨胀的问题，微生物不易流失。

（8）受进水悬浮物的影响较大，如果进水的 SS 较高，会使滤池在很短时间内达到设计的水头损失，这样必然导致频繁的反冲洗，增加了运行费用与管理不便。

☞ **4.171　曝气生物滤池运行过程中的影响因素有哪些？**

（1）滤料的选择：不同种类的滤料，其表面结构和物化特征均有所不同，因而会影响 BAF 的处理效果。

（2）有机负荷：过高的有机负荷会引起滤池内异养菌的大量生长繁殖，硝化细菌的生长受到抑制，活性降低，氨氮去除率也随之下降。

（3）水力负荷：水力负荷越小，水力停留时间越长，处理效果越好。但水流紊动能加快生物膜的更新、滤池内的传质及溶解氧的利用率，水力负荷过小会导致滤料堵塞。

（4）气水比：气水比是指曝气量与进水流量之比，气水比的大小直接影响着反应器中的溶解氧含量，是影响 BAF 运行的关键因素。

（5）反冲洗：若冲洗不充分，滤池运行周期将会缩短，处理效能无法充分发挥；若反冲洗过量，则会导致滤料表面的生物膜大量脱落，生物量不足，滤池处理效果下降，出水水质变差。

（6）溶解氧：脱碳 BAF 水中溶解氧以 $4 \sim 6\text{mg/L}$ 为宜，脱氮 BAF 的溶解氧应低于 0.5mg/L。

（7）布水、布气、出水的均匀性，防止偏流和短流问题的发生。

☞ **4.172 什么是生物转盘法？**

生物转盘法的生物膜生长在转盘的盘面上，转盘部分暴露在空气中、部分浸没在水中，转盘缓慢转动。当圆盘浸没于废水中时，废水中的有机物被盘片上的生物膜吸附；当原来浸泡在水中的盘片离开废水时，盘片表面形成一层薄薄的水膜，水膜从空气中吸收氧供给生物膜微生物对污水中的污染物质进行氧化分解。圆盘每转动一圈，即进行一次吸附有机物—吸氧—氧化分解的过程，如此反复循环，使废水中的有机物不断分解氧化，废水得到净化。

生物转盘生物膜培养驯化比较容易，通常在 7~10d 内完成。生物转盘系统的组成有一轴一段、一轴多段和多轴多段等形式，一轴多段和多轴多段具有推流效果，不仅适用于去除 BOD_5，而且适用于硝化脱氮等深度处理，具体运转段数要根据原水水质和处理水水质的要求而定。图 4-25 显示了多级生物转盘的基本构造。

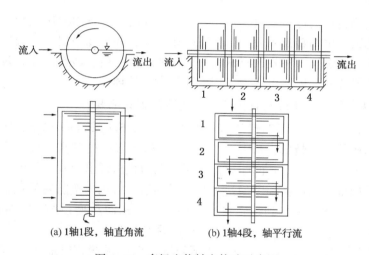

(a) 1轴1段，轴直角流　　　　(b) 1轴4段，轴平行流

图 4-25　多级生物转盘构造示意图

☞ **4.173 生物转盘的特点有哪些？**

（1）与传统活性污泥法相比，生物转盘的主要优点是设备构造简单、节能、净化率高、产泥量少、维护管理简单和不产生噪声、周围卫生环境好等，还可以与曝气池、沉淀池合建，提高处理出水水质。而且不需要曝气和污泥回流装置，动力消耗较低，去除每 kgBOD$_5$ 的电耗一般为 0.024~0.7kW·h，约为活性污泥法的 1/2~1/3；同时不会产生污泥膨胀问题，便于维护和管理。

（2）与生物滤池相比，生物转盘的主要优点是不会堵塞，生物膜与污水接触均匀不会出现短流现象，可以通过调整转盘转速很方便地改善接触条件和充氧能力，设法延长生物膜与污水接触时间即可提高处理程度。

（3）生物转盘的微生物量较大，以 5mg/cm^2 的生物膜量来考虑，折算成氧化槽

143

内的混合液污泥浓度，可高达 $40\sim60g/L$。由于存在高浓度生物量，使 F/M 值较低，生物转盘也因此具有较强的抗冲击负荷能力，BOD_5 的去除率约为 $85\%\sim90\%$。

（4）外沿水力剪切作用较大，生物膜较薄，内沿水力剪切作用较小，生物膜较厚。因此，生物转盘生物膜上的微生物相沿半径从外至内存在分级现象，这对微生物的生长繁殖和有机物的降解非常有利。

（5）生物转盘对 BOD_5 高达 $10g/L$ 以上的高浓度有机废水和低于 $10mg/L$ 的超低浓度废水都具有良好的处理效果。

（6）污泥产量少，去除每 $kgBOD_5$ 产生污泥约 $0.25\sim0.5kg$，而且脱落的生物膜具有较高的密度，沉速可以高达 $4.6\sim7.6m/h$，很容易在二沉池沉淀下来。

（7）生物转盘转动所产生的传氧速率有限，单纯依靠转盘转动来迅速提供反应器内的需氧量变化很困难，即很难通过调整其性能来适应进水特性和出水水质标准的变化。

（8）生物转盘的盘材较贵，使投资较大。同时受气候因素影响较大，在北方天气寒冷地区，生物转盘一般要设在室内或加盖，并采取一定的保温措施，增加了基建投资。对于含有挥发性有毒物质的工业废水，由于转盘的充氧过程中会促使有毒气体的挥发，因此不适合采用生物转盘法处理。

☞ **4.174　影响生物转盘正常运行的主要因素有哪些？**

（1）盘片。常用的圆形盘片直径有 $2.0m$、$2.5m$、$3.0m$、$3.5m$ 四种，直径越大单位面积的造价越低，其中以 $3.0m$ 使用得最多。处理高浓度污水时，生物膜较厚，要采取较大的盘片间距以保证通风和防止出现盘片间生物膜粘连。

（2）反应槽。反应槽横断面呈半圆形或梯形，可用内壁防腐的钢板或钢筋混凝土制成。一般槽内水位到达转盘直径的 40%，水面至槽顶约 $20\sim30cm$，转盘外缘与槽壁的间隔约 $20\sim40cm$（是盘片直径的 10% 左右）。

（3）转轴与驱动装置。转轴通常用外壁防腐的无缝钢管制成，直径为 $50\sim80mm$，一般长度介于 $1.5\sim7.0m$ 之间，其强度和挠度必须满足盘体自重和运转过程中附加荷重的要求。常用的机械驱动装置由电动机、减速箱、V 形皮带和皮带挡板等组成。这些装置的电耗是生物转盘法动力消耗的最主要部分，选择其型号时一定要慎重考虑。一般要求驱动装置能满足转盘周边转速 $15\sim20mm/min$，能耗为 $0.5\sim0.8W/m^2$。

（4）进水水质。要通过利用水质水量调节等预处理手段，保证进水有机负荷尽可能稳定，同时 pH 值、温度、营养成分、有毒物质等参数也要在正常范围之内。当进水 pH 值或有毒物质失控时，生物膜会大面积脱落，出水水质严重恶化。

☞ **4.175　生物转盘的运行和管理应该注意哪些问题？**

（1）当转盘因停电、检修或其他原因需停止运行一天以上时，为防止因转盘上半部和下半部的生物膜干湿程度不同而破坏转盘的重量平衡时，要把反应槽中的污水全部放空。

（2）通过日常监测，要严格控制污水的 pH 值、温度、营养成分等指标，尽量不要发生剧烈变化。

（3）生物膜厚度增长较快、过于肥厚，盘面上出现白色半透明胶体，此时反应槽附近会因生物膜内的厌氧反应而产生臭气。产生上述现象的主要原因是进水负荷过高，可通过减少进水流量、降低有机负荷或加强调节池预曝气、提高污水中溶解氧含量等方法来解决。

（4）生物膜厚度变得很薄，生物镜检时发现贫毛类原生动物异常增多，甚至反应槽内出现大量红色块状漂浮物。产生上述现象的主要原因是进水负荷过低，可通过增大进水流量、提高有机负荷或减少生物转盘的运转段数等方法来解决。

（5）定期检查转盘及其机械传动装置的运转是否正常，有无异常声音或异常温度变化，要定期为轴承、减速机、电动机等加油保养。尤其是要定期观察检测转盘的动平衡和静平衡，检查转盘的转动是否轻松自如。

☞ **4.176　什么是接触氧化法？**

生物接触氧化法又称淹没式生物滤池，在反应器内设置填料，废水经过充氧后与填料相接触，在生长在填料上的生物膜和填料空隙间的活性污泥双重作用下，使废水得到净化。接触氧化池内装有填料，大部分微生物以生物膜的形式固着生长于填料表面，少部分则以活性污泥的形式悬浮生长于水中。因此，生物接触氧化法兼有活性污泥法与生物滤池特性，是一种以生物膜法作用为主、兼有活性污泥法作用的生物处理工艺。生物接触氧化法的基本流程见图 4-26。

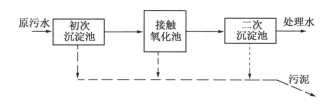

图 4-26　生物接触氧化法流程示意图

☞ **4.177　接触氧化法的特点是什么？**

（1）生物量大、容积负荷高：接触氧化池内单位容积生物固体含量高于活性污泥法曝气池及生物滤池，一般在 10～20g/L 之间，因此，具有较高的容积负荷和对冲击负荷较强的适应能力。

（2）无污泥膨胀问题：由于相当一部分微生物固着生长在填料上，生物膜的生长和脱落可以自动保持平衡，因此生物接触氧化法无须设污泥回流系统，也不会出现污泥膨胀现象，运行管理方便。

（3）剩余污泥少：因为接触氧化池内单位容积生物固体含量可以维持较高值，即使容积负荷加大，接触氧化池内生物量的变化也不会太大，因此剩余污泥量较少。

（4）生物活性高：接触氧化池的填料下鼓风曝气，不仅供氧充分，而且对生物膜起到搅动作用，加速了生物膜的更新，使生物膜的活性提高。

（5）动力消耗低：接触氧化池内的填料可以起到切割气泡增加紊动的作用，增大了氧的传递系数，提高了处理效率，同时不需要污泥回流，因此使电耗较低。在同样去除效果的情况下，可以比活性污泥法节省动力 30% 左右。

☞ **4.178 影响接触氧化法正常运行的主要因素有哪些?**

（1）接触氧化池

根据曝气充氧与接触氧化是否同时进行，接触氧化池可分为两大类。两类池型的运行条件有很大差异，第一类曝气区与接触氧化区分开，有利于生物膜的生长但不利于生物膜的脱落更新；第二类曝气区与接触氧化区合并在一起，促使生物膜更新加快，有利于提高生物膜的活性，但曝气装置设在填料层的下面，一旦曝气装置出现问题，检修不便。

（2）曝气装置

使用曝气装置直接设在填料层下面的接触氧化池，多采用鼓风曝气系统，曝气充氧装置以采用中微孔曝气最佳。为确保生物膜内微生物保持较高的活性所需的氧量，要保证生物接触氧化池内混合液的溶解氧在 $2.5 \sim 3.5 mg/L$，接触氧化池出水溶解氧一般不低于 $1.5 mg/L$，此值比使用活性污泥法对溶解氧的要求高。为此，接触氧化法处理城市污水时气水比为 1：(3～5)，处理一般工业废水时气水比为 1：(15～20)，而处理高浓度工业废水时气水比为 1：(20～25)。

（3）填料

接触氧化法所用填料有弹性填料、软性填料、半软性填料等固定式安装填料和悬浮自由式安装填料等多种形式，每一种填料都有各自适用的条件和范围，对污水处理效果的影响也不同。接触氧化池中的填料高度与采用的鼓风机风压有关，一般为 3m 左右。填料层上部水深约 0.5m，填料下面布水区的高度与池型有关，一般在 $0.5 \sim 1.5m$ 之间。

（4）进水水质

接触氧化法适宜处理含有溶解性有机物的污水，因此最好在接触氧化池前设置初沉池，以去除悬浮物和砂石等无机物，减轻接触氧化池的负荷和减少接触氧化池内泥沙的沉积量，进而保证出水水质和延长接触氧化池的运行周期。

（5）有机负荷

接触氧化池的进水负荷一般为 $1.0 \sim 3.0 kgBOD_5/(m^3 \cdot d)$，进水浓度过高时，可以采用回流部分二沉池出水的方法降低接触氧化池进水浓度。对于可生化性较高的有机污水，如城市污水、食品加工废水、石化废水等，进水负荷一般为 $1.0 \sim 2.0 kgBOD_5/(m^3 \cdot d)$；对于可生化性较差的工业废水，如印染废水，进水负荷一般为 $0.8 \sim 1.2 kgBOD_5/(m^3 \cdot d)$。

☞ **4.179 接触氧化池内曝气的作用有哪些?**

（1）充氧：曝气使接触氧化池内溶解氧保持在较高水平，为微生物活动提供所必需的氧。

（2）搅动：曝气产生的搅动作用使水流在接触氧化池内形成紊流，使污水中的有机污染物与附着于填料上的微生物充分接触，而且紊流程度越大，被处理水与生物膜接触的效率越高，从而提高处理效果。

（3）防止填料堵塞：曝气的搅动作用对生物膜具有一定冲刷作用，使填料上衰老的生物膜及时脱落，防止填料堵塞，同时促进生物膜的更新，从而提高生物膜的活性和改善处理效果。

☞ **4.180 常见接触氧化池有哪几种形式?**

根据曝气装置与填料的相对位置，接触氧化池可分为两大类。

一种是将曝气装置与填料分别设在不同的隔间内，形成曝气区与接触氧化区两部分，污水预先经过曝气充氧后，再进入填料层与生物膜相接触。这种池型的优点是填料层内水流平稳，有利于生物膜的生长，缺点是冲刷力较小，不利于生物膜的脱落更新。一般适用于 BOD_5 值较低的有机污水的处理或用于污水的深度处理。曝气装置多采用表面机械曝气或鼓风曝气系统，曝气区设在接触氧化池的中心或一侧。

另一种是将曝气装置直接设在填料层的下面，曝气与接触氧化在同一个池内进行。这种构造可提高池体的利用率，而且上升气流增加了填料层的水流紊动性，促使生物膜更新加快，有利于提高生物膜的活性；缺点是曝气装置设在填料层的下面，检修不便。一般适用于处理 BOD_5 值较高的有机污水。曝气装置多采用鼓风曝气系统。

图 4-27 是常见接触氧化池的几种形式。

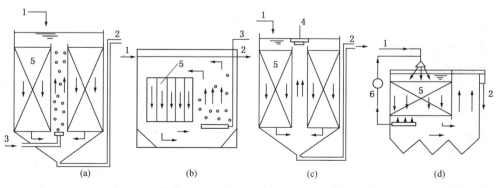

图 4-27 几种常见接触氧化池形式示意图

1—进水管；2—出水管；3—进气管；4—叶轮；5—填料；6—泵

147

☞ **4.181 接触氧化法填料的技术要求有哪些？**

对接触氧化法使用的填料技术要求有：

（1）比表面积大、空隙率大，而且截留悬浮杂质的能力强，对生物膜的附着作用较好。

（2）水流阻力小、流态好，有利于生物膜的生长和脱落更新。

（3）强度大、化学和生物稳定性较好，经久耐用，不会因溶出有害物质而引起二次污染。

（4）与水的密度基本相同，容易固定安装在接触氧化池内（悬浮填料能在曝气条件下在接触氧化池内自由活动）。

（5）形状规则、尺寸均一，使填料层各个部分的水流流态相同，避免短流现象，而且运输安装和拆卸维修都很方便。

☞ **4.182 常用接触氧化池填料的种类有哪些？各自特点有哪些？**

接触氧化法所用填料按材质分有弹性填料、软性填料、半软性填料三种，按安装形式分有固定式和悬浮自由式两种。常用玻璃钢弹性蜂窝填料和软性纤维填料的规格分别见表 4-8、表 4-9。

表 4-8　常用蜂窝型玻璃钢填料规格

孔径/mm	堆积容重/(kg/m³)	壁厚/mm	比表面积/(m²/m³)	孔隙率/%	块体规格/mm
19	40~42	0.2	208	98.4	700×500×5~2000
25	31~33	0.2	158	98.7	800×800×230
32	24~26	0.2	139	98.9	1000×500×5~900
36	23~25	0.2	110	99.1	800×500×200

表 4-9　常用软性纤维填料规格

项　目	规格尺寸					
纤维束长度/mm	80	100	120	140	160	180
纤维束间距/mm	30	40	50	60	70	80
安装间距/mm	60	80	100	120	140	160
纤维束量/(束/m³)	9259	3906	2000	1157	729	488
单位密度/(kg/m³)	14~16	8.5~10	6~7	3.5~4	3~3.5	2.5~3
成膜后密度/(kg/m³)	266	137	78	58	45	32
孔隙率/%	>99	>99	>99	>99	>99	>99
理论比表面积/(m²/m³)	11188	6954	4273	2884	2770	1564

（1）弹性填料：弹性填料通常由硬聚氯乙烯塑料或玻璃钢制成波状薄片，在现场再黏合成蜂窝状。蜂窝状弹性填料空隙率较大、质地较轻、纵向强度大，在

使用时堆积高度可达 4~5m。蜂窝管壁面光滑无死角，老化的生物膜易于脱落。蜂窝状弹性填料的孔径需要根据废水水质、有机负荷、充氧条件等因素进行选择确定，为防止填料堵塞，一般不用蜂窝状弹性填料处理高浓度有机废水，而且一般不采用扩散、射流或表面曝气方式充氧。

（2）软性填料：软性填料通常由尼龙、维纶、腈纶等化学纤维编结成束并用中心绳相连而成，因此又称纤维填料。软性填料比表面积大、不会堵塞、质量轻、运输方便，可用于处理高浓度废水。其缺点是填料的纤维容易与生物膜黏结在一起而产生结球现象，使比表面积减小，影响处理效果。为防止生物膜生长后纤维结成球状，减小填料的比表面积，又有以硬性塑料为支架，其上缚以软性纤维的，成为组合软性填料。组合软性填料的纤维束绑扎在圆盘状支架上，支架外形为多孔薄片状圆盘，再用中心绳将带有纤维的圆盘串起来。

（3）半软性填料：半软性填料是针对软性填料的缺点而改进开发的填料形式，一般由改性聚乙烯塑料制成薄片状，其外形与组合填料相似，不过将捆绑在其上的纤维束换成了与中心圆盘相连的塑料丝。这种填料有一定刚性，无论在水流还是在气流作用下，都能基本保持原有形状。半软性填料具有较强的重新布水和布气作用，耐腐蚀、不易堵塞、使用寿命较长。

（4）悬浮填料：弹性填料、软性填料和半软性填料都是采用框架支撑的方式安装在接触氧化池内，位置是相对固定的，安装麻烦且造价较高。悬浮自由式填料有球状、盘状等多种样式，基本材质未变，关键是经过选择配料，将填料的密度核定在一定范围内（略高于要处理污水的密度）。使用时只要将填料按一定体积比（20%~50%）投入接触氧化池，根据实际磨损情况及时补充即可。悬浮自由式填料的缺点是对曝气装置要求较高，最好采用不停水即可更换的曝气管道系统。

☞ **4.183　接触氧化法运行和管理应该注意哪些问题？**

（1）接触氧化法填料完全淹没在水中，因此启动时生物膜的培养方式和活性污泥法基本相同，可间歇培养也可直接培养，对于工业废水，在利用生活污水培养成生物膜后，还要进行驯化。

（2）当处理工业废水时，如果污水缺乏足够的氮、磷等营养成分，要及时分析化验进出水的氮、磷等营养成分含量，根据具体情况间断或连续向水中投加适量的营养盐。

（3）定时进行生物膜的镜检，观察接触氧化池内，尤其是生物膜中特征微生物的种类和数量，一旦发现异常要及时调整运行参数。

（4）尽量减少进水中的悬浮杂物，以防其中尺寸较大的杂物堵塞填料的过水通道。避免进水负荷长期超过设计值造成生物膜异常生长，进而堵塞填料的过水通道。一旦发生堵塞现象，可采取提高曝气强度以增强接触氧化池内水流紊动性的方法，或采用出水回流以提高接触氧化池内水流速度的方法，加强对生物膜的冲刷作用，恢复填料的原有效果。

☞ **4.184　什么是生物流化床?**

生物流化床是采用密度大于1的细小惰性颗粒如石英砂、陶粒、焦炭、活性炭等为载体，使微生物附着生长于载体表面形成生物膜，废水自下而上流动，载体在水流的作用下处于流化状态，载体上的生物膜能与水充分接触。可以预先对废水充氧，也可以在流化床内充氧。由于流化床内生物固体浓度很高，溶解氧与有机物的传质效率也很高，因此生物流化床是一种高效的生物处理设施。但生物流化床能耗较大，运行管理要求较高，主要应用于小水量的高浓度工业废水的处理，不适用于大水量的处理场合。

流化床底部的布水装置是流化床的关键，另外还包括载体、充氧装置和脱膜装置等。载体是流化床的核心，其表面要结实粗糙耐磨损。流化床内生物固体浓度的大小与投加的载体数量有直接关系，投加的载体量越多，生物固体总量也就越多，但同时具备较大的动力才能使载体流态化。

按照使载体流化的动力来源不同，生物流化床一般可分为以水流为动力的两相流化床和以气流为动力的三相流化床两大类。

☞ **4.185　生物流化床的特点有哪些?**

生物流化床是生物膜法的一种，在原理上是通过生物膜发挥有机物的作用，具有耐冲击负荷的特点；但从反应器上看，又不同于生物转盘、生物滤池等生物膜法。在生物流化床中，生物膜随同载体颗粒一起在混合液中呈悬浮状态，因此同时又具有悬浮生长活性污泥法均匀接触条件所形成的高效率特点。

好氧生物流化床生物固体浓度可达 $40\sim50g/L$，床内水力停留时间可大大缩短，泥龄较长，剩余污泥量较少，可以承受的有机容积负荷相应提高到 $7\sim8kgCOD_{Cr}/(m^3\cdot d)$ 以上，占地面积较小，使基建费用相应下降。流化床反应器内呈流化状态，避免了活性污泥法中经常出现的污泥膨胀问题和其他生物膜法运行中经常发生的污泥堵塞现象。生物固体浓度较高这一特点，也使得流化床能适应不同浓度范围的废水，能抵抗较大的冲击负荷。

当流化床在厌氧条件下进行时，就变成了厌氧流化床(Anaerobic Fluidized bed)。一般来说，在中温发酵条件下厌氧流化床的有机负荷率可达 $10\sim40kgCOD_{Cr}/(m^3\cdot d)$。

二、厌氧生物处理

☞ **4.186　什么是厌氧生物处理?**

厌氧生物处理是在厌氧条件下，利用厌氧微生物将污水或污泥中的有机物分解并生成甲烷和二氧化碳等最终产物的过程。在不充氧的条件下，厌氧细菌和兼性(好氧兼厌氧)细菌降解有机污染物，又称厌氧消化或发酵，分解的产物主要是沼气和少量污泥。

厌氧生物处理适用于处理高浓度有机污水和好氧生物处理后的污泥，基本方法可以分为活性污泥法和生物膜法两大类。厌氧活性污泥法有厌氧消化池、厌氧接触消化、厌氧污泥床等工艺，厌氧生物膜法有厌氧生物滤池、厌氧流化床和厌氧生物转盘等工艺。

☞ **4.187　厌氧生物处理的三个阶段是怎样的？**

厌氧消化过程分为水解发酵阶段、产乙酸产氢阶段、产甲烷阶段三部分。

水解发酵阶段和产乙酸产氢阶段又可合称为酸性发酵阶段。在这个阶段，污水中的复杂有机物，在酸性腐化菌或产酸菌的作用下，分解成简单的有机物，如有机酸、醇类等，以及 CO_2、NH_3 和 H_2S 等无机物。由于有机酸的积累，污水的 pH 值下降到 6 以下。此后，由于有机酸和含氮化合物的分解，产生碳酸盐和氨等使酸性减退，pH 值回升到 6.6~6.8 左右。

产甲烷阶段又称碱性发酵阶段。在这个阶段，酸性发酵阶段的代谢产物在甲烷菌作用下，进一步分解成污泥气，其主要成分是 CH_4、CO_2 及少量的 NH_3、H_2 和 H_2S 等。由于有机酸的迅速分解，pH 值上升到 6.8~8.0 左右。

☞ **4.188　什么是分步厌氧生物处理？**

分步厌氧生物处理是将产酸过程和产甲烷过程分开，使每一过程都保持在各自的最佳条件下，使厌氧处理的总体效果实现最好。

（1）产酸和产甲烷两个过程的最佳 pH 值范围具有明显的差异：产酸过程最佳 pH 值范围是 4~6.5，而对于其后的产甲烷过程的最佳 pH 值范围是 6.5~8.2。

（2）参与产酸和产甲烷两个过程的微生物所需要的固体停留时间 SRT 有明显的差异：产酸过程要求的 SRT 为 2h~2d，而产甲烷过程为防止甲烷菌流失而要求 SRT 超过 7d~15d。

（3）将产酸和产甲烷两个过程分开后，产酸过程可以在较短的时间内完成，即便因 VFA 积累导致 pH 值较低，但由于 VFA 是甲烷菌的养料，所以不需要对 pH 值进一步调整，出水 pH 值仍可保持中性。

（4）对废水进行预酸化处理，可以避免丝状菌的过度繁殖，有利于在产甲烷阶段颗粒污泥的形成。

☞ **4.189　什么是水解酸化法？其优点是什么？**

为充分发挥厌氧生物处理产酸阶段的优势，将经过产酸处理的废水进入好氧生物处理，能取得一些特殊的效果，就是污水处理的水解酸化法。水解酸化法的优点有：

（1）池体不需要密闭，也不需要三相分离器，运行管理方便简单。

（2）大分子有机物经水解酸化后，生成小分子有机物，可生化性较好，即水解酸化可以改变原污水的可生化性，从而减少反应时间和处理能耗。

（3）水解酸化属于厌氧处理的前期，没有达到厌氧发酵的最终阶段，因而出水中也就没有厌氧发酵所产生的难闻气味。

（4）水解酸化反应所需时间较短，因此所需构筑物体积很小，一般与初沉池相当。

（5）水解酸化对固体颗粒有机物的降解效果较好，而且产生的剩余污泥很少，实现了污泥、污水一次处理，具有消化池的部分功能。

☞ **4.190 与好氧生物处理相比，厌氧生物处理的优点体现在哪些方面？**

（1）典型工业废水厌氧处理工艺的污泥负荷（F/M）为 $0.5 \sim 1.0 kgBOD_5/$（kgMLVSS·d），是好氧工艺污泥负荷 $0.1 \sim 0.5 kgBOD_5/$（kgMLVSS·d）的两倍多。

（2）与好氧生物处理相比，厌氧生物处理的有机负荷是好氧工艺的 $5 \sim 10$ 倍，而合成的生物量仅为好氧工艺的 $5\% \sim 20\%$，即剩余污泥产量要少得多。

（3）厌氧微生物对营养物质的需要量较少，仅为好氧工艺的 $5\% \sim 20\%$，因而处理氮磷缺乏的工业废水时所需投加的营养盐量就很少。

（4）厌氧生物处理没有曝气带来的能耗，且处理含有表面活性剂的废水时不会产生泡沫等问题，不仅如此，每去除 $1 kgCOD_{Cr}$ 的同时，产生折合能量超过 12000kJ 的甲烷气。

（5）好氧处理的曝气过程可以将废水中的挥发性有机物吹脱出来而产生大气污染，厌氧处理不存在这一问题，装置密封可防止臭味扩散。

（6）厌氧处理的反应是由多种不同性质、不同功能的微生物协同发挥作用的连续微生物过程，可以对好氧微生物处理法不能降解的一些有机物进行全部或部分的降解。

☞ **4.191 与厌氧生物处理相比，好氧生物处理处理负荷较低的原因是什么？**

与厌氧生物处理相比，好氧生物处理曝气池中的生物体浓度一般较低，这就限制了处理负荷的提高。好氧生物处理负荷较低的原因主要以下几点：

（1）氧传递速率限制了好氧处理效率。好氧处理过程中，需要剧烈的曝气实现充氧，使废水中的有机物与好氧微生物接触，更需要使溶解氧与好氧微生物接触，而厌氧生物处理只需要简单的搅拌使废水中的有机物与厌氧微生物接触即可。

（2）受二沉池低固体通量的限制，反应器内的 MLVSS 数量也受到限制。

（3）为了使空气中的氧转移到水中，好氧曝气池需要输入高能量，由此形成的高紊流和剪切力阻碍了污泥絮体的形成，从而减少了负荷率。

☞ **4.192 厌氧生物处理的缺点有哪些？**

（1）厌氧微生物增殖缓慢，为增加反应器内生物量所需的时间较长，因而厌氧反应器启动时间和水力停留时间都比好氧法长。

（2）一般情况下出水水质不能直接达到符合排放标准的要求，需要进一步处理，因此在厌氧反应器后需要串联配置好氧处理过程。

（3）待处理废水浓度低或碳氮比较低时会形成碱度不足，需要补充和投加碱源。

（4）废水浓度低产生的甲烷的热量不足以将水温加热到厌氧生物处理的最佳温度时，需要用外热源加热。

（5）厌氧处理过程中产生的以甲烷气体为主的沼气是一种易燃易爆气体，厌氧反应器内必须按防爆要求设计。

（6）氯化脂肪族化合物等有毒物质对甲烷菌的毒性比好氧异养菌大，对于有毒废水性质了解不足或操作不当可能导致反应器运行条件的恶化。

（7）对温度要求严格，废水温度低时对处理效果的影响很大，管理操作比较复杂。

（8）废水含有 SO_4^{2-} 时会产生硫化氢和难闻的气味，而且部分 H_2S 转移到沼气中会引起管道及发电机和锅炉的腐蚀，同时硫酸盐和亚硫酸盐还原消耗了有机物，从而减少了有机物降解所应该产生的甲烷量。

（9）厌氧微生物的培养驯化时间较长，如果要维持较高的生物活性，要求 NH_4^+ 浓度在 $40\sim70mg/L$。

☞ **4.193 为确定某种工业废水是否适用厌氧生物处理应考虑哪些因素？**

在确定某种工业废水能否适用厌氧生物技术处理时，必须认真考虑以下问题：

（1）废水中有多大比例的 COD_{Cr} 浓度可以转化为甲烷，转化速度有多快。

（2）出水水质的具体要求是什么。

（3）废水中是否含有有毒物质；如果废水中含有有毒物质，厌氧微生物是否可以被驯化；如果能被驯化，这些有毒物质是否能被降解。

（4）厌氧反应所需要的最佳温度是多少。

（5）厌氧处理这种废水过程中会产生多少硫化物。

（6）废水的碱度是多少。

（7）转化单位质量的 COD_{Cr} 厌氧微生物的净增殖即厌氧污泥净产量是多少。

（8）厌氧微生物的固定化采用什么方式。

（9）如果采用 UASB 工艺，是否能形成颗粒污泥。

（10）对 N、P 和 S 等营养物质的需要量是多少，是否需要补充微量金属。

☞ **4.194 厌氧生物反应器内出现 VFA 积累的原因有哪些？如何解决？**

（1）水力负荷过大：水力负荷过大会使消化时间变短，降低了有机物反应器内的停留时间，使甲烷菌的活动能力下降。

（2）有机负荷过大：进水有机负荷突然加大，使产酸速度超过甲烷菌对 VFA 的利用速度，形成 VFA 的积累，反应器内 pH 值降低。解决的办法可以采用加大回流量和减少进水水量、降低进水水力负荷的方法。

（3）搅拌效果不好：搅拌系统出现故障，未能及时排除而导致搅拌效果不佳，会使局部 VFA 积累。

（4）温度波动大：温度波动太大，可降低甲烷菌分解 VFA 的速率，导致 VFA 积累。温度波动如果是由进水量突然加大所致，就应当控制进水量；如果是因为加热控制不当所致，则应加强加热力度。

（5）进水中含有有毒物质：甲烷菌中毒后，分解 VFA 的速率下降，使 VFA 含量增加。遇到这样的情况，首先要明确造成甲烷菌中毒的原因，如果是重金属类中毒，可加入硫化钠降低其浓度；如果是硫化物浓度高引起的中毒，可加入铁盐降低 S^{2-} 浓度。但这些都是补救措施，应当以控制进水质量为根本，从源头加以解决。

☞ **4.195 厌氧生物反应器内出现泡沫、化学沉淀等不良现象的原因是什么？**

产生泡沫的主要原因是厌氧系统运行不稳定，因为泡沫主要是由于 CO_2 产量太大形成的，当反应器内温度波动或负荷发生突变等情况发生时，均可导致系统运行的不稳定和 CO_2 的产量增加，进而导致泡沫的产生。

进水中含有蛋白质是产生泡沫的一个原因，而微生物本身新陈代谢过程中产生的一些中间产物也会降低水的表面张力而生成气泡。厌氧生物处理过程中大量产气会产生类似于好氧处理的曝气作用而形成气泡问题，负荷突然升高所带来的产气量突然增加也可能出现泡沫问题。

碳酸钙（$CaCO_3$）沉淀：废水具备高浓度的碳酸氢盐碱度和高钙硬的特质时，容易产生碳酸钙沉淀，此时应避免利用石灰补充碱度。

鸟粪石（$MgNH_4PO_4$）沉淀：进水中含有较高浓度的溶解性正磷酸盐、氨氮和镁离子时，就会生成鸟粪石沉淀。厌氧处理系统鸟粪石沉淀主要在管道弯头、水泵入口和二沉池进出口等处出现。

☞ **4.196 为什么说厌氧生物处理过程并不比好氧生物处理"慢"？**

从传统污水处理场的运行情况看，与好氧生物处理容易生物降解物质相比，处理剩余活性污泥的厌氧处理构筑物内水力停留时间（HRT）要长一些。这从表面上看，或从直观现象讲，厌氧过程要比好氧过程"慢得多"。

但如果从两种工艺处理的物质来看，却不是这样。因为传统污水处理场的好氧生物处理过程处理的是容易生物降解物质，而厌氧生物处理过程处理的是难以生物降解的生物污泥。如果把两种工艺处理对象交换一下，利用厌氧生物处理容易生物降解的胶体或溶解性有机污染物质，其水力停留时间（HRT）也是只需要几个小时；而利用好氧生物消化处理难以生物降解的生物污泥，其水力停留时间（HRT）也要长达 10~20d。由此可见，所谓"慢"往往在于处理对象而不在于处理工艺的类型。除了厌氧产甲烷需要较长的启动时间外，其实两种处理工艺所需要的实际时间是没有太大区别的。

☞ **4.197　厌氧生物处理与好氧生物处理在运行控制上有什么不同？**

好氧生物处理由于去除率高，一般都作为最终处理，因此运行管理以保障出水达标为目的。运行管理中关键是确保充足的供氧和污泥性能良好，并通过加强水质调节和对高浓度废水进行稀释保证好氧处理系统进水水质水量的稳定。好氧生物处理对溶解氧的要求较高，但对温度、pH 值的适应范围较宽。好氧生物处理一般污泥产量较大，为防止污泥老化，需要及时排除剩余污泥。

厌氧生物处理适合处理高浓度废水，对高浓度废水几乎不需要稀释，由于出水 BOD_5 值偏高，因此，厌氧生物处理一般作为预处理，运行控制以稳定运行和对有机污染物、氮和磷的有效去除为目的。厌氧生物处理对温度、pH 值、无氧环境要求较高，是运行控制的关键，出水回流有益于保持出水 pH 值和足够的碱度。产气量和出水 pH 值变化是厌氧生物处理最关键的控制因素。另外，厌氧生物处理产泥量较低，对营养物的需求比好氧法低，对冲击负荷适应能力较强。

☞ **4.198　厌氧生物处理的影响因素有哪些？**

（1）温度。厌氧消化过程存在两个不同的最佳温度范围，一个是 55℃ 左右，一个是 35℃ 左右。通常所称高温厌氧消化和低温厌氧消化即对应这两个最佳温度范围。

（2）pH 值。厌氧消化最佳 pH 值范围为 6.8~7.2。

（3）有机负荷。由于厌氧生物处理几乎对污水中的所有有机物都有分解作用，因此讨论厌氧生物处理时，一般都以 COD_{Cr} 来分析研究，而不像好氧生物处理那样必须以 BOD_5 为依据。厌氧处理的容积负荷可以高达 5~10kgCOD_{Cr}/（$m^3 \cdot d$）。

（4）营养物质。厌氧法中碳氮磷的比值控制在 COD_{Cr}：N：P = 200~300：5：1 即可。甲烷菌对硫化物和磷有专性需要，而铁、镍、锌、钴、钼等对甲烷菌有激活作用。

（5）氧化还原电位。氧化还原电位可以表示水中的含氧浓度，非甲烷厌氧微生物可以在氧化还原电位小于 +100mV 的环境下生存，而适合产甲烷菌活动的氧化还原电位要低于 –150mV，在培养甲烷菌的初期，氧化还原电位要不高于 –330mV。

（6）碱度。厌氧生物处理的中间产物是 VFA，H_2S、CO_2 等最终产物也可能会使反应器内 pH 值下降而影响处理效果，而废水中的碳酸氢盐所形成的碱度对

pH 值的变化有缓冲作用。如果碱度不足，就需要投加碳酸氢钠等碱剂来保证反应器内的碱度适中。

（7）有毒物质。重金属在很低的浓度条件下就会影响厌氧消化速率，硫化物、氨氮、氯代有机物及某些人工合成有机物的含量超过一定值后，也会对厌氧微生物产生不同程度的抑制，使厌氧消化过程受到影响甚至破坏。

（8）水力停留时间。水力停留时间对维持厌氧系统中拥有足够多的污泥有直接影响。

☞ **4.199　水力停留时间对厌氧生物处理的影响体现在哪些方面？**

要同时保证厌氧生物处理的水力停留时间（HRT）和固体停留时间（SRT）。HRT 与待处理的废水中的有机污染物性质有关，简单的低分子有机物要求的 HRT 较短，复杂的大分子有机物要求的 HRT 较长。

水力负荷过大导致水力停留时间过短，可能造成反应器内的生物体流失。因此，试图在水力停留时间较短的情况下，利用悬浮生长工艺如 UASB 处理低浓度废水往往行不通。

水力停留时间对于厌氧工艺的影响主要是通过上升流速表现出来的。一方面，较高的水流速度可以提高污水系统内进水区的扰动性，从而增加生物污泥与进水有机物之间的接触，提高有机物的去除率。在采用传统的 UASB 法处理废水时，为形成颗粒污泥，厌氧反应器内的上升流速一般不低于 0.5m/h。另一方面，为了维持系统中能拥有足够多的污泥，上升流速又不能超过一定限值，否则厌氧反应器的高度就会过高。

☞ **4.200　有机负荷对厌氧生物处理的影响体现在哪些方面？**

（1）厌氧生物反应器的有机负荷通常指的是容积负荷，其直接影响处理效率和产气量。在一定范围内，随着有机负荷的提高，产气量增加，但有机负荷的提高必然导致停留时间的缩短，即进水有机物分解率将下降，从而又会使单位质量进水有机物的产气量减少。

（2）厌氧处理系统的正常运转取决于产酸和产甲烷速率的相对平衡，有机负荷过高，则产酸率有可能大于产甲烷的用酸率，从而造成挥发酸 VFA 的积累使 pH 值迅速下降，阻碍产甲烷阶段的正常进行。

（3）如果有机负荷的提高是由进水量增加而产生的，过高的水力负荷还有可能使厌氧处理系统的污泥的流失率大于其增长率，进而影响系统的处理效率。

（4）如果进水有机负荷过低，虽然产气率和有机物的去除率可以提高，但设备的利用率低，投资和运行费用升高。

☞ **4.201　营养物质对厌氧生物处理的影响体现在哪些方面？**

厌氧微生物的生长繁殖需要摄取一定比例的 C、N、P 及其他微量元素，碳

氮磷的比值控制在 COD_{Cr}：N：P=200~300：5：1 即可。还要根据具体情况，补充某些必需的特殊营养元素，比如硫化物、铁、镍、锌、钴、钼等。

在厌氧处理时提供氮源，除了满足合成菌体所需之外，还有利于提高反应器的缓冲能力。如果氮源不足，即碳氮比太高，不仅导致厌氧菌增殖缓慢，而且使消化液的缓冲能力降低，引起 pH 值下降。相反，如果氮源过剩，碳氮比太低、氮不能被充分利用，将导致系统中氨的积累，引起 pH 值上升；如果 pH 值上升到 8 以上，就会抑制产甲烷菌的生长繁殖，使消化效率降低。

☞ **4.202　氧化还原电位高低对厌氧生物处理的影响具体体现是什么？**

产甲烷菌对氧和氧化剂非常敏感，厌氧生物处理过程水中的含氧浓度可以用氧化还原电位来间接表示。

在不产甲烷的水解、酸化阶段，可以不要求严格的厌氧，只要处于兼氧条件即可满足要求，此时水的氧化还原电位在+100~-100mV 之间即可。

而在产甲烷阶段的氧化还原电位就一般不能高于-330mV，极限值是-200mV。如果是常温消化或中温消化，氧化还原电位必须控制在-300~-350mV；如果是高温消化，氧化还原电位必须控制在-560~-600mV。

混合液中的氧含量是影响厌氧反应器中氧化还原电位的重要因素，但不是唯一因素，挥发性有机酸浓度的高低、pH 值的升降及铵离子浓度的增减等因素都会引起混合液氧化还原电位的变化。比如，pH 值低，相应的氧化还原电位就高；pH 值高，相应的氧化还原电位就低。

☞ **4.203　pH 值对厌氧生物处理的影响体现在哪些方面？**

厌氧微生物对其活动范围内的 pH 值有一定要求，产酸菌对 pH 值的适应范围较广，一般在 4.5~8.0 之间都能维持较高的活性。而甲烷菌对 pH 值较为敏感，适应范围较窄，在 6.6~7.4 之间较为适宜，最佳 pH 值为 7.0~7.2。因此，在厌氧处理过程中，尤其是产酸和产甲烷在一个构筑物内进行时，通常要保持反应器内的 pH 值在 6.5~7.2 之间，最好保持在 6.8~7.2 的范围内。

厌氧处理要求的最佳 pH 值指的是反应器内混合液的 pH 值，而不是进水的 pH 值。反应器出水的 pH 值一般等于或接近反应器内部的 pH 值。含有大量溶解性碳水化合物的废水进入厌氧反应器后，会因产生乙酸而引起 pH 值的迅速降低，而经过酸化的废水进入反应器后，pH 值将会上升。因此，对不同特性的废水，可控制不同的进水 pH 值，可能低于或高于反应器所要求的 pH 值。

在厌氧处理过程中，pH 值的升降除了受进水 pH 值的影响外，还取决于有机物代谢过程中某些产物的增减。比如含氮有机物的分解产物氨含量的增加会使pH 值升高。因此，厌氧反应器内的 pH 值除了与进水 pH 值有关外，还受到其中挥发酸浓度、碱度、CO_2浓度、氨氮含量等因素的影响。

由于反应器内存在碱度，仅 pH 值往往难以判断厌氧中间产物的积累程度，一旦系统中碱度的缓冲能力不能抵挡挥发酸的积累而引起 pH 值下降时，再采取补救措施往往是已错过了时机，这也是厌氧处理系统运行中，除了测定 pH 值外，还要检测挥发酸 VFA 浓度和碱度的原因所在。

☞ 4.204　为什么厌氧生物反应器要经常投加碱源？

厌氧生物处理的中间产物是 VFA，而 VFA 是产甲烷菌能利用的底物。VFA 的积累和 H_2S、CO_2 等厌氧最终产物都可能会使反应器内 pH 值下降。当产酸过程比产甲烷占有较大优势时，如果废水没有足够的缓冲能力，整个反应系统将出现酸化现象。对于缓冲能力小的厌氧处理系统，pH 值的持续下降会进一步引起产甲烷菌活力的降低，进而又导致 pH 值的继续降低，最终使厌氧过程失效。

为防止 pH 值剧烈变化对处理效果产生不利影响，废水必须具有一定对 pH 值变化的缓冲能力。废水的碳酸氢盐所形成的碱度对 pH 值的变化有缓冲作用，但由于废水中的碱度一般是固定的，而 VFA 可能会因操作条件的变化出现较大的波动，因此，VFA 浓度的增加不可避免地引起废水碱度的下降。为防止反应器内局部酸的大量积累，除了进行必要的混合搅拌外，还需要投加碳酸氢钠等碱剂来保证反应器内的碱度适中。

☞ 4.205　维持厌氧生物反应器内有足够碱度的措施有哪些？

（1）投加碱源：增大系统缓冲能力的碱源可以使用碳酸氢钠等。碳酸氢钠可以在不干扰微生物敏感的理化平衡的情况下平稳地将 pH 值调节到理想状态。

（2）提高回流比：正常厌氧消化处理设施的出水中含有一定的碱度，将出水回流可以有效补充反应器内的碱度。厌氧反应器出水回流是厌氧反应正常运行的关键条件之一，回流比有时可以高达 300% 以上。

☞ 4.206　什么是 VFA 和 ALK？ VFA 与 ALK 的比值有什么意义？

VFA 表示的是厌氧处理系统内的挥发性有机酸的含量，ALK 则表示的是厌氧处理系统内的碱度。厌氧消化系统正常运行时，必须维持碱度和挥发性有机酸浓度之间的平衡，使消化液 pH 值保持在 6.5~7.5 的范围内。而碱度与酸度能保持平衡的主要标志就是 VFA 与 ALK 的比值保持在一定的范围内。

VFA/ALK 反映了厌氧处理系统内中间代谢产物的积累程度，正常运行的厌氧处理装置的 VFA/ALK 一般在 0.3 以下，如果 VFA/ALK 突然升高，往往表明中间代谢产物不能被产甲烷菌及时分解利用，即系统已出现异常，需要采取措施进行解决。

如果 VFA/ALK 刚刚超过 0.3，在一定时间内，还不至于导致 pH 值下降，还有时间分析造成 VFA/ALK 升高的原因和进行控制。如果 VFA/ALK 超过 0.5，沼气中的 CO_2 含量开始升高，如果不及时采取措施予以控制，会很快导致 pH 值下降，使甲烷菌的活动受到抑制。此时应加入部分碱源，增加反应器内的碱度使

pH 值回升，为寻找确切的原因并采取控制措施提供时间。如果 VFA/ALK 超过 0.8，厌氧反应器内 pH 值开始下降，这时候必须向反应器内大量投入碱源，控制住 pH 值的下降并使之回升。

☞ **4.207　为什么 VFA 是反映厌氧生物反应器效果的重要指标？**

VFA 表示的是厌氧处理系统内的挥发性有机酸的含量，而挥发性有机酸是厌氧生物处理系统的中间产物。如果厌氧生物反应器的运转正常，那么其中的 VFA 含量就会维持在一个相对稳定的范围内。

VFA 过低会使甲烷能利用的物料减少，厌氧反应器对有机物的分解程度较低；而 VFA 过高超过甲烷菌所能利用的数量，又会造成 VFA 的过度积累，进而使反应器内的 pH 值下降，影响甲烷菌正常功能的发挥。同时甲烷菌因各种原因受到损害后，也会降低对 VFA 的利用率，反过来造成 VFA 的积累升高，形成恶性循环。

因此，所有的厌氧反应器都应把 VFA 作为一个控制指标来分析化验和及时掌握。

☞ **4.208　为什么厌氧生物处理比好氧生物处理对低温更加敏感？**

厌氧过程比好氧过程对温度变化，尤其是对低温更加敏感，原因是将乙酸转化为甲烷的甲烷菌比产乙酸菌对温度更加敏感。低温时挥发酸浓度增加，就是因为产酸菌的代谢速率受温度的影响比甲烷菌受到的影响小。低温时 VFA 浓度的迅速增加会使 VFA 在系统中累积，最终超过系统的缓冲能力，导致 pH 值的急剧下降，从而严重影响厌氧工艺的正常运行和最大处理能力的发挥。

☞ **4.209　温度对厌氧生物处理的影响体现在哪些方面？**

产甲烷菌可以在 4~100℃ 的温度内发生作用，而从经济性考虑，厌氧反应一般在 30~37℃ 的中温条件下运行最合适。

高温消化比中温消化的沼气产量约提高一倍。温度的高低不仅影响沼气的产量，而且影响沼气中甲烷的含量和厌氧污泥的性能。

温度的急剧变化和上下波动不利于厌氧处理的正常进行，当短时间内温度升降超过 5℃，沼气产量会明显下降。因此厌氧生物处理系统在运行中的温度变化幅度一般不要超过 2~3℃。

温度的短时性突然变化或波动一般不会使厌氧处理系统遭受根本性的破坏，温度一经恢复到原来的水平，处理效果和产气量就能随之恢复。不过，温度波动持续的时间较长时，恢复所需时间也较长。

☞ **4.210　选择高温厌氧生物处理法应考虑哪些因素？**

一是当沼气所产生的热量不足以加热废水至高温消化温度时，不宜采用高温消化。

如果厌氧处理产生的甲烷全部燃烧，而且假定向废水中的传热效率是100%，那么每1000mgCOD$_{Cr}$/L所转化的甲烷可使废水温度升高3.3℃。照此计算，如果待处理的工业废水温度超过40℃、COD$_{Cr}$值超过5000mg/L，就可以考虑采用高温厌氧生物处理法。如果原废水本身温度较低、COD$_{Cr}$值也不高，采用高温厌氧生物处理法必须补充很多外加能量时，从经济上是不划算的。

二是采用高温厌氧生物处理法时，必须考虑处理出水的去向问题。

采用高温厌氧生物处理时，通常出水需要进入曝气池等好氧生物处理构筑物。如果经过高温厌氧处理的水量在好氧处理系统进水中的比例过大，有可能导致好氧处理系统水温过高，而温度一旦超过40℃，对好氧处理系统的影响将是致命的，这时候必须增加对高温厌氧处理出水的降温措施，增加整个废水处理系统的能耗。

☞ **4.211 厌氧生物反应器沼气的产率偏低的原因有哪些？为什么？**

（1）进水COD$_{Cr}$的构成发生变化：对于不同质的底物，去除1gCOD$_{Cr}$的产气量是有差异的。就厌氧分解等量COD$_{Cr}$的不同有机物而言，脂类物质的产气量最多，其中甲烷量也高；蛋白质所产生的沼气数量虽少，但甲烷含量高；碳水化合物所产生的沼气量少，而且甲烷含量也较低。通常所称的理论产气率是以碳水化合物厌氧分解计算，每去除1gCOD$_{Cr}$可以产生0.35标准升甲烷或0.7标准升沼气。沼气产量偏低，有可能是废水中脂类物质的含量在COD$_{Cr}$中的比例下降造成的。

（2）进水COD$_{Cr}$浓度下降：废水中COD$_{Cr}$浓度越低，单位有机物的甲烷产率越低，主要是因甲烷溶于水中的量不同所致。因此，厌氧处理高浓度有机物废水时的产气率能接近理论值，而进水有机物浓度变低时产气率会低于理论值。

（3）沼气中的甲烷比例较大：沼气中的甲烷含量越高，其在水中的溶解量越多，进而导致沼气的实际产量降低。比如在20℃时，假设不考虑其他溶质的影响，当沼气中甲烷的含量为80%时，甲烷在水中的溶解度是18.9mg/L；而当甲烷含量为50%时，甲烷在水中的溶解度只有11.8mg/L。

（4）生物相的影响：如果厌氧处理反应器内硫酸盐还原菌及反硝化细菌数量较多，就会和甲烷菌争夺碳源，进而导致产气率下降。因此废水中硫酸盐含量越大，沼气产率下降越多。

（5）去除的COD$_{Cr}$用于合成细菌细胞的比例过大：对于去除等量COD$_{Cr}$的不同有机物，厌氧消化时用于细菌细胞合成的比例存在一定的差异，因而沼气产率也会存在差异。去除的COD$_{Cr}$中用于合成细菌细胞的比例越大，则分解用于产生甲烷的比例将越小，即甲烷的产量越低，从而沼气的产率就会变小。一般情况下，这种影响较小，不会超过10%。

160

（6）运行条件发生变化：对于同种废水，沼气产率下降往往意味着实际运行的工艺条件发生了不利的变化。比如 pH 调节不利使 pH 值偏离了最佳范围，保温不好或加热措施失效使反应器内温度降低太多。

☞ **4.212　厌氧生物处理反应器启动时的注意事项有哪些?**

（1）厌氧生物处理反应器在投入运行之前，必须进行充水试验和气密性试验。充水试验要求无漏水现象，气密性试验要求池内加压到 350mm 水柱，稳定 15min 后压力降小于 10mm 水柱。而且在进行厌氧污泥的培养和驯化之前，最好使用氮气吹扫。

（2）厌氧活性污泥最好从处理同类污水的正在运行的厌氧处理构筑物中取得，也可取自江河湖泊沼泽底部、市政下水道及污水集积处等处于厌氧环境下的淤泥，甚至还可以使用好氧活性污泥法的剩余污泥进行转性培养，但这样做需要的时间要更长一些。

（3）厌氧生物处理反应器因为微生物增殖缓慢，一般需要的启动时间较长，如果能接种大量的厌氧污泥，可以缩短启动时间。一般接种污泥的数量要达到反应器容积的 10%~90%，具体值根据接种污泥的来源情况而定。接种量越大，启动时间越短，如果接种污泥中含有大量的甲烷菌，效果会更好。

（4）采用中温消化或高温消化时，加热升温的速度越慢越好，一定不能超过 1℃/h。同时对含碳水化合物较多、缺乏碱性缓冲物质的废水，需要补充投加一部分碱源，并严格控制反应器内的 pH 值在 6.8~7.8 之间。

（5）启动时的初始有机负荷与厌氧处理方法、待处理废水性质、温度等工艺条件及接种污泥的性质等有关，一般从较低的负荷开始，再逐步增加负荷完成启动过程。

（6）厌氧反应器的出水以一定的回流比返回反应器，可以回收部分流失的污泥及出水中的缓冲性物质，平衡反应器中水的 pH 值。

（7）对于悬浮型厌氧反应装置，可以投加粉末无烟煤、微小砂砾、粉末活性炭或絮凝剂，促进污泥的颗粒化。

（8）启动初期水力负荷过高可能造成污泥的大量流失，水力负荷过低又不利于厌氧污泥的筛选。一般在启动初期选用较低的水力负荷，经过数周后再缓慢平稳地递增。

☞ **4.213　厌氧污泥培养成熟后的特征有哪些?**

培养结束后，成熟的污泥呈深灰到黑色，有焦油气味但无硫化氢臭味，pH 值在 7.0~7.5 之间，污泥容易脱水和干化。对进水的处理效果高，产气量大，沼气中甲烷成分高。培养成熟的厌氧消化污泥的基本指标和参数见表 4-10。

表 4-10 成熟厌氧消化污泥的基本参数

项　目	允许范围	最佳范围
pH 值	6.4~7.8	6.5~7.5
氧化还原电位 ORP/mV	-490~-550	-520~-530
挥发性有机酸 VFA(以乙酸计)/(mg/L)	50~2500	50~500
碱度 ALK(以 $CaCO_3$ 计)/(mg/L)	1000~5000	1500~3000
VFA/ALK	0.1~0.5	0.1~0.3
沼气中 CH_4 含量(体积比)/%	>55	>60
沼气中 CO_2 含量(体积比)/%	<40	<35

☞ **4.214 厌氧生物处理的运行管理应该注意哪些问题？**

(1) 当被处理污水浓度较高(COD_{Cr}值大于 5000mg/L)时，可以采取出水回流的运行方式，回流比根据具体情况确定，一般在 50%~200%之间。有效的回流，不仅可以降低进水浓度，还可以增大进水量，保证处理设施内的水流分布均匀，避免出现短流现象。

(2) 厌氧消化过程存在两个最佳温度范围，为节约加温所需能量，大部分厌氧消化装置都在常温下运行，要设法保证进水温度基本稳定。这一方面要注意保温(包括采取加大回流量等措施)，尽可能防止反应器热量散失；另一方面要充分发挥反应器内污泥浓度较大的特点，尽可能提高反应器内污泥浓度，减弱温度对厌氧反应的影响。温度降低，厌氧消化装置处理效率会下降，而温度突然大幅度下降，影响会更大。

(3) 沼气要及时有效地排出。沼气对污泥可以起到搅动拌和作用，促进污水与污泥的混合接触，这是其有利的一面。同时，沼气的存在也会起到类似浮选的作用，沼气向上溢出时将部分污泥带到液面，导致浮渣的产生和出水中悬浮物含量增加及水质变差。

(4) 污泥负荷要适当。为保持厌氧消化过程三个阶段的平衡，使挥发性脂肪酸等中间产物的生成与消耗平衡，防止酸积累导致 pH 值下降，进水有机负荷不宜过高，一般不要超过 $0.5kgCOD_{Cr}/(kgMLSS \cdot d)$。可以通过提高反应器内污泥浓度，在保持相对较低的污泥负荷条件下，获得较高的容积负荷。

(5) 要充分创造厌氧环境。在污水提升进入厌氧消化装置、出水回流等环节都要尽可能避免与空气的接触，尽可能减少与空气接触的机会。如水流过程中尽量不要出现跌水、搅动等现象，调节池、回流池等要加盖封闭，污水提升不要使用气提泵。

☞ **4.215 厌氧生物反应器处理废水时的常规检测项目有哪些？**

厌氧生物反应器处理废水时的常规检测项目见表 4-11。

表 4-11　厌氧生物反应器常规检测项目

项　　目	取样位置或分析种类	监测频次
水量、泥量/(m³/h)	进水、出水、排泥、回流水、回流污泥管路上	利用在线流量计随时检测记录
气量/(m³/h)	沼气排出管道上	利用在线流量计随时检测记录
COD$_{Cr}$/(mg/L)	进水、出水	每天一次
pH 值	进水、出水、回流水	利用在线 pH 计随时检测记录
VFA/(mg/L)	进水、出水、回流水	每天一次
碱度/(mg/L)	进水、出水、回流水	每天一次
SS/(mg/L)	出水	每天一次
NH$_3$-N/(mg/L)	进水、出水、回流水	每天一次
TKN/(mg/L)	进水、出水、回流水	每天一次
TP/(mg/L)	出水	每天一次
MLSS/(mg/L)	进水、出水、排泥、回流污泥	每天一次
MLVSS/(mg/L)	进水、出水、排泥、回流污泥	每天一次
大肠菌群/(个/mL)	排泥	每周一次
蛔虫卵	排泥	每周一次
沼气成分分析	测定沼气中 CH$_4$、CO$_2$、H$_2$S 三种气体含量	每天一次
温度/℃	进水、出水、回流水、反应器内	利用在线温度计随时检测记录
压力/Pa	进水、反应器内	利用在线压力表随时检测记录

☞　**4.216　厌氧生物反应器可以使用的控制指标有哪些?**

（1）氧化还原电位：利用测定氧化还原电位的方法判定厌氧反应器内的多个氧化还原组分系统是否平衡状态，虽然这种方法可靠性较差，但由于氧化还原电位测定简单，和其他监测指标结合起来应用，也有一定的指导意义。

（2）挥发性酸 VFA：挥发性酸的异常升高是厌氧反应器中产甲烷菌代谢受到抑制的最有效指标。

（3）一氧化碳 CO：CO 的产生与甲烷的产生密切相关，CO 难溶于水，可以实现在线监测。气相中 CO 的含量和液相中乙酸盐的浓度有良好的相关性，CO 的含量变化与重金属和由有机毒性所引起的抑制作用也有关系。

☞　**4.217　厌氧生物反应器的种类有哪些?**

厌氧生物反应器建立在保留回收厌氧微生物并顺利产气的基础上，根据保留回收厌氧微生物方法的不同，厌氧生物反应器可分为厌氧生物悬浮生长型和附着生长型、水流方向为升流式和降流式、出水回流型和直排型、出水进行泥水分离型和直排型等多种形式。图 4-28 所示是厌氧生物反应器各种构型的图解说明。

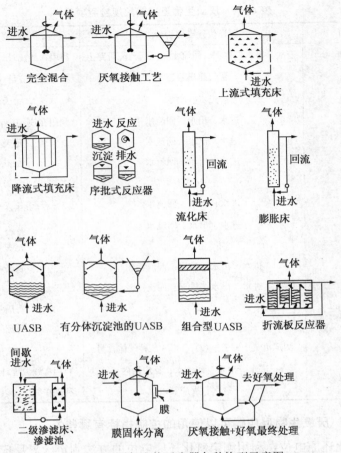

完全混合　厌氧接触工艺　上流式填充床

降流式填充床　序批式反应器　流化床　膨胀床

UASB　有分体沉淀池的UASB　组合型UASB　折流板反应器

二级渗滤床、渗滤池　膜固体分离　厌氧接触+好氧最终处理

图4-28　厌氧生物反应器各种构型示意图

☞ **4.218　厌氧生物反应器内部为什么要进行防腐处理？**

厌氧池内的腐蚀现象很严重，既有电化学腐蚀也有生物腐蚀。

电化学腐蚀主要是厌氧消化过程中产生的 H_2S 在液相形成氢硫酸导致的腐蚀，尤其是在气液交界处的腐蚀最严重。

生物腐蚀常常被人忽视，而实际生物腐蚀程度和带来的问题都很严重，因为用于提高气密性和水密性的一些防渗防水材料，有的是有机组分，在长期与厌氧微生物接触的过程中，有可能被分解掉而失去防水和防渗的作用。

☞ **4.219　厌氧生物反应器维持高效率的基本条件是什么？**

（1）适宜的 pH 值：为使厌氧顺利进行，反应器中的 pH 值必须维持在 6.5～8.2 之间。

（2）充足的常规营养：保证 N、P、S 等常规营养，必要时向进水中投加磷肥和硫酸盐。

164

（3）必要的微量专性营养元素：对甲烷菌有激活作用的专性营养元素有铁、钴、镍、锌、锰、钼、铜甚至硒、硼等不可缺少。

（4）合适的温度：厌氧反应一般在 30~37℃ 的中温条件下运行。但产甲烷作用可以在 4~100℃ 的温度内发生，有时也可以在较低温度和较长的停留时间下运行。

（5）对毒性适应能力：在有利的条件下已实现厌氧微生物对有毒物质适应的驯化。

（6）充足的代谢时间：要同时保证厌氧生物处理的水力停留时间（HRT）和固体停留时间（SRT）。为保证反应器内有足够的生物量，厌氧生物处理工艺的 SRT 都比较长。

（7）污染物向微生物的传质良好：厌氧生物反应器内的颗粒污泥在流化状态下传质能力较好，但生物量过多积累或使用厌氧生物膜法时生物膜过厚都可能产生传质问题，要定期排出剩余生物污泥或提高回流比减少部分传质阻力。

（8）碳源充足：进水中的有机污染物——即可生物降解的 COD_{Cr} 能作为厌氧微生物保持活性提供能量。

（9）足够的电子供体：厌氧生物处理系统中拥有足够量的 CO_2 或硫酸盐作为自养型甲烷菌生物反应的电子受体，CO_2 还原生成 CH_4，硫酸盐还原生成 H_2S。

☞ 4.220 为什么污泥沉淀回流对厌氧处理的影响比好氧处理要大？

重力沉淀池往往是好氧活性污泥法处理系统中的最薄弱环节，但由于好氧微生物增殖较快，正常运行时剩余污泥量较大。因此，利用重力沉淀池可以持续有效地维持好氧生物处理系统的正常运转，即使沉淀效果略差，一般也不会因污泥流失对处理系统造成致命的威胁。而厌氧处理过程中微生物合成速率低，沉降性能较差，所以根据好氧处理经验设计的用于厌氧系统的重力沉淀池一般都不能取得较好的沉降浓缩效果。

一般情况下，好氧系统的沉淀池运转不正常只影响出水水质，轻易不会毁掉整个系统。而厌氧处理系统则不然，由于厌氧微生物增殖缓慢，如果沉淀池的流失量大于增长量，会威胁到系统本身的稳定性。在启动阶段和厌氧反应器内发生污泥上翻时，一定要引起高度重视，设法保留住生物量。尤其是启动阶段，如果污泥流失过多导致启动失败，需要重新开始培养。

为了保证厌氧处理系统的污泥有效地沉淀回流，在反应器内的重力沉淀装置可以增加斜管、斜板等设施提高厌氧微生物的沉淀回流量。

☞ 4.221 厌氧处理日常管理中的注意事项有哪些？

（1）与好氧活性污泥法相比，厌氧系统对工艺条件及环境因素的变化，反映更加敏感。因此，对厌氧系统的运行控制提出了更高的要求，必须根据分析检测结果随时对运行进行调整。

（2）定期对厌氧池进行清砂和清渣。池底积砂太多，一方面会造成排砂困难，另一方面还会缩小有效池容，影响处理效果。

（3）定期维护搅拌系统。沼气搅拌立管常有被污泥及污物堵塞的现象，可以将其他立管关闭，大气量冲洗被堵塞的立管。机械搅拌桨常有被纤维状长条污物缠绕的问题，可以使用将机械搅拌桨反转的方法甩掉缠绕的污物。另外，要经常检查搅拌轴穿过池顶板处的气密性。

（4）定期检查维护加热系统。蒸汽加热立管也常有被污泥和污物堵塞现象，可用加大蒸汽量的方法吹开。当采用池外热水循环加热时，如果泥水热交换器发生堵塞，可拆开清洗或用加大水量的方法冲洗。

（5）预防结垢。在管道上设置活动清洗口，经常用高压水清洗管道，可有效防止垢的增厚。当结垢严重时，则只有进行化学清洗。

（6）厌氧池运行一段时间后，应当进行彻底的检维修，即停止运行，对池体和管道等辅助设施进行全面的防腐防渗检查与处理。根据腐蚀程度，对所有金属构件进行防腐处理，对池壁进行防渗处理。重新投运时，必须和新池投运时一样，进行满水试验和气密性试验。

（7）消化系统内的许多管路和阀门为间歇运行，因而冬季要注意采取防冻和保温措施。因此要经常检查池体和加热管道的保温是否完好，如果保温效果较差，热损失很大，应当更换保温材料，重新保温。

（8）注意防止泡沫的产生。泡沫会阻碍沼气向气相的正常转移，影响产气量和系统的正常运行。要根据泡沫产生的原因找到相应的解决对策，及时予以调整。

（9）注意沼气可能带来的防爆问题和使操作管理人员中毒窒息问题。

☞ **4.222　什么是厌氧消化池？其应用范围有哪些？**

普通厌氧消化池又称传统消化池或常规消化池，多用于大型污水处理场的脱水剩余污泥的厌氧处理，也可用以处理高浓度有机工业废水、悬浮固体含量较高和颗粒较大的有机废水、含难降解有机物的工业废水，厌氧发酵反应与固液分离在同一个池内进行，结构较为简单。普通厌氧消化池的池体高度一般为池径的 1/2，池底呈圆锥形，以利排泥；池顶盖为半球形，以利收集沼气。普通厌氧消化池的工艺流程如图 4-29 所示。

搅拌使消化池内的污泥不能得到浓缩，消化液泥水分离效果较差。为了取得较好的泥水分离效果，可以再

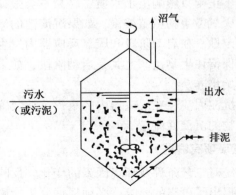

图 4-29　普通厌氧消化池工艺流程图

串联一个消化池，形成两级消化。第一级安装搅拌和加热设备，主要起到分解有机物的作用，第二级不设搅拌和加热设备，其作用主要是使消化液泥水分离，同时起到浓缩和储存消化污泥的作用。当采用两级消化时，第一级消化池和第二级消化池的停留时间的比值可采用(1~4)：1，以使用2：1的最为常见。

☞ **4.223　厌氧消化池的缺点是什么？**

(1) 普通消化池的体积较大，负荷较低，其根本原因在于固体停留时间等于水力停留时间。为保证厌氧微生物在厌氧反应器内得以生长繁殖，污泥龄应该是甲烷菌世代时间的2~3倍，因此，普通消化池在中温条件下的停留时间为20~30d，如果消化池内不进行搅拌和加热，停留时间甚至长达30~90d。

(2) 没有对厌氧消化污泥进行浓缩和回流的设施，反应器内厌氧微生物容易流失而使厌氧处理效果下降。

☞ **4.224　废水厌氧消化和污泥厌氧消化的区别有哪些？**

污泥厌氧消化处理的对象是活性污泥，不存在毒性问题，而且其中的碳、氮、磷等营养物质均衡，各种不同类型的微量元素也比较齐全。

使用厌氧工艺处理工业废水时，最大的问题就是废水水质的不稳定性。另外，工业废水的成分相对单一，其中氮、磷等营养物质和各种微量元素往往不能满足厌氧微生物的需要，而废水中的重金属、有毒有机物等对厌氧微生物有害的物质不仅经常存在，而且波动很大，经常会影响厌氧消化工艺的正常运行。

在消化污泥的培养阶段，处理剩余污泥厌氧消化污泥的培养相对简单，污泥厌氧处理设施运行时通常只要控制温度、产气、搅拌、进泥、排泥等几个环节即可。而在废水的厌氧消化处理过程中，不仅要控制上述工艺指标，更重要的是控制进水的pH值、COD_{Cr}浓度、重金属、有毒有机物等水质指标是否超标，还要及时控制和掌握各种营养成分的比例是否均衡等。

☞ **4.225　什么是厌氧接触法？**

为了克服普通消化池不能按需要保留或补充厌氧活性污泥的缺点，在消化池后设沉淀池，将沉淀污泥回流到消化池，这样就形成了厌氧接触氧化法。厌氧接触氧化法使污泥不流失、出水水质稳定，可提高消化池内的污泥浓度，缩短污水在消化池内的水力停留时间，从而提高厌氧反应的有机容积负荷和处理效率。其工艺流程见图4-30。

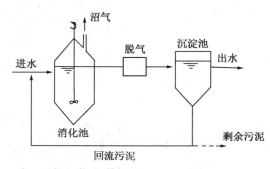

图4-30　厌氧接触氧化法工艺流程

☞ **4.226 厌氧接触法特点有哪些?**

(1)由于设置了专门的污泥截留设施,能够回流污泥,通过污泥回流,使厌氧接触法的固体停留时间较长。可保持消化池内 10~15g/L 的较高污泥浓度,提高了耐冲击能力,使系统运行比较稳定。

(2)容积负荷大大超过普通消化池,中温消化时一般为 2~10kgCOD$_{Cr}$/(m³·d),水力停留时间比普通消化池大大缩短,比如常温下普通消化池的水力停留时间为 20~30d,而接触法小于 10d。

(3)不存在堵塞问题,可以处理悬浮固体含量较高或颗粒较大的污泥或废水。

(4)混合液经沉淀后,出水水质好,但需要配置沉淀池、污泥回流和脱气等设备,流程较复杂。

(5)厌氧接触法的最大问题是混合液难于在普通沉淀池中进行固液分离,需要设置专门的脱气设施。

☞ **4.227 什么是升流式厌氧污泥床反应器(UASB)?**

升流式厌氧污泥床反应器(Upflow Anaerobic Sludge Blanket,简写为 UASB)的基本特征是在反应器的上部设置气、固、液三相分离器,下部为污泥悬浮层区和污泥床区。污水从底部流入,向上升流至顶部流出,混合液在沉淀区进行固、液分离,污泥可自行回流到污泥床区,使污泥床区保持很高的污泥浓度。从构造和功能上划分,UASB 反应器主要由进水配水系统、反应区(污泥床区和污泥悬浮层区)、沉淀区、三相分离器、集气排气系统、排泥系统及出水系统和浮渣清除系统组成(见图 4-31)。

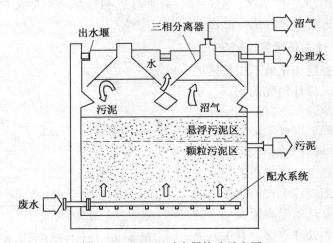

图 4-31 UASB 反应器构造示意图

UASB 反应器池型有圆形、方形、矩形等多种形式，小型装置常为圆柱形，底部呈锥形或圆弧形，大型装置为便于设置三相分离器，则一般为矩形，总高度一般为 3~8m，其中污泥床 1~2m，污泥悬浮层 2~4m。当废水流量较小而有机物浓度较高时，需要的沉淀区面积小，沉淀区的面积及池形可与反应区相同。当废水流量大而有机物浓度较低时，需要的沉淀区面积大，为使反应区的过流面积不至于过大，可加大沉淀区面积，即使 UASB 反应器上部直径大于下部直径。

☞ **4.228 升流式厌氧污泥床反应器的基本原理是什么?**

UASB 反应器内没有载体，是一种悬浮型生长型的厌氧消化方法。在反应器底部污泥浓度较高的污泥层被称为污泥床，而在污泥床上部污泥浓度稍低的污泥层被称为污泥悬浮层，污泥床和污泥悬浮层统称为反应区。

在厌氧状态下，微生物分解有机物产生的沼气在上升过程中产生强烈的搅动，有利于颗粒污泥的形成和维持。废水均匀地进入反应器的底部，污水向上通过包含颗粒污泥或絮状污泥的污泥床，在与污泥颗粒的接触过程中发生厌氧反应，经过反应的混合液上升流动进入气、固、液三相分离器。沼气泡和附着沼气泡的污泥颗粒向反应器顶部上升，上升到气体反射板的底面，沼气泡与污泥絮体脱离。沼气泡则被收集到反应器顶部的集气室，脱气后的污泥颗粒沉降到污泥床，继续参与进水有机物的分解反应。在一定的水力负荷下，绝大部分污泥颗粒能保留在反应区内，使反应区具有足够的污泥量。

UASB 反应器不仅适于处理高、中浓度的有机污水。表 4-12 列出了部分 UASB 反应器的运行数据。

表 4-12 部分 UASB 反应器运行数据

废水类型	温度/℃	反应器容积/ m³	容积负荷/ [kgCOD_{Cr}/(m³·d)]	进水 COD_{Cr}/ (mg/L)	COD_{Cr} 去除率/ %
PTA 废水	常温	12000	3~4	6000	70
味精废水	30~32	4.6	5.5	12150	88.5
酒精过滤液	高温	34	22.3	900~2800	91
溶剂废水	52	53	14.8	19870	88
柠檬酸废水	35	20.3	20.3	20000~36000	90
丙丁废液	35	200	6~8	25000	90
制药废水	38	4×200	11.75	2000~3000	91.2
啤酒废水	常温	8×240	9~13	23450	85

☞ **4.229 升流式厌氧污泥床反应器的特点有哪些?**

（1）UASB 反应器结构紧凑，集生物反应与沉淀于一体。

（2）UASB 反应器的最大特点是能在反应器内形成颗粒污泥，使反应器内平均污泥浓度达到 30~40g/L，底部污泥浓度可高达 60~80g/L。

（3）UASB 反应器具有很高的容积负荷，一般为 $10 \sim 20kgCOD_{Cr}/(m^3 \cdot d)$，最高可达 $30kgCOD_{Cr}/(m^3 \cdot d)$。而且水力停留时间短，通常采用中温厌氧消化，有时可以在常温下运行。

（4）UASB 反应器内没有载体，是一种悬浮生长型的厌氧消化方法，不仅节省投资，而且避免了堵塞问题。

（5）反应器内设三相分离器，在沉淀区分离的污泥能自动回流到反应区，不需要污泥回流设备。利用自身产生的沼气和进水水流来实现搅拌混合，也不需要混合搅拌设备。因此，简化了工艺环节和减少了系统工艺设备，维护运行较简单。

（6）UASB 反应器对进水中的悬浮物要求严格，一般在 100mg/L 以下，特别是难生物降解的有机固体含量不宜过高，以免对污泥颗粒化不利或减少反应区的有效容积，甚至引起堵塞或严重的短流现象，影响处理效果和处理能力。

（7）启动时间较长，对水质水量和负荷的变化也比较敏感。

☞ **4.230 什么是颗粒污泥？**

颗粒污泥的形成实际上是微生物固定化的一种形式，其外观为具有相对规则的球形或椭圆形黑色颗粒。颗粒污泥的粒径一般为 $0.1 \sim 3mm$，个别大的有 $5mm$，密度为 $1.04 \sim 1.08g/cm^3$，比水略重，具有良好的沉降性能和降解水中有机物的产甲烷活性。

在光学显微镜下观察，颗粒污泥呈多孔结构，表面有一层透明胶状物，其上附着甲烷菌。颗粒污泥靠近外表面部分的细胞密度最大，内部结构松散、细胞密度较小，粒径较大的颗粒污泥往往有一个空腔，这是由于颗粒污泥内部营养不足使细胞自溶而引起的。大而空的颗粒污泥容易破碎，其破碎的碎片成为新生颗粒污泥的内核，一些大的颗粒污泥还会因内部产生的气体不易释放出去而容易上浮。

反应器内形成厌氧颗粒污泥是 UASB 成功的标志，好氧升流式反应器培养形成好氧颗粒污泥也是成功的标志。

☞ **4.231 使升流式厌氧污泥床反应器内出现颗粒污泥的方法有哪几种？**

（1）直接接种法：从正在运行的其他 UASB 反应器中取出一定量的颗粒污泥直接投入新的 UASB 反应器后，由少到多逐步加大被处理的污水水量，直到设计水量。这种方法反应器投产所需时间最少，但一般只有在启动小型 UASB 反应器采用这种方法。

（2）间接接种法：将取自正在运行的厌氧处理装置的厌氧活性污泥，如城市污水处理场的消化污泥，投入 UASB 反应器后，创造厌氧微生物最佳的生长条件，用人工配制的、含有适当营养成分的营养水进行培养，形成颗粒污泥后，再由少到多逐步加大被处理的废水水量，直到设计水量。

170

（3）直接培养法：将取自正在运行的厌氧处理装置的厌氧活性污泥，如城市污水处理场的消化污泥，投入 UASB 反应器后，用被处理污水直接培养，形成颗粒污泥后，再逐步加大被处理的污水水量，直到设计水量。这种方法反应器投产所需时间较多，可长达 3~4 个月，大型 UASB 反应器常采用这种方法。

☞ **4.232　直接培养法培养颗粒污泥的注意事项有哪些？**

直接培养法培养颗粒污泥时通常使用非颗粒性的污泥，虽然厌氧处理工艺的大多数菌种要求严格的厌氧条件，但在培养启动时不必追求严格的厌氧。因此直接培养时既可以使用非颗粒性的纯厌氧污泥，也可以使用经过陈化的好氧剩余污泥，如果有搅拌设施，还可以投入未经消化的脱水污泥。即使引入的污泥中含有一定量的溶解氧，只要不再补充氧，反应器内的溶解氧也会很快被接种泥中的兼性菌消耗掉而最终形成严格的厌氧条件。其他的注意事项如下：

（1）最好一次投加足够量的接种厌氧污泥，一般接种厌氧污泥投加量为 40~60kg/m³。同时进水中要补充足够的营养盐，必要时还要添加硫、钙、钴、钼、镍等微量元素。

（2）为使颗粒污泥尽快形成，开始进水时 COD_{Cr} 浓度不宜过高，一般要低于 5000mg/L，可采取加大回流比的方法，使进水负荷按污泥负荷计应低于 0.1~0.2kgCOD_{Cr}/（kgMLSS·d）。pH 值应保持在 7~7.2 之间，进水碱度一般不低于 750mg/L。

（3）出现小颗粒污泥后，为使小颗粒污泥发展为大颗粒污泥，要适当提高反应器表面水力负荷，将絮状污泥和分散的细小颗粒污泥从反应器中"洗出"。但是一定要使"洗出"缓慢进行、逐步提高水力负荷，当表面水力负荷在 0.25m³/（m²·h）以上时，会使污泥产生水力分级现象。

（4）培养不能长期在低负荷下运行，当出水水质较好、COD_{Cr} 去除率较高后，应当逐渐提高负荷。当颗粒污泥出现后，应当在适宜的负荷下稳定运行一段时间，以便培养出沉降性能良好的和产甲烷细菌活性很高的颗粒污泥。

（5）培养过程中应控制消化池内 VFA 的浓度在 1000mg/L 以下，如果废水中原有的各种挥发性有机酸浓度较高，应适当降低进水的有机负荷。

（6）为促进污泥颗粒化，反应区内的最小空塔速度不可低于 1m/d，采用较高的表面水力负荷有利于小颗粒污泥与污泥絮凝分开，使小颗粒污泥凝并为大颗粒。

（7）一般情况下，高温 55℃ 运行约 100d、中温 35℃ 运行约 160d，颗粒污泥才能培养完成，低温 20℃ 需要运行 200d 以上才有可能培养完成。

☞ **4.233　三相分离器的作用有哪些？**

UASB 反应器三相分离器安装在反应器的上部，将反应器分为下部的反应区和上部的沉淀区。

三相分离器的第一个重要作用是尽可能有效地分离污泥床中产生的沼气。反应器内由污泥、废水和沼气组成的混合液进入三相分离器后，沼气气泡碰到分离器下部的反射板时，折向气室而被有效地分离排出。

三相分离器的第二个重要作用是取得较好的污泥沉淀效果，保证反应区内污泥拥有较高的浓度和良好的性能。经过脱气的污泥和水经孔道进入三相分离器的沉淀区，在重力作用下泥水分离，上清液从沉淀区上部排出，留在沉淀区下部的污泥沿着斜壁返回到反应区内。

☞ **4.234 设置三相分离器的基本要求有哪些？**

(1) 沉淀区斜壁与水平的倾斜角度约 50°(45°~60°)，使沉淀在斜板上的污泥不聚集停留，能尽快滑回反应区内，这个角度也决定了三相分离器的高度，这个高度一般为 0.5~1.0m。

(2) 混合液在进入沉淀区的孔道或缝隙内的流速不能大于 2m/h，混合液在沉淀区的表面水力负荷要在 0.7m³/(m²·h) 以下，沉淀区的总水深应 ≥1.5m，并保证水流在沉淀区的停留时间为 1.5~2.0h。

(3) 尽可能使沼气泡不进入沉淀区影响沉淀效果，反射板与缝隙之间的遮挡应该在 100~200mm，集气室缝隙部分的面积占反应器总面积的 15%~20%。

(4) 三相分离器内的气、液界面面积必须合适，适当的沼气释放速率大约为 1~3m³/(m²·h)。释放速率过低或过高会形成浮渣，释放速率过低还会导致形成泡沫，而泡沫和浮渣都可能导致沼气排放管堵塞。

(5) 为尽可能减少和防止气室产生和积聚大量的泡沫和浮渣，防止浮渣堵塞沼气的出气管，必须保证气室具有一定的高度，排气管直径充足，使气室排气畅通无阻。反应器的高度为 5~7m 时，集气室的高度应该为 1.5~2m。

(6) 沉淀区体积是反应器体积的 15%~20%，即三相分离器的高度为 UASB 反应器总高度的 15%~20%。

(7) 当处理污水有严重的泡沫问题时，在集气室的上部还要设置消泡喷嘴。

☞ **4.235 UASB 布水器的具体要求有哪些？**

UASB 反应器的进水布水器兼有配水和水力搅拌的作用，对于颗粒污泥的形成和处理效果的影响很大，其具体形式多是专利产品。总体要求和原则是：①进水装置分配到各点的流量相同，使反应器内单位面积的进水量相同，防止发生短路现象；②能很容易方便地观察和发现进水管的堵塞情况，而且管道堵塞后清除过程也很容易；③在满足配水要求的同时，还要满足污泥床水力搅拌的需要，保证进水有机物与污泥迅速混合，防止局部产生酸化现象。

☞ **4.236 升流式厌氧污泥床反应器运行管理应该注意哪些问题？**

(1) 容积负荷要适当：容积负荷适中是 UASB 反应器正常运行的关键因素之

172

一，过高或过低都将影响其处理效果。

（2）UASB 反应器的各个组成部分都要采取有效的防腐措施以防止挥发性脂肪酸、硫化氢等具有强烈腐蚀作用的厌氧反应中间产物对反应器内部产生的破坏作用，从而延长 UASB 反应器的使用寿命。

（3）浮渣要及时清除：浮渣层的存在，会阻碍沼气的顺利释放，对厌氧污泥的正常沉降产生干扰，因而使出水夹带大量悬浮污泥，影响出水水质。为此，要用刮渣机或人工定期将浮渣从反应器中清除出来。

（4）及时排出剩余污泥：厌氧污泥增殖虽然很慢，但随着 UASB 反应器运行时间的延长，还是会逐渐积累增多，如果不及时排出，泥龄过长，会导致厌氧污泥活性下降，出水中悬浮物的含量也会增高。如果 UASB 反应器尺寸较大，要注意排泥均匀，必须进行多点均匀排泥，以防厌氧污泥床区的污泥分布不均。

（5）进水配水必须均匀：进水配水系统兼有配水和水力搅拌的作用。进水必须均匀地分配到整个反应器，确保反应器各单位面积的进水量基本相同，以防止水流短路或表面负荷不均匀等现象发生。

（6）污水在 UASB 反应器中的上升流速要控制在 1~2m/h，过高会使出水中悬浮物的含量增高；过低则起不到水力搅拌的作用，不能使污泥区污泥呈悬浮状态，此时污泥会沉积在反应器底部，达不到使进水与污泥充分接触混合的目的。

☞ **4.237　升流式厌氧污泥床反应器容积负荷与哪些因素有关？**

（1）UASB 反应器所能承受的容积负荷与反应器内厌氧反应温度、废水的水质水量有关，尤其是与污水中有机污染物成分及含量浓度有关。

（2）UASB 反应器所能承受的容积负荷与反应器内能否形成颗粒污泥也有很大关系。形成颗粒污泥后，如果温度及其他相关条件合适，UASB 反应器所能承受的容积负荷值有时可以高达每天 $30kgCOD_{Cr}/m^3$ 左右。但如果不能形成厌氧颗粒污泥，而主要为絮状污泥，那么 UASB 反应器的容积负荷一般不要超过每天 $5kgCOD_{Cr}/m^3$；如果容积负荷过高，厌氧絮状污泥就会大量流失，而厌氧污泥增殖很慢，这样一来可能会导致 UASB 反应器失效。

（3）对某种具体工业废水，要通过试验确定 UASB 反应器所能承受的容积负荷，也可以参考选用同类污水采用同类 UASB 反应器的实际运行参数。

☞ **4.238　什么是膨胀颗粒污泥床（EGSB）？**

膨胀颗粒污泥床的英文是 Expanded Granular Sludge Bed，简写为 EGSB，是在 UASB 反应器基础上发展而来的。EGSB 反应器与 UASB 反应器的结构非常相似，所不同的是 EGSB 反应器中采用高达 $2.5~6m^3/(m^2 \cdot h)$ 的水力负荷，这远大于 UASB 反应器常用的 $0.5~2.5m^3/(m^2 \cdot h)$ 的水力负荷。因此，在 EGSB 反应器中，颗粒污泥床处于部分或全部"膨胀化"状态，即污泥床的体积由于颗粒之间的平均距离的加大而增加。为了实现高水力负荷（即上升流速），EGSB 反应器采用较大的高度与直径比和较大的回流比。EGSB 反应器具有很大的高径比，一般可达 3~5，生产装置反应器的高度可达 15~20m。

在较高的上升流速和产气的搅拌作用下，废水与颗粒污泥之间的接触更加充分，因此废水在反应器中的停留时间很短的情况下，取得较好的反应效果，也使得 EGSB 反应器可处理低浓度的有机废水。UASB 反应器适用于处理 COD_{Cr} 浓度高于 1500mg/L 的废水，而 EGSB 处理 COD_{Cr} 浓度低于 1500mg/L 的废水时仍能保持较高的负荷和去除率。

☞ **4.239 EGSB 的特点有哪些？**

（1）EGSB 采用出水回流，设有专门的出水回流系统，上升流速 2.5~10m/h（UASB0.5~1.5m/h），有机负荷率可达 40kg/（m^3·d）。

（2）反应器上升流速大，污泥床处于膨胀状态，与 UASB 相比更适合于处理低浓度废水。

（3）颗粒污泥活性高，沉降性能好，粒径较大，强度较好，絮状污泥不断被洗出反应器，可应用于含有高悬浮性固体和有毒物质的废水处理中。

（4）由于上升流速大，混合状态与 UASB 反应器中不同，使污泥与废水间的接触状况较好。

☞ **4.240 什么是 IC 反应器？**

IC 反应器是内循环厌氧反应器的简称，是基于 UASB 技术的升级，实际构成是两个 UASB 单元叠加。按功能划分，反应器由下而上共分为 5 个区：进水混合区、第 1 厌氧区、第 2 厌氧区、泥水混合物沉淀区和气液分离区。工艺流程示意图见图 4-32。

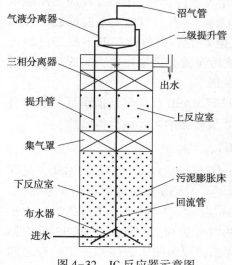

图 4-32　IC 反应器示意图

☞ **4.241 IC 反应器的工作原理是什么？**

废水通过泵从底部进入 IC 反应器的第一反应室，并与第一反应室内的颗粒污泥均匀混合。废水中大量有机物在第一反应室内被降解，产生沼气，沼气不断上升至第一反应室顶部的集气罩，并沿第一反应室的上升管上升至顶部的气液分离器。

在沼气上升的过程中，会带走一部分液体和颗粒污泥，沼气会通过气液分离器的排气管排出，泥水混合物会通过下降管回到第一反应室底部并与底部的颗粒污泥和污水混合，从而完成了污泥和废水的内部自循环。内循环不仅能够使第一反应室内保有大量的生物量和很长的污泥龄，并且上升速度很大，使第一反应室的颗粒污泥达到流化状态，反应速率提高，有机物能够充分地消化。

废水中的有机物在第一反应室内大量降解后，再经过第二反应室进行精处理，从而提高出水水质。和第一反应室一样，第二反应室所产生的沼气由第二反应室的集气罩收集，并通过第二反应室上升管带动第二反应室的泥水混合液进入反应器顶部的气液分离器。经过第二反应室处理后的上层清液通过出水渠排出。

☞ 4.242　IC反应器的特点有哪些？

（1）较高的容积负荷和较短的水力停留时间。IC厌氧反应器的容积负荷约为UASB反应器的3~4倍；同时，其水力停留时间较短，一般为2~3h，远小于UASB反应器的水力停留时间。

（2）节省占地面积，IC反应器效率高、体积小，而且有很大的高径比。

（3）沼气提升实现内循环节能。IC反应器是以自身产生的沼气作为提升的动力实现混合液的内循环，不必另设水泵实现强制循环，从而可节省能耗。

（4）抗冲击能力强，出水稳定。由于IC厌氧反应器上下两级反应室的布置形式，使得出水比单级反应器更加稳定；新进入的污水与来自回流管的部分处理过的水相互混合，减小了有害物质的冲击。

（5）具有缓冲pH的能力。内循环流量相当于第一级厌氧出水的回流，可利用COD转化的碱度，对pH起缓冲作用，使反应器内pH保持稳定，减少碱的投加量。

☞ 4.243　IC反应器长期稳定运行的条件有哪些？

（1）反应器中保留足够的活性厌氧颗粒污泥。
（2）废水与颗粒污泥在反应区接触混合良好。
（3）可以对生成的重渣进行筛选分离排放。
（4）反应器对于变化的进水水质具有良好的缓冲能力。

☞ 4.244　什么是厌氧生物滤池？

厌氧生物滤池是装有填料的厌氧生物反应器，英文是Anaerobic Filter，简写为AF。其基本特征就是在反应器内装填了为微生物提供附着生长的表面和悬浮生长的空间的载体。和好氧淹没式生物滤池（好氧接触氧化法）相似，填料起到生物膜载体和三相分离器的双重作用，在厌氧生物滤池填料的表面有以生物膜形态生长的微生物群体，和被截留在填料之间的空隙中、悬浮生长的厌氧活性污泥中的微生物群体。污水流过填料层时，其中有机物被厌氧微生物截留、吸附及代谢分解，最后达到稳定化，同时产生沼气、形成新的生物膜。

厌氧微生物以固着生长的生物膜为主，不易流失，因此除了正常的进出水或适当回流部分出水外，不需要污泥回流和使用搅拌设备。为了分离处理水中携带的脱落的生物膜，通常需要在滤池后设置沉淀池。

☞ **4.245　厌氧生物滤池的类型有哪些?**

按其中水流方向，厌氧生物滤池可分为升流式厌氧生物滤池和降流式厌氧生物滤池两大类。如图 4-33 所示。

厌氧生物滤池内生物固体浓度随填料高度的不同，存在很大的差别。升流式厌氧生物滤池底部的生物固体浓度有时是其顶部生物固体浓度的几十倍，因此底部容易出现部分填料间水流通道堵塞、水流短路现象。而降流式厌氧生物滤池向下的水流有利于避免填料层的堵塞，其中生物固体浓度的分布比较均匀。

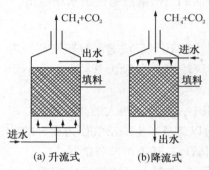

图 4-33　厌氧生物滤池示意图

在相同的水质条件和水力停留时间下，升流式厌氧生物滤池的 COD_{Cr} 去除率要比降流式厌氧生物滤池高，因此实际运用中的厌氧生物滤池多采用升流式厌氧生物滤池。

☞ **4.246　厌氧生物滤池特点及适用水质是什么?**

（1）厌氧生物滤池内的污泥由固定生长的生物膜形态的微生物群体和悬浮生长的厌氧活性污泥中的微生物群体组成，污泥浓度可达 20~30g/L。不需要污泥回流，使运行管理相对简便，停止运行后再启动也比较容易。

（2）与普通厌氧消化池和厌氧接触法容积负荷[一般为 5kgCOD$_{Cr}$/（m^3·d）以下]相比，AF 厌氧生物滤池在处理溶解性高浓度有机工业废水时，容积负荷可以高达 16kgCOD$_{Cr}$/（m^3·d），使反应器的容积大大减小，且具有较高的 COD_{Cr} 去除率。

（3）升流式 AF 的去除率主要在底部进行，大部分的 COD_{Cr} 是在 0.3m 以内去除的，底部 1m 以上 COD_{Cr} 的去除率较低，主要起三相分离器的作用。

（4）厌氧污泥在 AF 内的分布规律使得反应器对有毒物质的适应能力更强，在 AF 内易于培养出适应有毒物质的厌氧污泥，可生物降解的毒性物质在反应器内的浓度也呈现出规律性的变化。

（5）厌氧生物滤池的挂膜启动方法与 UASB 法基本相同，可采用直接培养或间接培养法。但由于有填料作为载体，显得较为容易一些，在各种条件都适合的情况下，一般只需要 1~2 个月即可。

（6）由于悬浮杂质的存在容易出现堵塞问题，AF 适用于处理的污染物主要是含可溶性有机物的工业废水。

☞ **4.247　厌氧生物滤池如何启动运行？**

厌氧生物滤池启动时要控制和注意的运行参数有：反应器的类型、废水的主要成分、营养和缓冲能力、接种污泥的数量和质量、回流比、初始水力停留时间等。

针对废水的种类选择不同的接种污泥。一般接种的数量应在设计运行量的10%以上，接种30%~50%更有利于启动，启动培养时间正常需要两个月以上。

可采用城市污水处理厂的消化污泥作为接种污泥，污泥在投加前与一定量的待处理废水混合，加入反应器中停留 3~5d 后，再开始连续进水。接种后，要首先使系统进行内部循环 3d 左右，再进入待处理废水。启动初期，容积负荷应低于 1.0kgCOD$_{Cr}$/(m^3·d)，按有机负荷计应低于 0.1kgCOD$_{Cr}$/(kgMLVSS·d)。

厌氧生物滤池启动完成的标志是通过增殖和驯化，使生物膜为主的生物量达到预定的数量和活性，实现反应器在设计负荷下的正常运行。对于高浓度与有毒废水，在启动初期必须进行适当的稀释，并在启动过程中逐渐增加负荷，一般当废水中可生物降解的 COD$_{Cr}$去除率达到约80%时，再适当提高负荷，如此重复进行，直到达到反应器的设计能力。

☞ **4.248　厌氧生物滤池的运行管理应该注意哪些问题？**

（1）厌氧生物滤池的主要缺点是有被堵塞的可能，必须根据废水水质特点选择使用合适的填料、配水方式和运行方式，并严格控制进水悬浮物含量。

（2）当被处理污水悬浮物浓度较大（一般指 1000mg/L 以上）时，如果采用的是降流式厌氧生物滤池，可以不用预处理就直接进入装置，甚至在处理悬浮物含量高达 3000~8000mg/L 的废水时，也不会发生堵塞现象。如果采用的是升流式厌氧生物滤池，进水悬浮物不超过 200mg/L，但如果悬浮物可以生物降解而且以胶体状均匀分散在废水中，则悬浮物对 AF 几乎不产生不利影响。

（3）在一定的容积负荷下，进水浓度大时，上升流速就较小，较低的上升流速不利于物质的扩散，更易堵塞。因此，当被处理污水浓度较高（COD$_{Cr}$值大于5000mg/L）时，可以采取出水回流的运行方式予以改善池内水力条件。

（4）同 UASB 法一样，厌氧生物滤池也要有有效的布水和沼气收集排放系统。布水要均匀防止水流短路，也要考虑布水孔口的大小和出口流速以防孔口被堵塞。

（5）为保证严格的厌氧环境，厌氧生物滤池多采用封闭式，并且要使污水水位高于填料层，即总是使填料层处于淹没状态。

☞ **4.249　什么是厌氧复合床反应器？**

厌氧复合床反应器实际是将厌氧生物滤池（AF）与升流式厌氧污泥床反应器

（UASB）组合在一起，因此又称为 UBF 反应器，其流程示意见图 4-34。

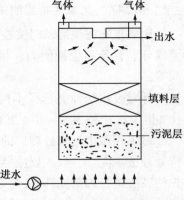

图 4-34　厌氧复合床反应器示意图

厌氧复合床反应器下部为污泥悬浮层，而上部则装有填料。可以看作是将升流式厌氧生物滤池的填料层厚度适当减小，在池底布水系统与填料层之间留出一定的空间，以便悬浮状态的颗粒污泥能在其中生长积累，因此又构成一个 UASB 处理工艺。当污水依次通过悬浮污泥层及填料层，有机物将与污泥层颗粒污泥及填料生物膜上的微生物接触并被分解掉。

☞　**4.250　厌氧复合床反应器特点有哪些？**

厌氧复合床反应器综合了厌氧生物滤池与升流式厌氧污泥床反应器的优点，克服了它们的缺点，不但增加了生物量，而且提高了反应区的容积利用率，反应器的总高度可大于 10m，从而减少了占地面积，处理能力也有较大提高。

与厌氧生物滤池相比，减少了填料层的高度，也就减少了滤池被堵塞的可能性；与 UASB 法相比，可不设三相分离器，使反应器构造与管理简单化。填料层既是厌氧微生物的载体，又可截留水流中的悬浮厌氧活性污泥碎片，从而能使厌氧反应器保持较高的微生物量，并使出水水质得到保证。厌氧复合床反应器中填料层高度一般为反应区总高度的 2/3，而污泥层的高度为反应区总高度的 1/3。

因此，新建厌氧处理装置最好选用这种复合形式，实际应用中可以结合具体情况，将原厌氧生物滤池与升流式厌氧污泥床反应器进行适当改造，即便不能提高处理效率，也可以起到便于操作管理的作用。比如在升流式厌氧污泥床反应器的上部加设填料，可以不设三相分离器，使反应器构造简单化；将厌氧生物滤池下部的填料去掉一些，可以减少滤池被堵塞的可能性。

第5章 废水的深度处理

☞ **5.1 什么是废水的深度处理？**

废水的深度处理(Advanced Treatment)是进一步去除常规二级处理所不能完全去除的污水中杂质的净化过程，其目的是为了实现污水的回收和再利用。

深度处理通常由以下单元技术优化组合而成：混凝沉淀(澄清、气浮)、过滤、活性炭吸附、脱氨、脱二氧化碳、离子交换、微滤、超滤、纳滤、反渗透、电渗析、臭氧氧化、消毒等。

☞ **5.2 什么是废水的二级强化处理？**

二级强化处理(Up Graded Secondary Treatment)是指在去除污水中含碳有机物的同时，也能脱氮除磷的二级处理工艺。二级强化处理有时和二级生物处理结合在一起，有时是污水三级处理的一种形式。

二级强化处理使用的处理方法主要是各种生物脱氮除磷工艺。

☞ **5.3 什么是废水的三级处理？**

三级处理是在一级处理、二级处理之后，进一步处理难降解的有机物及可导致水体富营养化的氮磷等可溶性无机物等。三级处理有时又称深度处理，但两者又不完全相同。三级处理常用于二级处理之后，以进一步改善水质和达到国家有关排放标准为目的，而深度处理则以污水的回收和再利用为目的，在一级、二级甚至三级处理后增加的处理工艺。

三级处理使用的方法有生物脱氮除磷、混凝沉淀(澄清、气浮)、过滤、活性炭吸附等。

☞ **5.4 为什么要对废水进行脱氮和除磷处理？**

长期以来，城市污水和工业废水的处理以去除水中悬浮固体、有机物和其他有毒有害物质为主要目标，并不考虑对氮、磷等无机营养物质的去除。随着污水排放总量的不断增加，以及化肥、石油制品、合成洗涤剂和农药等大量生产和应用，废水中氮、磷等无机营养物质对环境的影响越来越大。

近年来，随着工业化和城市化程度不断提高，我国也出现了越来越严重的水环境污染和水体富营养化问题，在许多地区，饮用水源污染和水体富营养化已影响到人们的正常生活。这一切都要求加强对污水中氮、磷等无机营养物质的处理。而且从技术来讲，通过对原有污水处理构筑物进行改建就可以实现除磷脱氮，并能与化学法和物理化学法结合起来达到很理想的去除效果。

☞ **5.5 污水中的氮在生物处理中是如何转化的?**

污水生物处理脱氮主要是靠一些专性细菌实现氮形式的转化,含氮有机化合物在微生物的作用下,首先分解转化为氨态氮 NH_4^+ 或 NH_3,这一过程称为"氨化反应"。硝化菌把氨氮转化为硝酸盐,这一过程称为"硝化反应";反硝化菌把硝酸盐转化为氮气,这一过程称为"反硝化反应"。含氮有机化合物最终转化为无害的氮气,从污水中去除。污水中氮在生物处理过程中的转化过程如图5-1所示。

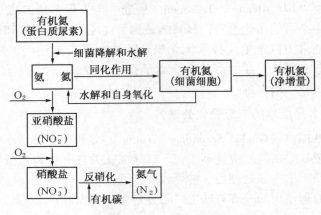

图 5-1   生物处理过程中氮的转化示意图

☞ **5.6 什么是硝化过程?**

硝化菌把氨氮转化为硝酸盐的过程称为硝化过程,硝化是一个两步过程,分别利用了两类微生物——亚硝酸盐菌和硝酸盐菌。这两类细菌统称为硝化菌,这些细菌所利用的碳源是 CO_3^{-2}、HCO_3^- 和 CO_2 等无机碳。第一步由亚硝酸盐菌把氨氮转化为亚硝酸盐,反应式如下:

$$NH_4^+ + \frac{3}{2}O_2 \longrightarrow NO_2^- + H_2O + 2H^+ - \Delta E \qquad \Delta E = 278.42kJ$$

第二步由硝酸盐菌把亚硝酸盐转化为硝酸盐,反应式如下:

$$NO_2^- + \frac{1}{2}O_2 \longrightarrow NO_3^- - \Delta E \qquad \Delta E = 278.42kJ$$

这两个反应过程都释放能量,硝化菌就是利用这些能量合成新细胞体和维持正常的生命活动,氨氮转化为硝态氮并不是去除氮而是减少了它的需氧量。

把以上两式合起来可以写成:

$$NH_4^+ + 2O_2 \longrightarrow NO_3^- + H_2O + 2H^+ - \Delta E \qquad \Delta E = 351kJ$$

综合氨氮氧化和细胞合成的反应式如下:

$$NH_4^+ + 1.83O_2 + 1.98HCO_3^- \longrightarrow 0.02C_5H_7O_2N + 0.98NO_3^- + 1.04H_2O + 1.88H_2CO_3$$

从上述方程式($C_5H_7O_2N$ 代表合成的细菌体)可以计算出氧化 1g 氨氮大约要

消耗 4.3gO_2 和 8.64gHCO_3^-（相当于 7.14g$CaCO_3$ 碱度）。

几乎所有的好氧活性污泥法都可以实现氮从氨氮或部分有机氮向硝酸盐和亚硝酸盐转化的硝化过程。例如，传统的推流式活性污泥法、完全混合活性污泥法、延时曝气活性污泥法、阶段曝气活性污泥法、各种氧化沟和 SBR 法等都可以实现硝化过程。

☞ **5.7 硝化过程的影响因素有哪些？**

（1）温度：硝化反应的最适宜温度范围是 30~35℃。系统温度降低到 12~14℃时，会出现亚硝酸盐的积累；温度低于 5℃时，硝化细菌的生命活动几乎完全停止。

（2）溶解氧：硝化反应必须在好氧条件下进行，溶解氧浓度为 0.5~0.7mg/L 是硝化菌可以忍受的极限，一般应维持混合液的溶解氧浓度在 2mg/L 以上。当泥龄降低时，为维持较高的硝化速率，应该相应提高溶解氧浓度。

（3）pH 值和碱度：硝化菌对 pH 值十分敏感，硝化反应的最佳 pH 值范围是 7.2~8.0，pH 值超出这个范围时，硝化反应速率会明显降低，低于 6 或高于 9.6 时，硝化反应将停止进行。如果污水没有足够的碱度进行缓冲，硝化反应将导致 pH 值下降、反应速率减缓，需要投加碱量以维持适宜 pH 值。

（4）有毒物质：过高的氨氮、重金属、有毒物质及某些有机物对硝化反应都有抑制作用。

（5）泥龄：系统的泥龄应为硝化菌世代周期的两倍以上，通常都控制泥龄大于 10d。较长的泥龄可增强硝化反应的能力，并能减轻有毒物质刺激的抑制作用。

（6）BOD_5 负荷：硝化菌是一类自养菌，有机物浓度不是其生长的限制因素，如果有机物浓度过高，会使异氧菌迅速繁殖，降低硝化速率。因此，处理系统的 BOD_5 负荷低于 0.15BOD_5/(MLVSS·d)时，硝化反应才能正常进行。

☞ **5.8 什么是反硝化过程？**

反硝化过程是反硝化菌异化硝酸盐的过程，即由硝化菌产生的硝酸盐和亚硝酸盐在反硝化菌的作用下，被还原为氮气后从水中溢出的过程。反硝化菌利用硝酸盐和亚硝酸盐被还原过程中产生的能量作为能量来源，在有分子态溶解氧存在时，反硝化菌将分解有机物来获得能量而不是还原硝酸盐和亚硝酸盐。因此，反硝化过程要在缺氧状态下进行，溶解氧的浓度不能超过 0.2mg/L，否则反硝化过程就要停止。

反硝化过程也分为两步进行，第一步由硝酸盐转化为亚硝酸盐，第二步由亚硝酸盐转化为一氧化氮、氧化二氮和氮气。转化过程可表示如下：

$$NO_3^- \longrightarrow NO_2^- \longrightarrow NO \longrightarrow N_2O \longrightarrow N_2$$

事实上反硝化过程只是硝酸盐还原的其中一个过程——异化过程，在异化过程的同时，还有一个同化过程，硝酸盐转化为氨氮用于细胞合成。在反硝化过程中要有含碳有机物作为电子供体，该碳源既可以是污水中的有机碳或细胞体内源碳，也可以外部投加。假设采用甲醇作为碳源，硝酸盐还原过程可表示如下：

（1）异化作用（能量反应）分两步进行，可分别表示如下：

$$6NO_3^- + 2CH_3OH \longrightarrow 6NO_2^- + 2CO_2 + 4H_2O$$

$$6NO_2^- + 3CH_3OH \longrightarrow 3N_2 + 3CO_2 + 3H_2O + 6OH^-$$

把以上两式合起来可以写成：

$$6NO_3^- + 5CH_3OH \longrightarrow 3N_2 + 5CO_2 + 7H_2O + 6OH^-$$

（2）同化作用可表示如下：

$$3NO_3^- + 14CH_3OH + CO_2 + 3H^+ \longrightarrow 3C_5H_7O_2N + 19H_2O$$

（3）综合同化作用和异化作用的反应式如下：

$$NO_3^- + 1.08CH_3OH + H^+ \longrightarrow 0.065C_5H_7O_2N + 0.47N_2 + 0.76CO_2 + 2.44H_2O$$

以上几个反应式是计算反硝化所需碳量的理论基础。

☞ **5.9 反硝化的影响因素有哪些？**

（1）温度：反硝化反应的最适宜温度范围是 35~45℃。温度降低，反硝化反应所需时间需要延长。

（2）溶解氧：为了保证反硝化反应的顺利进行，理想的缺氧状态是保持氧化还原电位为 $-50 \sim -110mV$；悬浮型活性污泥系统中的溶解氧应保持在 0.2mg/L 以下，附着型生物处理系统可以容许略高的溶解氧浓度（一般低于 1mg/L）。

（3）pH 值：硝化反应的最佳 pH 值范围是 6.5~7.5。此外，pH 值还影响反硝化的最终产物，pH 值>7.3 时最终产物是氮气，pH 值<7.3 时最终产物是 N_2O。

（4）碳源：碳源物质不同，反硝化速率也将有区别。挥发性有机酸、甲醇等是理想的反硝化反应碳源物质，内源代谢物质作为反硝化反应碳源时的反硝化速率就要低得多。

（5）碳氮比 C/N：当废水的 BOD_5/TKN 值大于 4~6 时，可认为碳源充足，不需要另外投加碳源，否则，应当投加甲醇或其他易降解有机物作为碳源。

（6）有毒物质：镍浓度大于 0.5mg/L、亚硝酸盐氮含量超过 30mg/L 或盐度高于 0.63% 时都会抑制反硝化作用。硫酸盐含量过高会导致反硫化的进行，进而影响反硝化的正常进行，钙和氨的浓度过高也会抑制反硝化作用。

☞ **5.10 什么是厌氧氨氧化？**

厌氧氨氧化指的是在厌氧的条件下，以氨氮（NH_4^+-N）为电子供体，亚硝酸氮（NO_2^--N）为电子受体，以 CO_2 或 HCO_3^- 为碳源，通过厌氧氨氧化菌的作用，将氨氮氧化为氮气（N_2）的过程。其中，在厌氧氨氧化的过程中，也产生了中间产物联氨（N_2H_4）以及羟氨（NH_2OH）。在厌氧氨氧化的反应中只对 CO_2 以及 HCO_3^- 产生了消耗，并没有进行外加碳源；反应过程中几乎不产生 N_2O，能够有效避免传统脱氮造成的温室气体排放；反应过程产碱量为零，无须添加中和药剂。

目前投用的厌氧氨氧化工程主要用于处理污泥消化液、垃圾渗滤液、畜禽养殖污水等高氨氮废水，污泥形态有絮体状、生物膜和颗粒状等三种，处理工艺包括两段式 SHARON 工艺、一体式 CANON 工艺等。

☞ **5.11 什么是短程硝化 – 反硝化？**

短程硝化-反硝化是指在污水生物处理过程中，控制硝化反应只进行到 NO_2^--N 阶段，不再生成硝酸根，而由亚硝酸根直接生成 N_2 的一种生物除氮工艺。短程硝化-反硝化生物脱氮工艺与传统生物脱氮工艺的对比见图 5-2。

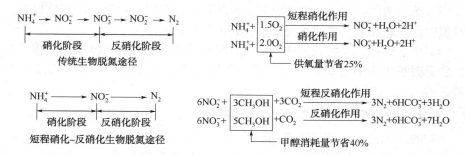

图 5-2　传统生物脱氮与短程硝化-反硝化生物脱氮对比

短程硝化-反硝化比全程硝化-反硝化可节约供氧量 25%、节省碳源 40%、反应器的容积减少 30%~40%、硝化过程减少产泥 25%~34%、反硝化过程减少产泥约 50%，使得短程硝化-反硝化反应尤其适应于低 C/N 比的废水。

☞ **5.12 什么是同步硝化反硝化？**

同步硝化反硝化指没有明显独立设置缺氧区的活性污泥法处理系统中，总氮被大量去除的工艺过程。

生物反应器内部不同区域形成缺氧和好氧点位，或不同时间点上的溶解氧量改变，分别为反硝化菌和硝化菌的作用提供了优势环境，造成了事实上硝化和反硝化作用的同步进行。好氧颗粒污泥法、SBR 反应器、好氧生物膜法等工艺具备脱氮作用，是同步硝化反硝化的典型工艺。

☞ **5.13 活性污泥法脱氮的原理是什么？**

活性污泥法脱氮的原理是通过创造好氧和缺氧条件，利用硝化菌和反硝化菌等一些专性菌实现氮形式的转化，一般需要经过硝化和反硝化两个步骤完成。

（1）通过延长泥龄使其大于硝化菌的世代周期和提高曝气强度增加混合液溶解氧含量等手段，为硝酸菌、亚硝酸菌等硝化菌创造生长繁殖的条件，使之在好氧状态下将有机氮和氨氮等转化为硝酸盐氮。

（2）控制反应池内溶解氧低于 0.2mg/L，即使活性污泥处于缺氧状态。反硝化菌在缺氧状况下，利用还原硝酸盐和亚硝酸盐获得能量，同时将硝酸盐及亚硝酸盐中的氮元素转化为氮气从水中释放出去，从而达到脱氮的目的。

☞ **5.14 生物脱氮的基本条件有哪些？**

（1）硝酸盐：硝酸盐的生成和存在是反硝化作用发生的先决条件，必须预先将污水中的含氮有机物如蛋白质、氨基酸、尿素、脂类、硝基化合物等转化为硝酸盐氮。

（2）不含溶解氧：反应器中的氧都将被有机体优先利用，从而减少反应器中能脱氮的硝酸盐量，溶解氧超过 0.2mg/L 时没有明显脱氮作用。

（3）兼性菌团：在大多数情况下，细菌普遍具有脱氮习性，污水处理的微生物脱氮时在好氧和缺氧之间反复交替，其中以兼性菌团为主。

（4）电子供体：生物脱氮的能量来自脱氮过程中起电子供体作用的碳质有机物，脱氮时污水中的有机物必须充足，否则需要投加甲醇、乙醇、乙酸等外部碳源。

☞ **5.15 废水生物脱氮处理的方法有哪些？**

生物脱氮工艺是一个包括硝化和反硝化过程的单级或多级活性污泥法系统。从完成生物硝化的反应器来看，脱氮工艺可分为微生物悬浮生长型（活性污泥法及其变形）和微生物附着生长型（生物膜反应器）两大类。

多级活性污泥法系统具有多级污泥回流系统，是传统的生物脱氮方法，即将硝化和反硝化分别单独进行的工艺系统。而单级活性污泥法系统则是设法将含碳有机物的氧化、硝化和反硝化在一个活性污泥法系统中实现，并且只有一个沉淀池。

单级活性污泥脱氮系统最典型的特征是只有一个沉淀池，即只有一个污泥回流系统。单级活性污泥脱氮系统的代表方法是缺氧/好氧（A/O）工艺（具体见二级生物处理部分有关问题）和四段 Bardenpho 工艺（A/O/A/O），其他方法还有厌氧/缺氧/好氧（A^2/O）工艺、Phoredox（五段 Bardenpho）工艺、UCT 工艺、VIP 工艺等；另外，氧化沟、SBR 法、循环活性污泥法等通过调整运行方式而具有脱氮功能的工艺也可归属为单级活性污泥脱氮系统。其中 A^2/O 工艺、Bardenpho 工艺、Phoredox 工艺、UCT 工艺、VIP 工艺等同时具有除磷和脱氮的功能。

生物膜反应器适合世代时间长的硝化细菌生长，而且其中固着生长的微生物使硝化菌和反硝化菌各有其适合生长的环境。因而，在生物膜反应器内部，会同时存在硝化和反硝化过程。在已有的活性污泥法处理过程中，通过投加粉末活性炭等载体，不仅可以提高除 BOD_5 功能，还可以提高整个系统的硝化和脱氮效果。如果将已经实现硝化的废水回流到低速转动的生物转盘和鼓风量较小的生物滤池等缺氧生物膜反应器内，可以取得更好的脱氮效果，而且不需要污泥回流。

☞ **5.16 什么是传统生物脱氮工艺?**

传统的生物脱氮流程是三级活性污泥系统(见图 5-3),在此流程中,含碳有机物的氧化和含氮有机物的氨化、氨氮的硝化及硝酸盐的反硝化分别在三个构筑物内进行,并维持各自独立的污泥回流系统。曝气池和硝化池均要进行曝气维持好氧状态,反硝化池则要维持缺氧状态,不进行曝气,只采用缓速搅拌使污泥处于悬浮状态并与污水保持良好的混合,反硝化所需碳源采用外加甲醇的方法。

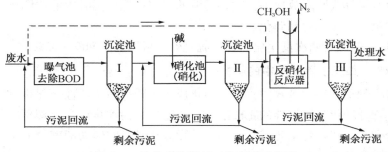

图 5-3 传统生物脱氮工艺流程示意图

这种流程的优点是好氧菌、硝化菌和反硝化菌分别生长在不同的构筑物内,并可维持各自最适宜的生长环境,所以反应速度快,可以得到相当好的 BOD_5 去除效果和脱氮效果。另外,不同性质的污泥分别在不同的沉淀池中得到沉淀分离,而且拥有各自独立的污泥回流系统,所以运行的灵活性和适应性较好。其缺点是流程长、构筑物多,外加甲醇为碳源使运行费用较高,出水中往往会残留一定量的甲醇而引起 COD 升高。

为克服三级活性污泥脱氮系统的缺点,可以对其进行各种改进。比如将好氧曝气池和硝化池合二为一,使含碳有机物的氧化和含氮有机物的氨化、氨氮的硝化合并在一个构筑物内进行;可以将部分原污水引入反硝化池作碳源,以省去外加碳源,降低硝化池负荷,节约运行费用。

☞ **5.17 什么是 Bardenpho 工艺?**

Bardenpho 工艺由两个缺氧/好氧(A/O)工艺串联而成,共有四个反应池,因此有时也称为四段 Bardenpho 工艺,其工艺流程见图 5-4。

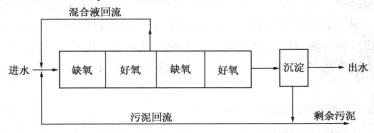

图 5-4 Bardenpho 工艺流程示意图

在第一级 A/O 工艺中，回流混合液中的硝酸盐氮在反硝化菌的作用下利用原污水中的含碳有机物作为碳源在第一缺氧池中进行反硝化反应，反硝化后的出水进入第一好氧池后，含碳有机物被氧化，含氮有机物实现氨化和氨氮的硝化作用，同时在第一缺氧池反硝化产生的 N_2 在第一好氧池经曝气吹脱释放出去。

在第二级 A/O 工艺中，由第一好氧池而来的混合液进入第二缺氧池后，反硝化菌利用混合液中的内源代谢物质进一步进行反硝化，反硝化产生的 N_2 在第二好氧池经曝气吹脱释放出去，改善污泥的沉淀性能，同时内源代谢产生的氨氮也可以在第二好氧池得到硝化。

Bardenpho 具有两次反硝化过程，脱氮效率可以高达 90%~95%。

☞ **5.18　如何去除废水中的磷?**

经过生物法处理，废水中磷部分转化成有机磷存在于活性污泥生物细胞的原生质中，部分转化为溶解性的正磷酸盐。通过剩余污泥排放和处理可以从废水中去除部分磷，一些特殊工艺或经过调整运行方式具有除磷功能的普通工艺可以取得较好的除磷效果，具体方法有 A/O、A^2/O、SBR、氧化沟等。

但生物处理法的除磷效果是有限的，当磷的排放标准要求很高时，往往需要使用化学除磷对生物除磷效果予以进一步完善。

化学法除磷是向水中投加化学药剂，生成不溶性的磷酸盐，然后再利用沉淀、气浮或过滤等方法将磷从污水中除去。用于化学除磷的常用药剂有石灰、铝盐和铁盐等三大类。由于受废水碱度和有机物的影响，除磷的化学反应是一个复杂的过程，因此化学除磷的最佳药剂投加量不能按计算确定，必须经过试验确定。

☞ **5.19　石灰除磷的原理是什么?**

石灰除磷是投加石灰与磷酸盐反应生成羟基磷灰石沉淀，反应式如下：

$$5Ca^{2+}+4OH^-+3HPO_4^{2-}\longrightarrow Ca_5OH(PO_4)_3+3H_2O$$

由于石灰进入水中后，首先与水的碱度发生反应生成碳酸钙沉淀，然后过量的钙离子才能与磷酸盐反应生成羟基磷灰石沉淀，因此所需的石灰量主要取决于待处理废水的碱度，而不是废水的磷酸盐含量。另外，废水的镁硬度也是影响石灰法除磷的因素，因为在高 pH 值条件下，可以生成 $Mg(OH)_2$ 胶状沉淀物，不但消耗石灰，而且不利于污泥脱水。pH 值对石灰除磷的影响很大，随着 pH 值的升高，羟基磷灰石的溶解度急剧下降，即磷的去除率迅速增加，pH 值大于 9.5 后，水中所有磷酸盐都转为不溶性的沉淀。一般控制 pH 值在 9.5~10 之间，除磷效果最好。

☞ **5.20　石灰除磷的具体方法有哪些?**

石灰除磷的具体方法有三种：一是在污水处理场初沉池之前投加石灰；二是

在污水生物处理之后的二沉池中投加石灰；三是在生物处理系统之后投加石灰并配有再酸化调整 pH 值系统。

第一种方法在除磷的同时，也提高了有机物和悬浮物的去除率，从而减轻曝气池的负荷。但为了不影响生物处理的正常进行，pH 值不能过高，一般限制在 9 左右，因此除磷效果不是太好，水中残余可溶性磷 2～3mg/L。为了满足更高的排放要求，可以采用在曝气池或二沉池再投加铝盐或铁盐等其他药剂的方法，进一步提高除磷率。

第二种方法将磷在生物处理之后去除，不影响生物处理过程中微生物对磷的生理需求，而且生物处理可以将一部分聚磷酸盐转化为正磷酸盐，从而提高除磷效果。其问题是有可能使回流污泥 pH 值过高，进而影响生物处理的正常进行。

第三种方法对生物处理系统没有任何影响，降低 pH 值后的出水对环境也无不良影响。再结合颗粒滤料过滤，最终出水的悬浮物和磷可以降到很低，残余磷只有 0.1～0.2mg/L。

☞ **5.21　铝盐除磷的原理是什么？**

铝盐除磷常用药剂是硫酸铝和铝酸钠，其除磷反应式分别如下：

$$Al_2(SO_4)_3 \cdot 14H_2O + 2H_2PO_4^- + 4HCO_3^- \longrightarrow 2AlPO_4 + 4CO_2 + 3SO_4^{2-} + 18H_2O$$

$$Na_2Al_2O_4 + 2H_2PO_4^- \longrightarrow 2AlPO_4 + 2Na^+ + 4OH^-$$

由反应式可以看出，投加硫酸铝会降低废水的 pH 值，而投加铝酸钠会提高废水的 pH 值。因此硫酸铝和铝酸钠分别适用于处理碱性和酸性废水。

铝盐可以加在初沉池前，也可以加在曝气池中或在曝气池和二沉池之间，还可以将化学除磷与生物处理系统分开，以二沉池出水为原水投加铝盐进行混凝过滤或在滤池前投加铝盐进行微絮凝过滤。

☞ **5.22　铁盐除磷的原理是什么？**

三氯化铁、氯化亚铁、硫酸亚铁（绿矾）、硫酸铁等都可以用来除磷，常用的是三氯化铁。三氯化铁与磷酸盐的反应式为：

$$FeCl_3 \cdot 6H_2O + H_2PO_4^- + 2HCO_3^- \longrightarrow FePO_4 + 3Cl^- + 2CO_2 + 8H_2O$$

与铝盐相似，大量三氯化铁要满足与碱度反应生成 $Fe(OH)_3$，以此促进胶体磷酸铁的沉淀分离。磷酸铁沉淀的最佳 pH 值范围为 4.5～5.0，实际应用中 pH 值在 7 左右甚至超过 7，仍有较好的除磷效果。城市废水投加大约 45～90mg/L 三氯化铁，可以去除磷 85%～90%。和铝盐一样，铁盐投加点可以在预处理、二级处理或三级处理阶段。

☞ **5.23　化学法除磷存在的问题是什么？**

（1）化学法除磷最大的问题是会使污水处理场污泥量显著增加，因为除磷时产生的金属磷酸盐和金属氢氧化物以悬浮固体的形式存在于水中，最终变为处理场污泥。

（2）化学除磷不仅使污泥量增加，而且使污泥浓度降低 20% 左右，因此使污泥体积即污泥数量加大，由此而来的是增加了处理场污泥处理与处置的难度。

（3）使用化学法除磷时，会使处理场出水可溶性固体含盐量（TDS）升高，在固液分离不好的情况下，铁盐除磷有时会使出水呈微红色。

☞ 5.24 活性污泥法除磷的原理是什么？

常规二级生物处理后，90% 左右的磷以磷酸盐形式存在。在传统的活性污泥系统中，磷作为微生物正常生长所必需的元素用于微生物体的合成，并以剩余污泥的形式排出而获得 10%~30% 的除磷效果。污水生物除磷的原理就是人为创造生物超量除磷过程，并实现可控的除磷效果。这个过程必须通过创造厌氧环境利用厌氧微生物的作用来实现生物除磷过程。

在没有溶解氧和硝态氮存在的条件下，聚磷菌吸收发酵产物或来自原污水的 VFA，并将其运送到细胞内，同化成胞内碳能源储存物质 PHB，所需的能量来源于聚磷的水解以及细胞内糖的酵解，并导致磷酸盐的释放。

在好氧条件下，聚磷菌以聚磷的形式存储超过生长所需要的磷量，通过 PHB 的氧化代谢产生能量，用于磷的吸收和聚磷的合成，能量以聚磷酸高能键的形式捕集存储，磷酸盐从水中被去除。产生的富磷污泥，通过剩余污泥的形式得到排放，从而实现将磷从水中除去的目的。

除磷的关键是厌氧区的设置，可以说厌氧区是聚磷菌的生物选择器。厌氧区为聚磷菌提供了竞争优势，能吸收大量磷的聚磷菌就能在此得到选择性增殖。这种选择性增殖的另一个好处是抑制了丝状菌的增殖，避免了产生沉淀性能较差的污泥的可能，因此，厌氧/好氧生物除磷工艺一般不会出现污泥膨胀现象。

☞ 5.25 影响除磷的因素有哪些？

（1）溶解氧：首先必须在厌氧区控制严格的厌氧环境，确保聚磷菌具备很好的释磷能力及利用有机基质合成 PHB 的能力；其次是必须在好氧区供给足够的溶解氧，以满足聚磷菌对储存的 PHB 进行降解，释放足够的能量供其过量摄磷之用，以便有效地吸收废水中的磷。一般厌氧段的 DO 要严格控制在 0.2mg/L 以下，而好氧段的 DO 要控制在 2mg/L 以上。

（2）厌氧区硝态氮：硝态氮的存在也会消耗有机基质而抑制聚磷菌对磷的释放，进而影响好氧条件下聚磷菌对磷的吸收。另外，硝态氮的存在会被部分聚磷菌作为电子受体进行反硝化，从而影响聚磷菌以发酵产物作为电子受体进行发酵产酸，抑制聚磷菌的释磷和摄磷能力及 PHB 的合成能力。

（3）温度：温度对除磷的影响不如对生物脱氮过程的影响那么明显，在低温运行时，要求厌氧段的时间更长一些。通常在 5~30℃ 的范围内，都可以收到较好的除磷效果。

（4）pH 值：通常情况下，pH 值在 6~8 的范围内时，磷的释放比较稳定。pH 值低于 6.5 时，生物除磷的效果会大大下降。

（5）BOD_5 负荷和有机物性质：进水中是否含有足够的易降解有机物，是关系到聚磷菌能否在厌氧条件下顺利生存的重要因素。进水中 BOD_5/TP 要大于 15，才能保证聚磷菌有足够的基质，从而获得理想的除磷效果。为此，可以采用分段进水的方法，获得除磷所需的 BOD_5 量。

（6）泥龄：泥龄越短，污泥磷含量越高，排放的剩余污泥量越大，除磷效果越好。但过短的泥龄会影响 BOD_5 和 COD_{Cr} 的去除效果，以除磷为目的的生物处理系统的泥龄一般控制在 3.5~7d。

（7）污泥处理液：污泥浓缩池中呈厌氧状态会使上清液和污泥脱水液中磷浓度升高，而这些高浓度的含磷废水又会回到进水中，因此必须采用新鲜污泥直接脱水的处理方法，避免磷的重新释放。

☞ **5.26　废水生物除磷的处理方法有哪些?**

按照磷的最终去除方式和构筑物的组成，除磷工艺流程可分为主流程除磷工艺和侧流程除磷工艺两类。

主流程除磷工艺的厌氧段在处理污水的水流方向上，磷的最终去除通过剩余污泥排放，其代表方法是厌氧/好氧（A/O）工艺（具体见二级生物处理有关问题），其他方法如厌氧/缺氧/好氧（A^2/O）工艺、Phoredox 工艺（五段 Bardenpho 工艺、$A^2/O/A/O$）、UCT 工艺、VIP 工艺以及具有除磷效果的 SBR 法、氧化沟等工艺，都是经过厌氧/好氧过程和排出剩余污泥来实现除磷。

侧流程除磷工艺的厌氧段不在处理污水的水流方向上，而是在回流污泥的侧流上。具体方法是将部分含磷回流污泥分流到厌氧段释放磷，再用石灰沉淀去除富磷上清液中的磷。

☞ **5.27　什么是 Phostrip 除磷工艺?**

Phostrip 工艺即侧流除磷工艺，通常所说的生物除磷工艺往往是指 Phostrip 工艺。其工艺流程见图 5-5。

废水经过曝气池处理去除 BOD_5 和 COD_{Cr}，同时活性污泥过量摄取磷后，混合液再进入二沉池，实现含磷污泥与水的分离。含磷污泥部分回流到曝气池，另一部分分流至厌氧除磷池。在厌氧除磷池中，污泥在好氧条件时过量摄取的磷得到充分释放，然后污泥回流到曝气池中。由除磷池流出的富磷上清液进入化学沉淀池，投加石灰形成 $Ca_3(PO_4)_2$ 不溶物沉淀，再通过排放含磷污泥去除磷。

污泥在释磷池内的停留时间一般为 2h，从污泥回流系统分流的污泥量一般为污水处理厂进水量的 20%~30%，而经过浓缩释磷后再回流到曝气池内的泥量为污水处理厂进水量的 10%~20%。

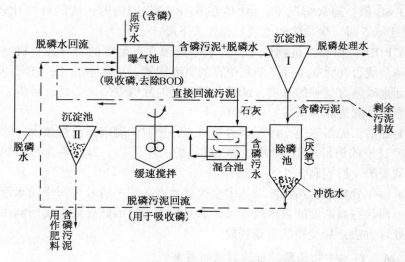

图 5-5　Phostrip 除磷工艺流程示意图

Phostrip 工艺将生物除磷法与化学除磷法结合在一起，除磷效果较好且稳定，出水总磷浓度可以小于 1mg/L。常规活性污泥法很容易改造成 Phostrip 工艺，只需在污泥回流管线上增加小规模的处理单元即可，而且在改造过程中不用中断污水处理系统的正常运转。

☞ **5.28　除磷处理设施运行管理的注意事项有哪些?**

（1）厌氧段是生物除磷最关键的环节，其容积一般按 0.5~2h 的水力停留时间确定，如果进水中容易生物降解的有机物含量较高，应当设法减少水力停留时间，以保证好氧段进水的 BOD_5 含量。

（2）如果生物除磷工艺不能满足出水排放标准水质要求，可以增加化学除磷的后续工艺环节去除水中残留的低含量磷。

（3）重力浓缩容易产生厌氧状态，有除磷要求的剩余污泥处理不能采用这种方法，而应当使用气浮浓缩、机械浓缩、带式重力浓缩等不产生厌氧状态的浓缩方法。如果受条件限制只能选用重力浓缩时，则必须在工艺流程中增设化学沉淀设施去除浓缩上清液中所含的磷。

（4）泥龄是影响生物除磷脱氮的主要因素，脱氮要求越高，所需泥龄越长。而泥龄越长，对除磷越不利。尤其是在进水 BOD_5/TP 小于 20 时，泥龄控制得越短越好。但如果进水 BOD_5 偏低，活性污泥增长缓慢，就不可能将泥龄控制得太短，此时必须使用化学法除磷。

☞ **5.29　兼有脱氮除磷工艺的废水生物处理方法有哪些? 基本参数如何?**

A^2/O 工艺、四段 Bardenpho 工艺（A/O/A/O）、Phoredox 工艺（五段 Bardenpho 工艺、A^2/O/A/O）、UCT 工艺、VIP 工艺等同时具有除磷和脱氮的功能，氧化沟

和 SBR 法通过改变运行方式或曝气方式也可以模仿上述工艺过程，从而达到同时除磷和脱氮的目的。表 5-1 列出了 A^2/O 工艺、Phoredox 工艺和 UCT 工艺等三种除磷脱氮工艺的主要设计参数。

表 5-1　常用除磷脱氮工艺的设计参数

项　目		A^2/O 工艺	Phoredox 工艺	UCT 工艺
污泥负荷(F/M)/[kgBOD$_5$/(kgMLVSS·d)]		0.15~0.7	0.1~0.2	0.1~0.2
污泥泥龄(SRT)/d		4~27	10~40	10~30
污泥浓度(MLSS)/(g/L)		3~5	2~4	2~4
水力停留时间(HRT)/h	厌氧段	0.5~1.3	1~2	1~2
	缺氧段 1	0.5~1	2~4	2~4
	好氧段 1	3~6	4~12	4~12
	缺氧段 2	—	2~4	2~4
	好氧段 2	—	0.5~1	—
污泥回流比/%		40~100	50~100	50~100
混合比/%		100~300	400	100~600

☞ 5.30　如何选择污水生物除磷脱氮工艺？

污水处理的目标决定了所选择的工艺，当处理目标是去除氨氮(只要硝化)、总氮(需要硝化和反硝化)及同时除磷脱氮时，工艺选择和运行方式也是不同的。

当出水仅对氨氮浓度有要求而对总氮无要求时，采用合并硝化或单独硝化即低负荷的传统活性污泥法就可以满足出水要求，但仍可以采用前置单一缺氧段的单级活性污泥脱氮(A/O)工艺。这样前置的反硝化过程可以消耗部分可快速降解的含碳有机物，减少碳氧化所需氧量，降低能耗；反硝化产生的碱度是对硝化阶段消耗的碱度的有利补充，而且硝酸盐氮浓度的降低可以避免其在二沉池发生反硝化产生氮气泡而影响沉淀效果。

当出水对总氮有要求时，必须考虑实现硝化和反硝化双重过程。对于出水不同的总氮要求，可以选择不同脱氮工艺，具体方法见表 5-2。

表 5-2　不同的出水总氮要求对应的脱氮工艺

出水总氮要求值	脱氮工艺
8~12mg/L	所有单级活性污泥系统、氧化沟、SBR
6~8mg/L	A^2/O、UCT、VIP、A/O/A/O(四段 Bardenpho 工艺)、氧化沟、SBR
3~6mg/L	A/O/A/O(四段 Bardenpho 工艺)
≤3mg/L	多级生物脱氮系统

当处理目标包括除磷时，必须综合考虑除磷和脱氮的双重要求。A^2/O、UCT 和 VIP 工艺均可使出水的总磷降到 1mg/L 以下，Phoredox(五段 Bardenpho、

$A^2/O/A/O$)工艺也可使出水的总磷降到 3mg/L 以下。当出水仅要求除磷时,可以采用厌氧/好氧(A/O)法或 Phostrip 工艺。

选择生物除磷脱氮工艺时的另一种重要指标是污水的 BOD_5/TP 比值,如果此值大于 20,则原污水中有充足的碳源有机物,A^2/O 和五段 Bardenpho 工艺($A^2/O/A/O$)可以满足除磷脱氮的双重要求;若 BOD_5/TP 小于 20,则应当选择 VIP 或 UCT 工艺。

☞ **5.31 什么是 Phoredox 工艺?**

Phoredox 工艺又称五段 Bardenpho 工艺,由厌氧–缺氧–好氧–缺氧–好氧五个阶段构成,相当于 A^2/O 工艺和 A/O 工艺串联而成,其工艺流程见图 5-6。

图 5-6 Phoredox 工艺流程示意图

从二沉池回流来的污泥在厌氧段与进水相混,第一个好氧段中的污泥混合液回流仅进入缺氧区进行反硝化,再加上后续缺氧段的进一步反硝化,可以获得较高的氮去除率,从二沉池排出的回流污泥携带到厌氧区的硝酸盐数量会很少。

混合液从第一个好氧区回流到缺氧区,这种工艺流程的泥龄在 10~40d,要比 A^2/O 工艺长。

☞ **5.32 什么是 UCT 工艺?**

UCT 工艺是 University of Cape Town 工艺的英文简写,是类似于 A^2/O 工艺的一种除磷脱氮方法,即厌氧/缺氧/缺氧/好氧工艺,其流程如图 5-7 所示。

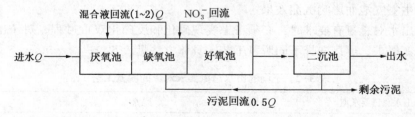

图 5-7 UCT 工艺流程示意图

UCT 工艺与 A^2/O 工艺的不同之处:一是沉淀池污泥回流到缺氧池而不是回流到厌氧池,这样可以防止硝酸盐氮进入厌氧池,破坏厌氧池的厌氧状态而影响系统的除磷效率;二是增加了从缺氧池到厌氧池的缺氧池混合液回流,回流的混合液中含有较多的溶解性 BOD_5,而硝酸盐很少,这就为厌氧池内进行的产酸发酵提供了最优的条件。

☞ **5.33 什么是改良型 UCT 工艺？**

改良型的 UCT 工艺流程见图 5-8。在改良后的 UCT 工艺中，缺氧池被分为两个部分，第一缺氧池接纳回流污泥，然后由该反应池将污泥回流到厌氧池。硝化混合液回流到第二缺氧池，大部分反硝化在第二缺氧池进行。改良后的 UCT 工艺基本克服了 UCT 工艺存在的缺点和问题，最大限度地消除了向厌氧池回流液中的硝酸盐氮对释磷产生的不利影响。

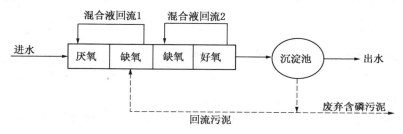

图 5-8　改良型的 UCT 工艺流程示意图

☞ **5.34 什么是 VIP 工艺？**

VIP 工艺流程如图 5-9 所示。VIP 工艺反应池采用方格形式，将一系列体积较小的完全混合式反应格串联在一起，这种形式形成了有机物的梯度分布，充分发挥聚磷菌的作用，提高了厌氧池磷的释放和好氧池磷的吸收速率，因而比单个大体积的完全混合式反应池具有更高的除磷效果。缺氧池的分格使反硝化反应都发生在前几格，有助于缺氧池的完全反硝化，这样在缺氧池的最后一格硝酸盐的含量极低，基本不会出现硝酸盐通过缺氧池回流液进入厌氧池的问题，保证了厌氧池严格的厌氧条件。

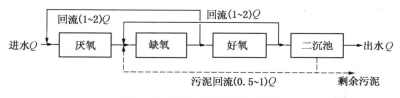

图 5-9　VIP 工艺流程示意图

☞ **5.35 VIP 工艺与 UCT 工艺的区别是什么？**

与 UCT 工艺相比，VIP 工艺采用高负荷运行，混合液污泥活性较高，泥龄较短，除磷脱氮效果较好，而且反应池的容积较小。从流程上看，VIP 工艺与 UCT 工艺非常相似，两者的差别在于池型构造和运行参数方面，表 5-3 列出了两者的对比。

表 5-3　VIP 工艺与 UCT 工艺的比较

VIP 工艺	UCT 工艺
多个完全混合型反应格组成	厌氧池、缺氧池、好氧池均是单个反应器
流程采用分区方式，每区由 2~4 格组成	每个反应区都是完全混合型
泥龄 4~12d	泥龄 13~25d，通常>20d，污泥得到稳定
污泥回流与混合液回流通常混合在一起	污泥直接回流到缺氧池
来自缺氧池的混合液回流与进水混合	从完全混合的缺氧池将混合液直接回流到厌氧池
典型工艺的水力停留时间为 6~7h	典型工艺的水力停留时间为 2~4d

☞　**5.36　什么是混合、反应、混凝和矾花？**

促使絮凝剂向水中迅速扩散、并与全部水混合均匀的过程称为混合。絮凝剂的混合过程需要通过混合池或混合器等方式实现。

水中悬浮颗粒与絮凝剂作用，通过压缩双电层和电中和等机理，失去稳定性而相互结合生成微小絮粒的过程称为凝聚。

凝聚生成的微小絮粒在水流的搅动和絮凝剂的架桥作用下，通过吸附架桥和沉淀网捕等机理，逐渐成长为大的絮体的过程称为絮凝。

混合、凝聚、絮凝三个过程通称为混凝，而絮凝剂与水混合后生成微小絮体、微小絮体再长大为大絮体的凝聚、絮凝过程又合称为反应。

絮凝剂与水混合后生成的絮体被称为矾花，絮凝剂与水中的悬浮杂质反应生成矾花的过程在反应池中进行。

☞　**5.37　混凝工艺的一般流程是怎样的？**

混凝工艺一般有药剂配制投加、混合、反应三个环节组成，其基本流程如下：

絮凝剂——→配制——→定量投加

原水——→混合——→反应——→固液分离

（1）絮凝剂的投加一般需要溶解、搅拌、定量控制和投配设备。

（2）混合在加药后的极短时间内完成，混合搅拌时间一般为 10~30s，最长为 120s。

（3）反应是使水中杂质颗粒结成大尺寸矾花的过程，要求水流平稳，延续时间也较长。反应池的平均速度梯度 G 一般为 10~60s^{-1}，水流速度为 15~30mm/s，反应时间为 15~30min，并控制 GT 值在 10^4~10^5 范围内。通常反应池与固液分离设施合建或相距很近。

（4）混合设备与后续处理设施如反应池、澄清池之间尽可能相邻而建，反应池与沉淀、气浮等固液分离设施之间必须相邻而建，不能用管道连接。

☞ **5.38   混凝工艺在废水处理中的应用有哪些？**

加药混凝处理可以有效降低工业生产废水的浊度和色度，去除废水中呈胶体状态的高分子有机物质、放射性物质及其他微细颗粒物质。

在对含油废水进行气浮处理前投加絮凝剂可以起到对乳化油的脱稳和破乳作用，并形成絮体吸附油珠和悬浮物共同上浮，可以使含油废水的含油量从数百mg/L 降低到 15mg/L 左右，同时悬浮物的去除率也可以高达 80%～90%。

混凝工艺在废水处理中的另一种应用是加强初沉池和二沉池的沉淀效果，以及对二级出水进行三级处理或深度处理。

☞ **5.39   絮凝剂的投加方式有哪些？**

絮凝剂的投加方式有干式投加和湿式投加两种，简称干投和湿投。

干投的流程是：

药剂输送——→粉碎——→提升——→计量——→混合池

湿投的流程是：

溶解池——→溶液池——→定量控制——→投加设备——→混合池(混合器)

两种投加方式的优、缺点和适用条件对比见表 5-4。

表 5-4   絮凝剂干投和湿投的特点比较

投药方式	优　点	缺　点	适用范围
干式投加	(1)设备占地面积小； (2)投加设备无腐蚀问题； (3)不破坏或改变药剂性质	(1)用药量大时，需要配备絮凝剂破碎设备； (2)用药量少时，不好调节和控制投加量； (3)药剂与水的混合均匀性较差； (4)加药间内粉尘大、劳动卫生条件差	(1)适用于大用药量； (2)不适用于有机高分子及吸湿性絮凝剂
湿式投加	(1)容易与水充分混合； (2)投加量容易调节； (3)运行管理方便	(1)设备复杂，占地面积大； (2)设备容易被腐蚀损坏； (3)要求投药量突变时，调整过程较长	适用于各种絮凝剂和各种用药量

☞ **5.40   絮凝剂如何实现定量投加？**

要想实现准确的调整，絮凝剂系统必须有一个比较准确的计量。混凝处理系统的絮凝剂投加一般使用计量泵投加絮凝剂溶液的方式，人工调整和自动调整都能很容易地实现。

自动投药系统种类很多，其中比较准确的是根据加药混合后形成的矾花特性和沉淀或澄清后出水浊度等情况来调整絮凝剂的投加量。其原理是利用以脉动值换算理论为基础的絮凝粒子检测技术，使用光学原理测定絮凝粒子的粒径、密度等特性，同时利用电极测定能反映水中胶体颗粒脱稳程度的电流信号，综合利用以上两种控制信号调整絮凝剂的投加量。为了更准确地反映实际运行情况，有时还要结合沉淀或澄清后出水浊度的高低来对絮凝剂的投加量进行调整和控制。

☞ **5.41 常用的混合方式有哪些?**

混合方式有机械搅拌混合、分流隔板混合、水泵混合和管道混合等。常用混合方式的优缺点比较见表5-5。

表 5-5 常用混合方式比较

混合方式	优　点	缺　点	适用条件
机械搅拌混合	混合效果良好，水头损失小	维护管理较复杂，能耗大	各种水量
分流隔板混合	混合效果较好，管理简单	水头损失大，占地面积大	大中水量
水泵混合	设施简单，不需要外加能耗	管理复杂，不宜在泵出水管太长时使用	各种水量
管道混合	管理简单，不需要维修	需要一定能耗，混合效果较差	稳定流量

☞ **5.42 常用的反应池有哪些类型?**

常用的反应池类型有隔板反应池、机械搅拌反应池和折板反应池三种，也有将不同形式反应池串联在一起成为组合式反应池的。常用反应池的优缺点比较见表5-6。

表 5-6 常用反应池的特点比较

反应方式	优　点	缺　点	适用条件
隔板反应池	构造简单，管理方便	反应时间长、水量变化大时效果不稳定	大中水量
机械搅拌反应池	搅拌强度可调，效果较好	维护管理较复杂、能耗大	各种水量
折板反应池	容积利用率和能量利用率高	安装、维修困难	中小水量

☞ **5.43 混凝处理系统的运行管理的注意事项有哪些?**

（1）加强进水水质的分析化验，定期进行烧杯搅拌试验，在模仿现有混合反应过程的搅拌强度下，通过改变絮凝剂或助凝剂的种类及投加量，来确定最佳的混凝条件。比如进水的悬浮物浓度发生变化时，应适当调整絮凝剂的投加量；当进水水温或pH值发生改变时，可改变絮凝剂或助凝剂的种类。

（2）巡检时观察并记录反应池矾花的大小等特征，并与以往的记录资料相对比，如果出现异常变化应及时分析原因和采取相应的对策。比如，反应池末端水体浑浊、矾花颗粒细小，通常说明絮凝剂投加量不够，需要增加投药量或再投加助凝剂；反应池末端矾花颗粒较大但很松散，通常说明絮凝剂投加量过大，需要适当予以减少。

（3）定期清除反应池内的积泥，避免因反应池有效容积减少使池内流速增大和反应时间缩短而导致的混凝处理效果下降。

（4）定期分析核算混合池、反应池的水力停留时间、水流速度梯度等搅拌强度参数。

（5）反应池出水端与沉淀或气浮等后续处理构筑物之间的配水渠最容易积存污泥，如果因此堵塞部分配水口，会使进入后续处理系统的孔口流速加大，导致矾花被打碎，必须及时清理。

☞ **5.44 什么是澄清池？其基本原理是什么？**

澄清池是一种将絮凝混合、反应与絮体沉淀分离三个过程综合于一体的水处理构筑物，主要用于去除原水中的悬浮物和胶体颗粒。

在澄清池中，污泥被提升起来并使之处于均匀分布的悬浮状态，在池中形成高浓度的稳定活性污泥层。原水在澄清池中由下向上流动，污泥层由于重力作用在上升水流中处于动态平衡状态。当已经投加混凝剂的原水通过污泥层时，利用接触絮凝原理，原水中的悬浮物被污泥层截留下来，使水获得澄清。澄清池效率的高低取决于泥渣悬浮层的活性与稳定，因此保持泥渣层处于悬浮、浓度均匀、活性稳定的工作状态是澄清池的最基本要求。

☞ **5.45 澄清池的类型有哪些？各自的优缺点和适用条件是什么？**

澄清池的工作效率取决于悬浮污泥层的活性与稳定性，为使悬浮污泥层始终保持絮凝活性，必须使污泥层始终处于新陈代谢的状态，即在形成新的污泥的同时，排除老化了的污泥。澄清池可分为污泥悬浮型和污泥循环型两类。污泥悬浮型澄清池利用进水的能量连续或周期性地冲起泥渣，使泥渣层呈悬浮状态并截留原水中的微小絮体，典型的污泥悬浮型澄清池有悬浮澄清池和脉冲澄清池两种。污泥循环型澄清池是利用搅拌机或射流器使污泥在垂直方向上不断循环，在循环过程中捕集污水中的微小悬浮颗粒，并在分离区进行分离，典型的污泥循环型澄清池有机械搅拌澄清池和水力循环澄清池两种。常用澄清池的优缺点和适用范围见表5-7。

表5-7 常用澄清池的特点比较

池型	优 点	缺 点	适用范围
脉冲澄清池	（1）混合充分，布水均匀； （2）池深较浅，可用于平流沉淀池改造	（1）需要一套真空设备； （2）虹吸式水头损失较大，脉冲周期难控制； （3）对水质水量变化适应性较差； （4）操作管理要求较高	（1）适用于大、中、小型水场； （2）进水悬浮物含量<3g/L，短时间内允许5~10g/L

池型	优　点	缺　点	适用范围
悬浮澄清池	(1)无穿孔底板式构造简单； (2)双层式能处理高浊度水	(1)需设置水气分离器； (2)对水温、水量变化敏感； (3)双层式池深较大； (4)处理效果不稳定	(1)单层池进水悬浮物含量<3g/L，双层池进水悬浮物含量3~10g/L； (2)水量变化每小时≤10%，水温变化每小时≤1℃
机械搅拌澄清池	(1)单位面积产水量大，处理效率高； (2)处理效果稳定，适应性较强	(1)需要机械搅拌设备； (2)维修较麻烦	(1)适用于大、中型水场； (2)进水悬浮物含量<5g/L，短时间内允许5~10g/L
水力循环澄清池	(1)无机械搅拌设备； (2)构筑物较简单	(1)投药量和水头损失较大； (2)对水质水量变化适应性较差； (3)能量消耗大	(1)适用于中、小型水场； (2)进水悬浮物含量<2g/L，短时间内允许5g/L

☞ **5.46　什么是机械搅拌澄清池？其基本原理是什么？**

机械搅拌澄清池将混合、絮凝反应及沉淀工艺综合在一起，组成示意图见图5-10。池中心有一个转动叶轮，将原水和加入药剂及澄清区沉降下来的回流污泥混合，促进形成较大絮体。污泥回流量是进水量的3~5倍，为保持池内悬浮物浓度稳定，要及时排出多余的污泥。

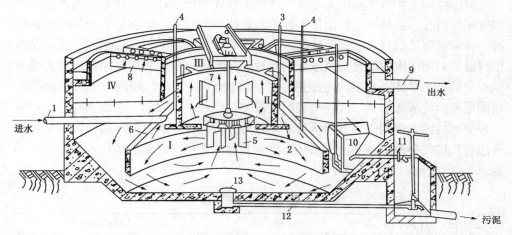

图5-10　机械搅拌澄清池组成示意图

Ⅰ—混合反应区；Ⅱ—二反应区；Ⅲ—导流区；Ⅳ—分离区

1—进水管；2—三角配水槽；3—排气管；4—投药管；5—搅拌桨；6—伞形罩；7—导流板；8—集水槽；9—出水管；10—污泥浓缩室；11—排泥管；12—排空管；13—排空阀

废水从进水管进入环形配水三角槽，混凝剂通过投药管加到配水三角槽中，再一起流入混合区，进行水、药剂和回流污泥的混合。由于涡轮的提升作用，混合后的泥水被提升到反应区，继续进行混凝反应，并溢流到导流区。导流区的导流板消除反应区过来的环形流动，使废水平稳地沿伞形罩进入分离区。分离区的排气管将废水中带入的空气排出，减少对泥水分离的干扰。分离区面积较大，由于过水面积的突然增大，流速下降，泥渣靠重力自然下沉，上清液由集水槽和出水管流出池外。一少部分泥渣进入浓缩区，定期由排泥管排出，大部分泥渣则在涡轮的提升作用下通过回流缝回到混合区。

根据进水水质和水量的不同，机械搅拌澄清池可以设一个或几个泥渣浓缩区。同时为改善分离区的分离效果，还可以在分离区增设斜板和斜管。

☞ **5.47 机械搅拌澄清池初次运行时的注意事项有哪些？**

（1）检查池内无水时机械设备的运转情况，电气控制系统应操作安全，机械设备动作灵活。同时进行烧杯试验，确定最佳絮凝剂和其投加量。

（2）为尽快达到所需要的泥渣浓度，调整进水量为设计值的 1/2~2/3，并使投药量为正常值的 1~2 倍，同时减小叶轮的提升量。

（3）开始进水后逐步提高转速，加强搅拌。可适量投加黏土或石灰以促进泥渣层的形成，还可以从正在运行的其他机械搅拌澄清池中取一些泥渣投放到新澄清池中。

（4）在泥渣的形成过程中，在不扰动澄清区的情况下尽量加大转速和开启度。如果第一反应区及池底部泥渣的沉降比开始逐步提高，则表明泥渣正在形成，运行也即将趋于正常。

（5）泥渣形成、出水浊度达到设计值后，可逐步将加药量减少到正常值，并逐步增大进水量。

（6）当泥渣面高度接近导流筒出口时开始排泥，并用排泥来控制泥渣面在导流筒出口以下。然后按不同进水浊度确定排泥周期和历时，并以保持泥渣面的高度稳定为原则。

☞ **5.48 机械搅拌澄清池运行管理的注意事项有哪些？**

（1）如果发现分离区清水层中出现细小絮粒上升使出水水质变混，同时反应区泥渣浓度越来越低，而第一反应区取样观察其中絮粒也很细小，一般说明需要增加絮凝剂的投加量或提高加碱量。

（2）当池面出现大的絮粒大量上浮，但颗粒间水色仍很透亮时，往往说明投药量过大，可适当降低药剂的投加量。

（3）当发现污泥浓缩斗内排出的污泥沉降比已超过80%时或者发现反应区污泥沉降比已超过20%时，分离区的污泥层也逐渐升高，通常说明排泥量不够，必须缩短排泥周期或延长排泥时间。

（4）在正常温度下清水区中出现大量气泡的原因，是池内污泥回流不畅导致污泥沉积池底、日久腐化发酵，形成大块松散腐殖物，并夹带腐败气体漂上水面。

（5）分离区清水中絮粒大量上升，甚至引起翻池的原因，一是集水槽出水堰局部堵塞导致配水不均出现短流现象，二是投药中断、排泥不畅。

（6）澄清池停运 8～24h 后，泥渣会被压实，重新运转时应先开启底部放空阀门排出少量泥渣，并控制较大的进水量和适当加大投药量使底部泥渣层松动，然后调整到正常水量的 2/3 左右运转，等出水水质稳定后再逐渐降低加药量、增大水量到正常值。

☞ **5.49　什么是高密度澄清池？**

高密度澄清池是一种基于斜管沉淀和污泥回流技术的新型澄清池，将多种药剂投加、污泥回流、机械混合、机械絮凝、接触絮凝、斜管沉淀、污泥浓缩等功能有机结合在一起，实现了相互协调、高效处理的功能。高密度澄清池有时也被称为高密度沉淀池，可用于废水处理的澄清、软化、除硅、除镁等，具体工艺流程见图 5-11。

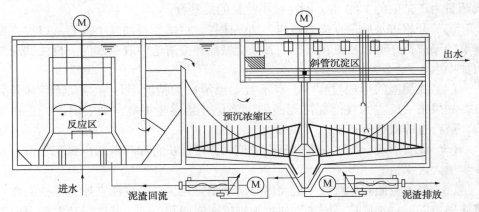

图 5-11　高密度澄清池工艺流程示意图

☞ **5.50　高密度澄清池的构造原理是什么？**

高密度澄清池主要由反应区、沉淀浓缩区和斜管分离区三部分组成。

反应区由两个部分组成，絮凝反应的强弱程度在这两个部分依次降低：一是搅拌絮凝反应区，反应区中心设置一个导流筒，桶内设轴流式搅拌桨。投入混凝剂 PAM 的原水和回流的泥渣混合进入搅拌反应区的底部，在轴流式搅拌桨高速叶轮转动下，使原水在导流筒内螺旋式上升，水中的絮体颗粒激烈的碰撞，形成导流筒内外不同的能量差，导流筒内絮凝速度快。再经导流筒周围向下流动，一部分水再次进入导流筒内，在池内形成循环水流。另一部分水通过过水孔洞以推流的方式经上升式推流反应区进入沉淀浓缩区，水流流速减缓，絮凝强度进一步减弱，矾花颗粒不断地增大，更加密实均匀，并且可以避免已形成的矾花颗粒破碎，保证矾花颗粒能够平稳地进入沉淀浓缩区。

矾花慢速进入沉淀浓缩区，大量的悬浮固体颗粒在该区域均匀沉积，汇集成污泥并浓缩。浓缩区上层的泥渣为再循环污泥，含有大量的矾花颗粒和剩余有效药剂成分，污泥在该层的停留时间为几个小时，然后进入排泥斗，利用螺杆泵将这部分污泥回流到原水进水管。

沉淀浓缩区上部设置斜管分离区，利用浅池理论提高沉淀效果，进一步去除尚未沉淀的矾花颗粒。

☞ **5.51　高密度沉淀池运行中出水悬浮物升高的原因有哪些?**

高密度沉淀池出水悬浮物升高、进而水质变差的原因主要有两个。

（1）高密度沉淀池的澄清池单元中，由于药剂投加量或水质发生变化引起两者不匹配时，斜管填料表面会沉积矾花污泥，当污泥达到一定厚度时，会影响出水质量。

（2）露天设置的高密度沉淀池出水堰、池壁、斜管上表面等处，有时会滋生藻类，易吸附悬浮絮体，藻类膜层脱落，会造成出水悬浮物升高。

☞ **5.52　高密度沉淀池出水悬浮物升高的对策有哪些?**

在实际运行中，高密度沉淀池出水水质变差，绝大多数情况会伴随出水悬浮物升高的问题。解决这些问题的对策如下：

（1）加强上游处理工艺过程的管理，确保进水水质、水量的相对稳定。

（2）根据进水水质、水量的变化，及时调整药剂的种类和数量，增强水的絮凝效果，产生能够快速沉淀的矾花，使水中絮体得到进一步沉降，从而使斜管填料区的污泥负荷减小，减少在斜管填料区不必要的沉积泥量。

（3）在斜管填料区设置反洗系统，实现全自动清洗，无须人工参与，降低了劳动强度，避免了事故风险。

（4）配置便捷开启的池盖板，可减少藻类在斜管填料上的滋生，还避免了外界物体落入澄清池中，造成对出水水质的影响。

（5）选用精准度高的泥位计等仪表，保持高密度池内泥面的相对稳定。

☞ **5.53　什么是加载絮凝高效沉淀技术?**

在高密度澄清池的基础上，通过投加微砂、磁粉、粉末炭等载体，提高对废水中悬浮杂质的去除效果，这种技术属于加载絮凝高效沉淀技术。下面以加载絮凝磁分离技术为例予以说明。

加载絮凝磁分离技术是在传统的絮凝工艺中加入磁粉，以增强絮凝的效果，形成高密度的絮体和加大絮体的比重，达到高效除污和快速沉降的目的。来水中分别加入聚合氯化铝絮凝剂、加载物——磁粉、高分子有机助凝剂，每间混合池水力停留时间 3~5min，使得药剂等能够充分混合并反应；混合池后设沉淀池，自此上清液外排，絮凝体包裹的磁粉沉降到底部，进水量的 10% 由回流泵从沉淀池底部抽出，其中70%回流至混合池2，30%经磁粉絮凝分离器分离为纯磁粉后回收至混合池2，以保证磁粉在装置中的流转。其工艺流程示意图见图5-12。

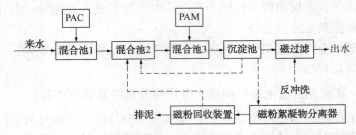

图5-12　加载絮凝磁分离处理装置工艺流程示意图

☞　**5.54　什么是过滤？**

过滤是使污水通过颗粒滤料或其他多孔介质（如布、网、纤维束等），利用机械筛滤作用、沉淀作用和接触絮凝作用截留水中的悬浮杂质，从而改善水质的方法。

根据过滤材料不同，过滤可分为颗粒材料过滤和多孔材料过滤，对应的过滤机理可分为深层过滤和表面过滤。在废水处理过程中，常用的过滤形式是使用颗粒滤料的深层过滤，在外排口为保证出水悬浮物合格也有应用滤布滤池的案例。

另外，用于污水深度处理的微滤膜过滤和超滤膜过滤，也可以归入表层过滤形式；用于污泥脱水的带式脱水、板框压滤脱水等，也属于表层过滤形式。

☞　**5.55　深层过滤的基本原理是什么？在污水处理中的应用有哪些？**

深层过滤过程是一个包含多种作用的复杂过程，它包括输送和附着两个阶段，只有将水中的悬浮颗粒输送到滤料表面，并使之与滤料表面接触才能产生附着作用，附着以后不再移动才能算是真正被滤料截留。悬浮颗粒是在惯性、沉淀、扩散、直接截留等多项作用下被输送到滤料表面的。悬浮颗粒粒径越大，直接截留作用越明显；粒径大于10μm的颗粒主要靠沉淀和惯性作用被滤料截留，对密度比水大的颗粒更是如此；而粒径更小的颗粒的被截留是通过扩散作用来实现的。

过滤在污水处理系统中，既可用于保护二级生物处理为目的的预处理，也用于二级处理出水的三级处理或深度处理。在污水深度处理技术中，普遍采用深层过滤技术，利用过滤材料分离废水中杂质。用于三级处理或深度处理的过滤工艺，由于要去除的活性污泥碎片具有黏附力强的特点，普遍使用粗颗粒、大孔径、高厚度均质滤料，而且采用的滤速要比给水处理时低1/3~1/2，反冲洗要使用气-水联合或机械搅拌等剥离作用较强的方式。

☞　**5.56　什么是直接过滤？**

在原水中不投加絮凝剂就进行过滤的方式称为直接过滤。

202

污水经过生物处理后，二沉池出水中的悬浮杂质主要是沉降性能较差的活性污泥碎片，这种碎片黏性较大，容易被各种滤料层截留，可滤性较好。在生物处理系统运转良好、二沉池出水水质也较好的情况下，可以对二级处理出水进行直接过滤，此时的滤后水水质也能达到《生活杂用水水质标准》等标准的要求，实现污水的回收和再利用。

将过滤作为预处理手段、对出水水质要求不高时，也可以将污水直接过滤，去除其中的大部分悬浮杂质，减轻后续处理工艺的负担。

☞ 5.57 什么是微絮凝过滤？

原水经过混凝后即进入滤池的过滤方式称为微絮凝过滤。与有沉淀设备的普通滤池相比，虽然滤池的冲洗水量由约2%增加到6%，但整个水厂的基本建设费可节约30%，生产和维护费用也相对较低，混凝剂用量和产生的污泥量也都较少。微絮凝过滤的基本原理是充分利用了过滤过程中的接触絮凝作用，在原水中投加比有沉淀池的絮凝作用所需要少的药剂量，水中的污染物形成尺寸较小的絮体，在进入滤料的孔隙间后产生接触絮凝作用被截留去除。微絮凝过滤最不利之处在于，由于原水经混凝后迅速进入滤池，没有常规流程中的沉淀时间所提供的缓冲作用，因而必须仔细控制絮凝过程，否则很容易出现出水不合格的现象。

采用微絮凝过滤的特点有两个：一是通常使用双层滤料或三层滤料滤池；二是必须使用高分子混凝剂或高分子助凝剂。这是因为进入微絮凝过滤滤池的进水浊度比有沉淀池的常规滤池进水要高，因此要求悬浮固体在滤层中尽量穿透得深一些，以便既能在滤层中截留较多的悬浮固体，又不致使水头损失增加过快。选用双层滤料或三层滤料是为了使悬浮固体在滤层中更易于进入滤层深处，而为了防止进入滤层深处的悬浮颗粒的泄漏，必须选用高分子混凝剂或高分子助凝剂来加强絮体的强度和与滤料颗粒之间的吸附力。

☞ 5.58 什么是反粒度过滤？

理想滤池的滤料排列应是沿水流方向粒径逐渐减小的，而实际滤池经过反冲洗后，其滤料粒径排列只能是上小下大。所谓反粒度过滤就是过滤时，沿着过滤水流的方向，颗粒滤料的粒径由粗到细，因此反粒度过滤又被称为理想过滤。这样一来，水中悬浮物在滤床中的穿透深度较大，提高了滤料层的纳污能力，减缓了滤层水头损失的增长速度，延长了滤池的工作周期。

颗粒滤料的上向流滤池接近于反粒度过滤，其过滤效果较好，运行周期长，而且可以使用待过滤水作为滤料层的反冲洗水，提高过滤工艺的产水率。可能出现的问题是滤料层上浮或部分流化，使原已截留的污物脱落，又进入滤过水中。一般可以通过加大滤层厚度（大于1.5m）并在滤料层顶部设置平行板或金属格网遏制细滤料的膨胀和流失的方法予以控制，同时在运行中控制好流量和提高气-水分离效果，防止因气泡阻塞和穿透滤料层而影响出水水质。

☞ **5.59　废水处理系统中滤池的作用是什么？**

（1）在废水处理系统中，一般利用过滤处理二级处理出水，作为三级处理手段是为了保证最终出水 SS、COD_{Cr} 等指标达到国家有关排放标准。

（2）作为深度处理手段，成为废水回用前的最终处理或活性炭吸附、离子交换、电渗析、反渗透、超滤等深度处理工艺的预处理。

（3）过滤能作为化学澄清或化学氧化还原等生成沉淀的处理过程的进一步处理，去除未能完全沉淀的悬浮颗粒。

（4）滤池除了对悬浮物有去除作用外，对浊度、COD_{Cr}、BOD_5、磷、重金属、细菌、病毒和其他物质也都有一定的去除作用。

☞ **5.60　废水处理系统中常用的滤池形式有哪些？**

废水处理中使用的滤池形式主要有单层滤料滤池、双层滤料滤池和纤维束滤池等纳污能力较大的滤池。

废水处理中采用的单层滤料滤池有两种形式，一种是类似给水处理中使用的滤池，但粒径稍大、滤速也适当降低；另一种采用均质滤料的深床过滤，滤料粒径为 1～3mm，滤层厚度为 1～5m，滤速为 3.7～37m/h。单层滤料的材质为无烟煤、石英砂、陶粒、果壳、活性炭、纤维球、树脂球等。

废水处理中采用的双层滤料滤池的滤料组成形式很多，有无烟煤和石英砂、活性炭和石英砂、树脂球和石英砂、树脂球和无烟煤、纤维球和石英砂等，以无烟煤和石英砂组成的双层滤料滤池使用最为广泛。

纤维束滤池使用的滤料丝经过加弹和弯曲处理，微小的滤料直径增大了滤料的比表面积和表面自由能，增加了水中杂质颗粒与滤料的接触机会，提高了过滤效率和截污容量，而且通过控制技巧可以实现理想的深层过滤（反粒度过滤）。

☞ **5.61　废水处理系统中过滤有什么特点？**

（1）由于生物污泥絮体具有良好的过滤性，因此在二沉池出水水质较好的情况下，不投加絮凝剂进行直接过滤就可以使滤后水的 SS 值降低到 10mg/L 以下，COD_{Cr} 去除率可达 10%～30%。当水中胶体污染物质含量太多，通过直接过滤出水的浊度仍很大，即浊度去除效果欠佳时，此时投加一定量的絮凝剂，可以提高胶体的去除率，改善过滤出水水质。如果二沉池出水中含有过多的溶解性有机物，普通过滤难以奏效，则要考虑采用活性炭吸附法去除。

（2）反冲洗困难。二级处理水的悬浮物多是生物絮体，生物絮体黏附在滤料表面，不易脱离，因此需要辅助冲洗，即增加表面冲洗，或用气-水共同反冲洗使絮体从滤料表面脱离。

（3）所用滤料的粒径较大，加大单位体积滤料的截污量。滤料可采用石英砂、无烟煤、陶粒等颗粒材料和纤维束、纤维球、聚氯乙烯或聚丙烯球等。

（4）为了延长过滤周期，普遍采用均质滤料过滤，滤池形式有压力滤池、V 形滤池、无阀滤池、连续流滤池和脉冲过滤滤池等。

☞ **5.62 什么是滤料层的泥球？有何危害？**

在滤池运行一段时间后，滤料层内经常会出现大小不一的泥球，大型滤池中的泥球直径可达 1m。泥球由截留的污物和滤料颗粒黏结而成，通常首先在滤料层的表面出现，开始只有几毫米大。这些小泥球由于密度较小，反冲洗结束后仍出现在滤料层的表面。

如果不及时将这些小泥球打碎破坏掉，在滤池的运行过程中，泥球会逐渐挤出其中的水分而使密度加大，在反洗时从滤料层表面沉入滤料层内部，并会相互黏结长大。大泥球下沉到双层滤料的交界处或滤池的承托层上，最后把这些部位黏住，形成局部不透水区。大泥球出现的部位往往是冲洗水上升流速低的滤池四角和周边。

泥球的存在会阻塞水流的正常通过，使布水不均匀，并形成恶性循环。

☞ **5.63 滤料层产生泥球的原因和对策有哪些？**

泥球形成的原因和对策可归纳如下：

（1）原水中污染物浓度过高，尤其是油质等黏性物质浓度过高。解决的方法是加强预处理，设法降低原水中这些物质的含量。

（2）反冲洗效果不好或反洗水不能排净，对策是提高反洗强度和延长反洗历时。

（3）反冲洗配水不均匀，造成部分滤料层长期得不到真正清洗，其表现是反洗后滤料层表面不平或有裂缝，对策是对配水系统进行检修。

（4）滤速太低、过滤周期太长，使滤料层内菌藻滋生繁殖后将滤料颗粒黏附在一起结成泥球，对策是提高滤速和加强预氯化等杀菌藻措施。

（5）泥球生成速度与滤料粒径的 3 次方成反比，即细滤料多的滤料层表面容易结成泥球。对策是增加或加强表面辅助反冲洗效果。

（6）双层滤料的交界处由于大颗粒轻质滤料和小颗粒重质滤料容易混杂，进而使水流的过流通道变细而容易使污物结成泥球。对策是延长反冲洗结束前的单独水冲洗时间，提高双层滤料的水力分层效果，结泥球严重时更换双层滤料，改变原有的滤料级配。

☞ **5.64 何谓滤池反冲洗？其作用是什么？**

清洗滤池主要是依靠与过滤水流方向相反的高速水流实现的，这就是所谓的反冲洗。其作用是：

（1）在过滤过程中，原水中的悬浮物被滤料表面吸附并不断在滤料层中积累，由于滤层孔隙逐级被污物堵塞，过滤水头损失不断增加。当达到某一限度时，滤料就需要进行清洗，反冲洗可以使滤池恢复工作性能。

（2）过滤时由于水头损失增加，有些颗粒在水流的冲击下移到下层滤料中去，最终会使水中悬浮物的含量不断上升，水质变差，到一定程度时需要清洗滤料，反冲洗能恢复滤料层的纳污能力。

（3）污水中的有机物长时间滞留在滤料层中会发生腐败现象，定期反冲洗清洗滤料可以避免有机物腐败。

☞ **5.65　何谓滤料层气阻？产生的原因和对策有哪些？**

滤池反冲洗时有气泡从滤料层中冒出来的现象称为滤料层气阻，滤料层气阻可导致水的短流，严重影响出水水质。滤料层气阻的原因和对策可归纳如下：

（1）滤池运行周期过长，水温较高，滤料层内发生厌氧分解产生气体。对策是对滤池进行充分反冲洗后，缩短过滤运行周期。

（2）滤料层上部水深不够，在过滤过程中会出现局部滤料层滤出水不能被及时补充的现象，从而使滤料层内产生负压并导致进水中的溶解性气体析出。对策是及时提高滤料层上部水的深度，避免水中溶解性气体析出的现象发生。

（3）滤料层因为各种原因处于无水或干燥状态，空气进入了滤层。对策是先用清水倒充滤池，排出滤料层内的空气后再进水过滤，反冲洗后进水过滤前使滤池始终处于淹没状态。

☞ **5.66　滤池反冲洗的方法有哪些？**

（1）用水进行反冲洗。把滤料颗粒冲成悬浮状态后，由滤料间高速水流所产生的剪切力把悬浮物冲下来，并用反冲洗水带走。

（2）用水反冲洗辅助以表面冲洗。表面冲洗水由安装在滤料层上面的喷嘴喷出，将滤料层表面予以充分的搅动，促使吸附的悬浮物从滤料颗粒上脱落下来，同时可以节省冲洗水量。表面冲洗周期可以在用水反冲洗周期前 1min 或 2min 开始，两个周期持续约 2min。

（3）用水反冲洗辅助以空气擦洗。在水的反冲洗周期开始之前，先通入压缩空气约 3min 或 4min，把滤料搅动起来，接着用反冲洗水把擦洗下来的悬浮物冲走，同样节省冲洗水量。

（4）用气-水联合反冲洗。这种冲洗方式多用在单层滤料滤池，尤其是适用于单层均质滤料。在气-水联合冲洗结束时，要用能使滤床呈流化状态的反冲洗水的流速冲洗约 2~3min，即可去除遗留在滤床中的气泡。

☞ **5.67　滤池辅助反冲洗的方式有哪些？**

（1）表面辅助冲洗。其作用就是防止滤料结球，使滤料清洗得更加洁净。表面冲洗有固定喷嘴表面冲洗器和悬臂式旋转冲洗器两种。为使深层滤料也能得到有效清洗，有的冲洗器设在滤料层表面以下。

（2）空气辅助清洗。具体方法有三种：一是先用空气冲洗再用水反冲洗，此法适用于表面污染重而内层污染轻的滤池；二是空气和水同时反冲洗，此法适用于单层均质滤料的清洗；三是脉动冲洗，即在低流量水反冲洗的同时，间歇地送入空气冲洗，此法适用于负荷较大、滤料表面和内层均污染较重的滤池。

（3）机械翻动辅助清洗。用折叶桨式搅拌器在用水冲洗的同时进行剧烈的搅拌和混合，加大滤料颗粒之间接触机会和摩擦力，促使截留的杂质与滤料颗粒的有效分离，适用于滤料为活性炭、果壳、纤维球等堆积密度小于1.3的轻质滤料。

☞ **5.68　过滤出水水质下降的原因和对策有哪些？**

（1）滤料级配不合理或滤料层厚度不够，应当更换滤料的类型或增加滤料层的厚度。

（2）进水污染物浓度太高，过滤负荷过大，杂质很快穿透滤料层。对策是加强前级预处理，降低进水中有机物的含量。

（3）污水的可滤性差，滤池进水中的杂质颗粒不能被滤料层有效截留，需要加强进水的混凝处理效果，筛选使用更有效的混凝剂。

（4）因为反洗配水不均匀，导致反冲洗后滤料层出现裂缝，使污水在过滤过程中出现短路现象，原水中的杂质颗粒直接参与穿过滤料层，对策是停池检修反洗配水系统。

（5）滤速过大，使原水中的杂质颗粒穿透深度变得过深直到逐渐穿透滤料层，对策是降低滤速。

（6）滤料层出现气阻现象加大了过滤时的阻力，使水流在滤料层内流速过快，对策是找到气阻的原因并予以消除。

（7）滤料层内产生泥球，对水流的正常通过产生阻塞作用，并使滤料层的截污能力下降，出水水质下降，对策是找到泥球产生的原因并予以消除。

☞ **5.69　过滤运行管理的注意事项有哪些？**

（1）滤池最佳滤速与待处理水的水质有关，可以先以低速过滤，然后逐步提高滤速，出水水质降低到接近或达到要求的水质时，对应的滤速即为最佳滤速。

（2）在滤速一定的条件下，过滤周期的长短受水温的影响较大。冬季水温低、周期过短时，应降低滤速适当延长周期。夏季应适当提高滤速，缩短周期，以防止滤料孔隙间截留的有机物缺氧分解。

（3）过滤需要反洗的条件：一是过滤水头损失达到或超过既定值；二是出水水质恶化不能满足既定要求；三是参照原水的水温、水质等条件，根据运行经验而定。

（4）在滤料层一定的条件下，反冲洗强度和历时受原水水质和水温的影响较大。原水污染物浓度大或者水温高时，滤层截污量大，如果反洗水的温度也较高，所需要的反冲洗强度就较大、反冲洗时间也较长。

☞ **5.70 如何确定滤池最佳反冲洗强度和历时？**

最佳反冲洗强度和历时的确定步骤如下：

（1）在过滤运行周期结束后，根据设计值或参考类似滤料滤池的经验值选定一个反冲洗强度进行反洗，同时连续测定冲洗排水的浊度等指标。

（2）在反冲洗开始后的 2min 以内，如果反洗水的浊度无明显升高，则说明反冲洗强度不够。然后加大冲洗强度，直至 2min 以内反冲洗排水的浊度没有明显升高，且反洗排水中没有"跑料"现象，此时的反洗强度为最佳反冲洗强度。

（3）按以上实际测定的最佳反洗强度进行冲洗，自冲洗开始至冲洗排水的浊度不再降低经历的时间，就是反冲洗历时。

（4）采用气-水联合反冲洗时，确定反冲洗强度和历时的方法与此类似，但更要注意不能出现"跑料"现象，同时在反洗结束前必须有 2min 左右的单独水冲洗过程，以保证被气洗打乱的滤料级配重新处于合理状态，这段水反洗时间也要计算在反冲洗历时内。

☞ **5.71 什么是高效纤维过滤技术？**

高效纤维过滤技术使用纤维束软填料作为过滤元，滤料丝经过加弹和弯曲处理，单丝直径在几微米到几十微米之间，因而具有巨大的比表面积，每立方米滤料的表面积可达 $80000m^2$，而且过滤阻力很小，打破了粒状滤料滤池的过滤精度由于滤料粒径不能进一步缩小的限制。微小的滤料直径，极大地增大了滤料的比表面积和表面自由能，增加了水中杂质颗粒与滤料的接触机会，从而提高了过滤效率和截污容量。

高效纤维束过滤设备可以分压力式纤维束过滤器和重力式纤维束滤池两大类，高效纤维束过滤设备按滤层密度调节方式可分为加压室式和无加压室式两大类，加压室式包括机械挤压和水力自助调节两种，其中应用较多的是水力自助式。

加压室式纤维束过滤器通过设在滤层内的加压室对纤维束滤料的挤压，使滤层沿水流方向的截面积逐渐缩小，而密度逐渐加大，相应滤层孔隙直径逐渐减小，实现了理想的深层过滤（反粒度过滤）。当滤层需要清洗时，将加压室内的水排出，使纤维束处于放松状态，通过采用气-水混合擦洗，有效地恢复滤层的过滤性能。

☞ **5.72 什么是上向流移动床连续过滤器？**

与固定床过滤器不同，在移动床上向流连续过滤器中滤料的反洗是连续进行的，无须停机反冲洗。由于洗砂管可以布置在过滤器内部中心或过滤器外部，以及洗净砂分配器的不同，过滤器有各种不同的形式。流砂过滤器工作原理见图 5-13。

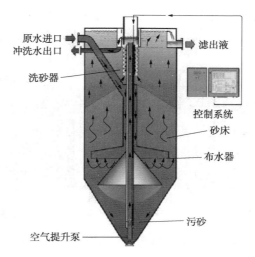

原水进口

冲洗水出口

洗砂器

控制系统

砂床

布水器

污砂

空气提升泵

滤出液

图 5-13　流砂过滤器工作原理示意图

☞ **5.73　流砂过滤器运行中的注意事项有哪些?**

（1）提砂压缩风，包括风压和风量。风压影响提砂力度和洗砂效果，风量影响提砂量。

（2）絮凝药剂：流砂过滤器采用加药絮凝过滤，因此加药的效果包括种类、浓度、絮凝效果等都会对过滤效果有较大影响。

（3）洗净砂的流动性及整体分布的均匀性，保证过滤器本体中床层的稳定性。

（4）处理负荷：包括水量和悬浮物量，此两项叠加引起处理负荷增加会对处理效果有明显影响。

（5）水质：如果污水中有较大的杂物或异物，会影响滤床的砂子移动，甚至会堵住进水管、提砂泵、洗砂装置等。

☞ **5.74　什么是滤布滤池?**

滤布滤池是以纤维编织布为过滤介质，去除废水中细小的悬浮物，特别是一些生化处理后混凝沉淀不能去除的细小悬浮颗粒和胶体物质。滤布滤池属于表面过滤的形式之一。滤布滤池又有静止滤布和转动滤布两种形式，转动滤布滤池又称为纤维转盘过滤器。纤维转盘过滤器由中心转动出水筒、过滤转盘、旋转密封装置、弹性滤布反吸装置和完整的自动控制电气系统组成（见图 5-14）。

污水重力流进入滤池，滤池内设有布水堰和出水堰，使滤布完全处于浸没状态，污水从滤布外部进入，固体悬浮物被截留在滤布外侧，滤液通过空心管收集，重力流通过出水堰从过滤器排出。随着过滤的进行，滤布外侧截留的悬浮物逐渐形成污泥层，滤布过滤阻力增加，池内液位逐渐升高。当液位上升到设定值时，滤盘转动，固定于滤布外侧的清洗装置与滤布表面摩擦，刮去并吸走滤布表面的污泥，完成滤布清洗。池底设排泥管，定时开启排泥泵将沉降在池底的污泥排出。

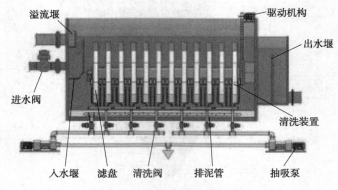

图 5-14　滤布滤池组成示意图

☞　5.75　滤布滤池特点有哪些?

（1）滤布滤池属于设备型工艺，主要由中心转动出水筒、过滤转盘、抽真空系统和定时排泥系统构成，整个工艺过程设定参数后容易自动运行。

（2）滤布滤池的技术核心是滤布的选择，当进水水质和过滤要求不同时，应选择不同类型的滤布。

（3）滤布滤池采用单水洗，反冲洗水量少，管理简单，能够实现无人值守。

（4）滤布滤池在滤速 $8 \sim 15 m^3/(h \cdot m^2)$ 条件下，出水水质悬浮物可达到 10mg/L 以下。

（5）采用微絮凝——滤布滤池工艺能有效去除水中 TP，与传统化学除磷工艺相比，省去了沉淀池，而 TP 平均去除率达到 85% 以上。

☞　5.76　什么是膜分离法?

膜分离法是利用特殊结构的薄膜对废水中的某些成分进行选择性透过的一类方法的总称。水透过膜的过程称为渗透，水中溶质透过膜的过程称为渗析。常用于废水处理的膜分离方法有电渗析（ED）、反渗透（RO）、微滤（MF）、超滤（UF）、纳滤（NF）等，这些分离方法的基本特性对比见表 5-8。

表 5-8　常见膜分离法的基本特性对比

项　目	电渗析（ED）	微滤（MF）	超滤（UF）	纳滤（NF）	反渗透（RO）
孔径/μm		0.02~1.0	0.005~0.02	0.002~0.005	<0.002
膜类型	离子交换膜	均质	非对称	非对称或复合	非对称或复合
膜件类型	平板型	中空纤维型、管型、平板型和卷型			

项　目	电渗析(ED)	微滤(MF)	超滤(UF)	纳滤(NF)	反渗透(RO)
分离目的	水脱盐、离子浓缩	去除悬浮物、高分子物质	脱除大分子	脱除部分离子	水脱盐、溶质浓缩
截留组分	水和非电解质分子	悬浮物	大分子溶质	钙、镁等	除水、CO_2以外的所有成分
透过组分	小离子	溶液	小分子溶液	水、CO_2、Cl^-等	水、CO_2等
分离机理	反离子经离子交换膜定向迁移	机械筛分	筛分和表面作用	筛分和表面作用	筛分和表面作用
推动力	电场力	0.1MPa	0.1~1MPa	1~3MPa	1~10MPa

与常规分离技术相比,膜分离过程具有无相变、能耗低、工艺简单、不污染环境、易于实现自动化等优点,可以在常温下进行。在废水处理领域,常被用作污水回用前的水质深度处理,其中电渗析和反渗透有时也被用作高含盐废水零排放的浓缩预处理。制造膜的材料主要有有机聚合物、陶瓷等,膜组件的类型有中空纤维型、管型、平板型和卷型,分别又称为中空纤维膜、管式膜、平板膜和卷式膜。

☞ **5.77　什么是膜通量?什么是膜分离法的回收率?**

膜通量又称膜的透水量,指在正常工作条件下,通过单位膜面积的产水量,单位是 $m^3/(m^2 \cdot h)$ 或 $m^3/(m^2 \cdot d)$。膜分离法的回收率是供水通过膜分离后的转化率,即透过水量占供水量的百分率。

膜通量及回收率与膜的厚度、孔隙度等物理特性有关,还与膜的工作环境如水温、膜两侧的压力差(或电位差)、原水的浓度等有关。选定某一种膜后,膜的物理特性不变时,膜通量和回收率只与膜的工作环境有关。在一定范围内,提高水温和加大压力差可以提高膜通量和回收率,而进水浓度的升高会使膜通量和回收率下降。

随着使用时间的延长,膜的孔隙就会逐渐被杂物堵塞,在同样压力及同样水质条件下的膜通量和回收率就会下降。此时需要对膜进行清洗,以恢复其原有的膜通量值和回收率,如果即使经过清洗,膜通量和回收率仍旧和理想值存在较大差距,需要更换膜件。

☞ **5.78　什么是微滤、超滤和纳滤?**

微滤(Micro-porous Filtration,简称 MF)是一种精密过滤技术,利用孔径为 $0.1 \sim 1.5 \mu m$ 的滤膜对水进行过滤。微滤是一种低压膜滤,进水压力一般小于 0.2MPa,过滤精度介于常规过滤和超滤之间,可分离水中直径为 $0.03 \sim 15 \mu m$ 的组分,能去除水中的颗粒物、浊度、细菌、病毒、藻类等。

超滤(Ultra-Filtration，简称 UF)是以压力为推动力，利用孔径为 0.01~0.1μm 的滤膜对水进行过滤的方法。操作压力在 0.5MPa 以下，过滤精度介于纳滤和超滤之间，可分离水中直径为 0.005~10μm、相对分子质量大于 500 的大分子化合物和胶体，能有效去除水中的悬浮物、胶体、细菌、病毒和部分有机物。

纳滤(Nanometer-Filtration，简称 NF)过滤精度介于反渗透和超滤之间，早期又称松散反渗透(Loose RO)，操作压力为 3MPa 以下。纳滤膜早期又称软化膜，对钙、镁离子具有很高的去除率，能有效去除水中相对分子质量在 200 以上、分子大小约 1nm 的可溶性组分。

☞ **5.79　过滤膜的清洗方法有哪些?**

过滤膜的清洗方法主要有物理法和化学法两大类。

物理清洗法是利用机械力量剥离膜表面的污染物，在清洗过程中不会发生任何化学反应。具体方法主要有水力冲洗、气-水混合冲洗、逆流清洗等。水力清洗是利用膜浓缩水侧减压后形成的高流速去除膜表面上积存的松软杂质。气-水混合清洗是在膜浓缩水侧同时通入压缩空气和水流，借助于气、水与膜面发生的剪切作用而将膜表面的杂质清洗下来。逆流清洗主要用于中空纤维膜的清洗，具体做法是将反向压力施加于支撑层，引起膜透过液的反向流动，以松动和去除膜进料侧表面的污染物。

化学清洗法是利用某种化学药剂与膜面的有害杂质产生化学反应而达到清洗膜的目的。化学药剂的选择必须考虑到两点：一是清洗剂必须对污染物有很好的溶解和分解能力，二是清洗剂不能污染和损伤膜面。因此，要根据不同的污染物确定其清洗工艺，同时考虑膜所允许使用的 pH 值范围、工作温度及其膜对清洗剂本身的化学稳定性。

☞ **5.80　清洗过滤膜的常用化学清洗法有哪些?**

(1) 酸洗法

酸洗法对去除钙类沉积物、金属氢氧化物及无机胶质沉积物等无机杂质效果最好。具体做法是利用酸液循环清洗或浸泡 0.5~1h，常用的酸有盐酸、草酸、柠檬酸等，酸溶液的 pH 值根据膜材质而定。比如清洗醋酸纤维素膜，酸液的 pH 值在 3~4 左右，而清洗其他膜时，酸液的 pH 值可以在 1~2 左右。

(2) 碱洗法

碱洗法对去除油脂及其他有机杂质效果较好，具体做法是利用碱液循环清洗或浸泡 0.5~1h，常用的碱有氢氧化钠和氢氧化钾，碱溶液的 pH 值也要根据膜材质而定。比如清洗醋酸纤维素膜，碱液的 pH 值在 8 左右，而清洗其他耐腐蚀膜时，碱液的 pH 值可以在 12 左右。

(3) 氧化法

氧化法对去除油脂及其他有机杂质效果较好，而且可以同时起到杀灭细菌的作用。具体做法是利用氧化剂溶液循环清洗或浸泡 0.5~1h，常用的氧化剂是 1%~2%的过氧化氢溶液或者 500~1000mg/L 的次氯酸钠水溶液或二氧化氯溶液。

（4）洗涤剂法

洗涤剂法对去除油脂、蛋白质、多糖及其他有机杂质效果较好。具体做法是利用 0.5%~1.5%的含蛋白酶或阴离子表面活性剂的洗涤剂循环清洗或浸泡 0.5~1h。

☞ **5.81　什么是死端过滤？什么是错流过滤？**

死端过滤和错流过滤是微滤膜过滤和超滤膜过滤运行过程中采用的两种操作方式，其示意图见图 5-15。

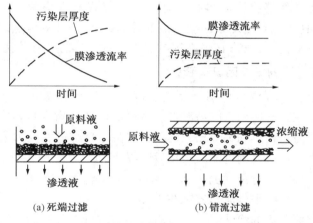

图 5-15　死端过滤和错流过滤流程示意图

死端(dead-end)过滤是将原水置于膜的上游，在压力差的推动下，水和小于膜孔的颗粒透过膜，大于膜孔的颗粒则被膜截留。形成压差的方式可以是在水侧加压，也可以是在滤出液侧抽真空。死端过滤随着过滤时间的延长，被截留颗粒将在膜表面形成污染层，使过滤阻力增加，在操作压力不变的情况下，膜的过滤透过率将下降。因此，死端过滤只能间歇进行，必须周期性地清除膜表面的污染物层或更换膜。

错流(cross-flow)过滤运行时，水流在膜表面产生两个分力：一个是垂直于膜面的法向力，使水分子透过膜面；另一种是平行于膜面的切向力，把膜面的截留物冲刷掉。错流过滤透过率下降时，只要设法降低膜面的法向力、提高膜面的切向力，就可以对膜进行有效清洗，使膜恢复原有性能。因此，错流过滤的滤膜表面不易产生浓差极化现象和结垢问题，过滤透过率衰减较慢。错流过滤的运行方式比较灵活，既可以间歇运行，又可以实现连续运行。

☞ **5.82　什么是膜过滤的浓差极化？如何减轻和避免？**

在膜法过滤工艺中，由于大分子的低扩散性和水分子的高渗透性，水中的溶质会在膜表面积聚并形成从膜面到主体溶液之间的浓度梯度，这种现象被称为膜的浓差极化。

水中溶质在膜表面的积聚最终将导致形成凝胶极化层，通常把与此相对应的压力称为临界压力。在达到临界压力后，膜的水通量将不再随过滤压力的增加而增长。因此，在实际运行中，应当控制过滤压力低于临界压力，或通过提高膜表面的切向流速来提高膜过滤体系的临界压力。

防止浓差极化的方法除了选择合适的膜材料外，还可以通过控制运行条件。具体措施有：①加快平行于膜面的水流速度；②提高操作温度，高温下运行有利于降低黏度，提高凝胶物质的再扩散速度，还能提高积聚物的临界凝胶浓度；③选择适当的 pH 值，比如对蛋白质溶液的分离，pH 值在等电点以上时，用带负电的聚砜膜吸附量就少，而 pH 值在等电点以下时，膜的吸附量就会较多。

☞ **5.83　膜过滤的影响因素有哪些？**

（1）过滤温度：高温可以降低水的黏度，提高传质效率，增加水的透过通量，因此，可以在膜材料允许的情况下，尽可能提高过滤温度。

（2）过滤压力：在达到临界压力之前，膜的通量与过滤压力成正比，为了实现最大的总产水量，应控制过滤压力接近临界压力。

（3）流速：加快平行于膜面的水流速度，可以减缓浓差极化、提高膜通量，但会增加能耗，一般将平行流速控制在 $1\sim3m/s$。

（4）运行周期和膜的清洗：随着过滤的不断进行，膜的通量逐步下降，当通量达到某一最低数值时，必须进行清洗以恢复通量，这段时间称为一个运行周期。适当缩短运行周期，可以增加总的产水量，而且运行周期的长短与清洗的效果有关。

（5）进水浓度和预处理：进水浓度越大，越容易形成浓差极化。必须限制进水浓度，即在必要的情况下对进水进行充分的预处理。

☞ **5.84　什么是膜生物反应器？其特点有哪些？**

膜生物反应器(Membrane Bioreactor，简称 MBR)是利用膜分离技术与普通活性污泥法相结合的型式，可以杜绝污泥膨胀对出水水质的影响，提高系统的处理效率。其特点可以归纳如下：

（1）可以维持较高的生物量，MBR 反应器中污泥浓度有时可以达到 $35g/L$。污染物去除率高，装置处理容积负荷大，处理出水水质良好，一般可以实现进水有机物的完全矿化，出水中不含悬浮物，而且可以去除大部分细菌、病毒等，起到消毒作用，出水可以直接回用。

214

（2）膜分离可以使微生物完全截留在生物反应器内，实现反应器水力停留时间和污泥龄的完全分离，使运行控制更加灵活、稳定，而且容易实现自控，操作管理方便。

（3）有利于世代周期较长的微生物如硝化菌的生长和繁殖，系统可以实现较高的硝化率，同时可以提高难生物降解有机物的降解率。

（4）MBR 中生物量大，污泥负荷可以维持在较低水平，因而污泥产率远低于普通活性污泥法，剩余污泥量较少。

（5）MBR 法能耗比普通活性污泥法高，而且膜分离组件在运行过程中容易受到污染，产水量下降，频繁更换膜组件可以使运行成本上升。

（6）污泥浓度过高会使反应混合液黏度升高，膜通量也会因此降低，氧的传递效率也会受到不利影响。

☞ **5.85 MBR 的类型有哪些？**

膜生物反应器一般由生物反应器和膜组件两部分组成。根据生物反应器是否供氧，膜生物反应器可分为好氧式膜生物反应器和厌氧式膜生物反应器两种。根据膜组件设置的位置，膜生物反应器可分为分置式和一体式两种(见图 5-16)。

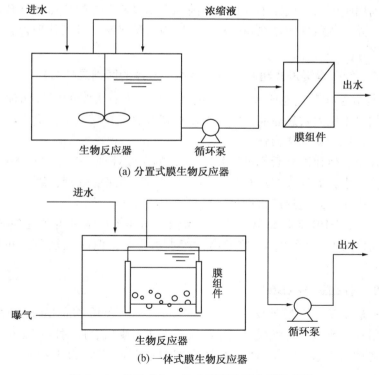

图 5-16　分置式和一体式膜生物反应器示意图

分置式膜生物反应器的混合液经泵加压后进入膜分离组件，在压力作用下，混合液中的水透过膜成为处理出水，悬浮物和大分子物质等则被膜截留后，随浓缩液回流到生物反应器内。分置式膜生物反应器的特点是运行稳定可靠，操作管理容易，膜易于清洗、更换或增加。但为形成错流过滤，减少污染物在膜表面的沉积，循环水泵的扬程和流量都很大，因此动力消耗较大，而且水泵叶轮的高速旋转产生的剪切力会使某些菌体产生失活现象。

一体式膜生物反应器中，膜组件直接放在生物反应器内，通过真空泵或其他类型泵的抽吸，得到过滤液。为减少膜面污染和延长膜的使用周期，一般泵的抽吸是间歇进行的。与分置式膜生物反应器相比，一体式膜生物反应器的运行动力费用要低很多，目前广泛使用的膜生物反应器多是一体式的。一体式膜生物反应器的缺点是管理操作较复杂，膜清洗和更换不如分置式简单。

☞ **5.86　MBR 在废水处理系统中的应用有哪些？**

膜生物反应器在废水处理系统的主要应用领域如下：

（1）污水回用，其他对污水处理出水水质要求高或出水需要回用的场合。

（2）中小规模的高浓度有机工业废水的处理，尤其是用地比较紧张的场合。

（3）利用膜生物反应器中生物浓度高和生物复合多样的特点，结合选育高效优势菌种，并创造条件使之在膜生物反应器内大量繁殖，可以处理含有难降解有机物的废水。

☞ **5.87　什么是浸没式超滤？与膜生物反应器的区别是什么？**

MBR 是放置在曝气池或者二沉池里面，进水中有大量的活性污泥；而浸没式超滤是相对于压力式超滤而言的，浸没式超滤放置在膜池中，进水要求比压力式超滤宽泛，抗污染的能力强。

一般来说，生化法之后不进行降低 COD 的深度处理，直接采用 MBR 工艺实现超滤过滤产水；如果还需进行进一步降低 COD 的深度处理，则在常规生物处理法后，采用浸没式超滤产水后进入臭氧氧化等深度处理。

相比之下，MBR 流程简单，运行通量低，同样的产水量需要更多的膜组件；而浸没式超滤运行通量大，回收率高，产水水质好，但流程复杂，外围配套设备多。

☞ **5.88　什么是 MABR？**

MABR 是膜曝气生物膜反应器（Membrane Aerated Biofilm Reactor）的英文简称，其采用致密或微孔透气膜对膜生物反应器进行曝气，即对附着于中空纤维膜表面的生物膜进行供氧，膜材料本身能同时起到曝气和为生物膜提供载体的作用。

MABR 由膜组件和生物膜两个主要部分组成，膜组件一方面作为微生物附着的载体，另一方面通过膜腔体为附着的微生物供氧。膜腔内的氧气在压差的驱动下向生物膜内扩散，同时生物膜与水中的污染物充分接触，在浓差驱动和生物膜吸附等作用下，污染物进入生物膜内。在生物膜中，由于氧气的传递方向和污染物的传递方向完全相反，氧和污染物浓度梯度刚好相反，所以在生物膜中出现了独特的分层结构，进而出现了不同的功能区。曝气膜与生物膜界面的高氧浓度和低有机碳浓度能使硝化细菌更好地发挥作用。在该层外面一层，氧浓度和有机碳浓度都比较高，有利于有机碳的氧化分解。在生物膜与污水的界面，氧浓度比较低，而有机碳浓度高，反硝化反应能很好地进行。

☞ 5.89 MABR 在废水处理中的应用有哪些特点？

（1）氧利用率高：在供氧过程中，氧气透过中空纤维膜侧壁直接被微生物利用，因此不用经过生物膜与水体的边界层，这样可以在很大程度上减小氧气的传质阻力，提高氧气的传递速度和氧气的利用率。

（2）同步脱氮除碳：氧气与污染物从相反方向进行传递，通过调节曝气压力可以控制生物膜内的溶解氧梯度，使生物膜能够分层，不同的层形成不同的功能区，有机碳的好氧氧化和氮素的硝化反硝化能够同步进行。

（3）避免生物膜脱落：MABR 中的微生物附着在中空纤维膜的侧壁上，采用无泡曝气形式能够避免产生的气泡对生物膜的摩擦，能在一定程度上避免生物膜的脱落。

（4）防止二次污染：当用无泡曝气方式处理含挥发性有机污染物的污水时，挥发性组分不会随气泡一起进入大气中，防止二次污染的发生；在处理含表面活性剂的污水时，不会产生大量泡沫。

☞ 5.90 污水回用的常用脱盐工艺有哪些？

废水经过以实现污水的回收和再利用为目的深度处理后，在原水 TDS 低于 500mg/L 情况下，可以直接回用于循环冷却水补充水；在原水 TDS 高于 500mg/L 的情况下，需要脱除部分水中盐分。根据不同的回用水质要求，可以选用不同的脱盐技术。

污水回用的脱盐工艺通常不采用蒸发、冷冻等存在相变的工艺，常用电法和膜法两种脱盐工艺。

电法脱盐工艺主要类型有电渗析脱盐和电吸附脱盐两种方法，电法脱盐属于部分脱盐工艺，产水可以回用于循环冷却水补充水，系统所排放浓水中的有机污染物浓度和原水相当，本身不产生新的污染物，减轻了浓水的后续处理难度。

膜法脱盐是利用反渗透膜脱盐，根据原水 TDS 的不同，可以选用低压 RO、中压 RO、高压 RO 等膜形式，为提高污水 RO 膜的回收率，可以采用碱化、除硬软化、除硅等预处理。RO 产水品质较高，不仅可以回用于循环冷却水补充水，还可用作化学水站的原水。

☞ **5.91　什么是电吸附技术？其原理是什么？**

电吸附技术，又称电容去离子技术，是利用带电电极表面吸附水中离子或带电粒子的现象，使水中溶解的盐类及其他带电物质在电极表面富集浓缩而实现水的淡化。其工作原理见图 5-17。

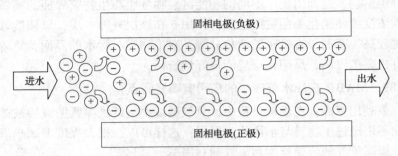

图 5-17　电吸附工作原理示意图

电吸附的核心元件是一对平行极板构成的电吸附模块，分别通有正负直流稳压电，工业废水作为进水，直接与电极材料相接触，水中带正电离子向负极板迁移并聚集，带负电离子向正极板聚集，从而在每个极板的内侧形成双电层。水中的带电粒子，包括离子及有机物颗粒，分别朝着符号相反的电极移动，聚集在电极表面的双电层之内。随着电吸附装置吸附的微小粒子不断增多，粒子在极板表面聚结并且浓缩，使得所处理的水中盐类、胶体颗粒或是带电物质停留在两个电极的表面，通过装置的水中含盐量会大幅度降低，达到盐与水分离的目的，可得到净化后的产水。

随着离子在电极表面不断聚集并浓缩，水中有机颗粒或其他带电物质受到双电层影响，会短暂黏滞在电极板表面，可以使产水中的有机物含量比进水有所降低。当电极两端双电层达到饱和时，将直流电源去掉，并将正负极短接，进入解吸过程，此时储存在双电层中的离子又重新回到流道中，以浓水形式排出。

☞ **5.92　电吸附在废水处理中的应用有哪些？**

（1）用于循环冷却水脱盐处理。循环冷却水系统产生的外排水可以通过电吸附进行脱盐而再生回用，经脱盐后循环冷却水回用至系统能够代替新水用量，既可以降低净水消耗又可以降低废水排量。

（2）满足 COD 较高条件下的脱盐处理需要。克服传统的水处理脱盐工艺在高 COD 条件下，无法长时间运行的问题。

（3）可作为反渗透工艺的预处理，在除硬、降低 COD 等方面均有效，起到保护反渗透系统的作用，延长反渗透膜使用寿命，同时可优化出水水质，提高产水率。

（4）苦咸水的淡化。电吸附能够耐结垢，可用于矿坑水等高含盐量废水的淡化处理。

（5）冶金、电力、石油化工等工业产生的氟、氯、钙、镁、铁离子等特殊离子废水脱盐效果较好，且除盐率连续可调，适用范围比其他传统脱盐工艺更有优势。

☞ **5.93　电吸附技术的特点有哪些?**

（1）电吸附装置中的电极是电吸附系统中的关键构件，碳材料是首选。

（2）电吸附对于待处理水 COD 要求不高，且具有相对产水效率高，脱盐预处理简洁，操作养护方便等特点。

（3）不需额外添加化学药剂，避免了浓水和再生液产生二次污染的风险，而且停工期间不需要对设备进行特殊的维护。

（4）产水 COD 会有所下降，浓水 COD 不会明显升高。

（5）电吸附主要的能量消耗在于使离子发生迁移，而不是把作为溶剂的水分子从待处理的原水中分离出来，运行能耗低。

（6）系统容易实现计算机控制，自动化程度高，操作简便。

☞ **5.94　什么是电渗析法?**

电渗析(ED，Electro Dialysis)技术是膜分离技术的一种，它将阴、阳离子交换膜交替排列于正负电极之间，并用特制的隔板将其隔开，组成除盐（淡化）和浓缩两个系统，在直流电场作用下，以电位差为动力，利用离子交换膜的选择透过性，把盐分从溶液中分离出来，从而实现含盐水的浓缩和淡化。

电渗析技术能够应用的三大技术关键是性能优良的具有选择性的离子交换膜、多隔室电渗析组件，以及采用频繁倒极操作模式等防止结垢的运行方式。

常用的电渗析技术有倒极电渗析（EDR）、无极水电渗析和填充床电渗析（EDI）三种类型。

☞ **5.95　电渗析的应用特点有哪些?**

电渗析的特性与离子交换膜的特性直接相关，主要有以下几点：

（1）电渗析只对电解质的离子起选择性迁移的作用，而对非电解质不起作用。因此，电渗析除用于含盐水的淡化与浓缩外，还可用于电解质与非电解质的分离。

（2）电解质除盐过程没有物相的变化，因而能量消耗低。与蒸馏法相比，电渗析的能耗只有蒸馏法的 1/4 到 1/40。

（3）在电渗析过程中，不需要向待处理水中添加任何化学药剂。与离子交换法相比，电渗析不需要再生过程，没有再生废液的排放问题。

（4）电渗析过程在常温常压下进行，与反渗透相比，电渗析的工作压力只有0.2MPa，因而不需使用高压泵和压力容器。

（5）需要排放的浓水只是含盐量升高，而浓水 COD 和进水相同，不会像反渗透处理产生的浓水会同时浓缩含盐量和 COD，从而避开了类似产生难生物降解反渗透浓水的问题。

☞ **5.96 电渗析在废水处理中的应用有哪些？**

（1）电渗析可用于深度处理工艺，以去除废水中的盐类，实现废水的回用。为防止二沉池出水中的悬浮物、有机物、胶体及其他杂质对膜的损害，在进入电渗析设备前必须通过过滤或活性炭吸附等预处理。

（2）作为离子交换工艺的预除盐处理，能降低离子交换的除盐负荷，扩展离子交换法对原水的适用范围，大幅度减少再生时废酸、废碱或废盐的排放量。

（3）将废水中有用的电解质进行回收，并实现废水的再利用。如电镀含镍、铬、镉废水的处理，含锌废水的处理和印刷线路板生产中氯化铜废水的处理等。在回收重金属的同时，实现水的再利用，减少废水的排放量。

（4）使用离子交换膜扩散渗析法，从酸洗钢材废液中回收硫酸，从草浆造纸黑液和铝业赤泥液中回收碱等。

（5）用于酸、碱废水的酸碱回收，回收率可达 70%~90%，但不能对酸碱进行浓缩。

☞ **5.97 电渗析的常用设备和装置有哪些？**

电渗析器由膜堆、极区和夹紧装置三部分组成。膜堆包括若干个膜对，膜对是电渗析的基本单元，1 张阳膜、1 张浓（淡）室隔板、1 张阴膜、1 张淡（浓）室隔板组成一个膜对。极区包括电极、极框等部分，夹紧装置由盖板和螺杆组成。

隔板放在阳膜和阴膜之间，既可以作为膜的支撑体，使两层膜之间保持一定距离，又可以作为水流通道，使两层膜之间的流体分布均匀。按水流方式的不同，隔板可分为有回路隔板和无回路隔板两种，前者依靠弯曲而细长的水流通道，达到以较小的流量实现较高的平均流速的效果，除盐率高，后者使液流沿整个膜面流过，流程短而产水量大。

电极设在膜堆的两端，连接直流电源，通电后电极处会发生电极反应。常用的电极材料有钛涂钌、石墨和不锈钢三种，既可用作阳极，又可用作阴极。

一对正、负电极之间的膜堆称为一级，具有同一水流方向的并联膜堆称为一段。电渗析器有一级一段、一级多段、多级一段、多级多段等类型。一台电渗析器分为多级可降低两个电极之间的电压，分为多段可以使几个段串联起来，加长水的流程长度。

电渗析器的安装方式有立式（隔板和膜竖立）和卧式（隔板和膜平放）两种，有回路隔板的电渗析器都是卧式的，而无回路隔板的电渗析器大多数是立式的。

☞ **5.98 电渗析法防止与消除结垢的措施有哪些?**

（1）控制工作电流不超过极限电流，一般使工作电流在极限电流的 70% ~ 90%。原水硬度高时，工作电流要取低值。

（2）要控制电渗析在额定流量范围内工作。如果水流速度过低，进水中的悬浮物会在隔板间沉积，造成阻力损失增大，局部产生死角使配水不均匀，因而容易发生局部极化；水流速度过大会缩短水力停留时间，并导致出水水质下降。

（3）定期酸洗掉结在阴膜上的水垢。具体做法是在电渗析器不解体的情况下，使用 1% ~ 2% 的稀盐酸进行酸洗。酸洗周期要根据结垢情况而定，一般为 1 ~ 4 周。

（4）还可以将待处理的废水进电渗析器之前预先进行软化处理，去除水中的钙、镁离子，消除结垢的内因。

（5）在浓水中投加盐酸或硫酸，将 pH 值调整到 4 ~ 6，使碳酸盐硬度转变为非碳酸盐硬度，防止碳酸盐硬度水垢的产生和 $Mg(OH)_2$ 的析出。同时可以实现浓水的循环，减少废水的排放量，提高产水率。

（6）根据具体情况，每半年或一年将电渗析器完全解体，将离子交换膜和隔板分别进行机械清刷和化学酸洗，全面清洗一次。

（7）使用能够定时倒换电极的电渗析设备，使电极的极性能够根据需要和可能随时改变，阴膜上的结垢处于时而析出、时而溶解，时而在阴膜的这一面、时而在阴膜的那一面的不稳定状态，减少水垢及水中胶体和微生物等黏性物质在膜面上的附着和积累。倒极电渗析流程见图 5-18。

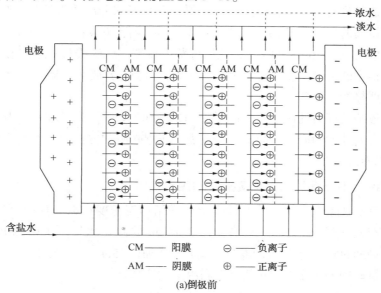

图 5-18　电渗析流程示意图

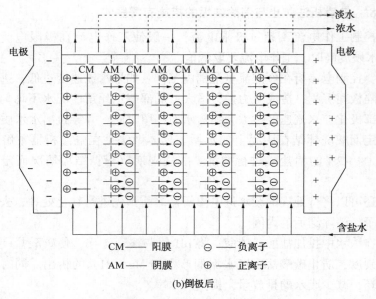

| CM —— 阳膜 | ⊖ —— 负离子 |
| AM —— 阴膜 | ⊕ —— 正离子 |

(b)倒极后

图 5-18 电渗析流程示意图(续)

☞ **5.99 什么是反渗透？**

反渗透是以压力为驱动力，并利用反渗透膜只能透过水而不能透过溶质的选择性而使水溶液中溶质与水分离的技术，因为和自然渗透的方向相反，因此称为反渗透。

反渗透膜是实现反渗透的关键，必须具有很好的分离透过性和物化稳定性。反渗透膜使用的压力很高($1 \sim 10MPa$)，产水量较低$[0.4 \sim 1.8 m^3/(m^2 \cdot d)]$，水的回收率最高只有 75%～80%，因此运行费用较高。反渗透对水中的有机物和无机盐都有很高的去除率，反渗透膜孔径很小，为防止其受到污染或损坏，必须对进水进行严格的预处理。

经反渗透处理后的出水成为以 Na^+、Cl^-、HCO_3^- 等小离子和 CO_2 为主要成分的水，具有腐蚀性倾向性。因此，往往需要使用吹脱的方法脱除 CO_2 或加碱调节 pH 值到中性。

☞ **5.100 什么是膜污泥密度指数(SDI)值？**

确定反渗透系统进水水质的综合指标采用污泥密度指数(SDI)。SDI 的测定方法是用有效直径 42.7mm、平均孔径 0.45μm 的微孔滤膜，在 0.2MPa 的压力下，测定最初 500mL 进料液的滤过时间 t_1，在加压 15min 后，再次测定 500mL 进料液的滤过时间 t_2。那么 SDI 值可以利用下式计算：

$$SDI = (1 - t_1/t_2) \times 100/15$$

222

不同的膜组件要求进水的 SDI 值不同，中空纤维膜组件一般要求 SDI 值在 3 左右，卷式组件一般要求 SDI 值在 5 左右。

污泥密度指数 SDI 也被称为污染指数 FI。

☞ **5.101　反渗透在废水处理系统中的作用有哪些？**

（1）回收废水中的有用物质。反渗透法可用于镀铬、镀铜、镀镉、镀锌、镀金、镀银以及混合电镀废水的处理，利用反渗透法处理电镀废水，浓缩液可以返回电镀槽重复使用，透过水可以用作漂洗水；还可用于淀粉、豆腐、制糖及水产品加工食品工业废水、PTA 精制废水的物料回收处理。

（2）实现污水回用。除了以回收废水中的有用物质为目的的应用外，还可以利用反渗透法能有效地去除水中的无机盐和有机物的特点，作为将含盐量较高的工业废水或城市污水深度处理后回用的核心工艺，即主要目的是回收利用废水中的水。

（3）废水零排放前的盐浓缩。在产出淡水进行回用的同时，对废水中的盐进行浓缩，减小废水零排放蒸发结晶器的处理规模。

☞ **5.102　反渗透系统要求的预处理内容有哪些？**

（1）去除油类物质：废水中的浮油、乳化油及其类似的油类和阳离子表面活性剂等有机物易于被 RO 膜黏附，即使化学清洗也难以完全清理干净，时间一长必然会严重影响膜通量。可以采用混凝、沉淀或气浮、过滤、活性炭吸附、MF、UF 等措施解决。

（2）去除过量的悬浮物：在反渗透装置中，水流通道极其微小，悬浮物易于沉积。细小的沙粒等硬颗粒杂质还会对不对称膜形成划伤，使反渗透除盐率下降，影响出水水质。除了可以采用混凝、沉淀或气浮、过滤、活性炭吸附、MF、UF 等措施外，反渗透进水前都要设置一台 $5\mu m$ 的保安过滤器。

（3）调节 pH 值：不同 RO 膜对进水 pH 值的要求也不同，必须根据所使用 RO 膜的性质将进水的 pH 值调整到适当的范围内。

（4）控制水温：进水水温升高，水的黏滞系数下降，可以提高膜通量，但温度过高又会对 RO 膜产生不利影响，一般不能超过40℃，如果超过40℃应当采取降温措施。

（5）投加阻垢剂：水中的钙、镁、铁、锰等成分经过 RO 膜浓缩后，形成的碳酸盐、硫酸盐或氢氧化物等水垢能够堵塞 RO 膜上的微孔或覆盖在膜表面上，最终导致膜通量的下降。可以通过在进水中投加阻垢剂的方法予以解决。

（6）投加消毒剂：通常可以采用使进水中连续保持 0.5mg/L 左右余氯的方法进行消毒，并间歇投加非氧化性杀菌剂，但为防止消毒剂及其他氧化剂对 RO 膜造成损害，在进入 RO 膜之前还要再投加足量的还原剂。

☞ **5.103 反渗透运行管理的注意事项有哪些?**

（1）定时分析进水水质和透过水的水质，尤其是要严格控制进水水质，确保进水的预处理措施运行可靠，以保证进水的 SDI 在 3 以下。

（2）当原水中所含的难溶解性盐类含量较高时，要有防止在反渗透膜浓水侧出现水垢的措施。一是加酸(一般用盐酸)将进水 pH 值调整到 5.5，二是对进水加石灰软化处理。

（3）生物污染往往是 RO 膜使用中最突出的问题，通常可以采用使进水中保持 0.5mg/L 左右余氯的方法，并定期使用非氧化型消毒剂在对膜进行低压冲洗时冲击杀菌。

（4）相对分子质量高、疏水性带正电有机物容易被吸附在膜面，当进水中 TOC 超过 3mg/L 或含油超过 0.1mg/L 时，必须采取加强预处理的措施。运行中定期大流量低压冲洗，可以起到对膜表面吸附物的清理作用。

（5）为了防止反渗透压力波动，要有稳压措施，高压泵应设置旁路调节阀门以调节供水量。

（6）RO 膜对 CO_2 等小分子没有去除能力，因此反渗透出水 pH 值偏酸性，根据用途需要对其进行脱除或加碱调整 pH 值。如果出水需要长距离输送使用，管道需要使用不锈钢等耐腐蚀材质。

☞ **5.104 活性炭在废水处理系统中的作用有哪些?**

活性炭吸附除了能去除由酚、石油类等引发的臭味和由各种燃料形成的颜色或有机污染物及铁、锰等形成的色度外，还可用于去除汞、铬等重金属离子和合成洗涤剂及放射性物质等，同时对农药、杀虫剂、氯代烃、芳香组化合物及其他难生物降解有机物也有很好的去除效果。

在废水处理系统中，活性炭吸附法主要应用在废水处理系统和污水回用深度处理系统的最后一个环节，以保证出水最终达标排放或符合回用要求。

有时为了提高曝气池的处理能力，通过向曝气池内投加粉末活性炭来改善活性污泥的性能和增加曝气池的生物量，使难以生物降解的有机物也能被生物降解，避免在二沉池出现污泥膨胀现象，提高处理效果。

☞ **5.105 活性炭设备和装置有哪些?**

（1）固定床：固定床根据过滤水流的方向分为升流式和降流式两种，其中降流式基本结构、运行方式、反洗方式等与普通滤池相同。

（2）移动床：移动床的进水从吸附塔底部流入和活性炭逆流接触，处理后的水从塔顶流出；同时，再生后的活性炭从塔顶加入，接近饱和的活性炭从塔底间歇排出。这种方式能充分发挥活性炭的吸附容量，水头损失小，操作管理要求严格。

（3）流化床：流化床不同于固定床和移动床的地方，是由下而上的水流使活性炭颗粒间存在相对运动，一般可以实现整个活性炭床层的循环，因此往往起不到过滤的作用。

☞ **5.106 活性炭加热再生的过程是怎样的？**

活性炭加热再生是使用最为普遍的方法。将吸附饱和失效后的活性炭进行高温解吸、恢复其原有吸附性能的方法称为活性炭的加热再生。加热再生分脱水→干燥→炭化→活化→冷却五个步骤进行：

（1）脱水：将活性炭与输送水流进行分离。

（2）干燥：加温到 100~150℃，将吸附在活性炭细孔中的水分蒸发出来，同时将部分低沸点的有机物也蒸发出来。

（3）炭化：加热到 300~700℃，使低沸点的有机物挥发、高沸点的有机物热分解，还有部分有机物被炭化留在活性炭细孔中。

（4）活化：继续加热到 700~1000℃，将留在活性炭细孔中的残留炭用水蒸气、CO_2 等进行活化处理，达到重新造孔的目的。

（5）冷却：为防止氧化，用水将活化后的活性炭急剧冷却。

☞ **5.107 活性炭法运行管理的注意事项有哪些？**

（1）废水性质不同，使用的活性炭种类往往也不同。比如用活化焦炭处理造纸废水的效果优于使用活性炭，而用活性炭处理废水的效果优于褐煤基活化焦炭。

（2）活性炭表面多呈碱性，水中重金属离子有可能在其表面形成氢氧化物沉淀析出，进而使活性炭的吸附性能下降。因此使用活性炭吸附法处理废水时，水中无机盐含量，尤其是重金属离子含量越低越好。

（3）为充分发挥活性炭的作用，避免活性炭的过快饱和以减少操作和降低运行费用，必须保证活性炭吸附法进水的水质不能超过设计值。一般进水 COD_{Cr} 浓度不超过 50~80mg/L。

（4）对于污水深度处理或某些超标污染物浓度经常大幅度变化的处理工艺，对活性炭处理工艺必须设置跨越或旁通管路。当进水水质发生较大变化时，及时停用活性炭处理单元，以节省活性炭床的吸附容量，有效地延长再生或更换周期。

（5）由于活性炭与普通碳钢接触可以产生严重的电化学腐蚀，因此与活性炭接触的设备或部件要使用钢筋混凝土结构或不锈钢、塑料等材料。如果必须使用普通碳钢制作时，则必须进行防腐处理，采用环氧树脂衬里防腐时，衬里厚度要大于 1.5mm。

（6）在使用粉末活性炭时，所有作业都必须考虑防火防爆，所配用的所有电器设备必须符合防爆要求。

☞ **5.108　什么是生物活性炭法?**

在厌氧、缺氧或好氧条件下,在粉状或粒状活性炭表面生长和繁殖的微生物利用水中的一些有机基质为养料,通过活性炭吸附和微生物分解的协同作用,达到去除水中有机污染物的目的,这一工艺过程称为生物活性炭法。生物活性炭法在充分发挥活性炭吸附作用的同时,又充分利用活性炭细孔中微生物对有机物的生物降解作用,由此提高污水处理效果、改善出水水质,延长活性炭的使用寿命,降低污水处理费用。

在废水处理的生物膜法中,颗粒活性炭作为微生物载体时具有吸附性能好和挂膜快的优点,因此活性炭生物膜法在污水深度处理中得到广泛应用,并将附着生物膜的活性炭叫作生物炭。这种微生物群落附着在粒状活性炭表面上的水处理方法,就是生物活性炭法。

☞ **5.109　常用的消毒方法有哪些?**

消毒方法大体上可分为物理法和化学法两大类。物理法主要有加热、冷冻、辐射、紫外线和微波消毒等方法,化学法是利用各种化学药剂进行消毒。表5-9列出了几种常用消毒方法。

表5-9　常用消毒方法对比

消毒方法 项目	液氯	臭氧	二氧化氯	紫外线	加热	卤素 (Br_2、I_2)	金属离子 (Ag^+、Cu^{2+})
投加量/(mg/L)	10	10	2~5				
接触时间/min	10~30	5~10	10~20	1	10~20	10~30	120
对细菌效果	有效	有效	有效	有效	有效	有效	有效
对病毒效果	部分有效	有效	部分有效	部分有效	有效	部分有效	无效
对芽孢效果	无效	有效	无效	无效	无效	无效	无效
优　点	便宜、技术成熟、有持续消毒作用	除色、臭味效果好,可现场制造,无毒	杀菌效果好,气味小,可现场制造	快速,无化学药剂	简单	效果同氯,对人伤害小	有长期持久的消毒作用
缺　点	对某些病毒、芽孢无效,有残毒和刺激气味	比氯昂贵,无后续作用	维修管理要求较高	无后续作用,对浊度要求高	能耗高	速度低、比氯昂贵	速度低,受污染物干扰大
用　途	各种场合	小规模水厂	污水回用及小规模自来水厂	污水回用、自来水	家庭消毒	游泳池	自来水原水

☞ **5.110　消毒的影响因素有哪些?**

控制和影响消毒效果的最主要因素是消毒剂的投加量和接触时间。可以通过试验的方法来确定消毒剂的投加量，也可以根据经验数据来确定消毒剂的投加量和反应接触时间，并根据实际情况进行适当调整。

影响消毒效果的还有水温、pH 值、污水水质及消毒剂与水的混合接触方式等。温度越高，同样消毒剂投加量情况下消毒效果会更好些。废水 COD 升高时，消毒效果会明显下降。加氯消毒要求废水 pH 值在 6.5~7.5 之间，pH 值升高会使消毒效果下降。消毒剂投加点水流必须是高度紊流，能快速完成消毒剂与水的混合过程，尤其是采用臭氧消毒时，必须考虑选择有效合理的接触反应设备和装置。

☞ **5.111　二氧化氯消毒比氯消毒的特点有哪些？**

（1）二氧化氯不与含氮有机物等某些耗氯物质发生取代反应，消毒时可不致产生氯酚臭味和三卤甲烷等氯代烃类物质，因此尤其适合于含酚或有机物污垢较多的废水。

（2）二氧化氯的杀菌效果比氯要好，随着 pH 值的升高，这种优势更加明显。比如，pH 值为 8.5 时，要达到 99% 以上的埃希氏大肠菌的杀灭率，二氧化氯只需要 0.25mg/L 的有效氯投加量和 15s 的接触时间，而氯的投加至少需要 0.75mg/L。

（3）二氧化氯在较广泛的 pH 值范围内具有很强的氧化能力，其氧化能力为自由氯的 2 倍。能比氯更快地氧化锰、铁等还原态物质，同时能去除水中的氯酚和藻类等引起的嗅味，二氧化氯还具有强烈的漂白作用，可去除废水的色度。

（4）二氧化氯不与水中的氨氮等化合物作用而被消耗，因此在相同的有效氯投加量下，可以保持较高的余氯浓度，取得较好的消毒杀菌效果。

☞ **5.112　紫外消毒的技术关键有哪些？**

（1）紫外线的最有效范围是 UV-C，波长为 200~280nm 的紫外线正好与微生物失活的频谱曲线相重合，尤其是波长为 254nm 的紫外线，是微生物失活的频谱曲线的峰值。

（2）能够设计制造一套能耗低、效率高、运行管理简单的发生波长为 254nm 紫外光的紫外灯装置。

（3）紫外线剂量大小是决定微生物失活的关键。紫外线剂量 = 紫外线强度 × 曝光时间。在接触池形状和尺寸已定即曝光时间已定的情况下，进入水中的紫外线剂量与紫外灯的功率、紫外灯石英套管的洁净程度和污水的透光率等三个因素有关。

（4）由于紫外灯直接与水接触，当水的硬度较大时，灯管表面必然会结垢，影响紫外光进入水中的强度。实现自动清洗防止灯管表面结垢，是 UV 消毒技术运行中的最实际问题。

（5）接触水槽的水流状态必须处于紊流状态，使水流充分接近紫外灯，达到较好的消毒效果。

☞ **5.113　紫外消毒的优点有哪些？**

（1）在消毒过程中，不需添加任何化学物质，不会在水体中产生或残留任何有毒物质，因此不产生二次污染。

（2）细菌病毒等病原微生物暴露在 C 波段紫外光 UV-C 下，仅 6s 内产生的物理化学反应就能达到消毒杀菌的目的。因此需要的接触时间较短，整个消毒设施占地面积很小。

（3）氯类消毒剂消毒机理是破坏病原体的细胞结构，而 UV-C 消毒的原理是破坏病原体的 DNA，因此对病毒的杀灭能力极强，即总的消毒效果显著。

（4）设备安装维修简单，运行安全可靠，除了定期或根据需要更换紫外灯管外，几乎没有什么操作，可以实现自动控制，管理简单。

（5）紫外线对无机物几乎没有什么破坏作用，因此接触槽使用普通混凝土结构即可，不像氯类杀菌剂对接触池的要求那么高。

☞ **5.114　什么是废水零排放？**

废水零排放，通常是对零液体排放（Zero Liquid Discharge，ZLD）的简称，指的是某一企业或园区达到不向外部环境排放废水的状态，即通过高度回收废水中的水分，水中的盐类或污染物经过浓缩结晶以固体的形式排出去妥善处理或回收利用。

实现零排放通常需要两个途径：一是通过源头废水减量和内部废水循环使用消纳来实现；二是通过对末端废水进行零排放处理来实现。当然，通常是二者的结合。

☞ **5.115　污水"零排放"实施时应注意哪些问题？**

（1）污水"零排放"应具备可靠的水平衡和盐分析数据。

（2）应注重原料和生产过程全流程用水的消减和按质使用，提高用水管理水平，将可利用的污水再回用到生产过程中去。

（3）减少生产过程中盐的引入，以提高污水的回用率。

（4）废水达标处理设施设计合理性、运行稳定性是一个先行的条件。

（5）采用膜法、电渗析等脱盐浓缩后产生的浓盐水的处理问题，包括反渗透浓盐水处理和高浓盐水结晶固化处理技术方案成熟可靠。

（6）母液杂盐形成的危险固体废弃物带来的高处理费用，是探讨"零排放"方案时必须考虑的问题。

☞ **5.116　废水零排放的技术关键是什么？**

要想达到"零排放"，重点是要实现高含盐废水的全回收，本质是要实现废水中水和盐类的分离。目前，浓缩技术、结晶技术，以及两种技术耦合协同后的技术较多地用于实现高盐废水回收零排放。当然，有时根据高盐废水的实际情况，还需要在技术之前增加预处理技术，以便为后续浓缩、结晶工艺提供更好的运行条件。

高盐废水零排放及资源化处理工艺要求，在技术经济可行的条件下，最大限度地实现各类物质的分离和回收利用，如产水回用、盐结晶或制酸碱。盐分单一的以浓缩回收为主，盐分复杂的以分盐资源化为主。目前普遍采用预处理→浓缩→蒸发结晶系统工艺对高盐废水进行处理，实现零排放或近零排放，产生盐固体进行处置或回收。

☞ **5.117 废水零排放的预处理主要环节有哪些？**

（1）除硬软化。除硬软化的作用是去除经过二级处理的废水中的钙、镁、硅和氟化物等，其主要处理方法为分级软化，主要技术手段为加药澄清、树脂软化等。即通过投加石灰、碳酸钠、氢氧化钠、聚合氯化铝、聚丙烯酰胺等药剂，将水中的钙、镁、硅和氟化物等转化为难溶化合物，与水中的悬浮物、胶体等物质一起沉淀、过滤去除，水质得以初步软化。过滤出水利用交换容量较大的弱酸型阳离子树脂进一步软化，为后续膜浓缩装置提供保障。

（2）浓缩减量。由于废水最终零排放处置费用极高，为了减小最终结晶处置工艺的规模，减少投资及节约运行费用，需先将经过多级处理的工业废水尾水进行减量、浓缩。减量过程第一步主要通过抗污染、宽流道的中、高压反渗透膜系统降低废水量，将废水中的总溶解性固体含量浓缩到 $40000\sim80000mg/L$。减量过程第二步是通过利用 MVR、MED 等为代表的热法深度浓缩和以膜蒸馏、电渗析为代表的深度膜法浓缩，使含盐量(TDS)质量浓度达到 $150000\sim250000mg/L$，为盐结晶创造条件。

☞ **5.118 废水零排放预处理常用哪些方法从水中除硬？**

（1）对于高硬度水，采用碱法软化水质处理，即在废水中投加氢氧化钠、碳酸钠、氢氧化钙等药剂，使水中硬度转化为氢氧化镁和碳酸钙后再用沉淀法去除，此法常用于生化处理前特殊高硬水除硬以及进入废水零排放装置的生化尾水第一级除硬。

（2）对于硬度较低的废水，采用反渗透膜工艺将废水中的钙镁离子去除，同时还可以截留有机物及其他无机离子，此时反渗透膜工艺的主要目的是产出淡水回用，兼备废水零排放装置第一级除硬出水的盐分浓缩作用(包括硬度浓缩)。

（3）对于硬度适中的废水，可以采用弱酸树脂除硬，弱酸树脂除硬常用于废水零排放浓缩前的最后一级除硬。

需要说明的是，上述除硬度的方法都是建立在废水中的有机物含量极低的条件下，尤其是树脂除硬，要充分考虑 COD 对树脂的工作交换容量产生的影响。

☞ **5.119 废水零排放预处理除硅的注意事项有哪些？**

在废水零排放系统中，对于硅化合物的去除一般不会单独进行，通常综合考虑同时去除水中悬浮物、胶体、硬度等的协同效应，而混凝+澄清（或沉淀）+砂滤(或超滤)处理是最普遍的选择。

混凝脱硅是利用某些金属的氧化物或氢氧化物对硅的吸附或凝聚，再去除凝聚物以达到除硅的目的。混凝除硅要注重混凝剂的复配使用，通过药剂的协同效应以达到最佳的除硅效果。比如将石灰和镁剂一起使用，将水的 pH 值调整为10.1~10.3，控制镁剂对原水中硅化合物的比耗为 2~3，再投加 0.2~0.35mmol/L 的铁盐混凝剂，经过 1h 左右的澄清，出水硅可达 1mg/L 以下。

在协同除硅达不到预期目的的情况下，对于进入分盐阶段的高盐分、低硬度的高硅废水，可以设置单独的除硅设施，采用偏铝酸钠 pH 中性除硅，不带入硬度，可将总硅降低至 20mg/L 以下，降低蒸发结晶装置的结垢风险。

☞ **5.120　零排放废水采用什么工艺进行初步浓缩减量？**

工业废水零排放初步浓缩减量一般采用经济技术性均较高的反渗透技术，通常需根据废水盐度进行一到两级的膜浓缩处理，使废水盐度达到 6%~8% 再进入蒸发结晶系统。

一级反渗透一般采用常规反渗透技术，其主要目的是产生回用水，并且尽可能提高回收率、减少浓水的产生量，浓水的盐含量可达到 10000mg/L。一级膜的浓盐水中，不仅盐含量大幅增加，原来含量较低的成分经过浓缩浓度升高，因此，二级反渗透通常会采用高效反渗透、碟片式反渗透等特种高压反渗透技术。

一般情况下，含盐量低于 10000mg/L 时，废水依次进入中、高压反渗透膜系统；当含盐量大于 10000mg/L 时，可考虑直接使用高压反渗透膜系统，高压反渗透浓水通过透平装置回收能量后送至深度浓缩单元。

☞ **5.121　可以采用哪些方法对高盐废水进行深度浓缩？**

决定 ZLD 成本的关键因素是蒸发结晶系统的废水处理量，若能在废水进入蒸发结晶前进行高倍浓缩，高盐废水的零排放成本将大大降低。深度浓缩工艺种类众多，根据处理对象及适用范围的不同，主要将高盐废水浓缩工艺分为热浓缩和膜浓缩技术。

常用的热浓缩技术有机械式蒸汽再压缩技术（MVR）、多效蒸发（MED）等。实际工程中常将反渗透 RO 与热法工艺耦合，利用 RO 进行预浓缩，能够大大降低能耗，两者协同作用以实现高盐废水零排放。RO 的加入可节省 58%~75% 的能源及 48%~67% 的运行成本。

膜浓缩技术包括膜蒸馏技术、正渗透技术、电渗析技术等，作为 RO 浓水进一步浓缩工艺，出水则进入结晶过程。

☞ **5.122　在浓盐水浓缩中如何比对蒸发器浓缩与 RO 膜浓缩？**

（1）对于废水量较大的系统，一般采用"膜浓缩+蒸发器浓缩+结晶器"的设计，膜浓缩浓水侧的 TDS 一般做到 60000~80000mg/L，更高的浓度在运行安全性和运行成本上都不再有优势。

（2）当水量较小时，如膜浓缩浓水量可以压缩到 10t/h 左右甚至更低，可考虑取消蒸发器，将膜浓缩段设计更高的回收率，浓水直接进结晶器处理。

（3）对比运行成本时，要充分考虑浓盐水膜浓缩单元频繁清洗的费用和膜更换的费用。

（4）对于自备动力厂的企业，发电的边际成本很低，蒸发器的运行成本可大幅降低。

（5）从投资对比来看，大水量（处理规模增大）会降低吨水投资值，采用蒸发器投资优势更佳。

（6）从运行安全性来讲，蒸发器明显优于高压反渗透。

☞ **5.123　什么是多效蒸发？**

多效蒸发（以下简称 MED）的原理是将多个蒸发器串联起来，前一个蒸发器的二次蒸汽作为下一个蒸发器的加热蒸汽，下一个蒸发器的加热室便是前一个蒸发器的冷凝器。图 5-19 是三效蒸发器工艺流程示意图。

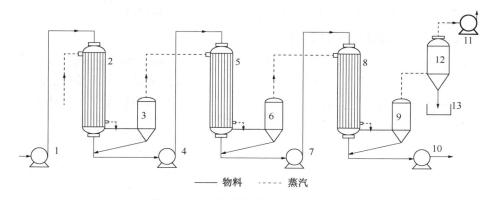

图 5-19　三效蒸发器工艺流程示意图

1—原料泵；2—一效蒸发器；3—一效分离器；4—一效循环泵；5—二效蒸发器；6—二效分离器；
7—二效循环泵；8—三效蒸发器；9—三效分离器；10—出料泵；11—真空泵；12—冷凝器；13—水箱

在多效蒸发系统中，只需要在第一效处加入新鲜蒸汽，在之后的前面一效蒸发塔顶产生的二次蒸汽，直接用作后续一效蒸发塔再沸器的加热介质，一效之后的蒸发塔就无须再引入新鲜的蒸汽，最后一效塔顶蒸汽可以用作低压力等级热源。因此，其最大的优点是多次利用二次蒸汽的汽化和冷凝，可以显著减少新鲜蒸汽消耗量。

☞ **5.124　比选 MED 蒸发器应该考虑哪些因素？**

（1）逆流和混流效果均优于并流系统。逆流多效蒸发能耗最小，并流多效蒸发能耗最大；混流多效蒸发系统的特性相对并流多效蒸发系统较好。

（2）蒸发效数不是越多越好。当效数增多时，热量利用的效率也随之有所降低，考虑到效数增加则设备的投资增大，故实际采用效数应该有一个最佳点。比如对于一些高沸点物系，只能采用二效或三效蒸发器。

（3）考虑物料特性、热量衡算和不凝气截留程度等因素选择蒸发压力。有研究表明，各效的压强除了与蒸发器的物料和热量衡算有关，还与物料的特性以及各效上下不凝气的节流程度的大小有关。

☞ **5.125　MED 的特点体现在哪些方面？**

（1）操作弹性大，系统可以提供设计值 40%～110% 的工况。

（2）蒸发温度相对较低，蒸汽中不凝气和盐分含量低，冷却后凝结水品质较高。

（3）多采用管内冷凝和管外沸腾的双侧相变传热方法，传热效率高。

（4）负压下容易起泡沫，需要采用投加消泡剂等措施。

（5）换热管结垢结盐，需要及时进行除垢、清焦等处理。

（6）真空度需要有保证。

（7）有机物残留富集对结晶盐品质和结晶效果不利影响较大。

☞ **5.126　什么是 MVR 技术？**

MVR 技术是机械式蒸汽再压缩技术（Mechanical Vapor Recompression）的英文简称，其原理是利用蒸发系统自身产生的二次蒸汽及其能量，将低品位的蒸汽经压缩机的机械做功提升为高品位的蒸汽热源。如此循环向蒸发系统提供热能，从而减少对外界能源的需求。MVR 原理见图 5-20。

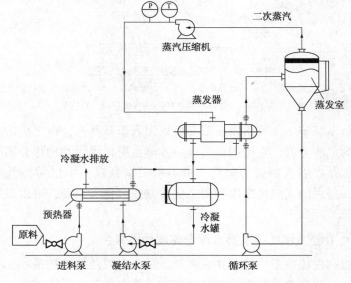

图 5-20　MVR 工艺流程简图

在 MVR 系统中，预热阶段的热源由蒸汽发生器提供，直至物料开始蒸发产生蒸汽。物料经过加热产生的二次蒸汽，通过压缩机压缩成为高温高压的蒸汽，在此产生的高温高压蒸汽作为加热的热源，蒸发腔内的物料经加热不断蒸发，而高温高压蒸汽通过不断地换热、冷却变成冷凝水，即处理后的水。压缩机作为整个系统的热源，实现了电能向热能的转换，避免了整个系统对外部蒸汽的依赖与摄取。

☞ **5.127 MVR 系统的主要设备有哪些？**

MVR 蒸发系统主要设备有以下 4 个：

（1）压缩机。MVR 压缩机的选型主要有罗茨压缩机和离心压缩机两种。罗茨鼓风机常被用来压缩小流量的蒸汽，适用于蒸发量小、沸点升高大的物料；离心式压缩机适合蒸发量较大、沸点升高较小的物料。

（2）蒸发器。蒸发处理装置的类型一般分为升膜蒸发和降膜蒸发两种，目前国内主要采用降膜蒸发方式。

（3）热交换器。在 MVR 热泵蒸发工艺过程中，换热器采用间接换热方式，常用的换热器类型有列管式换热器、波纹板式换热器。

（4）气液分离器。气液分离器是提供物料和二次蒸汽分离的场所，其作用主要为将雾沫中的溶液聚集成液滴，把液滴与二次蒸汽分离，分离器的使用效果会受蒸发量、蒸发温度、物料黏度、分离器液位等因素影响。

☞ **5.128   和 MED 相比，MVR 的特点有哪些？**

（1）MVR 系统只需要在启动时通入新鲜蒸汽作为热源，而当二次蒸汽产生，系统稳定运行后，将不需要外部的汽源，所以节能效果显著。

（2）在同样的蒸发处理量下，MVR 蒸发系统所需的占地面积相对较小。

（3）MVR 蒸发系统能耗主要是压缩机和各配套泵的电耗，运行费用较低，但动设备较多，运维工作量较大。

☞ **5.129   影响 MVR 工艺稳定运行的主要问题有哪些？**

（1）废水特性对 MVR 的工艺匹配问题。由于工业废水来源不同，生化处理工艺路线不同，导致进入浓缩阶段的废水性质也有差异，需根据废水的差异性对 MVR 的工艺控制有针对性进行选择。准确地掌握进入 MVR 的废水性状指标（如黏度、密度和沸点升等），并进行综合分析计算，是确保 MVR 装置正常运行的关键。

（2）系统结垢结盐问题。换热器内壁局部结垢、结盐，是系统蒸发效率降低的主要原因之一，这主要是由于加热热源是利用二次蒸汽，结垢结盐会使传热效果下降，单位时间内的蒸发量降低，使得可利用的压缩二次蒸汽量减少。保证预处理水质合格、加大强制循环量及时清洗结垢结盐设备等措施可避免此类问题的发生。

（3）泡沫问题。当采用 MVR 技术处理高浓度含盐废水时，由于其中有机物和硝酸盐等物质含量不断升高，导致浓缩液起泡沸腾，使传热效果下降、气液分离不彻底，对压缩机提出了较高的要求，且系统能耗显著增加。保证预处理水质合格、投加消泡剂等措施可控制泡沫问题的发生。

☞ **5.130　废水零排放的常用结晶工艺有哪些?**

工业废水零排放的结晶工艺普遍采用热法结晶实现固液分离，可以分为加热蒸发结晶和冷冻结晶两大类。

加热蒸发结晶适用于产生混盐的零排放工程和对分盐零排放工程产生的母液进行干燥，冷冻结晶则适用于硫酸钠结晶成芒硝后实现固液分离。

加热蒸发结晶法适宜处理高盐低有机物含量的废水，因为有机物含量过高，会在蒸发器内产生较多气泡导致传热效果下降，而且结晶器内的有机物和盐分易形成类似"浆糊"状的混合物，不易固液分离。

冷冻结晶后得到芒硝，母液富集的杂质不会随芒硝一起析出，因此芒硝本身纯度就会很高，而芒硝经融化再结晶后可以得到更高纯度的无水硫酸钠。

☞ **5.131　蒸发结晶技术的主要工艺过程环节有哪些?**

水质不同，选用的蒸发结晶工艺技术也有区别，但工艺过程基本相同，所用的蒸发结晶器和同类蒸发浓缩器也基本相同。根据选择的蒸发结晶工艺技术，对废水进行有针对性的预处理调质，然后进入蒸发结晶工段。结晶工艺通常分为晶种法和非晶种法两大类。

使用热交换和防结垢技术进行加热处理，降低能耗，再经过蒸发结晶系统处理后，将蒸发浓缩处理之后的"浓盐浆"送入离心机，分离结晶固体和液体，分离后的液体循环回收系统进行蒸发结晶处理，结晶固体进入干燥包装等后续处理。

通过工艺条件的控制，尽量减少结晶母液的外排，减少母液干燥系统的负荷和危废固体的产生量。同时通过对结晶蒸发器发泡的控制和除液滴设施，得到品质较好的凝结水进行生产利用，实现高含盐废水的零排放。

☞ **5.132　什么是混盐结晶工艺? 什么是分盐结晶工艺?**

在高盐水的零排放处理时，经过除硬软化、膜法减量浓缩等预处理工艺后，浓水中的含盐量达到 60000mg/L 以上，其中盐的离子主要是钠离子、硫酸根离子、氯离子，同时含有少量铵离子、硝酸根离子、氟离子、有机物及少量钙、镁、硅等结垢性离子，此时采用 MVR、MED 等蒸发工艺对这部分高盐水进行深度浓缩至含盐量 200000mg/L 左右，进入结晶系统进一步蒸发后脱水成盐固体，盐固体中成分复杂且含水率 20% 左右，这种处理工艺被称为混盐结晶工艺。晶种法是混盐结晶工艺的常用方法。

简而言之，在高盐水的零排放处理时，以得到满足工业应用标准的氯化钠（GB/T 5462—2015）和硫酸钠（GB/T 6009—2014）产品为目标的工艺，被称为分盐结晶工艺。分盐结晶工艺同样需要对高盐水进行除硬软化、膜法减量浓缩等预处理工艺，同时会进一步强化对有机物和铵离子、硝酸根离子、氟离子及钙、镁、硅等结垢性离子等去除深度，以保证最终盐产品的质量合格。"热法+冷冻分盐"和"纳滤+热法+冷冻分盐"是较为典型的分盐工艺。

☞ 5.133 什么是晶种法结晶？

晶种法是混盐浓盐水蒸发系统采用的运行工艺之一，通常采用石膏（硫酸钙）作为晶种，石膏晶种法的目的是减缓加热管结垢，以延长蒸发器运行时间。晶种法要求废水中有一定量的硫酸根和钙离子存在，在硫酸根和钙离子含量不足的情况下，需额外添加硫酸钙，使废水中硫酸根和钙离子含量达到适当的水平，含盐种的浓液在蒸发器换热管束内连续循环。

废水蒸发到一定程度，浓盐水处于超饱和状态，水里开始结晶的钙、镁、磷酸根、硫酸根、硅等离子开始沉淀并附着在这些"种子"上，悬浮在水中，而不是附着在换热器管束的表面，这种现象称为"选择性结晶"，以防止蒸发器在高浓度盐水运行的情况下结垢。这些沉淀的物质附着在结晶盐上，也就形成了新的盐种，所以蒸发器在正常运行时不需要另外添加盐种。

晶种法蒸发器对运行管理要求比较高，如果控制不当，就会出现蒸发器降膜管、布水器、旋流分离器等部位的严重结垢、堵塞问题，造成热量损失，产量降低，处理起来费时费力，影响零排放系统长周期稳定运行。

☞ 5.134 非晶种法蒸发工艺的技术特点与技术优势是什么？

非晶种法蒸发技术属于一种简单而且稳定的蒸发技术，不必像晶种法那样需要频繁监控硫酸钙的浓度，监控进水水质等，不会因部分进水指标波动影响蒸发系统运行的稳定性。另外，同晶种法相比，非晶种法蒸发不需要额外投加晶种，循环液密度较小，能耗相应降低，后续产生的结晶盐的量也相应会减少。

非晶种法蒸发技术也有一定的适用范围，如果进入蒸发器的废水中含有较高的硬度、碱度，就不适合采用非晶种法。如果经过增加去除硬度、碱度的预处理措施，那就可以采用非晶种法，同时需要根据整体的工艺以及综合的投资、运行成本等考虑采用哪种方式更经济。

在来水不含硬度、碱度，或者通过预处理将硬度、碱度控制在合理的低限范围内的条件下，如果以同样的进水水量来比较，采用非晶种法蒸发技术操作控制更简单，运行时间更长，清洗难度小、清洗时间短、化学药剂消耗量小，电、蒸汽等公用工程消耗量小，维护和检修量少，结晶盐产量少。

非晶种法和晶种法蒸发具体对比情况见表5-10。

表 5-10　非晶种法和晶种法蒸发比较

名　称	非晶种法蒸发器	晶种法蒸发器
生产运行时间	较长；结垢非常少，进水水质主要是硫酸钠和氯化钠等物质，硅的溶解度高	较短；系统中硫酸钙需要维持一定的浓度，运行会有波动，硅的溶解度低
清洗难度	简单；可以用水来清洗氯化钠和硫酸钠，也可以采用弱酸来清洗微量的碳酸钙垢，一般在线化学清洗就能完成	困难；因为结垢主要是硫酸钙，并附着碳酸盐、硅垢，蒸发器需要停运，拆检进行机械清洗，然后还要化学清洗
清洗所需要的时间	更短	更长
清洗化学药剂	水和弱酸(较便宜)	EDTA 较贵
控制	可以通过在线仪表监视和控制	操作人员必须在现场取样、分析、调整
泵	非晶种法的泵耗电更小	蒸发器循环泵需耗更多的电力
强制循环蒸发器	更小	更大
蒸汽消耗	较少	较多
维护和维修	较少	较多
耗电	较少	较多
化学药剂	消泡剂、微量的阻垢剂、少量酸碱	消泡剂、阻垢剂、酸、碱、氯化钙等
结晶盐的产量	较少，利于分盐	较多，不利于分盐

☞　**5.135　为什么说废水零排放工艺成功的关键在于实现分盐?**

对于大多数工业废水来说，由于废水中盐组分复杂，如果不进行分盐处理，最终得到的固体杂盐都应作为固体危废进行处置。而当前国内处理固体危废的成本都在 3000 元/吨以上，其代价甚至比前段膜浓缩、蒸发浓缩、蒸发结晶各工段成本之和还要高。

在废水处理过程中，如果不对最终的固体结晶盐进行有效处理，那只能单纯实现废水的液体零排放。也就是在付出极大代价的前提下，还要继续付出极大代价对产生的固体进行危废处置。

因此，在高含盐废水处理过程中，实现分盐处理并提高结晶盐的纯度，以便使最终固体产物能够作为产品销售而不是去危废处置，将具有非常大的应用价值。

☞　**5.136　废水零排放工艺中提高结晶盐纯度的措施有哪些?**

(1) 提高进入结晶器内的废水中计划结晶盐组分的含量。

(2) 降低进入结晶器内的废水中硬度离子、硅等杂盐含量。

(3) 降低进入结晶器内的废水中氨氮和硝态氮含量。

（4）降低进入结晶器内的废水中有机物含量。

（5）合理排出杂盐母液。

（6）采用低浓度进水对排盐逆流淘洗，洗脱结晶盐表面的高浓度母液，实质是采用低浓度进水替代高浓度母液，从而减少结晶盐携带的有机物和其他杂质数量。

（7）经过淘洗的 NaCl 和 Na_2SO_4 晶体因沉降速度较快得以沉淀分离，而 $CaSO_4$、CaF_2、$Mg(OH)_2$ 等轻质杂盐，则被逆流淘洗液冲洗到结晶器循环系统，最终通过母液排放除掉杂质。

☞ **5.137 废水零排放的常用分盐技术路线有哪些？**

一般工业废水经过生化、氧化等各种处理及减量浓缩后，浓缩液主要盐分表现为硫酸钠与氯化钠，当然有时还会有硝酸钠等其他盐类，废水零排放涉及的分盐主要是指对硫酸钠与氯化钠的分盐处理。现有废水零排放的分盐处理工艺，可分为热法分盐和膜法分盐两大类。

热法分盐又可分为热法加热蒸发分盐与冷冻析硝分盐两种工艺，其原理都是根据溶液中，对应温度下各溶质溶解度的不同进行盐分分离，从而得到不同盐产品的过程。

膜法分盐通过纳滤膜将二价盐（Na_2SO_4）截留在浓水侧，一价盐（NaCl）截留在淡水侧，再进一步通过蒸发结晶制得高品质 NaCl、通过冷冻结晶得到纯度较高的 Na_2SO_4。

在选择技术路线时，应综合权衡投资和运行成本、结晶盐资源化率、结晶盐品质三者的关系。从某种意义上说，结晶盐的纯度更多的是要考虑经济性，合理确定经济的盐品质要求。在合理的成本下应尽量提高结晶盐回收率，减少杂盐产量，降低杂盐处理成本。

☞ **5.138 常用的分盐工艺过程具体有哪些？**

（1）纳滤、蒸发分盐工艺。

以浓盐水为原料，经过纳滤分别得到氯化钠（稀相液）、硫酸钠（浓相液）为主的溶液，分别蒸发稀相液、浓相液得到氯化钠、硫酸钠盐，制盐、制硝母液干化得到杂盐。

（2）蒸发分盐硝、冷冻提硝、蒸发分盐工艺。

以浓盐水为原料，经过蒸发浓缩结晶得到硝或盐，制盐或硝母液经过冷冻得到十水芒硝，精卤蒸发得到氯化钠，制盐母液干化得到杂盐。

（3）纳滤、蒸发分盐硝、冷冻提硝、蒸发分盐工艺。

以浓盐水为原料，经过纳滤分别得到氯化钠（稀相液）、硫酸钠（浓相液）为主的溶液，浓相液冷冻得到十水硫酸钠；蒸发稀相液得到氯化钠，溶解十水硫酸钠液蒸发得到硫酸钠，制盐、制硝母液干化得到杂盐。

☞ **5.139　废水零排放的分盐处理原则是什么？**

如果对最终的浓缩液进行"分盐处理"，需要综合考量，一是满足分盐工艺需要；二是满足投资与收益经济性需要；三是解决好最终盐分的纯度与外排杂盐量的平衡问题。

满足分盐工艺需要就是废水经预处理、浓缩后，其浓缩液主要盐分组成相对简单，能够利用成熟的分盐工艺进行处理后得到高品质盐固体。

从投资与收益经济性对比考虑，一般按三年危险固废处理成本与分盐投资成本进行比较，如果前者更大，则适合采用分盐投资，如果后者额度更大则适合采用直接蒸发做混盐危废处理。

一般来讲，要得到纯度更高的盐，则意味着需要外排更多的杂盐母液。从经济性角度来讲，并不是得到的盐纯度越高越好，而是取一个相对合理的盐的纯度，尽量减少外排母液的处理量，防止造成最终合计处理成本的升高。

☞ **5.140　热法分盐和膜法分盐工艺各有哪些特点？**

（1）热法分盐优势是工艺简单，运行可靠性强，投资和运行成本低，不足之处是结晶盐品质略低。

（2）膜法分盐优势是氯化钠盐品质略高，对于氯化钠为主要组分的废水比较适用，不足之处是投资和运行成本偏高，膜运行可靠性不如热法，分离效率随着运行时间的延长逐渐降低。

☞ **5.141　废水中有机组分对零排放系统的影响有哪些？**

（1）会对浓缩阶段的反渗透膜和纳滤膜造成有机物污染或生物污染，导致膜频繁清洗，运行周期缩短，膜使用寿命下降。

（2）有机物浓度过高，容易引起蒸发浓缩和蒸发结晶装置产生较多的泡沫，导致飞料产生。

（3）蒸发浓缩和蒸发结晶单元中，部分有机物会进入凝结水中，影响凝结水品质。

（4）在蒸发浓缩和蒸发结晶单元的气液分离器中，部分有机物成为不凝气，成为排气 VOC 不达标或有异味的根源。

（5）结晶器内高浓度的有机物影响结晶盐产品的品质。

☞ **5.142　降低有机物影响的控制手段有哪些？**

（1）确保生化处理阶段的运行效果，通过生化反应池内投加填料、粉末炭、特种微生物等，使生化出水 COD 尽可能降低。

（2）选择适合水质特点的深度处理工艺，如臭氧氧化、活性炭吸附等工艺。

（3）在超滤和反渗透膜系统投加非氧化性杀菌剂、提高膜系统运行的 pH 值等，减轻有机物和微生物对膜系统的污染。

（4）蒸发结晶装置投加消泡剂，稳定运行参数，避免飞料。

（5）结晶器出盐口设置淘洗装置，降低结晶盐对有机物的携带量。

☞ **5.143   氨氮和硝态氮对零排放系统的影响有哪些？**

（1）RO 对氨氮和硝酸根截留率低，尤其是高 pH 值运行的高效膜浓缩工艺，RO 对氨氮几乎无截留作用，导致 RO 产水氨氮较高。

（2）蒸发结晶单元中，几乎所有的氨氮都会以游离氨形式进入蒸馏水中，影响蒸馏水品质。

（3）结晶器母液排放量与硝酸根浓度有关，硝酸根的累积会对结晶器溶液沸点及蒸发量造成很大影响，只能通过排放母液维持结晶器稳定工作。

（4）影响结晶盐品质和回用，硝酸钠在水中的溶解度远高于氯化钠和硫酸钠，结晶盐中含有微量水就可能携带部分硝酸钠。

☞ **5.144   减轻氨氮和硝氮影响的控制手段有哪些？**

（1）在生化好氧段通过投加填料或 MBR 等延长污泥龄（SRT）的措施，增强硝化效果，降低生化出水氨氮含量。

（2）在生化缺氧段或深度处理后置反硝化段，通过控制溶解氧和碳源调配提高反硝化效果，降低出水硝态氮含量。

（3）选择合适的 RO 膜，提高硝酸根的截留率。

（4）通过加大母液排放量，降低结晶器内的硝酸根含量。

（5）结晶器出盐口设置淘洗装置，降低结晶盐对硝酸盐的携带量。

☞ **5.145   母液蒸发干燥的常用方法有哪几种？**

（1）滚筒耙式干燥

母液通过渣浆泵送入滚筒干燥机，转筒底部通入常压蒸汽对干燥机内部物料进行加热。利用热风或饱和蒸汽做热源，在蒸发罐体夹套及轴芯和耙齿加热，对湿物料进行间接加热蒸发，耙齿不断搅拌清除加热面上的物料，并在容器内推移形成循环流，水分蒸发后由真空泵抽出。

滚筒干燥对真空度要求不高，通常为 -60 ~ -40kPa，蒸发温度高，放热损失大，蒸汽及电量消耗较高。滚筒清理麻烦，需要的冲洗水量大，带来系统内新增处理水量。

（2）真空干燥

将密闭容器抽成真空状态后，利用饱和蒸汽间接加热，实现低温蒸发的高效蒸发方式。真空干燥由抽真空装置、蒸馏罐、废气冷凝装置等构成，一般是处理能力 0.5t/h 以下的模块化设备。主要工艺过程包括进液、蒸馏、排渣 3 个部分，分批次间歇运行，为实现连续运行，需要根据处理规模设置若干个模块化设备依次投用。

蒸馏罐干燥腔体内设置搅拌刮片，防止物料黏结或结焦，同时实现自动排渣。通过改变搅拌机的旋转方向来进行排渣作业，这样可以保证排渣比较彻底，防止由于渣未排干净而出现结焦现象。真空状态产生的蒸汽，水分经过冷凝器冷凝成水，不凝气排出，排出的气量较少，但因为没有空气稀释，即使蒸发温度60℃左右，排放的废气中 VOC 含量也有可能较高。

（3）喷雾干燥

将母液经雾化后喷入干燥室中，雾滴与热空气接触换热，水分迅速汽化，即得到干燥产品。主要设备有供料泵、雾化罐、鼓风机、加热器、旋风分离器、除尘器、引风机等，主设备构造简单，但配套设备较多、电耗高，排气量大。内部无换热面，不存在换热表面结垢问题，但筒体会附着料，需要清理。

系统对密封要求相对较低，由引风机产生微负压即可，但运行需要的温度高，鼓入的热空气量大，空气带走的热量多，热损失较多，优点是排气的 VOC 含量较低。

（4）转鼓干燥

转鼓干燥的原理是母液以薄膜状态覆盖在转鼓表面，在转鼓内通入蒸汽，加热筒壁，使筒内的热量传导至料膜，引起料膜内湿分向外转移，当料膜外表面的蒸汽压力超过环境空气中蒸汽分压时，则产生蒸汽和扩散的作用，由废气风机抽走。转鼓在连续转动的过程中，每转一圈所黏附的料膜，其传热于传质的作用始终由里向外，同一方向地进行，从而达到了干燥的目的。

在传热面安装刮刀铲除黏附物，刮刀及加热筒表面磨损剧烈，经常需要更换刮刀和人工清理转鼓黏附物等工作，使转鼓干燥机很难做到完全密闭，经常打开密闭罩会散发出异味。

☞ **5.146　影响零排放系统长周期运行的主要因素和应对措施有哪些？**

废水生化处理、膜浓缩系统、蒸发结晶分盐系统三个部分稳定运行对整个系统长周期运行均至关重要，而上述系统稳定运行可归纳为废水处理系统对有机污染、结垢及其他特征污染物的有效控制。

（1）有机污染有效控制主要指系统对 COD 的去除效果，足够的废水暂存设施和合理的生化处理工艺是保证废水处理稳定性的关键，需要强化废水处理的有效过程控制，使生化段出水 COD 稳定且处于较低值。生化处理后的污水经深度处理系统处理后再送入双膜浓缩系统，对分盐前的高盐水有时需要采用高级氧化进一步氧化系统中的有机污染物。

（2）结垢的有效控制主要指系统对钙、镁、硅的去除效果。零排放系统通常需要大量使用膜系统浓缩废水，反渗透膜经常出现有机污染物污堵和钙、镁、硅结垢问题。为保证膜系统稳定运行，通常会采用分步除硬的措施，第一步设置高度沉淀密池除硬，同时添加镁剂除硅，第二步高盐水除硬采用弱酸树脂或膜过滤方式除硬。

（3）特征污染物的有效控制主要指系统对不同源废水中带来的特征污染物成

分，如 CN^-、NH_3-N、F^- 等的去除效果。例如，煤化工废水中的 F^- 对蒸发结晶系统的钛材有一定腐蚀作用，可利用除硬除硅的高密池实现同步除氟；如果经过稀释进水中 CN^- 含量可以降低到 10mg/L 以下，可以采用逐步提高生化池进水 CN^- 的方法，培养生化污泥对 CN^- 的耐受性，实现二沉池出水小于 0.5mg/L。

☞ 5.147　如何从全厂管理的角度提升零排放装置的效率？

（1）从用水、排水、提升回用率等多角度加强全厂水平衡管理，最大可能增加系统的缓存能力。①减少新鲜水用量，降低吨产品水耗；②精准掌握各装置废水排放（包括污染雨水）的水质、水量，预防出现对污水处理系统造成冲击；③针对污水回用系统产生的不同水质再生水，输送到不同回用用户，实现优质优用；④合理安排污水处理系统和零排放系统的运行负荷，尽可能降低各个缓存池液位。

（2）从原料、原水、三剂等多角度加强全厂盐平衡管理。①一般来说，原料、原水的品质相对稳定，对废水系统的影响固定化，但在原料、原水品质有改变时要关注对全厂盐平衡的影响；②优化水处理过程水剂和能进入排水系统的工业生产三剂的使用量，设法减少药剂的投加种类和投加量，避免操作中过量投加；③优化零排放系统的运行，多产高品质盐产品，减少母液排放量。

（3）加强过程控制，避免不必要的停车检修。①强化重点设备的维护管理，比如根据蒸汽压缩机震动检测趋势，在定期在线冲洗叶轮的基础上，增加停机人工清洗叶轮工序；②提高各工艺流程出水的水质合格稳定率，运行过程的高稳定性。

☞ 5.148　什么是局部废水零排放策略？

在水平衡和盐平衡的基础上，根据"污污分治"的原则，对高盐的废水不做稀释处理，而是按照"预处理—浓缩减量—结晶固化"的思路予以处理，与此同时，其他低盐废水另外处理后回用。

尤其是含盐量1%以上的低 COD 高盐废水，采用稀释后生物处理的方法，代价很大。比如酸碱中和水、烟气脱硫脱硝废水、乙烯碱渣 WAO 处理后的废碱液等，如果稀释处理，需要几倍（甚至 10 倍以上）的稀释水，对后续处理带来很多不确定性。因此，可以对盐组分相对单一的乙烯碱渣 WAO 处理后的废碱液或 FCC 烟气脱硫脱硝水采用酸化后制备硫酸钠，或加入二氧化碳制备小苏打的处理思路；对盐组分复杂的电站烟气脱硫脱硝水实施喷入烟道内干燥处理，或利用多级闪蒸浓缩+晶种法 MVR+母液干燥的处理思路。

第6章 污泥处理

☞ **6.1 什么是废水处理中的污泥?**

污水处理过程中产生的沉淀物质,包括污水中所含固体物质、悬浮物质、胶体物质以及从水中分离出来的沉渣,统称为污泥。

按污泥的性质,可将其分为泥渣和有机污泥两大类,以无机物为主要成分的污泥称为泥渣,以有机物为主要成分的污泥称为有机污泥,通常所说的污泥指的就是有机污泥。

浮渣和有机污泥含水率高而且难以脱水,通常所称的要处理或处置的污泥主要是指这部分污泥。这类污泥流动性好,可以用管道输送。

污泥的处理工艺包括污泥的调理、浓缩、消化、脱水、干化及焚烧等一次处理和填埋、土地利用、建筑材料等最终处理。

☞ **6.2 废水处理中产生的污泥种类有哪些?**

按污水的处理方法或污泥从污水中分离的过程,可以将污泥分为四类。①初沉污泥:污水一级处理产生的污泥;②剩余活性污泥:活性污泥法产生的剩余污泥;③腐殖污泥:生物膜法二沉池产生的沉淀污泥;④化学污泥:化学法强化一级处理或三级处理产生的污泥。

按污泥的不同产生阶段,可以将污泥分为五类:①生污泥:从初沉池和二沉池排出的沉淀物和悬浮物的总称;②浓缩污泥:生污泥浓缩处理后得到的污泥;③消化污泥:生污泥厌氧分解后得到的污泥;④脱水污泥:经过脱水处理后得到的污泥;⑤干燥污泥:经过干燥处理后得到的污泥。

☞ **6.3 生物污泥是怎样产生的?**

所有的微生物处理过程都是一种生物转化过程,在此过程中,能够被生物降解的有机污染物可以实现两种转化:一是转化为从液相逸出的气体;二是转化为剩余生物污泥。

比如好氧活性污泥法的基本原理就是利用微生物将废水中溶解态或胶体态的有机污染物转化成气体和增殖的絮凝状细菌细胞集合体,絮凝状细菌细胞集合体即成为剩余生物污泥的主要组成部分。厌氧生物处理将有机污染物中的较大部分转化为 CO_2 和 CH_4,微生物增殖较慢,但仍有部分生物污泥产生。

☞ **6.4 为什么说生物污泥难以降解?**

生物污泥主要是由微生物细胞组成的。理论和实践都表明,生物体的细胞壁结构非常复杂，很难进一步生物转化。复杂的细胞壁具有很强的保护作用，可以防止被其他细胞所吞噬。在湿润的条件下，生物污泥在数年之后可以保持性质不变，不会自行降解，甚至颜色、外形也不会有太大的变化。这样的好氧生物污泥往往可以在曝气数小时后基本恢复原有的各种性能，厌氧生物污泥可以在厌氧条件下保存数年而性能没有大的变化。

不论好氧生物污泥还是厌氧生物污泥，也不论在好氧条件下进行消化处理还是在厌氧条件下进行消化处理，通常只用25%~40%的生物量可以得到进一步生物降解，其余的60%~75%的生物量是无法生物降解的，即只有采用焚烧或热水解等方法才能进一步处理。

☞ **6.5 污泥处理与处置的目的主要体现在哪些方面？**

（1）减量化：减少污泥最终处置前的体积，以降低污泥处理及最终处置的费用。

（2）稳定化：通过处理使容易腐化变臭的污泥稳定化，最终处置后不再产生污泥的进一步降解，从而避免产生二次污染。

（3）无害化：使有毒、有害物质得到妥善处理或利用，达到污泥的无害化与卫生化，如去除重金属或灭菌等。

（4）资源化：在处理污泥的同时达到变害为利、综合利用、保护环境的目的，如产生沼气等。

☞ **6.6 污泥最终处置的主要方式有哪些？**

（1）土地利用。污泥的土地利用是通过对污泥进行无害化、稳定化处理后用作土壤改良剂或肥料，更适用于林地的土壤修复和生态工程建设。

（2）填埋。污泥的能源化利用是指对污泥进行生物消化制取生物能源沼气、热解炼油或焚烧发电等。

（3）建筑材料。污泥作为建筑材料包括制水泥、制砖、制陶粒等建材的添加剂。

☞ **6.7 描述污泥特性的指标有哪些？**

（1）含水率与固含率：污泥的固含率和含水率之和是100%，例如含水率为99%的污泥固含率就是1%，即含水率高的污泥固含率低，含水率低的污泥固含率高。

（2）挥发性物质和灰分：污泥中的固体杂质含量可用挥发性物质和灰分来表示，前者代表污泥中所含有机杂质的数量，后者代表污泥中所含无机杂质的数量，两者都是以污泥干重中所占百分比表示。

（3）植物营养成分：多数污泥中还含有数量不等的氮、磷等植物营养成分，其含量往往超过马粪等普通厩肥。

（4）有毒物质：有毒重金属或某些难以分解的有毒有机物。

（5）微生物：细菌、病毒和寄生虫卵等。

☞ **6.8　污泥中的水分有哪几种?**

污泥中的水可分为间隙水、毛细结合水、表面黏附水和内部水等四类(见图6-1)。间隙水、毛细结合水和表面黏附水均为外部水。

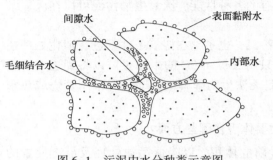

图6-1　污泥中水分种类示意图

（1）间隙水通过重力浓缩即可显著减少。

（2）毛细结合水的去除需要施以离心力等外力。

（3）表面黏附水需采用电解质作为混凝剂进行分离。

（4）内部水使用机械方法难以脱除，可以采用加热或冷冻等措施将其转化为外部水后处理。

☞ **6.9　什么是污泥含水率? 如何计算不同含水率污泥的体积变化?**

污泥中所含水分的多少称为含水量，用含水率表示。污泥含水率是污泥中所含水分与污泥总质量之比的百分数，可用下式表示:

$$P = m_w / (m_w + m_s) \times 100\%$$

式中　P——污泥的含水率;

　　　m_w——污泥中的水分质量;

　　　m_s——污泥中的固体质量。

当污泥的含水率相当大时(在65%以上)，相对密度接近于1。由于污泥浓缩过程中固体含量是不变的，因此可以用下式来表示不同含水率的污泥体积、质量、固体含量的关系:

$$V_1/V_2 = m_{s1}/m_{s2} = (100-P_2)/(100-P_1) = c_2/c_1$$

式中　V_1, m_{s1}, c_1——含水率为 P_1 时污泥的体积、质量及固体质量;

　　　V_2, m_{s2}, c_2——含水率为 P_2 时污泥的体积、质量及固体质量。

通常，含水率在85%以上时污泥呈流态，含水率在65%~85%时呈塑态，低于60%时则呈固态。污泥含水率从99.5%降到95%，体积可缩减为原污泥的1/10。

☞ **6.10　什么是湿污泥密度和干污泥密度?**

湿污泥的质量等于单位体积所含水分质量与固体物质质量之和。湿污泥的质量与同体积水的质量之比，称为湿污泥的密度。由于水的相对密度为1，因此湿污泥的相对密度可用公式表示如下:

$$\rho = 100\rho_s / [100 + P \cdot (\rho_s - 1)]$$

式中　ρ——湿污泥的相对密度;

　　　ρ_s——湿污泥中干固体的相对密度;

　　　P——湿污泥的含水率。

如果湿污泥干固体中挥发性固体所占百分比为 P_v ，相对密度为 ρ_v ，固定固体(灰分)的密度为 ρ_f ，则干污泥的相对密度 ρ_s 可用下式计算：

$$\rho_s = \rho_v + P_v(\rho_f - \rho_v)$$

挥发性固体的相对密度一般接近 1，固定固体的相对密度一般为 2.5~2.65。如果将 ρ_v 、 ρ_f 分别记为 1 和 2.5，则湿污泥的相对密度为：

$$\rho = 25000 / [250P + (100 - P)(100 + 1.5P_v)]$$

确定湿污泥的相对密度和干污泥的相对密度，对浓缩池运行、污泥运输及后续处理，都有指导意义。

☞ 6.11 什么是污泥的挥发性固体和灰分？

挥发性固体(VSS)表示的是污泥中有机物的含量，又称为灼烧减量，是将污泥中的固体物质在 550~600℃高温下焚烧时以气体形式逸出的那部分固体量。VSS 常用 g/L 或质量分数来表示。

灰分指的是污泥中无机物的含量，又称为固定固体，可以通过高温(550~600℃)烘干、焚烧称重测得。

☞ 6.12 什么是污泥浓缩？常用的浓缩方法有哪些？

污泥浓缩是污泥脱水的初步过程，即将污水处理过程中产生的污泥含水98.5%以上的污泥，浓缩为含水率为 95%~97%的污泥。

污泥浓缩的对象是间隙水，当污泥的含水率由 99%下降至 96%时，体积可以减少为原来的 1/4，但仍可保持其流动性，可以用泵输送。

污泥浓缩常用的方法有重力浓缩法、气浮浓缩法和离心浓缩法三种。

☞ 6.13 什么是污泥的重力浓缩法？

重力浓缩法是利用自然的重力作用，使污泥中的间隙水得以分离，可分为间歇式和连续式两种。间歇重力浓缩池采用大高径比，外形细高，主要用于小型污水处理场。连续式重力浓缩池形同辐流式沉淀池，带刮泥机与污泥搅动装置的连续式重力浓缩池构造如图 6-2 所示。

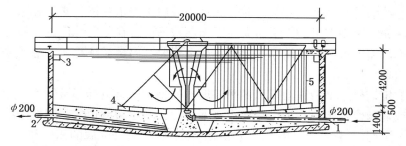

图 6-2　带刮泥机与污泥搅动装置的连续式重力浓缩池构造示意图

1—中心进泥管；2—底流排除管；3—上清液溢流堰；4—刮泥机；5—搅动栅

☞ **6.14 什么是污泥的气浮浓缩法？有何特点？**

气浮浓缩法是依靠大量微小气泡附着于悬浮污泥颗粒上，减小污泥颗粒的密度而上浮，实现污泥颗粒与水的分离的方法。与含油污水的气浮处理原理和运行参数基本相同。气浮浓缩法适用于污泥颗粒易于上浮的疏水性污泥，或污泥悬浮液很难沉降的情况。

与重力浓缩法相比，气浮浓缩法的分离液中的 SS 可以降到 100mg/L 以下，固体物质的回收率高达 99% 以上；浓缩速度快，水力停留时间短，处理时间仅为重力浓缩法的 1/3 左右，构筑物占地面积小；气浮使污泥中混入空气，能保持污泥中的溶解氧含量，不易腐败发臭。

如果待浓缩污泥中含有表面活性剂，会使气泡与污泥颗粒之间的黏附性能下降，只产生大量泡沫而浓缩效果较差。

☞ **6.15 什么是污泥的离心浓缩法？**

离心浓缩法是利用固液的密度差异，在离心浓缩机中形成不同的离心力进行浓缩，离心浓缩机主要有转盘式、转筒式、篮式、盘–喷嘴式等类型。离心浓缩法在机内的停留时间只有 3min 左右，因而工作效率高、占地面积小，但运行费用和机械维修费用高。

利用离心法浓缩剩余活性污泥时，一般需要投加聚合硫酸铁(PFS)或聚丙烯酰胺(PAM)等助凝剂。

☞ **6.16 重力浓缩池运行管理的注意事项有哪些？**

(1) 入流污泥中的初沉池污泥与二沉池污泥要混合均匀，防止因混合不匀导致池中出现异重流扰动污泥层，降低浓缩效果。

(2) 当水温较高或生物处理系统发生污泥膨胀时，浓缩池污泥会上浮和膨胀，此时投加 Cl_2、$KMnO_4$ 等氧化剂抑制微生物的活动可以使污泥上浮现象减轻。

(3) 必要时在浓缩池入流污泥中加入部分二沉池出水，可以防止污泥厌氧上浮，改善浓缩效果，同时还可以适当降低浓缩池周围的恶臭程度。

(4) 浓缩池长时间没有排泥时，如果想开启污泥浓缩机，必须先将池子排空并清理沉泥，否则有可能因阻力太大而损坏浓缩机。在北方地区的寒冷冬季，间歇进泥的浓缩池表面出现结冰现象后，如果想要开启污泥浓缩机，必须先破冰也是这个道理。

(5) 定期检查上清液溢流堰的平整度，如果不平整或局部被泥块堵塞必须及时调整或清理，否则会使浓缩池内流态不均匀，产生短路现象，降低浓缩效果。

(6) 定期(一般半年一次)将浓缩池排空检查，清理池底的积砂和沉泥，并对浓缩机的水下部件的防腐情况进行检查和处理。

(7) 定期分析测定浓缩池的进泥量、排泥量、溢流上清液的 SS 和进泥排泥的固含率，以保证浓缩池维持最佳的污泥负荷和排泥浓度。

（8）每天分析和记录进泥量、排泥量、进泥含水率、排泥含水率、进泥温度、池内温度及上清液的 SS、COD_{Cr}、TP 等，定期计算污泥浓缩池的表面固体负荷和水力停留时间等运转参数，并和设计值进行对比。

☞ **6.17 重力浓缩池进泥或排泥不合理会带来哪些问题？**

（1）进泥量太大会使浓缩池表面固体通量过大，超过浓缩池的浓缩能力后，将导致溢流上清液的 SS 升高即污泥流失。

（2）进泥量太小会使污泥在浓缩池内停留时间过长，导致污泥厌氧上浮。

（3）排泥量太大或一次性排泥太多时，排泥速率超过浓缩速率，导致排泥中含有未经过浓缩的污泥，即排泥固含率降低。

（4）排泥量太少或一次性排泥历时太短，会导致污泥厌氧上浮和溢流上清液的 SS 升高。

☞ **6.18 重力浓缩池污泥上浮的原因有哪些？**

（1）进泥量太少，造成污泥在池内停留时间过长，导致污泥大块上浮，浓缩池液面上有小气泡逸出，此时可投加氧化剂来控制，同时增加进泥量、缩短污泥停留时间。

（2）集泥不及时，污泥不能及时集中到浓缩池的集泥斗，对策是适当提高浓缩机转速。

（3）排泥不及时或排泥量太小，对策是及时排泥、增大排泥量或延长排泥时间。

（4）由于初沉池排泥不及时，污泥在初沉池已经厌氧腐败，控制对策除了在浓缩池投加 Cl_2、H_2O_2 等杀菌剂抑制丝状菌外，还要加强初沉池的运行管理，改善排放污泥的性能。

☞ **6.19 判断浓缩效果的指标有哪些？**

浓缩效果通常使用浓缩比（排泥浓度/进泥浓度）、固体回收率（排泥中总固体含量/进泥中总固体含量）和分离率（上清液流量/进泥量）等三个指标进行综合评价。

一般来说，浓缩初沉池污泥时，浓缩比应大于 2、固体回收率应大于 90%；浓缩活性污泥与初沉污泥组成的混合污泥时，浓缩比应大于 2，分离率应大于 85%。如果某一项指标低于上述值，都说明浓缩效果下降，检查浓缩池的进泥量、固体通量、进泥温度等是否发生了变化，并予以适当调整。

☞ **6.20 重力浓缩池浓缩效果差的原因有哪些？如何解决？**

（1）进泥量太大，固体通量超过浓缩池的浓缩能力，对策是减少进泥流量。

（2）排泥太快，排泥速率超过浓缩速率，导致排泥中含有一些未完成浓缩的污泥，对策是减少排泥量、降低排泥速率。

（3）入流污泥在浓缩池内发生短流，使污泥在浓缩池内的停留时间缩短。溢流堰板不平整、进泥口深度不合适、入流挡板或导流筒脱落、进泥温度或浓度发生变化、进泥量突然增加等均可导致污泥短流，应综合分析原因，根据不同情况予以及时解决。

☞ **6.21　什么是污泥消化？**

污泥消化是利用微生物的代谢作用，使污泥中的有机物质稳定化。当污泥中的挥发性固体 VSS 含量降到40%以下时，即可认为已达到稳定化。污泥消化稳定可以采用好氧处理工艺，也可以采用厌氧处理工艺。

☞ **6.22　什么是污泥的好氧消化？**

污泥的好氧消化是在不投加有机物的条件下，对污泥进行长时间的曝气，使污泥中的微生物处于内源呼吸阶段进行自身氧化。好氧消化水力停留时间为 10 ~ 12d，比厌氧消化所需时间要少得多，能耗较高，主要用于污泥产量较小的场合。

好氧消化池内的溶解氧含量不能低于 2mg/L，而且污泥必须保持悬浮状态，因此必须提供足够的搅拌强度，为便于搅拌，污泥的含水率应在 95% 左右。

☞ **6.23　污泥好氧法的特点和种类有哪些？**

污泥好氧消化的特点如下：①好氧消化上清液中的 BOD_5、SS、COD_{Cr} 和氨氮等浓度较低，消化污泥量少、无臭味、容易脱水，处置方便简单。好氧消化池构造简单、容易管理，没有甲烷爆炸的危险；②不能回收利用沼气能源，运行费用高、能耗大；③好氧消化不采取加热措施，所以污泥有机物分解程度随温度波动大。

好氧消化有普通好氧消化和高温好氧消化两种。普通好氧消化与活性污泥法相似，主要依靠延时曝气来减少污泥的数量。高温好氧消化利用微生物氧化有机物时所释放的热量对污泥进行加热，将污泥温度升高到 40 ~ 70℃，达到在高温条件下对污泥进行消化的目的。

☞ **6.24　什么是污泥的厌氧消化？**

污泥的厌氧消化是利用厌氧微生物经过水解、酸化、产甲烷等过程，将污泥中的大部分固体有机物水解、液化后并最终分解掉的过程。产甲烷菌最终将污泥有机物中的碳转变成甲烷并从污泥中释放出来，实现污泥的稳定化。

按操作温度不同，污泥厌氧消化分为中温消化（30 ~ 37℃）和高温消化（45 ~ 55℃）两种。由于高温消化的能耗较高，因此常见的污泥厌氧消化实际都是中温消化。

为了减少热量损失和进一步提高污泥中有机物的降解程度，可以在消化池后再增加一级消化，即将消化过程变成二级消化。一级消化污泥进入二级消化池后，一般不设加热与搅拌设施，仅利用余热继续进行消化，可兼做浓缩池用。

☞ **6.25　污泥厌氧消化池的影响因素有哪些?**

（1）温度、pH 值、碱度和有毒物质等是影响消化过程的主要因素，其影响机理和厌氧废水处理相同。

（2）污泥龄与投配率。为了获得稳定的处理效果，必须保持较长的泥龄。有机物降解程度与污泥龄成正比，而不是与进泥中有机物数量成正比。

（3）污泥搅拌。通过搅拌可以使投加新鲜污泥与池内原有熟污泥迅速充分地混合均匀，从而达到温度、底物浓度、细菌浓度分布完全一致，这样可加快消化过程，提高产气量。同时可防止污泥分层或泥渣层，并起到缓冲池内碱度的作用。

（4）碳氮比 C/N。厌氧消化池要求底物的 C/N 达到(10~20)∶1 最佳。一般初沉池污泥的 C/N 约(9.4~10.4)∶1，可以单独进行厌氧消化处理，二沉池排出的剩余活性污泥的 C/N 约为(4.6~5)∶1，不宜单独进行消化，应当与初沉池混合提高碳氮比后再一起厌氧消化处理。

☞ **6.26　污泥厌氧消化池的搅拌方式有哪些?**

（1）池内机械搅拌：即在池内设有螺旋桨，通过池外电机驱动而转动对消化混合液进行搅拌。机械搅拌的优点是对消化污泥的泥水分离影响较小，缺点是传动部分容易磨损。

（2）沼气搅拌：即用压缩机从池顶将沼气抽出，再从池底冲入，循环沼气进行搅拌，所用压缩机必须保证绝不漏气，以免吸入空气或泄漏沼气引起爆炸。

（3）水泵循环消化液搅拌：通常在池内设射流器，由池外水泵压送的循环消化液经射流器喷射，从喉管真空处吸进一部分池中的消化液或熟污泥，污泥和消化液一起进入消化池的中部形成较强烈的搅拌。

☞ **6.27　污泥厌氧消化池内 VFA/ALK 值升高的原因和对策有哪些?**

正常运行的污泥厌氧消化池内的 VFA/ALK 值一般在 0.3 以下，如果 VFA/ALK 值升高但仍低于 0.5，说明系统已经出现异常。污泥厌氧消化池内 VFA/ALK 值升高的原因和对策可归纳如下：

（1）进泥量过大，污泥在消化池中的水力停留时间较少，使消化时间变短，消化液中的甲烷菌和碱度造成过度冲刷，进而导致 VFA/ALK 值升高。对策是首先将投泥量降到正常值，并减少排泥量，如果条件许可，还可将消化池部分污泥回流到一级消化池。

（2）进泥的固含率或有机物含量升高，导致消化池有机物投配超负荷，大量的有机物进入消化液，使消化液中的 VFA 含量升高，而 ALK 浓度却不变，因此导致 VFA/ALK 值升高。此时应减少投泥量或适当补充一部分二沉池出水，稀释进泥中的有机物负荷，或加强上游管理以降低进泥中的有机物含量。

（3）进泥中有毒物质含量增多，使甲烷菌的活性降低，VFA 的分解速率下降，使 VFA 出现积累，导致 VFA/ALK 值升高。此时应分析明确有毒物质的种类，加强上游排污单位的预处理效果，以避免有毒物质在污泥中的积累。

（4）消化池内温度波动太大，使甲烷菌活性降低，VFA 的分解速率下降，使 VFA 出现积累，导致 VFA/ALK 值升高。如果温度波动是因为进泥量突变所致，则应当增加进泥次数，减少每次进泥量，使进泥均匀。如果是因为加热量控制不当，则应加强供热系统的控制和调节。

（5）搅拌系统出现故障使搅拌效果不佳，导致消化池内局部过热或局部温度偏低，或者有机物负荷不均匀，均会导致局部甲烷菌活性降低，导致 VFA 来不及分解而积累，使 VFA/ALK 值升高。此时应立即消除搅拌系统故障，提高全池的搅拌均匀性。

（6）在进行分析并采取以上措施后，如果 VFA/ALK 值仍上升并超过 0.5，说明工艺调整措施不力，应立即投加少量碱源，保证消化液的 pH 值和碱度正常，并进一步寻找原因和采取控制措施，使消化液的 pH 值和 VFA/ALK 值尽快恢复正常。

（7）在投加少量碱源的情况下，如果 VFA/ALK 值继续升高超过 0.8，pH 值持续下降到 6.4 以下，沼气中甲烷的含量往往低于 42%，难以燃烧，此时必须大量投加碱源，抵消已经积累的 VFA 控制 pH 值的下降并使之回升。如果 pH 值继续降到 5 以下，甲烷菌就有可能失去活性，需要重新放空消化池重新培养消化污泥。

☞ **6.28　厌氧消化池沼气的收集应该注意哪些事项？**

沼气是一种易燃气体，收集利用厌氧消化池产生的沼气时必须充分考虑安全可靠性。

（1）厌氧消化池顶部的集气罩容积必须足够大，对于大型消化池集气罩的直径和高度一般要分别大于 4m 和 2m。

（2）在固定盖式消化池中，排气管与贮气柜直接连通，在连通管上绝对不容许连接用于燃烧的支管。当采用沼气搅拌时，压缩机的吸气管可单独与集气罩连接，也可与排气管共用。

（3）沼气管道要具备 0.5% 以上的坡度，且坡向气流方向，在最低点设置凝结水罐。

（4）为确保安全，必须保持厌氧消化池气室的气密性，防止沼气的外逸和空气的渗入。

（5）消化池的气室和沼气管道均应在正压下工作，不允许出现负压，通常压力为 200~300mm 水柱。

（6）在贮气柜的进、出气管和沼气管道的适当地点必须设置起阻火作用的水封罐，以便调整稳定压力和防止明火沿沼气管道流窜引起爆炸。

（7）需要建造贮气柜对产气和用气的不平衡进行调节。

☞ **6.29　污泥厌氧消化池的常规监控项目有哪些？**

污泥厌氧系统每班应定时监测和记录的项目有：①进泥量、排泥量、上清液排放量、热水或蒸汽用量；②进泥、排泥、消化液和上清液的 VFA 和 ALK，③进泥、消化液和上清液的 pH 值；④消化液温度，而且要多点检测观察各点之间的温差大小；⑤沼气产量。

污泥厌氧消化系统应每日监测的项目有：①进泥、排泥、消化液和上清液的总悬浮固体（SS）、有机分、氨氮和总氮；②进泥、排泥和消化液的灼烧减重和灰分，即测定污泥中有机物的含量的变化；③上清液中的 BOD_5、COD_{Cr} 和 TP；④沼气中 CH_4、CO_2、H_2S 等组分的含量。

☞ **6.30　污泥厌氧消化池日常维护管理的内容有哪些？**

（1）经常通过进泥、排泥和热交换器管道上设置的活动清洗口，利用高压水冲洗管道，以防止泥垢的增厚。当结垢严重时，应当停止运行，用酸清洗除垢。

（2）定期检查并维护搅拌系统：沼气搅拌立管经常有被污泥及其他污物堵塞的现象，可以将其余立管关闭，使用大汽量冲洗被堵塞的立管。机械搅拌桨被长条状杂物缠绕后，可使机械搅拌器反转甩掉缠绕杂物。另外，必须定期检查搅拌轴穿过顶板处的气密性。

（3）定期检查并维护加热系统：蒸汽加热立管也经常有被污泥及其他污物堵塞的现象，可以将其余立管关闭，使用大汽量吹开堵塞物。当采用池外热交换器加热、泥水热交换器发生堵塞时，换热器前后的压力表显示的压差会升高很多，此时可用高压水冲洗或拆开清洗。

（4）污泥厌氧消化系统的许多管道和阀门为间歇运行，因而冬季必须注意防冻，在北方寒冷地区必须定期检查消化池和加热管道的保温效果，如果保温不佳，应更换保温材料或保温方法。

（5）消化池应定期进行清砂和清渣：池底积砂过多不仅会造成排泥困难，而且会缩小有效池容，影响消化效果；池内液面积渣过多会阻碍沼气由液相向气室的转移。如果运行时间不长，污泥消化池就积累很多泥砂或浮渣，则应当检查沉砂池和格栅的除污效果，加强对预处理设施的管理。一般来说，污泥厌氧消化池运行 5 年后应清砂一次。

（6）污泥消化池运行一段时间后，应停止运行并放空对消化池进行检查和维修：对池体结构进行检查，如果有裂缝必须进行专门的修补；检查池内所有金属管道、部件及池壁防腐层的腐蚀程度，并对金属管道、部件进行重新防腐处理，对池壁进行防渗、防腐处理；维修后重新投运前，必须进行满水试验和水密性试验。此项工作可以和清砂结合在一起进行。

（7）定期校验值班室或操作巡检位置设置的甲烷浓度检测和报警装置，保证仪表的完好和准确性。

6.31 什么是污泥调理？

除了少量尺寸较大的悬浮杂质外，污水处理场产生的污泥中固体物质主要是胶质微粒，其与水的亲合力很强，若不做适当的预处理，脱水将非常困难。在污泥脱水前进行预处理，使污泥微粒改变物化性质，破坏污泥的胶体结构，减少其与水的亲合力，从而改善其脱水性能，这个过程称为污泥的调理或调质。

6.32 什么是污泥的加药调理？

加药调理是利用化学药剂来改变污泥的性质，使污泥颗粒絮凝以改善脱水性能的化学调理法。

常用的污泥调理剂有无机絮凝剂及其高分子聚合电解质、有机高分子聚合电解质和微生物絮凝剂等三类，以及硅藻土、珠光体、石灰、粉煤灰、贝壳粉等助凝剂。

6.33 什么是污泥热水解技术？

污泥热水解技术通过将污泥加热，在一定温度和压力下使污泥中的部分微生物细胞体受热膨胀而破裂，释放出蛋白质、矿物质以及细胞膜碎片，同时促进污泥中的黏性有机物水解、破坏污泥的胶体结构，进而改善脱水性能和厌氧消化性能。

以某热水解技术为例（见图6-3），污泥热水解采用浆化反应器（90℃），通过闪蒸乏汽返混预热浆化、蒸汽与机械协同搅拌，提高了系统的处理效率；在热水解反应器165℃中，采用蒸汽逆向流直接混合加热的方式，强化了传质传热过程，可以避免局部过热碳化结焦。

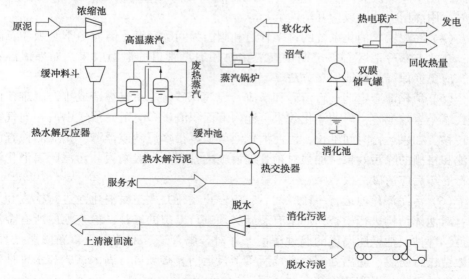

图6-3　污泥热水解流程示意图

☞ **6.34　经热水解后的污泥性质有哪些变化?**

（1）经热水解处理后，污泥中的一部分挥发性悬浮固体水解成为更容易生物降解的溶解性物质，提高了后续处理工艺对挥发性有机物质的去除率。

（2）经热水解处理后，污泥的外观上表现为悬浮固体含量大大降低，即污泥干固体浓度 DS 下降。

（3）经热水解处理后，污泥的挥发性悬浮固体浓度减少，但同时 COD、BOD 以及氨氮等浓度增加。

（4）经热水解处理后，进入中温消化池的污泥沼气产量可提高 10%～12%。

（5）经热水解处理后，污泥黏滞性明显下降，流动性显著增强，在消化池内搅拌动力消耗降低。

（6）经热水解处理后，污泥机械脱水性能得到改善，甚至在不添加絮凝剂的情况下，脱水污泥含水率都会大幅度降低。

☞ **6.35　什么是污泥脱水?**

为便于污泥的运送、堆积、利用或做进一步的处理，将污泥浓缩后，再利用物理方法进一步降低污泥含水率的方法称为污泥脱水。

污泥脱水的方法有加热蒸发法和机械脱水法两大类，习惯上将机械脱水法称为污泥脱水。污泥脱水或干化后，含水率能从 96% 左右下降到 60%～80%，体积只有原体积的 1/10～1/5。

☞ **6.36　常用脱除污泥中水分的方法有哪些?**

在整个污泥处理系统中，脱水是最重要的减量化手段。表 6-1 列出了常用脱除污泥中水分的方法及其效果。

表 6-1　常用脱除污泥中水分的方法及其效果

脱水方法		脱水装置	脱水污泥含水率	脱出污泥中水的类型	脱水污泥状态
浓缩法		重力浓缩池、气浮浓缩池、离心浓缩机	95%～97%	间隙水、毛细结合水、表面黏附水和内部水	糊状
自然干化法		干化场、晒砂场	70%～80%	间隙水、毛细结合水和部分表面黏附水	泥饼状
机械脱水	真空过滤法	真空转筒、真空转盘等	60%～80%		泥饼状
	间歇压滤法	板框压滤机	45%～80%		泥饼状
	连续压滤法	带式压滤机、螺旋压滤机	78%～86%		泥饼状
	离心法	离心分离机、离心沉降机	80%～85%		泥饼状
热干化法		圆盘干燥器、薄层干燥器、桨叶干燥器	10%～40%	间隙水、毛细结合水、表面黏附水和内部水	粉状、粒状
焚烧法		立式多段炉、回转窑焚烧炉、流化床焚烧炉	0～10%	间隙水、毛细结合水、表面黏附水和内部水	灰状

☞ **6.37 常用污泥机械脱水的方法有哪些?**

污泥机械脱水是以多孔性物质为过滤介质,在过滤介质两侧两面的压力差作为推动力,污泥中的水分被强制通过过滤介质,以滤液的形式排出,固体颗粒被截留在过滤介质上,成为脱水后的滤饼(有时称泥饼),从而实现污泥脱水的目的。常用机械污泥脱水的方法有以下三种:

(1)采用加压或抽真空将污泥内水分用空气或蒸汽排除的通气脱水法,比较常见的是真空过滤法。

(2)依靠机械压缩作用的压榨过滤法,一般对高浓度污泥采用压滤法,常用方法是连续脱水的带式压滤法和间歇脱水的板框压滤法。

(3)利用离心力作为动力除去污泥中水分的离心脱水法,常用的是转筒离心法。

☞ **6.38 污泥脱水过程中常规检测和记录的项目有哪些?**

污泥脱水岗位每班应检测和记录的项目有:进泥的流量及固含率或含水率、脱水剂的投加量、泥饼的产量及固含率或含水率、冲洗水的用量、冲洗次数和历时。

每天应检测和记录的项目有:电耗、滤液的产量及滤液的水质指标 SS、TN、TP、BOD_5 或 COD_{Cr}。

定期应当测试或计算的项目有:转速或转速差、滤带张力、固体回收率、干泥的回收率、折合干污泥的脱水剂投加量、进泥固体负荷或最大入流固体流量。

☞ **6.39 什么是污泥石灰脱水稳定技术?工艺特点有哪些?**

污泥石灰脱水将污泥与氧化钙均匀混合,氧化钙与污泥中所含的水分结合成为氢氧化钙,氢氧化钙进一步吸收二氧化碳成为碳酸钙,进而增大处理后污泥的固含量,主要用作卫生填埋或建材利用的预处理手段。其特点如下:

(1)污泥中投入生石灰后,可使污泥 pH 值长时间维持在 10 以上,可以起到杀菌、钝化重金属离子的作用,从而保证污泥在利用或处置过程中的卫生安全性和无害性。

(2)在脱水污泥中投加 10%~15% 的生石灰进行调理后,原本致密、黏稠的脱水污泥变成疏松、流动性好、便于储存和运输的物料,避免二次飞灰、滤液泄漏等。

(3)脱水后污泥的含水率由 75%~85% 降至 20%~70%(依氧化钙投加量而定),实现了半干化、固化的效果,便于后续填埋或建材利用等处置。

(4)投加生石灰使污泥 pH 值升高、反应放热导致污泥温度升高,pH 值升高可以抑制 H_2S 的释放,但高 pH 值和高温会促进氨气的蒸发,需要设置废气净化除氨单元。

（5）污泥石灰脱水处理后的污泥产品中有机物的比例下降，只能填埋或建材利用，很难用于焚烧等回收生物质能量的其他处置途径。

（6）污泥石灰脱水的最大问题不能减少污泥数量，投加15%的生石灰可以使80%含水率的脱水污泥中的干物质量增加一倍以上，处理后污泥含水率降低到40%以下，但生成的产品污泥量几乎是原污泥量与石灰投加量之和，污泥处置量的增加会导致污泥处理成本上升。

（7）污泥石灰脱水处理没有降解污泥中的易腐有机物，只是抑制微生物生长，仅能实现短期稳定化，一旦环境发生变化，比如环境pH值降低，污泥将重回不稳定状态。

☞ **6.40　什么是电渗透污泥脱水技术？工艺特点有哪些？**

污泥中细菌的主要成分蛋白质在pH值接近中性的环境中通常带负电荷，在外加直流电场作用下，带负电荷的污泥颗粒将在分散介质中向阳极定向运动；而污泥中带正电荷的自由水和结合水，则向阴极定向运动。电渗透脱水技术就是利用带负电荷的污泥颗粒和周围水介质的电泳和电渗析作用，污泥颗粒在阳极处得到浓缩，水分成为游离水并透过阴极膜，实现泥水分离。

在电渗透过程中，水的流动方向和污泥絮体颗粒流动方向相反，水分可不经过泥饼的空隙通道排出。因此，电渗透脱水不受污泥压密引起的通道堵塞或阻力的影响，脱水效率比一般方法提高10%~20%。将"电渗透"与"板框压滤"进行耦合应用，在不投加任何化学药剂的情况下，可将污泥含水率从80%~85%降至40%~60%，实现深度脱水。由于不需投加任何药剂，故电渗透深度脱水后的污泥有利于后续的干化、焚烧等处置过程，不会增加对干化、焚烧设备的磨损和腐蚀。

☞ **6.41　什么是污泥堆肥处理？**

污泥堆肥处理是指在人为控制条件下，利用微生物的生物化学作用，将脱水污泥中的有机物分解、腐熟并转变成稳定腐殖土的微生物过程。

堆肥处理强调人为控制，不同于有机物的自然腐烂或腐败。"堆肥"有时也指污泥经过堆肥处理后得到的产品，是污泥经生物降解和转化的产物。

☞ **6.42　污泥堆肥的基本形式有哪些？**

根据处理过程中为微生物供氧与否，污泥堆肥处理的基本形式可分为好氧堆肥和厌氧堆肥。

（1）厌氧堆肥是在缺氧的条件下，厌氧微生物代谢有机物的过程，其主要经历产酸和产气阶段。厌氧堆肥堆肥周期长、占地面积大，在堆肥过程中会产生恶臭。

（2）好氧堆肥是利用好氧微生物在通气条件下，代谢污泥中可降解有机物得到腐殖质的过程。好氧堆肥降解有机物速度快、堆肥周期短、不产生恶臭，一般所说的堆肥都是指高温好氧堆肥。

☞ **6.43　什么是好氧高温污泥堆肥处理？**

好氧污泥堆肥是在通气条件下通过好氧微生物的代谢活动，使污泥中有机物得到降解和稳定的过程。好氧堆肥过程完成速度快，堆体温度高，一般为 50～60℃，极端温度可超过 80℃，故又称高温堆肥。

☞ **6.44　高温堆肥过程可分为哪三个阶段？**

（1）发热升温阶段（一次发酵的前期，1～3d）：堆肥初期，好氧的中温细菌和真菌利用污泥中最容易分解的可溶解性物质（如淀粉等糖类）迅速增殖，释放出热量，使堆体温度不断提高。

（2）高温消毒阶段（一次发酵的主要阶段，3～8d）：随着堆体热量的积累，温度逐渐上升到 50℃ 以上，即进入了高温阶段。这时候，嗜热性微生物逐渐代替了中温微生物的活动，堆体中残留的有机物继续被分解氧化，一些复杂的有机物如纤维素等也开始得到分解，病原菌、寄生虫卵与病毒被杀灭。

（3）降温和腐熟保肥阶段（一次发酵的后期和二次发酵过程，20～30d）：经过高温阶段，污泥中大部分易于生物降解的有机物得到分解，剩下的是木质素等较难分解的有机物和新形成的腐殖质。此时微生物活动量减弱，产热量也随之减少，温度逐渐下降。

☞ **6.45　什么是污泥热干化处理？**

热干化是利用热能使污泥中的水分蒸发，将含水率 60%～80% 的污泥烘干到含水率 10% 以下，即将脱水污泥中的毛细水、吸附水和内部水大部分或全部去除的方法。

干化后的污泥呈颗粒或粉末状，体积仅为原来的 1/5～1/4，含水率最低可达 10% 以下，产品可作为燃料。

☞ **6.46　污泥全干化和半干化是怎么划分的？**

所谓干化和半干化的区别在于干燥产品最终的含水率不同。"全干化"指较高固含率的类型，如固含率 85% 以上；而半干化则主要指固含率在 50%～65% 之间的类型。

干化的主要目的是减量化和方便后续处置，最终处置目的的不同，要求的固含率也不同。比如最终处置方式为焚烧时，为提高干泥热值和减少对烟气温度的影响，一般讲污泥干燥到含水率 25% 以下；再比如最终处置方式为填埋时，只要干泥堆积强度达到要求即可，而污泥含水率 40% 也是可行的。

需要说明的是，同样蒸发能力的干化机，由于湿泥含水率高时的失水速率高于含水率低时的失水速率，所以半干化时的处理效率会明显高于全干化。

☞ **6.47　污泥干燥的原理是怎样的？**

污泥干燥去除水分要经历两个主要过程：

（1）蒸发过程：由于污泥表面的水蒸气压低于气相中的水蒸气分压，污泥表面的水分汽化进入气相。

（2）扩散过程：当污泥表面水分被蒸发掉后，污泥表面的湿度低于内部湿度，此时随着污泥温度的升高，水分从污泥颗粒内部转移到表面。

☞ **6.48　烟道气流化床污泥干化工艺过程是怎样的？**

以锅炉的烟道气为热源对脱水剩余活性污泥进行直接干燥，干燥后的污泥送热电炉焚烧。储泥斗底部的螺旋送料器将湿污泥连续、定量地送入干燥器。引一部分锅炉烟气进入污泥干燥机下部，而湿污泥被加料装置送入污泥干燥器的中下部，两者进行强烈的沸腾状态的传热传质，被迅速干燥后的污泥颗粒由气流带出干燥室，进入污泥旋风分离器与污泥布袋除尘器后被收集，干燥后的污泥被吹送到锅炉磨煤机入口，进入锅炉制粉系统后，被送入炉膛燃烧。经污泥旋风分离器与污泥布袋除尘器除尘后的废气进入锅炉引风机出口烟道，经过脱硫系统后由烟囱排入大气。以烟道气为热源的污泥直接干燥工艺流程示意图见图6-4。

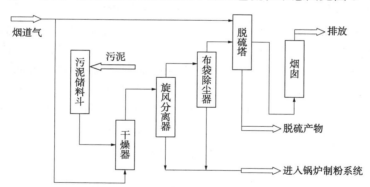

图6-4　烟道气作热源的污泥旋流干燥工艺流程示意图

☞ **6.49　污泥低温真空脱水干化的工艺过程是怎样的？**

低温真空脱水干化工艺，是在板框压滤机的基础上，增加抽真空系统和加热系统。浓缩后的污泥进入主机系统后，首先完成传统板框压滤机的压滤过程；然后利用水的沸点随压强减小而降低的原理，通过真空系统将腔室内的气压降低至15kPa（绝压），使泥饼中水的沸点降低至53.5℃；最后采用80~90℃的热水作为直接供热介质，利用加热板将泥饼加热至60℃，使污泥中的水分沸腾汽化并抽出，含水率降至40%以下，达到污泥干化减量的目的。工艺流程原理见图6-5。

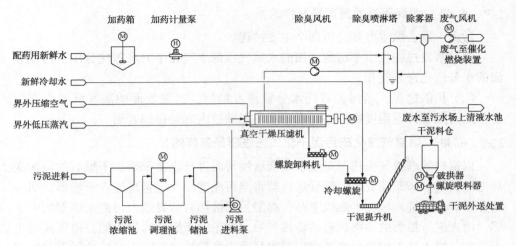

图 6-5　低温真空脱水干化工艺原理示意图

☞　**6.50　污泥薄层干化的工艺过程是怎样的?**

薄层干燥机主要由外壳、转子+桨叶片、驱动装置三大部分组成,外壳为压力容器,其壳体夹套间可注入蒸汽或导热油作为污泥干燥工艺的热媒,内壁形成高温的热壁为污泥干燥提供热源,转子为一根整体的空心轴,轴上安装许多桨叶片,叶片设置有多种形式,具备布层、推进、搅拌、破碎的功能,叶片外沿与内筒壁的距离保持 5~10mm。污泥进入干燥器内部后,污泥会在高温内壁上形成一个动态的薄层,在转子叶片的带动以及污泥自身的摩擦力作用下不断地混合、更新,与内壁充分接触换热,在向出料口推进的过程中不断地被干燥。干燥后的固体污泥颗粒由旋风分离器分离后排出至冷却螺旋冷却至 45℃ 以下,再经干泥提升机提升送入干泥料仓。工艺流程原理见图 6-6。

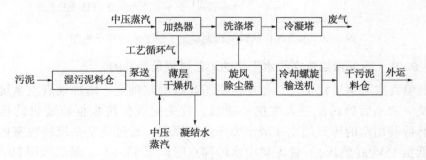

图 6-6　薄层干化工艺原理示意图

薄层干燥器有高转速和低转速两种形式,高转速干燥器在载气和桨叶旋转的共同作用下,带动松散的干污泥颗粒向干燥器的出料口方向移动,低转速干燥器主要依靠桨叶旋转形成向前的推动力达到出料口;薄层干化的载气与污泥在干燥器内运动的方式，有的是同向流动，有的是逆向流动；污泥在干燥机中的停留时间只有短短的数分钟，干燥器内部存泥量只有数十公斤，即使遇到紧急停电等异常情况，也不会造成干燥器内部存泥量过大影响再次开车；薄层干燥器不需要干污泥返回流程，可处理初始含水率较高的污泥。

☞ **6.51 污泥桨叶干化的工艺过程是怎样的？**

桨叶式干燥机主要由带夹套的筒体、空心桨叶轴及驱动装置组成，采用蒸汽或导热油作为热介质，加热介质从轴端的旋转接头导入导出，分别进入干燥机壳体夹套和桨叶轴内腔，加热干燥机内壁、中空叶片、空心轴，然后通过热传导的方式对物料进行干化，污泥连续送入干燥机内，在空心桨叶连续转动的作用下不停地翻转，充分均匀地受热而干化，转动的桨叶将干化后的物料输送至出料口排出。工艺流程原理见图6-7。

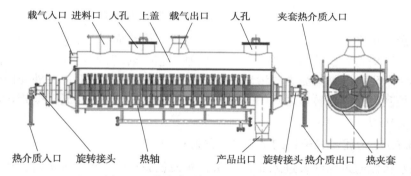

图 6-7　桨叶式干燥机工作原理示意图

双轴桨叶干燥机内部设置对称桨叶，实现相互清除对方附着污泥的功能，使得干燥机桨叶具备自净效果，传热面上脏污少，即使污泥黏度高也不会形成堵塞，干燥机的热效率高。系统使用载气循环，载气循环量为蒸发水量的2倍左右，以进一步增加换热效率。

空心桨叶干燥器的布置为卧式，有一定倾斜角度，对转动轴承的受力要求较高；高温热流体工质从主动端主轴轴承和齿轮副中通过，造成轴承的工作温度很高，润滑状况变差，使用寿命缩短。污泥在干燥器内的实际停留时间相应较长，有时需要数小时，干燥器内物料存留量大，异常停机时，干燥器内数以吨计的干泥不能清空，必须人工清空后方可重新启机，即使正常停机时也需要较长的时间对高温存泥进行自然冷却，有可能引发自燃事故。

☞ **6.52 污泥圆盘干化的工艺过程是怎样的？**

圆盘式干燥机主体由一个圆筒形的外壳、一根中空轴及一组焊接在轴上的中空圆盘组成，采用蒸汽间接换热方式，通过搅拌污泥使水分快速蒸发。热介质从中空轴把热量通过圆盘间接传输给污泥，污泥在圆盘与外壳之间通过，接收圆盘传递的热，蒸发水分。污泥水分蒸发形成的水蒸气聚集在圆盘上方的穹顶里，被少量的通风带出干燥机。工艺流程原理见图6-8。

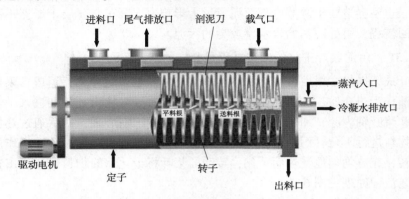

图 6-8　圆盘式干燥机工作原理示意图

圆盘干化机每个竖立转盘的左右两面传热，传热面积大，机内污泥载荷大，即使进料不均匀，也能保证平稳运行。转动缓慢，转速约为 3~5r/min，因此磨损很小。干化机内部污泥为湿污泥，为防止污泥黏结在转盘上，在外壳内壁有固定的较长刮刀，伸到转盘之间的空隙，帮助污泥定向流动，又起到搅拌污泥、清洁盘面的作用。

☞ **6.53　污泥带式干化的工艺过程是怎样的？**

脱水污泥通过输料泵进入布泥设备，布泥设备(混合器、布料器、污泥面条压制机等)将污泥均匀铺设在污泥烘干带上，均匀铺设在烘干带上的物料缓慢地在烘干腔室内移动，泥中的水分通过穿流于烘干带的干燥空气被带走，已部分烘干的污泥行进到尾部过渡箱，掉入下部烘干带，下带上的污泥同样在烘干腔室内缓慢移动，由干燥空气带走剩下污泥中的水分，烘干污泥从下带被投入排料箱，最后由出料设备排出。为了保证湿泥与干燥空气的换热效果，必须先把块状湿泥压制成 6mm 直径的面条状。因湿泥固含率太低(10%~12%)、塑性太差，必须掺入一定比例干泥(固含率90%)形成固含率 20%~30% 的湿泥，才能压制成面条状，因此需有干泥碾碎成细粉状的返混系统。污泥带式干化流程示意图见图6-9。

☞ **6.54　污泥干化机的处理能力是固定的吗？**

污泥干化机处理能力通常指其蒸发水量的大小，因此，污泥干化的最大能力是固定的。进入干化机的污泥含水率升高，则需要延长干化时间，干化机的处理量会下降；反之，进入干化机的污泥含水率降低，则干化机的处理量会提高。

☞ **6.55　污泥干化的常用换热形式有哪些？**

污泥干化的换热可分为直接加热和间接加热两种方式，除了将湿泥喷入烟道或将高温烟道气直接引入干燥器，通过烟气与湿污泥的直接接触、对流进行换热

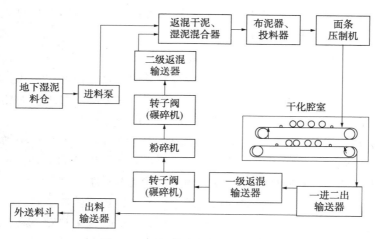

图 6-9　污泥带式干化流程示意图

的干化形式属于直接加热方式外，常用污泥干化都采用间接加热方式。直接加热方式代表设备有转鼓、流化床等，间接加热方式代表设备有螺旋、转盘、薄层、碟片、桨式、带式等。

直接加热方式热量利用的效率高，但是一旦排放的烟气不达标，需要处理的烟气就需要全数处理。

间接换热形式通常分为载气和金属壁两种，载气或金属壁的热源可以是烟道气、导热油、蒸汽等，干化工艺采用其中的一种作为主要换热形式，或者两种换热形式兼备。

☞　**6.56　利用蒸汽做热源进行污泥干化的特点有哪些？**

利用蒸汽做热源进行污泥干化通常对污泥实施间接加热，用于污泥干化的低压蒸汽温度相对较低（<180℃）。

利用蒸汽做热源时，由于蒸汽从气态转化为液态释放的相变热远高于蒸汽温度降低释放的热量，因此，只有饱和蒸汽才能被高效利用。

为防止蒸汽在输送过程中因降温而液化，干化机接收的蒸汽通常会是过热蒸汽。需要利用喷入除盐水的办法使过热蒸汽进变成饱和蒸汽，然后引入干化机作为热源。

☞　**6.57　干化工艺载气有哪些作用？**

（1）载气是热量的携带者，从外部将热量带入干燥器，在干燥的过程中将热量传递给湿物料。

（2）载气是水分的携带者，通过工艺气体本身的水蒸气压和物料表面的水蒸气压差，将后者的水分分散、转移到风路气体中来，并通过循环和冷凝（部分或全部），达到带走湿分的目的。

（3）工艺气体在某些工艺中还具有一定的搅拌、混合作用，有的工艺还具备携带干污泥运输出干化机的作用。

☞ **6.58　不同干化工艺为什么工艺载气量不同？**

工艺载气量的大小决定于干化工艺本身所采用的热交换形式。热传导为主的干化系统，气体主要起水分离开系统的载体作用，需要的气量小；而热对流系统则依赖气体所携带的热量来进行干燥，因此需要的气量较大。

带式干燥器的湿泥干燥主要依靠热对流，因此循环气量的大小必须满足携带热量的全部需要；流化床干化也是以热对流为主要换热手段的工艺，由于流化态的形成要求工艺气体具有更高的速度，因此总的气量需求更高。

桨叶干化或圆盘干化是纯粹的热传导型干燥器，依靠桨叶、盘片、主轴或热壁的热量与污泥颗粒的接触、搅拌进行换热，其中的热量来自填充在其中的导热油或蒸汽。这一工艺只需抽出蒸发出的水蒸气和少量不凝气。

涡轮薄层干燥器是采用热对流和热传导两者并重的一种特殊工艺，气量小于纯热对流系统，大约是一个标准热对流系统的 $1/2 \sim 1/3$。

☞ **6.59　为什么干化系统必须抽取气体形成微负压？**

（1）防止工艺气体泄漏导致现场异味严重。大量工艺气体在系统内的流动依靠引风机进行，不可凝气体的累积，将使得系统内形成超过环境压力的正压。此时，工艺气体可能提供各种可能的缝隙、出口离开回路，形成臭气泄漏。

（2）避免不可凝气体在回路中的饱和。由于干化系统必须是闭环，在干化过程中形成的不可凝气体不断在气路中累积，最终可能形成饱和，给干化系统带来粉尘爆炸危险，必须通过风机强制排出，保持风路微负压。

☞ **6.60　为什么干化机不宜频繁开停机？**

（1）保证安全。干污泥中含有大量有机质超细粉末，开、停车过程都存在安全隐患。

（2）节约能耗。干化系统的加温过程需时 $30 \sim 40min$，降温过程需要 $20 \sim 30min$。频繁清空，其加温和降温过程均需惰性化，导致增加氮气、冷却水等消耗量。

（3）保护设备。干燥系统在开机、停机阶段，温度变化巨大，热胀冷缩对机械设备的影响巨大。

因此，干化系统不建议做非全日制运行。在湿泥产生量较小不能满足干化机连续运行时，可以提前储存一定量湿泥，再启动干化机连续运行一段时间，将储存湿泥处理完毕后停运。

☞ **6.61　干化系统包括哪些必要的工艺步骤？**

从设备设施角度来描述干化过程，包括湿泥储存、上料、加热干化，气路形成并实现惰性化、气固分离、粉尘捕集，湿分抽取、冷凝，干泥冷却、输送和储存，不凝气处理等。如果干化工艺配有部分干化后产品与湿物料混合干泥返混工艺环节，在上料之前和固体输送之后应相应增加输送、储存、分离、粉碎、筛分、提升、混合、上料等设备设施。

以蒸汽为热源的干化流程示意图见图6-10。

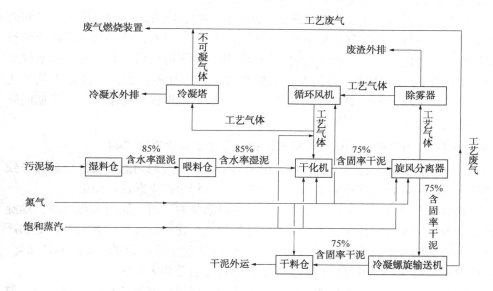

图 6-10 污泥干化流程示意图

☞ 6.62 影响干化工艺安全性的要素有哪些？如何控制？

污泥干化工艺过程中具有重要影响的安全要素包括：粉尘浓度、工艺气体允许的最高氧含量、干泥温度、湿度、CO含量等。一般来说，干化系统安全运行的粉尘浓度、最高氧含量、干泥温度的最低要求是氧气含量<12%、粉尘浓度<60g/m³、颗粒温度<110℃。

在上述几个要素中，对于大多数干化系统来说，事实上能够有效采取措施的只有补入氮气降低气路氧含量，避免形成助燃条件。气路氧含量控制得越低越好，必须控制在8%以下，最好控制在4%以下(有的干化系统可以做到1%以下)。污泥干化系统内通常设置了氧气超标保护，一旦氧气含量超过某个限值，系统会自动联锁停机。

另外，污泥干化系统还需考虑其他配套设施的安全因素，比如设有湿污泥仓的系统，必须考虑甲烷和硫化氢的产生而尽量减少湿泥的储存时间，为防止干泥仓内出现干泥自燃而将进口干泥颗粒的温度冷却到50℃以下，为避免静电放电，所有设备设施零部件都要进行导电并接地。

☞ **6.63 干化时产品温度低就更安全吗？**

按照水汽化温度100℃作为分界线，将干燥工艺按照产品的温度来划分，可以形成所谓的"高温工艺"和"低温工艺"两种类型。低温干化工艺配置污泥除湿干化机，利用除湿热泵对污泥采用100℃以下热风循环冷凝除湿烘干，其干泥温度和蒸发出的不凝气发生量均低于高温干化工艺。

但是，污泥除湿干化机的风路也是闭路循环的，随着运行时间的延长，和高温干化工艺一样，不凝气同样会在气路累积、饱和。另外，温度只是影响所谓粉尘爆炸条件的因素之一，由于污泥的粉尘爆炸浓度下限较低，如果氧含量条件具备，即使在30℃的温度下，污泥粉尘爆炸也都是可能的。因此，低温干化工艺同样需要采取补入氮气等措施降低气路氧含量，避免形成助燃条件，才能彻底解决干化过程中的燃烧爆炸风险。

☞ **6.64 污泥中混入砂石等颗粒杂物对干化设备有哪些影响？**

首先，砂石在高粉尘、低湿环境中的运动可能与接触到的金属部分碰撞导致产生火花，形成粉尘爆炸的点火源，成为干化运行中产生燃爆的隐患。

其次，砂石具有很大磨损性，对湿泥输送系统的管道、阀门、螺杆泵、螺旋输送器等的磨损时时存在，尤其是对部分长轴型干化机的换热壁磨损后果更加严重，因为长轴型干化机的换热壁造价有可能占整个干化系统的1/2，一旦损坏，更换费用奇高，施工难度比更换阀门、螺旋输送器等要大得多。

同时，对采用强烈搅拌的工艺，比如依靠金属表面剪切力来推动湿污泥向前运动的转蝶式干化工艺设备，可能产生的磨损会较为严重，当这种磨蚀产生承载高温介质导热油的泄漏时，可能引发燃烧爆炸。

另外，湿泥中混入尺寸较大的砂石、金属等硬质颗粒杂物，会导致螺杆泵橡胶套报废、阀门卡阻、干化机桨叶损坏等问题，严重时致使干化系统运行产能下降、甚至停运。

☞ **6.65 污泥干化为什么不追求使用温度过高的热源？**

湿泥干化需要热量，换热的效率与温度差相关，温度梯度越大，换热效率则越高。然而，出于工艺类型及其安全性原因，污泥干化工艺事实上不追求使用温度过高的热源。

（1）金属的耐热和变形。由于干燥器及其相关的各种设备、管线、阀门和仪表等遇热均会产生不同的热形变，热源温度越高，热形变越大。这样，在金属材质、仪器仪表的选择上，不同级别的耐热性和热形变可能导致设备、仪表及其备件价格的飙升，因此，工艺温度的确定是技术，更是经济因素的抉择。

（2）介质的安全性问题。某些介质如导热油，最高使用温度高达320℃，而实际运行温度为280℃甚至更低；在油品选择方面尽可能提高其燃点，以保证在

264

高温状态下尽量减少裂解；在回路设计方面，尽可能避开火源和通道，以提高管线的安全性。显然，降低运行温度可以提高整个系统的安全性。

（3）污泥干化经常使用低压蒸汽为热源，低压蒸汽压力低于 1.0MPa，饱和状态下温度只有 180℃ 左右。如果想提高这一温度，改用中压蒸汽，将压力提高到 3.5MPa、260℃ 左右温度，结果会大幅度提高设备和管线造价，并由此带来安全风险升高问题。

（4）通入高温、高压热源的设备，如果承载热源的干燥设备本体还要转动，将对设备的密封提出更高的要求，因此干化设备一般不会使用温度和压力过高的热源。

☞ **6.66 低温干燥是否比高温干燥更为节能？**

采用低温干燥，意味着将湿泥干化采用的热源温度降低。但由于热传导系统中热源处于封闭状态，无论高温干燥还是低温干燥，热量的散失没有明显区别。形成较大区别的是热对流，采用高温或低温气体，热源向气体传输热量的效率存在一定差别。

干燥的形成是由水的汽化和传质两个基本过程组成的。汽化的推动力主要是水蒸气压差，而传质的推动力则主要依靠温度差。而在普遍配备抽取部分循环气的污泥干化时，湿泥表面的水蒸气压总是高于循环气体，自然就会形成蒸发；而采用低温干燥时，温度差较小，这明显不利于水的传质。

低温干燥过程中，为了弥补温度差方面的不足，需要采用更大的循环载气量来蒸发湿泥中的水分，大气量带来的是电能的支出增加。即与污泥高温干燥相比，低温干燥减少了热能消耗，但增加了电能消耗。另外，低温干燥过程中循环气体的温度降低，同等数量的气体携带的水分就会减少，即在同样的蒸发量条件下，为了抽出同等数量的从湿泥中蒸发出来的水量，必然需要增加从循环载气中抽出的废气量。大幅度增加的排放气量，需要更大规模的冷却除凝设施和废气处理设施，进而导致湿泥处理总成本的增加。

因此，低温干燥不一定比高温干燥更为节能，如果计算整个系统的能耗，其结果很可能适得其反。

☞ **6.67 干化工艺为什么要控制干泥温度越低越好？**

一般而言，湿污泥干燥过程不会改变污泥的基本性质，因此，为了干燥器的效率更高，应该是干化过程中热源温度越高越好。但是，除了干泥直接进入焚烧的联合处理工艺之外，为了降低所谓粉尘爆炸的点燃能量，绝大部分干化工艺倾向于尽可能降低干泥产品的温度。

在干化过程中，一般根据出口载气温度控制干化效果。为了保证干化工艺处理效率，温度的控制范围较窄，典型值在 105～125℃ 之间。工艺的安全性主要依靠控制气相中的氧含量和降低干泥粉尘浓度来实现。但在干泥从干化机出来进入干泥储存仓后，依靠控制气相中的氧含量和降低干泥粉尘浓度来实现安全的难度变大，此时通过对 100℃ 左右的干化机出泥进行冷却降温到 50℃ 以下后再进入干泥储存仓，就会大幅度提高干泥储存仓的安全性。

另外，需要监测干泥仓跟堆体温度变化。如果发现干泥堆体温度上升超过冷却后的干泥产品温度，可以判定在储存仓内出现了干泥阴燃现象，应及早采取水喷淋等措施，防止事态的扩大化。

☞ 6.68　湿泥含水率的变化对干化系统的影响是什么？

干燥系统在建成后的调试过程中，给热量及其相关的工艺气体量已经确定，仅通过监测干燥器出口的气体温度和湿度来控制湿泥进量。脱水机的运行不正常等原因导致湿泥含水率出现超过一定幅度的波动后，就可能对干化系统的安全稳定运行形成威胁。

给热量的固定，意味着单位时间里蒸发量的确定。当进料含水率变化、而进料量不变时，系统内部的湿度平衡将被打破，如果湿度增加，可能导致干化不均；如果含水率降低，则意味着粉尘量的增加和干泥颗粒温度的上升。

全干化系统对含水率变化更为敏感，在没有干泥返混的直接进湿泥工艺时，理论上最多只允许 2 个百分点的波动。如果湿泥的含水率比调试时降低过多，由于污泥水分的急剧减少，干燥器内产品的温度会出现飞升，增加形成爆燃的可能性。

因此，直接进湿泥的干化工艺，对调整湿泥进料量的监测反馈系统要求较高。为了扩大干化系统对湿泥含水率的波动范围，可以增加干泥返混环节，同时避免污泥出现胶黏相特性的含水率范围。

☞ 6.69　干化工艺如何利用废热烟气？

所有的干化类型都可以利用废热烟气来做热源，这种情况废热烟气处于过量状态。直接干化系统由于烟气与污泥直接接触，换热效率高，但对烟气的质量和数量都有一定要求，比如硫含量、含尘量影响干泥品质，流速和气量与干化规模和效率直接相关。

间接干化系统通过废热烟气与导热油进行换热，导热油系统的温度调整可以通过阀门调节烟气流量的办法来进行。需注意预防烟气中的粉尘颗粒对换热壁产生的磨损，以及预防烟气中可能含有的腐蚀性气体成分对换热壁产生的露点腐蚀问题。

对于配备污泥焚烧环节的污泥处置系统，焚烧炉的废烟气量往往不足以供应湿泥干化所需的全部热量，则有必要给焚烧炉补充一些燃气或燃油，对热值不足部分进行调节和补充。

☞ **6.70 干化系统废气洗涤处理的作用是什么?**

理论上讲,干化工艺可以使用的工艺气体包括空气、氮气、烟气、二氧化碳、蒸汽等,最常见的是空气体系,但实际上都是指开机初期系统内部补充的气体。随着干化过程稳定运行一段时间后,工艺载气由原来的空气、氮气、烟气、二氧化碳气、蒸汽等,逐步变成以从湿污泥中蒸发出的水蒸气和不凝气为主体,另外包括渗漏的空气和为控制气相氧含量而补入的氮气等。因此,干化系统废气洗涤处理的作用如下:

(1)将湿泥干化脱水产生的水蒸气洗涤降温成为凝结水,使工艺载气再升温后处于不饱和状态,循环回到干化机促进湿污泥的水分蒸发。

(2)将循环气路中的部分粉尘通过洗涤进行捕获,降低工艺载气的粉尘浓度,减轻干化系统的爆燃风险。

(3)将循环气路中的部分不凝气排出进入废气处理系统,降低工艺载气的不可凝气体浓度,减轻干化系统的爆燃风险。

(4)工艺载气的洗涤,使得大量热量转移到冷凝水中。因此,需要根据干化机的湿泥处理量等运行条件,合理调整需要洗涤的气体量,尽可能减少干燥系统的热能损失。

☞ **6.71 如何防止干泥储存仓不产生爆燃事故?**

(1)干化机的出泥冷却设施运转正常,确保将100℃左右的干化机出泥冷却降温到50℃以下后再进入干泥储存仓。比如使用循环冷却水作为冷源时,要设置水量、水温监控仪表,根据水温和干泥温度的变化及时调整循环水量,循环冷却水停供时干化机联锁停车。

(2)在干泥储存仓顶部设置自来水喷淋管线,在干泥堆体温度出现突升时,能够实现自动喷水降温。

(3)在干泥储存仓顶部设置CO监测仪表,记录CO的变化情况,并配置CO出现突升时的报警功能。

(4)沿着干泥堆体高度每隔1m设置1台温度计,监测干泥堆体内部温度变化情况。

(5)在干泥储存仓顶板设置爆破膜,一旦干泥仓出现爆燃时,可避免出现灾害进一步扩大化。

☞ **6.72 污泥干化系统臭味控制措施有哪些?**

直接加热系统的热风与干污泥颗粒分离,然后经过除尘、热氧化除臭、除VOC后排放。有的直接加热系统采用了气体循环回用的工艺,热风经过除尘、冷凝、水洗后,大部分返回干化机,只有15%左右气体需经过热氧化除臭后、除VOC排放。

间接加热系统，尾气的量要小得多，不仅相应尾气处理的负担要轻得多，而且尾气中 VOC 浓度高于直接加热系统的尾气，经除尘、冷凝、水洗后可燃烧处理，将产生臭味的化合物彻底分解，满足很严格的排放标准。

无论是直接加热还是间接加热系统，确保所有动静密封点效果完好，确保干燥设备内部和气路系统都能实现适当负压，避免臭气的外泄，湿泥仓、干泥仓等设施内的气体都抽走集中处理。

重点关注和检查气路加压风机的出风口后面正压管段的密闭性，以及干化机转动轴和固定筒之间的密封性。尤其是温度变化大的干化机转动轴和固定筒之间的密封，除了采用填料函静密封之外，还应该设置高压氮气密封等措施，只允许氮气泄漏进入干化机以阻止干化气体外溢。

☞ **6.73 什么是污泥热解碳化技术？特点有哪些？**

所谓污泥热解碳化，就是通过给污泥加温，污泥中的微生物细胞裂解，使污泥中的水分释放出来，同时又最大限度地保留污泥中的碳质的过程。热解碳化有时也被称为碳化、热解、裂解、干馏、焦化、气化、热裂解、高温裂解等。污泥热解碳化工艺流程见图 6-11。

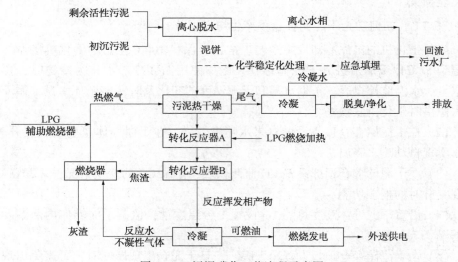

图 6-11　污泥碳化工艺流程示意图

按照反应温度划分，污泥碳化主要分为高温碳化、中温碳化、低温碳化等三种，对应具体反应温度范围值大致为>600℃、350～600℃、250～350℃。碳化装置包括污泥热干化、污泥碳化、尾气处理和热量回收等核心单元。

污泥碳化工艺通常建立在污泥干化的基础上，将污泥含水率降至10%～30%后，在低氧或无氧环境下，在碳化炉内将干化污泥加温到一定温度时，大部分污泥形成固体碳化颗粒，可以作为低品位燃料使用，污泥中部分有机质发生裂解，降温后形成粗油和不凝气，可以作为碳化炉或污泥干化的加热燃料，降低污泥处理装置运行中的能源消耗，实现污泥的减量化和资源化。

☞ 6.74 什么是污泥焚烧技术？

污泥焚烧是使污泥在焚烧炉内的高温下进行氧化分解反应，将污泥中所有水分和有机物全部去除的方法，污泥焚烧可以使污泥含水率降到 0，污泥本身变成灰烬，体积通常可以缩小到脱水污泥体积的 1/10 以下，可以实现污泥的无害化和最大限度地减量化。

污泥焚烧系统需要配置合适的预处理工艺和余热锅炉等热回收设施，选择合理的焚烧工艺，以期达到污泥热能在焚烧过程的自足甚至外供；还要设置成熟的除尘、脱硫、脱硝等辅助系统，二噁英、NO_x、SO_2、颗粒物等指标均能满足越来越严格的烟气排放要求。

☞ 6.75 为什么说污泥干化焚烧是污泥处置的终极方式？

剩余污泥处理/处置是比污水处理本身更为棘手的问题，填埋、堆肥后土地利用等方式投资少、技术简单成熟，但限于填埋空间有限，污泥堆肥过程及堆肥成品存在异味、肥效有限等原因，农民使用污泥堆肥成品的积极性不高，园林绿化也难以长期接纳大量污泥堆肥成品，土地利用受阻，再加上环境二次污染问题，这样的途径已经呈现越走越窄的势头。

污泥干化后焚烧不仅可以最大限度地回收污泥有机能量用以发电、供热，而且焚烧后灰分是回收污水中磷的最有效方式，甚至还可以回收重金属，再将灰烬进行填埋或建材利用，数量也会急剧减少且几乎没有二次污染风险。因此，污泥干化焚烧方式将是有效解决剩余污泥处置的终极方式。

☞ 6.76 污泥焚烧方式有哪几种？

按照污泥是否进行干燥处理划分，污泥焚烧分为直接焚烧和干化焚烧两种方式。直接焚烧是指在辅助燃料作为热源的情况下，将高湿污泥（含水率 85% 以上）直接在焚烧炉内焚烧。干化焚烧是指将污泥通过干化处理后再进行焚烧的技术手段。

常用污泥焚烧具体工艺包括污泥单独焚烧、热电厂协同处置、水泥窑协同处置和在危废焚烧炉掺烧等。污泥单独焚烧的主要方式是流化床焚烧和回转窑焚烧，流化床又分为鼓泡流化床、循环流化床等类型。

☞ 6.77 污泥水泥窑协同处置的特点和优势是什么？

（1）有机物分解彻底。水泥回转窑内高温、充足的停留时间和悬浮状态可以保证污泥中的有机物彻底分解。回转窑内物料烧成温度为 1450～1550℃，停留时间在 40min 以上，气体在 950℃以上温度的停留时间在 8s 以上，在 1300℃以上温度的停留时间大于 3s，二噁英稳定有机物等也能被完全分解。

（2）二次污染少。水泥熟料生产采用的原料成分决定了水泥回转窑内的碱性气氛，它可以有效地抑制酸性物质的排放，使得 SO_2 和 Cl^- 等化学成分转化为盐类化合物并得以固定；水泥回转窑可将污泥中的绝大部分重金属离子固化在熟料中，可有效避免其释放和扩散；熟料和烟气在达到相应标准后进行使用和排放，与污泥单独焚烧相比，在水泥窑特定工况下，烟气和飞灰的二次污染风险低得多。

（3）环境与经济效益显著。利用水泥回转窑来处置污泥，虽然需要在工艺设备和给料设施方面进行必要的改造，但与新建专用污泥焚烧厂相比，不需新建焚烧炉，投资显著降低；通过污泥处置与资源能源回收利用的良好结合，可实现污染物排放总量的本质性降低，符合循环经济的发展要求。

☞ **6.78 污泥水泥窑协同处置的工艺路线有哪些？**

污泥预处理工艺和水泥窑投加点是工艺路线中的两个关键要素，据此分类，污泥水泥窑协同处置的主要工艺路线可分为以下几种：

（1）污泥脱水——窑尾烟室投加。

（2）污泥深度脱水——分解炉投加。

（3）污泥直接/间接干化——分解炉投加。

（4）污泥脱水——气化炉投加。

（5）污泥脱水——增湿塔喷雾干燥——分解炉投加。

（6）污泥/污泥焚烧灰渣——原料投加。

☞ **6.79 污泥燃煤电厂协同焚烧的特点和优势是什么？**

污泥燃煤电厂协同焚烧基于已有燃煤电厂的煤粉炉和除尘、脱硫、脱硝等烟气净化装置，能减少新建焚烧设施的建设费用，同时也可充分利用污泥的热值进行发电和供热，具有投资小、建设周期短、运行成本低等显著优势。

污泥在燃煤电厂协调焚烧时，通常在焚烧前利用电厂余热对污泥进行干化预处理，通过降低污泥的含水率，可增加污泥协同焚烧的处理量。将干化后的污泥用于电厂燃煤锅炉焚烧，可利用锅炉的高温彻底杀灭污泥中的病原体，实现污泥的无害化处置，并最大限度地实现污泥减量。

燃煤耦合污泥燃烧技术主要包含焚烧、污泥干化、烟气净化和热量回收利用等系统，通过对污泥的干化特性、焚烧特性及污染物排放控制特性等方面的研究，选择合适的污泥含水率和掺烧比例，能够保证燃煤锅炉的正常运行，工艺流程见图 6-12。

270

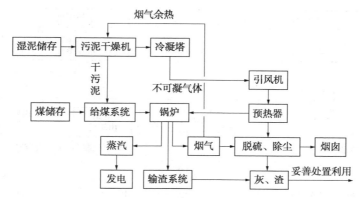

图 6-12　干化污泥热电厂掺烧流程示意图

☞　**6.80　污泥燃煤电厂协同焚烧应该重点关注的问题有哪些？**

（1）污泥含水率，含水率过高会导致污泥热值过低，影响锅炉燃烧性能。

（2）污泥掺烧比例，合理的掺烧比例能保证锅炉的安全运行且减低对设备和环境的影响。

（3）有害气体对环境的影响，污泥中的 N、S 等元素在焚烧过程中产生 SO_2、NO_x 等有害气体，会增加电厂脱硫、脱硝系统的负担。

（4）重金属迁移，污泥中的重金属会通过燃烧迁移至灰渣，影响综合利用。

（5）针对不同来源的污泥应通过掺烧试验，制定有针对性的燃烧操作规程，确保锅炉运行安全。

（6）在污泥接受、输送、储存、干化、入炉等环节，针对污泥自身散发的臭味对原来没有异味的燃煤电厂环境的影响，采取必要的措施。

（7）在污泥调理环节避免使用无机调理剂，尽可能采用 PAM 类有机聚合物调理剂。

☞　**6.81　污泥如何在危废焚烧炉中进行掺烧？**

在拥有危废焚烧炉的企业，将含油污泥脱水、活性污泥干化后作为燃料送入焚烧炉处理，已经是一种常规做法。图 6-13 是某回转窑焚烧油泥浮渣的工艺流程示意图。危废焚烧炉处理工艺采用"回转窑+二燃室+余热锅炉（SNCR）+急冷塔+一级干法脱酸（消石灰）+一级布袋除尘+二级干法脱酸（小苏打）+活性炭吸附+二级袋式除尘器+烟气加热+SCR+省煤器+风机+烟囱"。

干化后的活性污泥以吨袋或包装桶的形式送至 SMP 的混合器，含油污泥泵送至 SMP 的混合器，用于提高混合器内物料的含液/水率，便于柱塞泵进料，并预防堵塞。

干化污泥单独采用回转窑式焚烧时，流程与此类似。

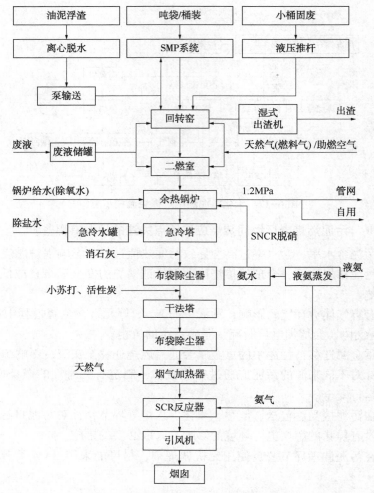

图 6-13 回转窑焚烧污泥工艺流程示意图

☞ **6.82 污泥单独焚烧的形式有哪些？特点是什么？**

（1）全干化+焚烧

采用全干化工艺，入炉污泥的含水率不高于 10%，热值较高，可达 9～13MJ/kg，接近贫煤的发热量。一方面，入炉污泥的性质较稳定，有利于焚烧炉保持良好稳定的燃烧状态，污泥自身燃烧放热量足以达到焚烧温度，焚烧过程不需要辅助燃料；另一方面，对燃烧空气携带热量的需求降低，只需预热空气至较低的温度。此外，由于入炉污泥含水率较低，烟气量较小，烟气处理设施的体积也相应较小；烟气中水蒸气的比例较低，约占烟气总体积的 10%，降低了酸腐蚀风险，以及对烟气处理设施材质和寿命的不良影响。该工艺的局限性在于全干化的能耗较高，对干化工艺及干污泥处理环节的防燃爆要求也较高。

（2）半干化+焚烧

相比全干化，半干化的能耗较低，燃爆风险也显著降低。经半干化后，污泥的入炉含水率一般有两种情况：一种是达到自持燃烧的临界含水率，通常为55%~65%；另一种是将含水率进一步降低至30%~40%，能产生余热。前者理论上整体能耗接近最低，但由于运行时不可避免的泥质波动，焚烧时经常需要添加辅助燃料，此外，该含水率条件下自持燃烧的必要条件之一是预热空气至300℃左右，也有工程在一次换热时将一次风的温度加热至600℃以上，因此，余热利用系统回收的热量首先用于预热空气；后者的入炉热值显著高于前者，故无须预热空气至较高温度即可自持燃烧，同时，干化段的能耗更高，蒸汽需求更大，故烟气热量主要通过预热锅炉回收后产生蒸汽，用作干化热源并预热焚烧空气。

（3）脱水+焚烧

这种工艺多用于有机质含量较高的污泥焚烧，焚烧炉运行需要添加辅助燃料，为了降低运行成本，焚烧烟气首先经过高温空预器回收部分热量预热进入焚烧炉的燃烧空气，之后通过余热锅炉产生蒸汽用于厂区供热或发电。经余热利用后，烟气采用喷入活性炭、布袋除尘、湿式洗涤和湿式静电除尘处理后达标排放。

☞ **6.83　什么是污泥填埋处理？其特点是什么？**

填埋是一种最古老的传统污泥处置方式，也是污泥处置的最终手段。在将来的发展中填埋仍然是垃圾和污泥处置中不可避免的方法。污泥焚烧后的灰烬和难以焚烧的残渣都要以填埋方式进行最终处置。

建设污泥卫生填埋场如同生活垃圾卫生填埋场一样，地址须选择在底基渗透系数小且地下水位不高的区域，填坑铺设防渗性能好的材料，卫生填埋场还应配设渗滤液收集装置及净化设施。

☞ **6.84　含油污泥为什么难处理？**

（1）成分复杂。含油污泥一般都含有大量老化原油、蜡质、沥青质、胶体、固体悬浮物、细菌、盐类、酸性气体、腐蚀产物等，还包括生产过程中投加的凝聚剂、缓蚀剂、阻垢剂、杀菌剂等。这些药剂随含油污泥进入污泥池，部分被带入污水处理系统，在系统内形成恶性循环。与国外相比，我国含油污泥中除含有大量污油和其他可燃物质外，大部分含油污泥的含水率、油、盐及其他有害杂质成分都较高。

（2）脱水难度大。含油污泥是性质十分稳定的悬浮乳化物，属于多相体系且充分乳化，黏度大，不易脱水。

（3）臭味大。含油污泥中含有硫化物、氨、硫醇、硫醚等恶臭污染物，在处理过程中易散发，产生二次污染。

（4）含有易燃易爆物质。含油污泥中的大量挥发性烃类物质易与空气混合形成爆炸性气体，因此在选择处理工艺时需考虑防爆问题。

☞ **6.85　含油污泥常用处理技术有哪些？**

含油污泥与市政污水处理场产生的污泥有本质区别，其处理方法和炼油厂罐底油泥基本相同。

（1）焚烧。利用回转窑焚烧炉、流化床焚烧炉、耙式多层（多段）焚烧炉等焚化燃烧含油污泥使之分解并无害化。

（2）延迟焦化装置协同处理。将含油污泥送入延迟焦化装置，利用装置焦化过程的废弃热量，使含油污泥中的有机组分裂解变为焦化气，固体物质被石油焦捕获沉积在石油焦上。

（3）热萃取。含油污泥主要是油、泥和水组成的充分乳化的混合物，选择合适的有机溶剂作萃取剂，与含油污泥充分混合发生相间传质后，可将油从泥、水中萃取到萃取剂中。然后萃取相（油和萃取剂组成的混合物）与萃余相（水相）因密度差而彼此分层，从而达到分离目的。

（4）炭化。将油泥在炭化机中进行无氧或微氧条件下的"干馏"，使污泥中的水分蒸发出来，同时又最大限度地保留了污泥中炭值，炭化过程中产生的裂解油回收利用、裂解气用作燃料。

（5）湿式氧化 WAO。含油污泥经浓缩后被直接送往湿式氧化反应器内，在250℃、5MPa 条件下不断通入纯氧，有机组分被氧化分解，处理后的废水提高可生化性后送往污水处理场的水处理单元进行生化处理。

（6）超临界水氧化。含油污泥通过高压泵打入预热器，使污泥和氧化剂加热达到超临界温度，然后进入超临界水氧化（SCWO）反应器，通过氧化反应后，有机组分被彻底无机化。

☞ **6.86　延迟焦化装置协同处理含油污泥的方法有哪些？**

利用焦化装置来处理污水处理场所含油污泥的主要方法有两种：

第一种是作焦炭塔急冷油，即将污泥从焦炭塔顶大油气线上注入，随油气一起进入分馏塔对油泥进行汽化分离。这种方法的优点是污泥参与反应，使油变成产品，其他的杂质污泥均匀进入焦炭，分布均匀，对焦炭的质量指标基本没有影响，而且可以减少急冷油的用量，有利于节能。其缺点是在较高的油气线速下，污泥中的机械杂质进入分馏塔后，容易造成塔盘阻塞，影响分馏塔操作，同时会加快大油气线结焦；另外，污泥进入分馏塔后，固体杂质会加重分馏塔底结焦，影响开工周期。

第二种方法是作焦炭塔急冷水，即在焦炭塔吹汽给水之间，将污泥从焦炭塔的吹汽给水线注入，利用焦炭塔余热对油泥进行汽化分离。这种方法主要是利用焦炭塔中400℃的焦炭作载体，利用其余热将污泥中的水分、油分蒸出，部分重油降解，油气和蒸汽进入放空系统回收，污泥中较重的油分和固体杂质留在焦炭塔中，除焦时随焦炭一起进入焦池。其缺点是污泥中较重的油分反应不完全，对焦炭质量指标中的挥发分和灰分会造成一定影响；优点是不影响分馏塔的操作，操作较为简单，容易控制。

☞ **6.87　什么是含油污泥热萃取处理?**

热萃取主要用于处理机械脱水后的含油污泥，含油污泥含水率70%~85%。采用炼厂馏分油作为萃取油，以低压蒸汽为热源，按一定比例将萃取用油和含油污泥混合，在强制循环条件下，用低压蒸汽加热萃取油和含油污泥的混合物。随着混合物温度的升高，物料开始破乳和脱水，水和部分轻组分从塔顶分出，油和固体物随萃取用油被送至沉降罐分离。热萃取处理含油污泥工艺流程见图6-14。

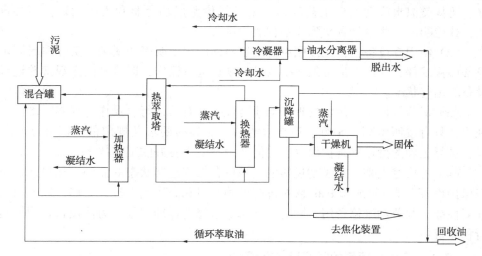

图 6-14　热萃取处理含油污泥工艺流程示意图

脱出水送污水处理场处理，回收油在热萃取含油污泥处理系统内循环利用，沉降罐底部固体物可直接送焦化装置或循环流化床锅炉处理。使用该工艺处理含油率低的含油污泥时，会出现输送不畅、管路堵塞的现象。

第7章 废水处理场(厂)常用设备

☞ **7.1 废水处理场的设备管理注意事项有哪些?**

污水处理场要贯彻全面生产维护 TPM(Total Productive Maintenance)等先进设备管理理念,积极开展 5S(整理、整顿、清扫、清洁、清心)活动,努力做到设备的零故障率,确保污水处理的稳定安全运行。设备管理注意事项可以归纳如下:

(1)选购好设备:针对本场处理污水的性质和选用的处理工艺,从设备购置开始就要认真研究、分析和对比,选择符合本场特点的设备,做到本质安全完好。要从类似水质和类似工艺的污水处理场借鉴成功经验和失败教训,不要盲从,杜绝购入一些本身有缺陷或不合适的设备。

(2)使用好设备:首先按照设备制造商的使用说明书和现场的实际情况制定设备操作规程,操作人员必须严格按操作规程进行操作,巡检时注意观察并记录设备的运行状况。

(3)保养好设备:污水处理场的所有设备都有其运行、操作、保养、维修的规律,只有按照整理、整顿、清扫、清洁、清心的要求及规定的工况和运转规律,进行正确的操作和维护保养,才能使设备处于良好的工作状态。

(4)检修好设备:对长期运转的机械设备做好运转状态的监测,尽量通过小修保持设备性能,在必要的时候再进行准确及时和高质量地拆开大修,以使设备恢复性能,并节约维修费用。同时做好每次检修的详细记录,为使设备长周期运行积累资料。

☞ **7.2 废水处理场的常规设备有哪些?**

随着污水处理技术的发展,污水处理场的机械化程度和自动程度也不断提高,使用的设备越来越多,越来越复杂。主要可以分为以下几类:

(1)专用设备

格栅除渣机、表面曝气机、转刷曝气器、潜水推进器、立式搅拌机、刮砂机、刮泥机、刮泥吸泥机、污泥浓缩刮泥机、污泥消化池搅拌设备、药液搅拌机、污泥脱水机、污泥干化机等。

(2)通用设备

各类污水泵、污泥泵、计量泵、螺旋泵、空气压缩机、罗茨鼓风机、离心鼓风机、电动葫芦、桥式起重机,以及各种电动阀门、启闭机和止回阀等。

(3)电器设备

以上专用设备和通用设备配备的交直流电动机、变速电动机及启动开关设备、照明设备、避雷设备、变配电设备等。

（4）仪器仪表

电磁流量计、超声波流量计、空气流量计、液位计、溶解氧测定仪、pH 测定仪、氧化还原电位仪、连续采样器、COD_{Cr}测定仪、天平及各种化验室分析仪器等。

☞ **7.3 污水处理专用工艺设备有哪些？**

常用的污水处理专用工艺设备见表 7-1。

表 7-1 常用的污水处理专用工艺设备

工艺单元	处理构筑物		处理设备		配套设备
	名称	形式	类别	名　称	
拦污	格栅间	粗格栅、细格栅	格栅除渣机	弧形格栅除渣机、高链式格栅除渣机、回转式格栅除渣机、钢丝绳式格栅除渣机、直立式格栅除渣机、爬式格栅除渣机、阶梯式格栅除渣机、筒式格栅除渣机、移动式格栅除渣机	皮带输送机、螺旋输送机、螺旋压榨机、液压压榨机、破碎机、打包机等
	滤网间	正面进水、侧面进水	旋转滤网	转刷网篦式清污机	
沉砂	平流沉砂池旋流沉砂池曝气沉砂池	矩形、方形、圆形	吸砂机	行车式气提吸砂机、行车式泵吸除砂机、旋流式除砂机	砂水分离器等洗砂装置
			刮砂机	链板式刮砂机、链斗式刮砂机、行车式刮砂机、提耙式刮砂机、悬挂式中心传动刮砂机	
沉淀	初次沉淀池	平流式	平流刮泥机	行车式刮泥机、链板式刮泥机	
		辐流式	辐流刮泥机	中心传动刮泥机、周边传动刮泥机、方形池扫角刮泥机	
	二次沉淀池	平流式	平流吸泥机	泵吸式行车吸泥机、虹吸式行车吸泥机	螺旋泵、潜污泵、气提泵等污泥回流设备
			平流刮泥机	行车式刮泥机、链板式刮泥机	
		辐流式	辐流吸泥机	虹吸式中心传动吸泥机、泵吸式中心传动吸泥机、水位差式中心传动吸泥机、虹吸式周边传动吸泥机、泵吸式周边传动吸泥机、水位差式周边传动吸泥机	
			辐流刮泥机	中心传动刮泥机、周边传动刮泥机	

277

工艺单元	处理构筑物		处理设备		配套设备
	名称	形式	类别	名称	
生物处理	曝气池	鼓风曝气	微孔曝气器	盘式曝气器、钟罩式曝气器、平板式曝气器、管式曝气器、软管式曝气器、膜片式曝气器	空气清洗除尘装置
			中孔曝气器	固定螺旋空气曝气器、倒伞型曝气器、射流式曝气器、散流曝气器、"金山"型曝气器、穿孔曝气管	
		表面曝气	立式表曝机	泵型叶轮表曝机、K型叶轮表曝机、倒伞型叶轮表曝机、平板型叶轮表曝机	高、低速电机
			卧式表曝机	转刷曝气机、转盘曝气机	
		水下曝气	水下曝气机	泵型自吸式曝气机、供气式水下叶轮曝气机、自吸式射流曝气机、供气式射流曝气机	防漏电、漏油等保护系统
		水下搅拌	水下搅拌机	水下推进器、潜水搅拌机	
	氧化沟	表面曝气	立式表曝机	泵型叶轮表曝机、K型叶轮表曝机、倒伞型叶轮表曝机、平板型叶轮表曝机	高、低速电机
			卧式表曝机	转刷曝气机、转盘曝气机	
	SBR 反应池	矩形、圆形	滗水器	虹吸式滗水器、浮筒式滗水器、套筒式滗水器、旋转式滗水器	自动控制系统

☞ **7.4 污泥处理专用工艺设备有哪些?**

常用的污泥处理专用工艺设备见表 7-2。

表 7-2 常用的污泥处理专用工艺设备

工艺单元	处理构筑物名称	处理设备		配套设备
		类别	名称	
污泥浓缩	污泥浓缩池	浓缩刮泥机	中心传动浓缩刮泥机、周边传动浓缩刮泥机	高压水冲洗系统
	污泥浓缩机	旋转滤布	带式污泥浓缩机、螺旋离心浓缩机	
污泥消化	污泥消化池	搅拌设备	机械搅拌器、沼气搅拌器、污泥循环搅拌器	蒸汽锅炉
		加热设备	板式换热器、管式换热器、螺旋式换热器	
	沼气利用	沼气利用设备	沼气净化脱硫设备、沼气压缩机、沼气发电机、沼气锅炉、沼气储存柜、沼气燃烧器	沼气泄漏检测系统

工艺单元	处理构筑物名称	处理设备		配套设备
		类别	名 称	
污泥脱水	污泥脱水间	压滤机	带式压滤机、板框压滤机	溶药、加药装置
		离心脱水机	螺旋离心脱水机、倾析型离心分离机、分离板式离心沉降机	
		真空脱水机	水平式真空过滤机、圆筒式真空过滤机	
污泥干化	污泥干化间	干燥机	通风干燥机、喷雾干燥机、气流干燥机、旋转干燥机、转筒干燥机、真空干燥机	鼓风机
污泥焚烧	污泥焚烧间	焚烧炉	流化床焚烧炉、卧式回转焚烧炉、多段立式焚烧炉	尾气处理装置
污泥堆肥	污泥堆肥仓	堆肥机	链条式翻堆机、干燥机、造粒机、	鼓风机

☞ **7.5 废水处理场的专用设备维护和保养应注意哪些事项？**

（1）废水处理场的专用设备大多是转动设备，因此要时刻保持各运转部位良好的润滑状态。必须正确添加规定使用的润滑油或润滑脂，严防错用。

（2）对于长时间停运的设备（如备用设备等），要定时或定期盘车或者短时间运转一下。经常检查润滑油脂的数量或油位是否正常，因为停用的设备更容易生锈。

（3）要重视设备出现的小毛病，例如螺栓松动脱落是设备震动较大部位最为常见的现象，巡检时应当注意，随时发现随时紧固。

（4）对于在水面上运行的专用设备，在维护和保养设备时，一定要避免将设备零件或维护工具掉入水中。

（5）钢丝绳、刮泥机链条和刮泥机拉杆等除加强日常的防腐保养（如定期涂油等）外，还要定期检查，腐蚀严重的及时更换。经常检查防腐涂层的情况，并随时修补，每次设备大修时应将失效的涂层及生锈的钢铁表面清理干净，重新涂刷防腐涂料。

☞ **7.6 污水处理场常用水泵的种类有哪些？**

表 7-3 列出了常用水泵的特点和使用场合。

表 7-3 污水处理场常用水泵的特点和使用场合

水泵种类	特 点	适用范围
PW 型卧式离心泵	水泵效率为 50% 左右，可输送 80℃ 以下含有纤维或其他悬浮物的废水	适用于小城镇或工矿企业的小型污水处理场

水泵种类	特 点	适用范围
WL 立式排污泵	水泵效率为 75% 左右，可提升温度较高和腐蚀性废水	提升杂质污水、泥浆水
ZLB 型立式轴流泵	低扬程，大流量	适用于大型污水处理场
QZ 系列潜水轴流泵	水泵效率为 75% ~ 83%，低扬程，大流量，安装简单，可不设泵房	提升回流污泥
QW 系列潜水排污泵	水泵效率为 70% ~ 85%，可输送 60℃ 以下、pH 值 4~10 的工业废水	提升杂质污水、泥浆水
QH 系列潜水排污泵	高扬程，大流量	适用于大型污水处理场
螺旋泵	低电耗，低扬程，效率较高	提升回流污泥
螺杆泵	低流量，高扬程	加药或输送浓度、黏度较大的污泥
隔膜泵、柱塞泵	低流量，高扬程	加药、输送小流量污泥

☞ **7.7 离心式水泵的原理是什么?**

图 7-1 为离心泵的示意图。

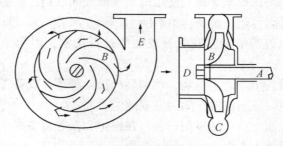

图 7-1 离心泵示意图

离心泵的原理是：在电动机的带动下，叶轮高速旋转产生的离心力将水从叶轮中心抛向叶轮外缘，水便以很高的速度流入泵壳，在泵壳内减速和进行能量转换，得到较高的压力，从排出口进入管道。当叶轮内的水被抛出后，叶轮中心形成真空，在大气压的作用下，水经吸入管道进入泵内填补已被排出的水的位置。只要叶轮的转动不停，离心泵便不断地吸入和排出水。由此可见，离心泵之所以能输送水，是因为叶轮高速旋转所产生的离心力，这也是离心泵名称的由来。

☞ **7.8 离心式水泵的性能指标有哪些?**

（1）流量：指离心泵在单位时间内输送的水量。表示符号是 Q，常用单位有 L/s，m^3/s，m^3/h，t/h。

（2）扬程：又称压头，是离心泵将水的位置抬升高度、将水的静压提高的高度以及在输送水的过程中克服的管路阻力这三项之和。有时将离心泵扬程表示为泵出口的压力值，常用单位是 MPa。

（3）轴功率：指泵的输入功率，即电动机输送给水泵的功率。用符号 N 表示，常用单位为 kW。

（4）有效功率：指泵的输出功率，即单位时间内流过离心泵的水得到的能量。用符号 Ne 表示，$Ne < N$。有效功率可根据泵的流量和扬程进行计算，计算公式为：

$$Ne = \rho \cdot Q \cdot H / 102 (\text{kW})，Ne = \eta \cdot N$$

式中　Q——流量，L/s；

　　　H——扬程，m；

　　　ρ——水的密度，kg/L；

　　　η——泵的效率。

（5）效率：指泵的有效功率与轴功率的比值，它反映了泵对外加能量的利用程度。小型水泵的效率一般为 50%～70%，大型水泵可达 90%。

☞　**7.9　使用离心泵时偏离泵的最佳工况点时可采取哪些措施？**

（1）阀门调节：用出水阀门调节流量是实际生产运行中最常用的措施，这种措施是不节能的，只能达到调节流量的目的。

（2）改变泵的转速：即采用通过调速装置改变叶轮的转数，使泵的工作曲线符合管路的特性曲线。

（3）更换叶轮或切削叶轮：这两种措施均能改变泵的性能指标，即改变了泵的运行工况。

☞　**7.10　格栅除渣机的类型有哪些？其适用范围及优缺点如何？**

常用的几种除渣机的适用范围及优缺点见表 7-4。

表 7-4　常用除渣机的适用范围及优缺点

除渣机类型	适用范围	优点	缺点
链条式	主要用于安装深度不大的中小型粗、中格栅	(1)构造简单，制造方便； (2)占地面积小	(1)杂物进入链条与链轮时容易卡住； (2)套筒滚子链造价高，易腐蚀
圆周回转式	主要用于中、细格栅，耙钩式用于较深中小格栅，背耙式用于较深格栅	(1)用不锈钢或塑料制成耐腐蚀； (2)封闭式传动链，不易被杂物卡住	(1)耙钩易磨损，造价高； (2)塑料件易破损

除渣机类型	适用范围	优点	缺点
移动伸缩臂式	主要用于深度中等的宽大型粗、中格栅，耙斗式适用于较深格栅	(1)设备全部在水面以上，可不停水检修； (2)钢丝绳在水面上运行，寿命长	(1)移动部件构造复杂； (2)移动时耙齿与栅条不好对位
钢丝绳牵引式	主要用于中、细格栅，固定式适用于中小格栅，移动式适用于宽大格栅	(1)无水下固定部件者，维修方便； (2)适用范围广	(1)钢丝绳易腐蚀磨损； (2)水下有固定部件者，维修检查时需停水
自清式	主要用于深度较浅的中小型格栅或二道格栅	(1)安装方便占地少； (2)动作可靠，容易检修	不能承受重大污物的冲击

☞ **7.11 格栅除渣机的运行控制方式有几种?**

格栅除渣机通常间歇运行，控制格栅除渣机间歇运行的方式有以下几种：

(1) 人工控制：操作人员按规定的时间开机和停机，或巡检时观察拦截的栅渣数量和堆积情况，根据需要开机和停机。

(2) 自动定时控制：按预先设定好的时间自动开机和停机，使用这种控制方式的除渣机也可以随时实现人工控制。当发现有大量垃圾涌入时，要及时手动开机或缩短设定开机的间隔时间。

(3) 水位差控制：当拦截的栅渣数量增多时，栅前和栅后的水位差变大用传感器测量到水位差的变化后，使除渣机自动开启。

☞ **7.12 常用沉淀池的排泥设备有哪些?**

各种类型的沉淀池配备的排泥设备见表7-5。

表7-5 沉淀池排泥设备表

池型	排泥形式		设备名称
平流式	行车式	吸泥机	泵吸单吸管扫描、虹吸单吸管扫描
			泵吸多吸管、虹吸多吸管
			泵吸式行车吸泥机、虹吸式行车吸泥机
	链板式	刮泥机	抬耙式刮泥机
			提板式刮泥机
			单列链条牵引式刮泥机
			双列链条牵引式刮泥机
	螺旋输送机		水平螺旋输送式刮泥机

池型	排泥形式		设备名称
辐流式	中心传动 （垂架式或悬挂式）	吸泥机	多吸管水位差自吸式吸泥机
			单管多吸口水位差自吸式吸泥机
		刮泥机	曲线型刮板刮泥机
			直线型刮板刮泥机
	周边传动（全桥或半桥）	刮泥机	曲线型刮板刮泥机
			直线型刮板刮泥机
		吸泥机	带集泥板多管水位差自吸式吸泥机
			大、小扁嘴多管水位差自吸式吸泥机
斜管式	刮泥机		钢丝绳牵引式刮泥机
			销齿传动扫角式刮泥机
	吸泥机		泵吸式吸泥机
			虹吸式吸泥机

☞ **7.13　链条刮板式刮泥机的结构和各部分的作用是怎样的？**

链条刮板式刮泥机是一种带刮板的双链输送机，安装在平流式初沉池或平流式隔油池、平流式气浮池。其结构和各部分的作用如下：

（1）驱动装置：刮泥板的移动速度一般是不变的，因此其驱动为一台三相异步电动机和一部减速比较大的摆线或行星针轮减速机，另有一套传递动力的驱动链轮。

（2）主动轴和主动链轮：主动轴的作用是将驱动链轮传来的动力传到主动链轮，其通常是一根横贯全池水面以上的长轴，两端的轴承座固定在池壁上。

（3）链条及其拉紧装置：驱动链轮和主动链轮之间通常设一条连接链条传递动力，而刮板分别固定在两根主链条上，随主链条一起运动，实现刮泥和刮渣的功能，拉紧装置则起到调整链条松紧程度的作用。

（4）导向链轮：导向链轮固定在沉淀池的池壁上，其作用是控制主链条的运动轨迹，使主链条平行运动，避免因刮板的重力及两根主链条阻力不均而引起的扭曲现象。

（5）刮泥板及导轨：刮泥板的作用是将污泥刮到集泥斗，多用塑料、玻璃钢或不锈钢制成。刮板导轨用于保持刮板链条的正确刮泥、刮渣位置，池底导轨多用 PVC 板固定于池底，上部导轨用 PVC 板固定于钢制支架上。

（6）浮渣撇除装置：安装在出水堰前面，阻止浮渣随水流进入出水渠中。多采用可调节转向的管式撇渣器，构造和操作与隔油池管式撇渣器相同。

（7）机械安全装置：大多采用剪切销保证整个设备的安全，当主链条运动出现异常阻力时，设置在驱动链轮上的剪切销会被切断，使驱动装置和主动轴脱开。

（8）电控装置：包括过载保护、漏电保护和可调节的定时开关系统。可根据实际需要控制每天的间歇运行时间，间歇运行可有利于污泥的沉淀效果和延长刮泥机的使用寿命。

☞ **7.14　链条式刮泥机的使用和维护有哪些注意事项？**

（1）由于导向轮在较深的水下运转，经常加油很不现实，因此一般都采用水润滑的滑动轴承。

（2）经常检查链条的松紧程度，通过观察链条与水面的平行情况，及时地利用拉紧装置适当调整链条松紧程度。

（3）链条经常与水接触，因此常用的制造材料有锻铸铁、不锈钢和高强度塑料等。具有良好耐腐蚀性和自润滑性，且自重较小的高强度塑料链条，正在得到越来越广泛的应用。

（4）巡检时根据池面浮渣的聚集情况，及时将浮渣通过管式撇渣器去除。

☞ **7.15　回转式刮泥机按结构形式可分为哪几种？**

圆形辐流式沉淀池、污泥浓缩池采用回转式刮泥机，按结构形式可分为以下几种：

（1）全跨式与半跨式

有些回转式刮泥机桥架的一端与中心立柱上的旋转支座相接，另一端安装驱动装置和滚轮，桥架做回转运动，在占沉淀池半径的桥架下布置刮泥板，每转一圈刮一次泥。这种形式称为半跨式或单边式，适用于直径 30m 以下的中小型沉淀池。

一些回转式刮泥机具有横跨沉淀池直径的工作桥，旋转桁架为对称的双臂式，刮泥板也对称布置，这种形式称为全跨式或双边式。对于直径 30m 以上的沉淀池，刮泥机运转一周需 30~100min，采用全跨式可每转一周刮两次泥，从而减少污泥在池底的停留时间。有些刮泥机在沉淀池中心附近与主刮泥板 90°方向上再增加几个副刮泥板，即在污泥聚集较厚的部位每回转一周刮四次泥。

（2）中心驱动式与周边驱动式

中心驱动式回转刮泥机的桥架是固定的，桥架所起的作用是固定中心架位置与安装操作维修时的走道。驱动装置安装在中心，电机通过减速机使悬架转动。悬架的转动速度非常慢，减速比大，主轴的转矩也非常大。为了防止因刮板阻力太大引起超扭矩造成破坏，联轴器上都安装剪断销。刮泥板安装在悬架的下部，为了保证刮泥板与池底的距离并增加悬架的支承力，可以采用在刮泥板下安装尼龙支承轮的措施，双边式刮泥机还可以采取在中心立柱与两侧悬架臂之间对称安装可调节拉杆的措施。为了不使主轴转矩过大，单边式中心驱动回转刮泥机的最大回转直径一般不超过 30m，双边式中心驱动回转刮泥机的最大回转直径可以超过 40m。

周边驱动式回转刮泥机的桥架围绕中心轴转动，驱动装置安装在桥架的两端，这种刮泥机的刮板与桥架通过支架固定在一起，随桥架绕中心转动，完成刮泥任务，由于周边传动使刮泥机受力状况改善，其最大回转直径可达 60m。周边驱动式回转刮泥机需要在池边的环形轨道上行驶，如果行走轮是钢轮，则需要设置环形钢轨；如果行走轮是胶轮，则需要一圈水平严整的环形池边。周边驱动式回转刮泥机的控制柜和驱动电机都安装在转动的桥架之上，与外界动力电缆与信号电缆的连接要靠集电环；集电环装在桥架的中心，动力电缆通过沉淀池下的预埋管从中心支座通向集电环箱，再由集电环箱引向控制柜。

☞ **7.16　回转式刮泥机的构造和各部分的作用是怎样的？**

（1）桥架或桁架：是刮泥机的主体，其他部件都安装其上。一般采用碳钢管焊接而成，在沉淀池现场组装，进水前进行加强防腐。

（2）刮泥板：作用是将污泥刮到中心集泥斗，常见的形式有斜板式和曲线式两种。斜板式由多个倾斜安装的刮泥板组成，当斜板绕中心转动时，使污泥随刮板的转动向中心流动。曲线式刮泥板只有一片，常用的有对数螺旋形和外摆线形。

（3）浮渣排除装置：由随刮泥机运转的浮渣刮板、固定在出水堰旁边的浮渣斗和池外的浮渣井等组成。浮渣斗装有和沉淀池水面相通的水管，水管上安装阀门，定时或连续放水冲洗，将斗内浮渣冲到浮渣井。

（4）稳流筒：稳流筒是设置在刮泥机中心布水箱外面的一个圆筒状布水器，其作用就是对从布水口流出的污水再进行整流，避免沉淀池内水流受进水的扰动而影响沉淀效果，因此圆筒状布水器简称为"稳流筒"或"整流筒"。

（5）搅拌器：位于漏斗形沉淀池底中心的集泥斗通过污泥管与污泥泵相连，为了排泥顺畅，必须要保持污泥具有良好的流动性。因此，通过设置在泥斗内的小刮泥板（即搅拌器）随刮泥机转动，搅动泥斗内的集泥，避免污泥板结。

（6）出水堰清洗刷：为防止出水堰口被杂物堵塞，需要在堰板内外均安装随刮泥机桁架转动的清洗刷，连续清洗出水堰。

（7）控制系统：包括驱动电机的开关和保护系统等，通过集电环和电缆与总控制室相连，实现远距离监控。

（8）圆形浓缩池使用的回转式刮泥机在斜板式刮泥板的上方增加了一部分纵向的栅条，栅条的间距从 100~300mm 不等。栅条通过随刮泥机的缓慢转动产生搅拌作用，促进污泥与水的分离，加快污泥的沉降浓缩过程。

☞ **7.17　回转式刮泥机的使用和维护有哪些注意事项？**

（1）驱动减速机要加润滑油，行走轮轴承、中心轴承和中心大齿圈需要定期加润滑脂。尤其要重视对中心轴承的加油和保护，因为一旦这个大轴承损坏，其修理或更换都十分困难。

（2）如果行走轮为胶轮，加油时一定要避免将润滑油等洒落在胶轮上，避免油脂对胶轮的腐蚀。

（3）如果行走轮为钢轮，要密切注意钢轨的变形情况。由于环形钢轨的稳定性要比直轨差，有可能因热胀冷缩、震动等原因而脱离固有位置，由此引起钢轨与钢轮咬合不好，发生"啃轨"现象。

（4）要使集电环箱内保持干燥，实现电刷的良好接触，如果电刷磨损，或者弹簧失灵要及时更换，避免因电刷接触不良造成电源缺相或监控信号不通等现象的发生。

（5）对于中心驱动的刮泥机，剪断销的润滑脂必须及时补充，以保证其过载保护功能正常。因为驱动装置的扭矩非常大，刮泥阻力一旦超过允许值，而此时剪断销锈死，有可能使主轴变形。

（6）定期对刮泥机水下部分进行检查，对金属构件的腐蚀部分及时维修保养，对稳流筒出水口聚积的杂物进行清理。

（7）刮泥板与桁架刚性连接时，如果池底出现板结或较大异物，会造成刮泥机阻力急剧增加而引起刮泥机的破坏，因此长时间停机后再开机时，要特别当心，必要时，可用高压水或压缩空气进行松动后再开机。

（8）浓缩池的进泥往往是间断的，而浓缩池刮泥机却应持续不断地运转以保持污泥的流动性，即使浓缩池长时间不进泥，但池中只要有泥，浓缩刮泥机也不能停下来。如果因为维修、停电等原因造成较长时间的停机而池中有泥时，重新启动应特别注意板结在池底的污泥可能造成的巨大阻力。

☞ **7.18 回转式吸泥机的结构和特点有哪些？**

按驱动方式划分，回转式吸泥机分为中心驱动式和周边驱动式两种。主要由以下几个部分组成。

（1）桥架：分旋转桥架与固定式桥架两种，支承固定吸泥管、控制柜和安装泥槽、水泵或真空泵等操作维修时的走道。

（2）端梁：又称鞍梁，用于周边驱动式吸泥机上支承桥架、安装驱动装置及主动和从动行走轮。

（3）中心部分：包括中心集泥斗、稳流筒、中心轴承和集电环箱等。

（4）工作部分：由固定于桥架或旋转支架上的若干根吸泥管、刮泥板及控制每根吸泥管出泥量大的锥阀等组成。

（5）驱动、浮渣排除及电气控制装置：这些装置与回转式刮泥机的构成和作用基本相同。

（6）出水堰清洗刷：因为出水堰上容易滋生一些苔藓及藻类，形成的生物膜影响出水的均匀性，也有碍观瞻。除了在吸泥机桥架上安装清洗刷外，也有在二沉池内安装小气提泵、利用池内上清液清洗出水堰的形式。

☞ **7.19　回转式刮、吸泥机环形轨道的使用和维护有哪些注意事项？**

沉淀池上的回转式刮、吸泥设备和回转式污泥浓缩机的运转经常利用钢轮在钢制环形轨道上行走。钢轮和环形钢轨具有承载力大、导向性能好、运行稳定、使用寿命长等优点。但要注意以下事项：

（1）热胀冷缩的影响：北方地区冬夏的温差可达60℃以上，南方地区也有近40℃左右的温差，在调整钢轨时必须考虑桥架和钢轨热胀冷缩时产生的影响。在北方地区冬季调整轨道时，相邻两根钢轨之间要保留4～5mm的间隙，在南方地区冬季调整轨道时，相邻两根钢轨之间要保留3～4mm的间隙，而在夏季调整轨道时，相邻两根钢轨之间保留1mm的间隙即可。

（2）轨道变形后的调整：环行轨道的生产方法多是采用轻型钢轨在压力机上成型。经过一段时间的使用后，由于震动、雨淋日晒及气温变化等原因，以及残存内应力的作用，轨道的弯曲度变小，原来的圆形轨道变成了多角形，由此产生钢轮凸缘与钢轨侧面的"啃轨"现象。轨道调整时要调整完一根钢轨并固定好后，再去松动另一根钢轨上的压板螺栓，切不可将整个环行轨道全部松开，否则桥架将无法在钢轨上运行，即无法用钢轮检验钢轨的位置是否正确。调整方法是先将压板螺栓及鱼尾板螺栓拧松，然后用弯轨器仔细地调整，并随时用样板检查。初步调整后先上紧两端的鱼尾板螺栓，再使桥架运转，仔细观察钢轨与钢轮的相对位置，如果有偏差需继续调整，直到完全恢复原有状态，再将其余螺栓全部上紧。

（3）日常检查和维护：对正在使用的环形轨道，应当至少每月进行一次检查。要仔细观察钢轮与钢轨的相对位置，如果有偏移或啃轨，可用油漆做好记号，以备调整钢轨时重点调整。当钢轮在钢轨上滚动时，观察压板螺栓是否松动，钢轨或压板的垫铁是否牢固。螺栓松动的立即上紧，垫铁松动的垫实后再上紧螺栓。

☞ **7.20　什么是滗水器？**

滗水器是SBR工艺收水装置，是一种能够在排水时随着水位升降而升降的浮动排水装置。滗水器的排水特点是随水位的变化而升降及时将上清液排出，同时不对池中其他水层产生扰动。为了防止浮渣随水一起排出，滗水器的收水口一般都淹没在水面下一定深度，而不像可调出水堰那样水流从堰顶溢流出去。

滗水器一般由收水装置、连接装置和传动装置组成。收水装置包括挡板、进水口、浮子等，其主要作用是将处理好的上清液收集到滗水器中，再通过导管排放。滗水器在排水时需要不断转动，因此要求连接装置既能自由运转，又能密封良好。滗水器的传动装置是保证滗水器正常动作的关键，不论采用液压式传动还是机械传动，都需要与自控系统和污水处理系统进行有机的结合，通过可编程控制完成滗水动作。

☞ **7.21 SBR 系统的滗水器有几种类型？各自特点有哪些？**

SBR 系统滗水器从运行方式上可分为虹吸式、浮筒式、套筒式、旋转式等，从堰口形式上可分为直堰式和弧堰式等。除虹吸式滗水器只有自动式一种传动方式外，其余三种运行方式的滗水器都有机械、自动或机械自动组合的传动方式。常用滗水器的工作原理和特点见表 7-6。

表 7-6　常用滗水器的工作原理和特点

项　目	浮筒式	旋转式	套筒式	虹吸式	直堰式	弧堰式
工作原理	通过浮筒上的出水口将水引出池外	经过一个旋转臂上的出水堰将水引出池外	由类似可伸缩天线的可升降堰槽引出管将水引出池外	利用电磁阀排出 U 形管与虹吸口之间的空气，通过 U 形管将水引出池外	通过堰板向下开启将水溢流至池外	通过堰门旋转降低将水引出池外
基本结构	浮筒、出水堰口、柔性接头、弹簧塑胶软管及气动控制拍门组成	回转接头、支架堰门、丝杆、方向导杆及减速机组成	启闭机、丝杆、出水堰槽及伸缩导管组成	管道、阀门组成		
控制形式	可编程气动控制	PLC 控制电动螺杆	钢丝绳卷扬或丝杆升降	可编程电磁阀控制	电动头螺杆	电动头螺杆
主要优点	动作可靠、滗水深度大、自动化程度高	运行可靠、负荷大、滗水深度较大	滗水负荷量大、深度适中	无运转部件、动作可靠、成本较低	滗水负荷较大	密封效果好，与其他装置结合可完成较深范围的滗水
负荷/[L/(m·s)]		20~30	10~12	1.5~2.0		
滗水范围/m	1.2~2.5	1.0~2.3	0.6~1.0	0.4~0.6	0.4~0.9	0.3~0.5
滗水保护高度/m		0.3~1.0	0.8~1.1	0.3		

从应用效果看，单纯的机械式调节堰滗水器，由于动力消耗大，机械部分多，寿命较短，因此使用受到一定的限制。自动式滗水器由于堰的浮力很难在流量、水位不断变化的出水水流中达到动态平衡，而且反应灵敏度较低，不易控制，所以自动式滗水器只适用于一些小规模的 SBR 污水处理场。组合式滗水器集中了机械式滗水器准确、容易控制的优点和自动式滗水器节能的优点，因此大多数大型污水处理场多采用组合式滗水器。

☞ **7.22 滗水器的使用和维护有哪些注意事项?**

（1）经常检查滗水器收水装置的充气和放气管路以及充放气电磁阀是否完好，发现有管路开裂、堵塞或电磁阀损坏等问题，应及时予以清理或更换。

（2）定期检查旋转接头、伸缩套筒和变形波纹管的密封情况和运行状况，发现有断裂、不正常变形后不能恢复的问题时应及时更换，并根据产品的使用要求，在这些部件达到使用寿命时集中予以更新。

（3）巡检时注意观察浮动收水装置的导杆、牵引丝杠或钢丝绳的形态和运动情况，发现有变形、卡阻等现象时，及时予以维修或更换。对长期不用的滗水器导杆，要加润滑脂保护或设法定期使其活动，防止因锈蚀而卡死。

（4）滗水器堰口以下都要求有一段能变形的特殊管道，浮筒式采用胶管、波纹管等实现变形，套筒式靠粗细两段管道之间的伸缩滑动来适应堰口的升降，而旋转式则是靠回转密封接头来联结两段管道以保证堰口的运动。使用滗水器时必须通过控制出水口的移动速度等方法，设法使组合式滗水器在各个运动位置时的重力与水的浮力相平衡，这样既利用水的浮力，又能实现滗水器的随机控制。

☞ **7.23 曝气设备的基本要求有哪些? 常用曝气设备各自的特点是怎样的?**

曝气设备必须满足以下要求:

（1）产生并维持有效的水气接触，并且在生物氧化作用不断消耗氧气的情况下，保持水中一定的溶解氧浓度。

（2）在曝气区产生足够的混合作用，使水能够循环流动。

（3）维持曝气池混合液的足够动力，实现水中的活性污泥始终处于悬浮状态。

表 7-7 列出了常用曝气设备的特点和适用范围。

表 7-7 常用曝气设备的特点和适用范围

设　备	特　点	适用范围
鼓风机细气泡曝气器	用多孔扩散板或扩散管产生气泡	各种活性污泥法
鼓风机中气泡曝气器	用塑料或布等软带孔材料做成管状或包裹管道产生气泡	各种活性污泥法
鼓风机粗气泡曝气器	用孔口、喷嘴等喷射器产生气泡	各种活性污泥法
淹没式叶轮曝气器	由叶轮及压缩空气或自吸空气系统组成	各种活性污泥法
静态管式混合器	管中设挡板使空气与水混合	各种活性污泥法
射流式溶气器	带压力的混合液与压缩空气或常压空气在射流器内混合	各种活性污泥法
低速表面叶轮曝气器	用大直径叶轮在混合液表面搅起水流后裹入空气或氧气	各种活性污泥法
高速悬浮式表面曝气器	用小直径叶轮在混合液表面搅起水流后裹入空气	各种活性污泥法
转刷曝气器	利用桨板在混合液表面搅起水抛向空中增加氧气溶解量	氧化沟

☞ **7.24 曝气设备的主要技术性能指标有哪些？**

曝气设备的主要技术性能指标有动力效率、氧的利用率、氧的转移效率等三个：

（1）动力效率 E_p：即每消耗 1kW·h 电能转移到混合液中的氧量，单位是 $kgO_2/(kW·h)$。

（2）氧的利用率 E_A：通过鼓风曝气转移到混合液中的氧量，占总供氧量的百分比(%)。

（3）氧的转移效率 E_L：也称充氧能力，通过机械曝气装置，在单位时间内转移到混合液中的氧量，单位是 kg/h。

通常用动力效率和氧的利用率两项指标评判鼓风曝气设备的性能，而用动力效率和氧的转移效率两项指标评判机械曝气设备的性能。表 7-8 列出了几种鼓风曝气系统的空气扩散装置的动力效率 E_p 值和氧的利用率 E_A 值。

表 7-8 几种空气扩散装置的 E_A 值和 E_p 值

扩散装置类型	氧的利用率 E_A/%	动力效率 E_p/[$kgO_2/(kW·h)$]
陶土扩散管、板(水深 3.5m)	10~12	1.6~2.6
绿豆沙扩散管、板(水深 3.5m)	8.8~10.4	2.8~3.1
穿孔管：5mm 孔(水深 3.5m)	6.2~7.9	2.3~3.0
10mm 孔(水深 3.5m)	6.7~7.9	2.3~2.7
倒盆式扩散器：水深 3.5m	6.9~7.5	2.3~2.5
水深 4.0m	8.5	2.6
水深 5.0m	10	—
射流式扩散器	24~30	2.6~3.0

☞ **7.25 罗茨鼓风机的特点有哪些？**

罗茨鼓风机是利用装在两根平行轴上的两片 8 字形转子相互啮合，以相反方向旋转，随着转子的旋转交替形成气穴，吸入一定容积的气体，气体在气缸内推移、压缩和升压后，从排气口排出，其工作原理见图 7-2。

位置1   位置2 位置3   位置4

图 7-2 罗茨鼓风机工作原理图

290

理论上，罗茨鼓风机的压力-流量特性曲线是一条垂直线，但由于转子与转子、转子与气缸之间都有一定间隙，会不可避免地产生气体"回流"（或内部泄漏），实际上的压力-流量特性曲线是倾斜的。与离心式鼓风机相比，进气温度的变化对罗茨鼓风机性能的影响可以忽略不计。当相对压力不大于48kPa时，罗茨鼓风机的效率高于相同规格的离心鼓风机。当风量小于14m³/min时，罗茨鼓风机所需功率是相同规格离心鼓风机的一半。

罗茨鼓风机是低压容积式鼓风机，产生的压缩空气量是固定的，而排气压力由系统阻力决定，即根据需要确定，因此适用于鼓风压力经常变化的场合。罗茨鼓风机噪声较大，必须在进风和送风的管道上安装消声器，鼓风机房采取隔音措施，一般适用于中、小型污水处理场充氧和 BAF 池、DNF 池、BAC 池的反洗。

☞ **7.26 离心鼓风机的特点有哪些？**

离心鼓风机的原理是利用高速旋转的叶轮将气体加速，然后减速、改变流向，使动能转化为势能（压力）。单级离心鼓风机的压力增高主要发生在叶轮中，其次发生在扩压过程。多级离心鼓风机利用回流器使气体进入下一个叶轮，产生更高的压力。离心鼓风机实际上是一种变流量恒压装置，当鼓风机以恒速运行时，在鼓风量固定的情况下，所需功率随进气温度的降低而升高。离心鼓风机特点是空气量容易控制，通过适当调节出气管上的阀门或进气口阀门都可小范围内改变压缩空气量。如果把电机上的安培表改为流量刻度表，即把电流表上的电流刻度标上对应的风量值，可以更直观地予以调节。但通过调节进出口阀的方式减小风量节电效果不明显，有时甚至会导致风机喘振，通常会采取改变风机运行台数的方法改变风量。

离心鼓风机噪声较小，效率较高，适用于大、中型污水处理厂。如果所配电机为变速电机，离心鼓风机就变为变速鼓风机，根据混合液溶解氧浓度，可以自动调整鼓风机开启台数和转数，以最大限度节约能耗。

☞ **7.27 什么是微孔曝气？微孔曝气的特点和适用范围是什么？**

微孔曝气器也称多孔性空气扩散装置，采用多孔性材料如陶粒、粗瓷等掺以适量的酚醛树脂一类的黏合剂，在高温下烧结成为扩散板、扩散管及扩散罩等形式。为克服上述刚性微孔曝气器容易堵塞的缺点，现在已广泛应用膜片式微孔曝气器。

微孔曝气是利用空气扩散装置在曝气池内产生微小气泡后，微小气泡与水的接触面积大，所产生的气泡的直径在 2mm 以下，氧利用率较高，一般可达 10%以上，动力效率大于 $2kgO_2/(kW \cdot h)$。其缺点是气压损失较大、容易堵塞，压缩空气必须预先经过过滤处理。

微孔曝气器可用于活性污泥负荷小于 $0.4kgBOD_5/(kgMLSS \cdot d)$ 的系统，在要求空气扰动较小的接触氧化等处理工艺中也多使用微孔曝气器（可防止生物膜被大气泡洗脱）。

☞ **7.28　常用微孔曝气器的形式有哪些?**

根据扩散孔尺寸能否改变分为固定孔径微孔曝气器和可变孔径微孔曝气器两大类。

常用固定孔径微孔曝气器有平板式(见图7-3)、钟罩式(见图7-4)和管式等三种,由陶瓷、刚玉等刚性材料制造而成。

常用可变孔径微孔曝气器多采用膜片式(见图7-5),膜片材质为合成橡胶。

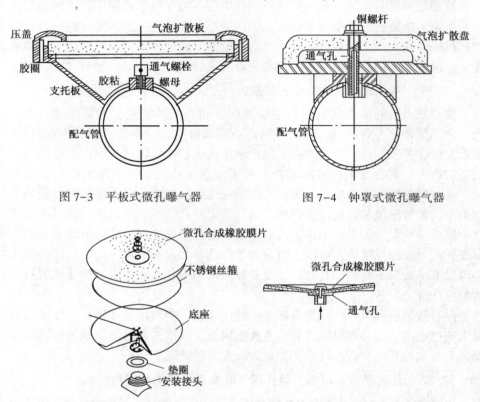

图 7-3　平板式微孔曝气器　　　　　　图 7-4　钟罩式微孔曝气器

图 7-5　膜片式微孔曝气器

微孔曝气器可分为固定式安装及可提升式安装两种形式。微孔曝气器容易堵塞,固定式安装的缺点是清理维修时需要放空曝气池,难以操作。可提升式安装可在正常运转过程中,随时或定期将微孔曝气器从混合液中提出来进行清理或更换,从而能长期保持较高的充氧效率。

☞ **7.29　为什么膜片式微孔曝气器抗污堵性能好?**

膜片式微孔曝气器属于可变孔径微孔曝气器,膜片一般被固定在由 ABS 材料制成的底座上,膜片上有用激光打出同心圆布置的圆形孔眼。

曝气时,空气通过底座上的通气孔进入膜片与底座之间,在压缩空气的作用下，膜片微微鼓起，孔眼张开，达到布气扩散的目的。停止供气后，压力消失，膜片本身的弹性作用使孔眼自动闭合，由于水压的作用，膜片又会压实于底座之上。这样一来，曝气池中的混合液不可能倒流，也就不会堵塞膜片的孔眼。同时，当孔眼受压开启时，压缩空气中即使含有少量尘埃，也可以通过孔眼而不会造成堵塞，因此可以不用设置除尘设备。

7.30 微孔曝气器的注意事项有哪些？

（1）风机进风口必须有空气过滤装置，最好使用静电除尘等方式将空气中的悬浮颗粒含量降到最低。

（2）要防止油雾进入供气系统，避免使用有油雾的气源，风机最好使用离心式风机。

（3）输气管采用钢管时，内壁要进行严格的防腐处理，曝气池内的配气管及管件应采用 ABS 或 UPVC 等高强度塑料管，钢管与塑料管的连接处要设置伸缩节。

（4）微孔曝气器一般在池底均布，与池壁的距离要大于 200mm，配气管间距 300~750mm，使用微孔曝气器的曝气池长宽比为(8~16)∶1。

（5）全池微孔曝气器表面高差不超过±5mm，安装完毕后灌入清水进行校验。运行中停气时间不宜超过 4h，否则应放空池内污水，充入 1m 深的清水或二沉池出水，并以小风量持续曝气。

7.31 可变孔曝气软管的特点有哪些？

（1）可变孔曝气软管表面都开有能曝气的气孔，气孔呈狭长的细缝型，气缝的宽度在 0~200μm 之间变化，是一种微孔曝气器。

（2）可变孔曝气软管的气泡上升速度慢，布气均匀，氧的利用率高，一般可达到 20%~25%，而价格比其他微孔曝气器低。

（3）所需供的压缩空气不需要过滤过程，使用过程中可以随时停止曝气，不会堵塞。软管在曝气时膨胀开，而在停止曝气时会被水压扁。

（4）可变孔曝气软管可以卷曲包装，运输方便，安装时池底不需附加其他复杂设备，而只需要固定件卡住即可。

7.32 穿孔曝气管的特点有哪些？

穿孔曝气管是一种中气泡曝空气扩散装置，由管径介于 25~50mm 之间的钢管或塑料管制成，在管壁两侧向下相隔 45°角，留有两排直径 3~5mm 的孔眼或缝隙，间距 50~100mm，压缩空气由孔眼溢出，孔口速度为 5~10m/s。

穿孔曝气管构造简单，不易堵塞，运行阻力小；缺点是氧的利用率较低，只有 4%~6%左右，动力效率也低，只有 1kg/(kW·h)左右。在活性污泥曝气系统中采用较少，而在接触氧化工艺中应用较多。

穿孔管制成管栅，安装在 $800 \sim 900mm$ 处可用于浅层曝气，此时动力效率可以达到 $2kgO_2/(kW \cdot h)$ 以上，但氧利用率较低，只有 2.5% 左右。

☞ **7.33　常用水力剪切型曝气器的形式有哪些?**

常用水力剪切型曝气器有固定螺旋空气曝气器、倒伞型曝气器、射流式曝气器、散流曝气器等。

(1) 固定螺旋空气曝气器，由圆柱形外壳和固定在壳体内部的螺旋叶片组成，每个螺旋叶片的旋转角为 $180°$，两个相邻叶片的旋转方向相反。固定螺旋空气曝气器又有固定单螺旋、固定双螺旋、固定三螺旋等三种类型，表7-9列出了各自的规格和性能。

表7-9　固定螺旋空气曝气器的规格和性能

名　称	固定单螺旋	固定双螺旋	固定三螺旋
规　格	DN200×H1500	DN200×H1500	DN185×H1740
材　质	硬聚氯乙烯	硬聚氯乙烯、玻璃钢	玻璃钢
服务面积/m²	3~9	4~8	3~8
氧利用率/%	7.4~11.1	9.5~11.0	8.7
动力效率/(kgO₂/kW·h)	2.24~2.48	1.5~2.5	2.2~2.6

(2) 倒伞型曝气器，由伞形塑料壳体、橡胶板、塑料螺杆及压盖等组成。空气通过布气管从上部进入后，由伞形壳体和橡胶板间的缝隙向周边喷出，在水力剪切的作用下，压缩空气被切割成小气泡。停止鼓风后，借助橡胶板的回弹力，缝隙自行封闭，防止混合液倒灌。

(3) 射流式曝气器，通过水射器吸入大量空气，泥水和空气在水射器喉管处因流速高而剧烈混合，继而在水射器扩散管内由于动能转化为势能而有利于提升空气中的氧向混合液的转移速度和转移量，使氧的转移率高达 20% 以上。射流式曝气器的缺点是动力效率不高。

(4) 散流曝气器，由锯齿形曝气头和带有锯齿的散流罩、导流隔板、进气管等四部分组成，整个曝气器呈倒伞形。散流曝气器通过水流的混掺作用、气泡的切割作用和散流罩的扩散作用共同完成充氧过程。

☞ **7.34　表面曝气机如何实现充氧?**

表面曝气机向混合液中供氧的途径有三个：①通过叶轮的搅拌、提升或推流作用，使曝气池内混合液不断循环流动，与气相的接触面不断更新吸入气相中的氧；②通过叶轮旋转在叶轮中心及背水侧形成负压，不断将气相中的氧吸入混合液中；③叶轮旋转使叶轮外缘形成水跃，大量水滴甩向气相吸氧后再回到混合液中。

叶轮的浸没深度适当，可保证池内液体上下翻动，气水充分接触混合，池内上下溶解氧一致。当浸没太浅时，水的提升量减少，池底溶解氧不足，充氧能力下降。当浸没过深时，叶轮单纯搅拌，没有水跃，空气吸入量少，得不到有效充氧。

☞ **7.35 什么是立式表面曝气机？**

立式表面曝气机又称竖轴式叶轮曝气机，表面曝气机主要是指立式机械曝气器。表面曝气机转速较低，一般为 $20\sim100r/min$，最大线速度为 $4.5\sim6.0m/s$，动力效率为 $1.5\sim3kgO_2/(kW\cdot h)$。为节约电能，所配电机为双速或三速电机，双速电机的低速一般为高速的 50%。表面曝气机叶轮浸没深度一般为 $10\sim100mm$，可用叶轮或出水堰板升降机构调节浸没深度。当曝气池深度超过 4.5m 时，可设提升筒增加提升量，在叶轮下安装轴流式辅助叶轮也可加大提升量。

☞ **7.36 立式表面机械曝气机的类型和各自特点有哪些？**

根据曝气机叶轮的构造和形式的不同，常用表面曝气机的类型可分为泵型、K 型、倒伞型、平板型等四种。

（1）泵型叶轮的外形与离心泵的叶轮相似。其外缘最佳线速度应在 $4.5\sim5.0m/s$ 之间，如果线速度小于 $4m/s$，可能导致曝气池内污泥沉积，线速度过高会降低动力效率。叶轮的浸没深度应在 40mm 左右。

（2）K 型叶轮由后轮盘、叶片、盖板及法兰组成，后轮盘呈双曲线形。与若干双曲线形叶片相交成水流孔道，孔道从始端到末端旋转 90°，后轮盘端部边缘与盖板相接，盖板大于后轮盘和叶片，其外伸部分和各叶片上部形成压水罩。K 型叶轮直径与曝气池直径或边长之比大致为 1：（6～10），其最佳线速度应在 $3.5\sim5.0m/s$ 之间，叶轮的浸没深度为 $0\sim10mm$。

（3）平板型叶轮的构造简单，制造方便，不易堵塞，其叶片与平板的角度一般在 0°～25° 之间，最佳角度为 12°。线速度一般为 $4.05\sim4.85m/s$，直径在 1000mm 以下的平板叶轮，浸没深度在 $10\sim100mm$ 之间，直径在 1000mm 以上的平板叶轮，浸没深度常用 80mm，而且大多设有浸没深度调节装置。

（4）倒伞型叶轮结构的复杂程度介于泵型和平板型之间，与平板型相比其动力效率较高，一般都在 $2kgO_2/(kW\cdot h)$ 以上，最高可达 $2.5kgO_2/(kW\cdot h)$，但充氧能力则较低。倒伞型叶轮直径一般比泵型叶轮大，因而转速较低，通常为 $30\sim60r/min$。

☞ **7.37 立式表面曝气机的操作管理注意事项有哪些？**

立式表面曝气机的安装方式多为固定式，也有使用浮筒式安装的。固定安装的立式表面曝气机的驱动部分一般都安装在一个面积很大的平台上，而平台设置在曝气池或氧化沟的中心位置，叶轮在平台下面的水中运转，平台可以起到防止水沫飞溅、保护驱动装置安全的作用。

由于风的作用，表面曝气机叶轮搅起的水沫仍有可能落到平台和电机、减速机上，平时要注意及时对这些污垢进行擦拭和清理，以保证驱动装置的正常运转。北方冬季在平台上还会因为飞沫而结冰，因此巡检时必须十分当心，防止滑倒摔伤人。

为使表面曝气机总能在较高的充氧动力效率下工作，应当根据进水量的变化及时通过调节升降机构及出水堰门的高低位置来调节叶轮的淹没深度，并通过观察电机的电流变化和水跃的大小形状来积累调节经验。

减速机的润滑油必须及时补充，并根据季节的变化及时更换，避免驱动装置出现故障。同时要根据电机电流变化等征兆能发现叶轮是否堵塞或缠绕，否则要定期检查叶轮(尤其是泵型叶轮)，观察是否有杂物堵塞或缠绕，如果有就要及时清理以提高充氧的动力效率。

☞　**7.38　什么是卧式机械曝气机?**

卧式机械曝气机又称卧轴式或水平轴式表面曝气机，是氧化沟专门使用的曝气充氧设备。

卧式机械曝气机由水平转轴和固定在轴上的叶片及其驱动装置组成，转轴带动叶片转动，搅动水面溅起水花，空气中的氧通过气液接触界面转移到水中。为充分发挥卧式机械曝气机的充氧能力和最大限度地节约电耗，许多卧式机械曝气机的驱动装置都配备双速电机，可以根据具体情况实现高、低速运转。

卧式机械曝气机分为转盘式曝气机和转刷曝气机两种。转盘式曝气机主要用于奥贝尔氧化沟，而转刷曝气机主要用于传统浅型氧化沟中。

☞　**7.39　什么是转盘曝气机?**

转盘式曝气机简称曝气转盘或曝气碟，其盘片一般由抗腐蚀的玻璃钢或高强度的工程塑料制成，盘片面上有大量规则排列的三角形突出物和不穿透小孔(曝气孔)，用以增加和提高推进混合的效果和充氧效率。具体构造见图7-6。

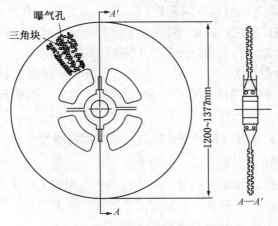

图 7-6　曝气转盘盘片构造示意图

曝气转盘中心轴一般为碳钢实心轴体，为了使盘片便于从轴上卸下或重新组装，盘片由两个半圆端面组成，以连接法兰和轴。曝气转盘的优点是可以借助于增加或减少配置在各曝气槽中的曝气盘片的数目，改变输入每个槽的供氧量。

☞ **7.40　转刷曝气机的类型有哪些?**

转刷曝气机一般简称曝气转刷，主要有可森尔转刷(Kessener brush)、笼型转刷和 Mammoth 转刷三种，其他产品都是这三种的派生形式。常见转刷曝气机的主轴一般使用热轧无缝钢管或不锈钢管制成，叶片由普通钢板、不锈钢或玻璃钢等材料制成，叶片形状有矩形、三角形、T 形、W 形、齿形和穿孔叶片等多种样式，其结构示意图见图 7-7。

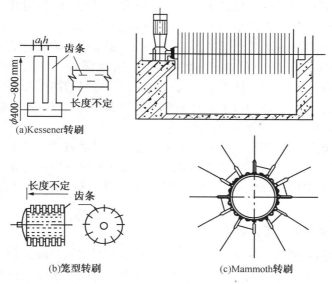

图 7-7　几种转刷曝气机构造示意图

☞ **7.41　转刷曝气机的结构和工作原理是怎样的?**

转刷曝气机由转刷、驱动装置、混凝土桥和控制装置四部分组成。

（1）转刷由一根直径约 300~400mm 的空心轴和安装在轴上的许多刷片构成。转刷的长度由氧化沟的宽度决定，但为避免长度过大及在转动中水的反作用力而产生严重的挠曲，一般长度为 3~8m，如果氧化沟宽度超过 8m，可以在氧化沟中心设支墩，将驱动装置安装在支墩上，即将一个转刷平均分成了左右两段。

（2）驱动电机多采用立式安装，以利于防雨和防止转刷激起的水沫的影响。转刷曝气机两端的轴承座都安装了螺旋调节装置，使转刷的高低可以自由调节。转刷曝气机尾端基座可以轴向浮动，用以抵消转刷因气温变化在长度方向引起的热胀冷缩，尾端轴承多使用可调心的滚动轴承，用以抵消空心轴挠曲所造成的影响。

（3）转刷曝气机在运转中要激起大量的泡沫，为防止这些泡沫对电气设备的不良影响和避免泡沫随风四处飞扬影响卫生，一般都在转刷之上设置一个混凝土桥阻挡泡沫和水的飞溅。

（4）转刷曝气机的电气控制比较简单，主要由继电器、时间继电器、交流接触器及开关等保护装置组成，也有的带有用以改变转刷曝气机转速的调速装置。

☞ **7.42 转刷曝气机的使用和维护有哪些注意事项？**

转刷的浸水深度可根据工艺要求进行适量的调节，可以通过调节转刷的高低或通过调节进水阀门开度和出水可调堰的方法改变氧化沟内的水深来实现。但调节的范围一定要按照产品说明进行，如果调整后的浸水深度过大，可能会使驱动装置超负荷，使电机发热、保护系统动作，导致转刷曝气机停运并报警。一般直径为1m的转刷浸水深度最大不能超过300mm。

由于转刷曝气机一般连续运转，必须保持其变速箱及轴承的良好润滑。转刷曝气机两端的轴承每2～4周加注一次润滑脂，变速箱每半年打开检查一次，重点检查齿轮的表面有无点蚀的痕迹和咬合现象，并将旧的润滑油放出、对齿轮清洗后再加入适应季节的新润滑油。转刷曝气机的刷片在工作一段时间后可能出现松动、位移和缺损，应当及时紧固和更换。

长期停用的转刷曝气机，特别是使用尼龙、塑料及玻璃纤维增强塑料等材料刷片的转刷曝气机，要用篷布遮盖起来，以免阳光照射使刷片老化。同时为避免长期闲置的转刷因自重而引起的挠曲固定化，至少每月将转刷转动一个角度放置。

☞ **7.43 水下推进器的特点有哪些？**

水下推进器主要用在缺氧或厌氧池中，对池内泥水混合液进行搅拌混合，保持污泥不沉淀；也用在氧化沟等形式的曝气池中，解决普通曝气器充氧与推流作用的矛盾；还可用在均质池中，促进出水水质的均匀和防止有机杂质在均质中的沉淀。

水下推进器由电机、减速箱、轮毂、叶片组成，利用一根不锈钢方管作为导向杆，导向杆对水下推进器进行定位和提供支撑，通过安装在操作平台上的手动绞盘提升到水面以上的检修平台进行检修。为了对水下推进器进行有效监控，在定子内安装温度传感器，温度大于125℃时电机可以自动断电停止运转；在减速箱前的油箱内配有湿度传感器，油室内水分达到10%时，可以发出警报并自动断电。

水下推进器电机的绝缘等级为F级，依靠四周的泥水进行冷却，电缆与接线盒入口密封使用专用橡胶结构密封，其他密封处使用O形圈加不干性密封胶进行密封。减速箱与电机连在一起，采用两级齿轮减速机构，第一级的小齿轮在电机输出轴上直接加工而成。减速箱前部设置密封油室，输出轴贯穿油室，为防止污水进入油室，输出轴出油室的部位使用机械密封。

水下推进器的轮毂直接套在减速箱的输出轴上，使用平键实现动力传递。为防止轮毂的轴向窜动，在输出轴顶端用螺栓压紧盖板阻止轮毂外窜，向内轴向窜动由输出轴上的轴肩来完成。水下推进器有两只向后弯的叶片，其骨架为钢质，外表覆盖既耐腐蚀，又具有很好强度和刚度的工程塑料，叶片后弯可以起到防缠绕和减小反作用力的双重作用。

☞ **7.44 水下推进器的使用和维护有哪些注意事项？**

（1）水下推进器安装前，要检查接线是否正确，防止叶片反转，还要认真检查减速箱和油室内的油质和油位是否正确，同时要保证各紧固件正确紧固，尤其要注意电机接线盒上的入口处密封是否完好。无水试运转的时间不能超过 3min。

（2）水下推进器的安装深度必须保证叶片的最高点到水面的距离大于 0.8m。

（3）及时清理干净积存在提升钢丝绳上的垃圾，每个月都要对吊环、吊环扣及钢丝绳上的磨损情况进行检查，并根据磨损程度随时更换。

（4）水下推进器初次运行或长时间停运后再次使用时，应先用手转动叶片，确认叶片能灵活运转后方可下水安装使用，否则应进行检修。

（5）如果电机的保护装置已经启动跳闸，应当立即检修，不能强制再启，以免烧坏电机。

（6）定期应对水下推进器进行检修，更换润滑油和不合格的零部件，检查密封及油的状况和质量，电气绝缘、磨损件、紧固件、电缆及其接线盒入口、提升机构等。

（7）每三年进行一次解体大修，除了一般的检修内容外，还包括更换轴承、轴承密封、O 形圈、电缆及其接线盒入口密封，必要时还要更换叶轮和提升机构等。

☞ **7.45 污泥回流常用的提升设备有哪些？**

污泥回流常用的提升设备有螺旋泵、气提泵、污泥泵和潜污泵等，PW 型、PWL 型离心污水泵也可用于回流污泥的提升和输送。

在选择回流污泥泵时，首先考虑的因素是不破坏活性污泥的絮凝体，使污泥尽可能保持其固有的絮凝性。为保证污泥回流量可以随意调整，污泥回流泵必须具有调节流量功能，而且要有适当数量的备用泵。

在需要将污泥进行远距离输送时，还可以使用隔膜泵、柱塞泵、螺杆泵等高扬程的容积泵。

☞ **7.46 螺旋泵的工作原理是什么？**

螺旋泵不同于叶片泵也不同于容积泵，是一种特殊形式的提升设备，其工作原理如图 7-8 所示。螺旋倾斜放置在泵槽中，螺旋的下部浸入水下，由于螺旋轴对水面的倾角小于螺旋叶片的倾角，当螺旋泵低速旋转时，水就从叶片的 P 点进入，然后在重力的作用下，随着叶片下降到 Q 点，由于转动产生的惯性力将 Q 点的水又提升到 R 点，而后在重力的作用下，水又下降到高一级叶片的底部。如此不断循环，水沿螺旋轴一级一级地往上提升，最后升高到螺旋泵槽的最高点而出流。

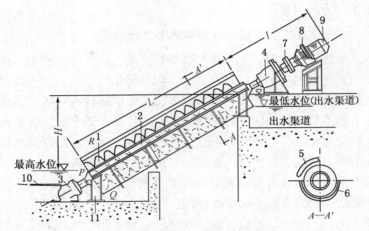

图 7-8   螺旋泵的工作原理示意图

1—螺旋轴；2—轴心管；3—下轴承座；4—上轴承座；5—罩壳；6—泵壳；7—联轴器；
8—减速箱；9—电机；10—润滑水管；11—支架

螺旋泵提升输送污泥时不会破坏活性污泥絮体的完整性，缺点是体积较大、占地面积大，而且槽体敞开、容易挥发臭气。

☞ **7.47 螺旋泵由哪几部分构成？各部分的作用分别是什么？**

螺旋泵主要由螺旋部分、下部轴承、上部轴承、驱动装置和泵槽等五个部分及附属设备组成。

（1）螺旋部分是螺旋泵的主体，一般是在中心钢管外焊接钢叶片组成，通常钢管的直径是螺旋外径的 1/2 左右，叶片的厚度为 5~10mm，为了防腐，叶片可使用不锈钢材质，叶片采用三头螺旋或双头螺旋，一般以 30~120r/min 的速度旋转，与泵槽形成一个不断上升的封水区达到使污泥或污水提升的目的。

（2）下部轴承浸没于污水中，因此也称为水中轴承，承担着 1/2 径向荷载。轴承座是一个密封的壳体，内装一个径向滚珠轴承。壳体内充满润滑脂，上部有密封垫和填料函以防止污水及泥砂的渗入，也有使用机械密封保护轴承的。为防止因螺旋长度方向热胀冷缩所造成的影响，轴承支架是浮动式的。

（3）上部轴承完全工作在水面之上，由壳体、径向滚珠轴承和止推轴承组成。同水下轴承一样，径向轴承也承担着 1/2 的径向荷载，而止推轴承则要承担全部的轴向荷载。上部轴承不与污水或污泥接触，工作条件稍好一些，可以直接通过油杯向壳体内加注油脂。

（4）驱动装置由电动机、减速机组成，电动机可以高、低两种速度运转，为了防止雨雪的影响，驱动部分一般安装在机房内，也可以使用防护等级较高的电动机室外安装。驱动装置与螺旋的连接方式，小型泵使用皮带连接，大中型泵使用弹性联轴器。皮带连接可以在出现卡死现象时通过皮带打滑保护设备，更换皮带可以改变其转速，缺点是能传递的功率有限。

（5）大型螺旋泵的泵槽多用混凝土制造，内衬玻璃钢防腐层以防水泥崩落造成卡死甚至损坏螺旋的情况，小型螺旋泵的泵槽多用钢板或不锈钢板卷焊而成。螺旋泵叶片与泵槽之间的间隙应在 5~8mm，间歇过大则漏水增多、影响螺旋泵的效率，间歇过小则有可能因中心轴挠曲或偏移而发生叶片与泵槽的摩擦。

（6）为防止粗大悬浮物颗粒对螺旋泵的运转带来障碍，除了在泵井进水口前设置控制进水的闸门外，还要在闸门后设置一道粗格栅。

☞ **7.48 螺旋泵的使用和维护有哪些注意事项？**

（1）应尽量使螺旋泵的吸水位在设计规定的标准点或标准点以上工作，此时螺旋泵的扬水量为设计流量，如果低于标准点，哪怕只低几厘米，螺旋泵的扬水量也会下降很多。

（2）当螺旋泵长期停用时，如果长期不动，很长的螺旋泵螺旋部分向下的挠曲会永久化，因而影响到螺旋与泵槽之间的间隙及螺旋部分的动平衡。所以，每隔一段时间就应将螺旋转动一定角度以抵消向一个方向挠曲所造成的不良影响。

（3）螺旋泵的螺旋部分大都在室外工作，在北方冬季启动螺旋泵之前必须检查吸水池内是否结冰、螺旋部分是否与泵槽冻结在一起，启动前要清除积冰，以免损坏驱动装置或螺旋泵叶片。

（4）确保螺旋泵叶片与泵槽的间隙准确均匀是保证螺旋泵高效运行的关键，应经常测量运行中的螺旋泵与泵槽的间隙是否在 5~8mm 之间，并调整到均匀准确的程度。巡检时注意螺旋泵声音的异常变化，例如螺旋叶片与泵槽相摩擦时会发出钢板在地面刮行的声响，此时应立即停泵检查故障，调整间隙。上部轴承发生故障时也会发出异常的声响且轴承外壳体发热，巡检时也要注意。

（5）由于螺旋泵一般都是 30°倾斜安装，驱动电动机及减速机也必须倾斜安装，这样会影响减速机的润滑效果。因此，为减速机加油时应使油位比正常油位高一些，排油时如果最低位没有放油口，应设法将残油抽出。

（6）要定期为上、下轴承加注润滑油。为下部轴承加油时要观察是否漏油，如果发现有泄漏，要放空吸水池紧固盘根或更换失效的密封垫。在未发现问题的情况下，也要定期排空吸水池空车运转，以检查水下轴承是否正常。

☞ **7.49 气提泵的工作原理是什么？特点有哪些？**

气提泵的原理是利用升液管内外液体的密度差，使液体得到提升的方法。

气提泵由压缩空气管、布气器、升液管和气液分离箱等四部分组成，压缩空气经布气器与污水或污泥混合后，形成的混合液密度比原液密度要低，密度差形成升液管内外液体的液面高度变化，密度小的混合液升高随升液管排出。为减少混合液在气提泵后渠道内的流动阻力，在升液管的最高处设置气液分离箱，将混合液中的空气释放出来。

气提泵没有转动部件，结构简单，在现场可以根据需要使用管材就地装配。气提泵的缺点是需要有压缩空气为动力源，而且效率较低，一般只有 30%左右。

当用气提泵提升回流污泥时，为避免相互干扰，一座污泥回流井应当只设一条升液管，而且只与一座二沉池相连，以免造成不同二沉池排泥量的相互干扰。

通过调节气提泵进气阀调整进气量，实现控制污泥回流量。

☞ 7.50 潜污泵的特点有哪些?

潜污泵是离心泵的一种形式，基本原理、性能参数等与离心泵相同，可提升污水或污泥。大中型潜污泵常用于进水的提升和回流污泥或剩余污泥的排放；小型潜污泵可随时移动作业，用于维修时排除各种水处理构筑物、管道、渠道和各种检查井、阀门井、计量表井中的积水。

与普通离心泵相比，潜污泵全部水下作业，结构简单、体积小。安装要求简单，一般安装在集水池内即可，不需要建设泵房及配备真空泵、吸水管和吸水阀门等诸多辅助设施。维护或检修时可以将泵体整体从水中提出，而不需要将吸水井中的积水排空。另外潜污泵不存在最大允许吸上真空高度问题，不会发生汽蚀现象。

潜污泵的缺点是对电机的密封要求非常严格，如果密封不好或使用管理不当，会因漏水而烧坏电机。为检测潜污泵的运转情况，大中型潜污泵的油室、电机的定子及接线盒内都安装了温度和湿度传感器，当出现漏水、超温等问题时提前报警以保护电机。

潜污泵配备的叶轮是为了能抽取混有大量杂质的污水或污泥而专门设计的，过流特性较好，避免了堵塞和缠绕，宽大的蜗室可以使污水中的杂物自由通过。小型潜污泵电机使用其四周的水流将电机产生的热量连续扩散出去，大中型潜污泵则使用强制冷却。即在定子室外包围的一圈冷却水套与叶轮蜗室相连，叶轮旋转时，高压污水少量进入冷却水套并由上部排出，在冷却水套内形成循环，不断带走热量。

潜污泵的电缆与接线盒之间、上下壳体之间及电机壳体与泵体之间的密封都是静止密封，其中电缆与接线盒之间的密封使用专用密封，其余两处使用橡胶 O形圈加不干性密封胶。电机输出轴与泵体之间是动密封，设置湿度传感器的潜污泵动密封在油室的上下有两处密封，上面的密封将油与定子隔离，下面的密封将污水与油隔离，这两处密封均采用机械密封。

☞ **7.51 潜污泵的使用和维护有哪些注意事项？**

潜污泵在无水的情况下试运转时，运转时间严禁超过额定时间。吸水池的容积能保证潜污泵开启时和运行中水位较高，以确保电机的冷却效果和避免因水位波动太大造成的频繁启动和停机，大中型潜污泵的频繁启动对泵的性能影响很大。停机后，在电机完全停止运转前，不能重新启动。

新泵使用前或长期放置的备用泵启动之前，应用兆欧表测量定子对外壳的绝缘不低于2MΩ，否则应对电机绕组进行烘干处理提高绝缘等级。当湿度传感器或温度传感器发出报警时，或泵体运转时震动、噪声出现异常时，或输出水量水压下降、电能消耗显著上升时，应当立即对潜污泵停机进行检修。

有些密封不好的潜污泵长期浸泡在水中时，即使不使用，绝缘值也会逐渐下降，最终无法投用，甚至在比连续运转的潜污泵在水中的工作时间还短的时间内发生绝缘消失现象。因此潜污泵在吸水池内备用有时起不到备用的作用，如果条件许可，可以在池外干式备用，等运行中的某台潜污泵出现故障时，立即停机提升上来后，将备用泵再放下去。

☞ **7.52 螺旋输送机的结构和特点有哪些？**

螺旋输送机是一种不带挠性牵引机构的连续输送机械，主要由进料口、机壳、螺旋片、出料口和驱动装置组成，其构造示意图见图7-9。泥饼进入固定的机壳内时，由于重力及对机壳的摩擦力作用而不随螺旋体一起转动，泥饼只在螺旋片的推动下向前移动，从而达到输送的目的。

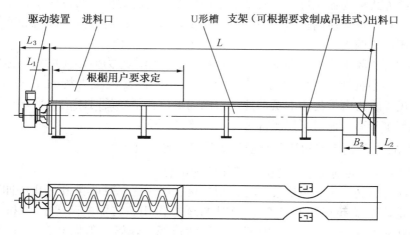

图7-9 螺旋输送机构造示意图

螺旋输送机的优点是结构简单、操作维护方便，可以水平、倾斜甚至垂直输送物料，横断面尺寸小，密封性能好、不会造成二次污染，输送过程中可起到对物料混合搅拌和破碎的作用。螺旋输送机的缺点是功率消耗大，螺旋叶片和机壳的磨损大。

污水处理厂一般使用螺旋输送机输送脱水污泥和栅渣。

☞ **7.53　螺旋输送机的使用和维护有哪些注意事项?**

螺旋输送机投运前,应首先确认电气设备完好,紧固件和运行部件正常,连接管线牢固可靠,转动部位进行必要的润滑等。

螺旋输送机必须空载启动,运转正常后再给料运行。运行过程中给料量要均匀适中,给料过多会导致超载外溢,过少则使效率降低。

经常检查机械的运转情况,主要包括电机是否超负荷、轴承温度和温升是否在正常范围内、紧固连接件是否松动等,尤其要注意螺旋叶片不能与机壳碰撞摩擦。如果发现异常震动或听到异常声响,应立即停机进行检查。同时要经常检查和清理机器外壳及其他部件积聚或缠绕之物。

螺旋输送机每月应检查的项目有轴状密封管连接和磨损是否正常、衬垫磨损是否正常、排水管线是否漏水、电动机齿轮油位是否正常等,每年应检查和保养的项目有检查更换电动机齿轮内机油和更换其他部位的润滑油脂。

☞ **7.54　常用污泥脱水机的类型有哪些?**

(1)真空过滤脱水机。真空过滤依靠减压与大气压产生压力差作为过滤的动力,分为转筒式、转盘式和水平式,转盘式真空过滤器形式变化较少,而转筒式和水平式根据滤饼剥离排料方式和过滤室构造的不同,又有多种形式。

(2)压滤脱水机。利用空压机、液压泵或其他机械形成大于大气压的压差进行过滤的方式称为加压过滤,其基本原理与真空过滤类似,两者区别在于压滤使用正压,真空过滤使用负压。加压过滤主要有间歇运行的板框压滤机和连续运行的带式压滤机两大类。

(3)离心脱水机。污泥的离心脱水技术是利用离心力使污泥中的固体颗粒和水分离,离心机械产生的离心力场可以达到用于沉淀的重力场的 1000 倍以上,远远超过了重力沉淀池中的沉淀速度,因而可以在很短的时间内使污泥中很细小的颗粒与水分离,而且可以不加或少加化学调理剂。

☞ **7.55　转筒真空过滤脱水机的工作原理是怎样的?**

图 7-10 为转筒真空过滤器的工作原理示意图。

转筒每旋转一周,依次经过滤饼形成区、吸干区、反吹区和休止区四个功能区,休止区主要起正压与负压转换时的缓冲作用。转筒式真空过滤机一般在 $400\sim600\mathrm{mm}(53\sim80\mathrm{kPa})$ 汞柱的真空下连续过滤,转筒一般以 $0.3\mathrm{m/min}$ 以下的线速度转动。

除了真空过滤主机以外,还需要配备调理剂投加系统、真空系统和空气压缩系统,有时还需要在污泥槽内设置搅拌设施。如果将转筒与污泥槽的间隙改为 $40\sim50\mathrm{mm}$,可以取消搅拌设施。

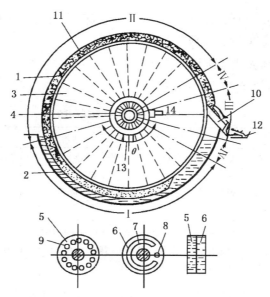

图 7-10 转筒真空过滤器工作原理示意图

Ⅰ—滤饼形成区；Ⅱ—吸干区；Ⅲ—反吹区；Ⅳ—休止区

1—空心转筒；2—污泥槽；3—扇形格；4—分配头；5—转动部件；6—固定部件；

7—与真空泵的通缝；8—与空压机的通孔；9—与扇形格的通孔；10—刮刀；11—泥饼；

12—皮带输送器；13—真空管；14—压缩空气管

☞ **7.56 转筒真空过滤脱水机的影响因素有哪些?**

（1）污泥性质：污泥种类和调理情况对过滤性能影响很大，原污泥的浓度越大，过滤产率越高。但污泥含固量最好不超过 8%～10%，否则污泥的流动性较差，输送困难。另外，污泥在真空过滤前的预处理及存放时间应该尽量短，储存时间越长，脱水性能越差。

（2）真空度：真空度是真空过滤机的动力，真空度越高，泥饼的厚度越大、含水率越低。但滤饼厚度的增大又使过滤阻力增大，不利于脱水。一般真空度增加到一定程度后，过滤速度的提高就会变得不明显。而且真空度的增加不仅加大了动力消耗和运行费用，还容易使滤布堵塞和损坏。

（3）转筒浸没深度：浸没深度大，滤饼形成区与吸干区的范围广，过滤产率高，但泥饼含水率也高。浸没深度浅，转筒与污泥的接触时间短，滤饼较薄，含水率也较低。

（4）转筒转速：转速高，过滤产率高，泥饼含水率也高，同时滤布的磨损也会加剧。转速低，滤饼含水率低，产率也低。因此，转筒的转速过高或过低都会影响脱水效果，一般转速范围为 0.7～1.5r/min。

（5）滤布性能：滤布孔目大小决定于污泥颗粒的大小和性质。网眼太小，污泥固体回收率高、产率低，滤布容易堵塞，过滤阻力也大。网眼过大，过滤阻力小，但污泥固体回收率低，滤液浑浊。

☞ **7.57　污泥压滤机的类型有哪些？**

表 7-10 列出了常见压滤机的形式和特点。

表 7-10　常见压滤机的形式和特点

分类	形式	特　点
间歇式压滤	板框型压滤脱水机	优点：滤材使用寿命长、容易清洗，制造方便，适用范围较广，可通过改变板框厚度得到不同厚度的滤饼，滤饼厚度均匀。 缺点：板框给料口容易堵，取滤饼麻烦费事，比凹板型压滤脱水机费时 15% 左右
	凹板型压滤脱水机	与板框型压滤脱水机相比，不使用板框而使两侧呈凹形。 优点：可使用较高压力挤压脱水，耗时较短，滤饼可自动脱落。 缺点：滤材损伤大，更换频繁
	隔膜挤压式凹板型压滤脱水机	与凹板型压滤脱水机相比，结构上具有专门的挤压机构，得到的滤饼所含水分比普通压滤低 5%～10%，有加压水和压缩空气两种形式，适用于较难过滤的污泥的脱水处理
	隔膜挤压式板型压滤脱水机	与隔膜挤压式凹板型压滤脱水机相比，两者机理相同，但结构上将滤板和挤压板交替平行设置，形成各滤室
连续式压滤	连续旋转式压滤脱水机	连续旋转式压滤脱水机分为圆筒形和圆盘形两类。 与真空过滤机在转筒内部抽真空的过滤方式相反，连续旋转式压滤脱水机由耐压外筒及旋转内筒两层圆筒组成。 适用于处理含水率较高的污泥脱水，滤饼含水率较低
	滚压带式压滤脱水机	适用于投加高分子脱水剂调理后的污泥的脱水，悬浮固体回收率可达 95%～96%。 优点：噪声和震动小，附属设备及单位处理量的动力消耗少。 缺点：处理容量小，洗涤滤布用水量多，容易产生臭气
	螺旋压滤脱水机	利用重力和螺旋挤压的方式脱水，可以根据污泥的性质和脱水速度等情况调节螺旋的推进速度，脱水泥饼含水率较低，能够通过改造同时将污泥加热处理提高脱水速度

☞ **7.58　污泥离心脱水机的类型有哪些？**

在污泥脱水中应用较多的离心机有倾析型离心分离机、分离板式离心沉降机等。

倾析型离心分离机转筒转速为 $1200～8500r/min$，一般离心系数小于 2000，而且为适应处理不同量、不同污泥浓度和不同沉降速度的污泥的需要，都配有比转筒转速低 $5～100r/min$ 的螺旋输送机。输送机和转筒转速的差值可以随时改变，使得难以分离的污泥也能得到较好的脱水效果。由于不使用滤网、滤布等滤料，因此不存在堵塞问题。从外形上分，倾析型离心分离机有圆筒形和圆锥形两类。

分离板式离心沉降机结构复杂，离心系数为700~12000。由于悬浮颗粒沉降距离较小，微小的颗粒也能被捕集，再通过转筒上的细孔连续排出，污泥可被浓缩5~20倍。因为转筒壁上的细孔直径为1.27~2.54mm，所以对污泥浓度和粒度有一定限制，通常需对原料污泥进行适当的筛分处理。

☞ 7.59 污泥脱水机的日常管理注意事项有哪些？

（1）按照脱水机的要求，经常做好观测项目的观测和机器的检查维护。例如巡检离心脱水机时要注意观察其油箱油位、轴承的油流量、冷却水及冷却油的温度、设备的震动情况和电流表读数等，对带式压榨脱水机巡检时要注意其水压表、泥压表、油表等运行控制仪表的工作是否正常。

（2）定期检查脱水机的易磨损部件的磨损情况，必要时予以更换。带式压榨脱水机的易磨损部件有转辊、滤布等，离心脱水机的易磨损部件是螺旋输送器。

（3）发现进泥中的砂粒等硬颗粒对滤带、转筒或螺旋输送器造成伤害后，要立即进行修理，如果损坏严重，就必须予以更换。

（4）污泥脱水机的泥水分离效果受温度的影响较大，例如使用离心脱水机时冬季泥饼的含水率比夏季要高出2~3个百分点，因此在冬季应加强污泥输送和脱水机房的保温，或增加药剂投加量，甚至有时需要更换效果更好的脱水剂。

（5）当脱水机停机前，必须保证有足够的水冲洗时间，以确保机器内部及周身外围的彻底清洁干净，降低产生恶臭的可能性。否则，如果出现积泥干化在机器上，黏牢度很大，以后再冲洗非常困难，将直接影响下次脱水机的正常运行和脱水效果。

（6）脱水时经常观察和检测脱水机的脱水效果，如果发现泥饼含固量下降或滤液混浊，应及时采取措施予以解决。同时观察脱水机设备本身的运转是否正常，对异常情况要及时采取措施解决，避免脱水机出现大的问题。

☞ 7.60 带式污泥脱水机的工作原理是怎样的？

带式污泥脱水机又称带式压榨脱水机或带式压滤机，是一种连续运转的固液分离设备。污泥经过加脱水剂絮凝后进入压滤机的滤布上，依次进入重力脱水、低压脱水和高压脱水三个阶段，最后形成泥饼，泥饼随滤布运行到卸料辊时落下。

压滤机的工作原理是利用上下两条张紧的滤带夹带着污泥层，从一系列按规律排列的辊压筒中呈S形弯曲经过，依靠滤带本身的张力形成对污泥层的压榨力和剪切力，把污泥中的毛细水挤压出来，从而获得较高含固量的泥饼，实现污泥脱水。压滤机的工作原理如图7-11所示。

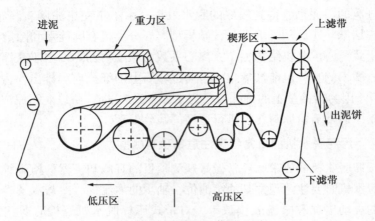

图 7-11 压滤机工作原理图

☞ **7.61 带式污泥脱水机的工作区可以怎样划分？**

从功能上划分，压滤机一般可以分成四个工作区：

(1) 重力脱水区：经过加脱水剂絮凝后的污泥进入到压滤机的滤布上后，滤带有一个水平行走段，这就是重力脱水区。污泥经絮凝后，部分毛细水转化成了游离水，在滤带的水平段借自身重力通过滤带，从污泥中分离出来。一般来说，重力脱水区可以脱去污泥中 50% 以上的水分。

(2) 楔形脱水区：楔形是一个三角区，两条滤带在该区内逐渐贴紧，经过重力脱水的污泥在滤带之间受到挤压。污泥经过楔形脱水区后，含固量进一步提高，并由半固态向固态转变，为进入压力脱水区做准备。

(3) 低压脱水区：污泥经过楔形区挤压后，被夹在两条滤带之间绕辊压筒作 S 形移动。施加到泥层上的压榨力取决于滤带的张力和辊压筒直径。在张力一定时，辊压筒直径越大，单位面积泥层受到的挤压力越小。压滤机前三个辊压筒直径较大，一般都在 50cm 以上，施加到泥层上的压力较小，因此称为低压区。低压区的作用主要是使泥层成饼，强度增大，为接受高压脱水做准备。

(4) 高压脱水区：经过低压区脱水的泥层进入高压区后，滤带经过的辊筒直径越来越小，受到的压榨力逐渐增大。压滤机的最后一个辊压筒的直径往往降到 25cm 以下，压榨力增至最大。

☞ **7.62 带式污泥脱水机的构造是怎样的？**

带式压滤机由滤带、辊压筒、滤带张紧系统、滤带调偏系统、滤带驱动系统和滤带冲洗系统等组成。

(1) 滤带：滤带有时也称滤布，一般用单丝聚酯纤维材料纺织而成，这种材质具有抗拉力强度大、耐曲折、耐酸碱、耐温度变化等特点，应根据污泥的性质选择合适的滤带。

（2）辊压筒：脱水机一般设有5~8个辊压筒，这些辊压筒的直径沿污泥走向由大而小，第一个最大，最后一个最小。辊压筒均由钢材制成，外表进行防腐处理，两端固定在脱水机架上，位置固定不动。辊压筒都是空心而且筒壁上钻有很多小孔，主要为了滤液尽快排出。

（3）滤带张紧系统：滤带张紧系统的作用是调整两条滤带的挤压力，是控制脱水污泥含水率的关键调整手段。其工作原理是在张紧辊的两端，安装同样规格的气缸，气缸活塞杆的顶端与张紧辊轴承座连接。带机工作时，由空气压缩机输送来的压缩空气，经压力调节器进入两个气缸，通过调节压力调节器的压力使活塞杆伸出带动张紧辊向前运动，从而张紧滤布，以达到给泥层施加压榨力和剪切力的目的。

（4）滤带驱动系统：滤带驱动系统由电机、无级变速箱、齿轮减速箱、同步传动齿轮以及驱动辊组成。无级变速箱的作用是为了适应污泥量的变化而调高或调低带速。同步传动齿轮是一对规格大小相同的齿轮，安装在上下滤带驱动辊的同一端，并保持外啮合状态，这样电动机转动时，传送到任一驱动辊或任一同步齿轮上的力矩和转速，都能通过同步齿轮使两个驱动轴同步转动。两个驱动轴的直径相同，因此两条滤带的运动速度就能保持同步，避免出现因不同速而带来的打滑现象，同时两个驱动轴外表有10mm厚的防滑橡胶层。

（5）滤带调偏系统：滤带调偏系统的作用是调整滤带的行走方向，保证脱水机滤带的运转正常，其由调偏杆、气体换向阀、调偏气缸和调偏辊组成。滤带调偏系统的工作原理是滤带发生偏离时，紧贴在滤带边缘的调偏杆即向前或向后动作，调偏杆的另一端顶杆就顶着换向阀活塞杆移动，移动一定位移后，压缩空气就到达调偏气缸的前部或后部，促使调偏辊向前或向后移动，从而使偏移的滤带回到中心位置。

（6）滤带冲洗装置：在泥饼出口处，上下滤带带出泥饼后就进入冲洗装置。冲洗喷头喷出的高压水从滤带背面进行冲洗，将挤入滤带的污泥冲掉，以保证其恢复正常的过滤性能。冲洗装置结构简单，仅在带机内的高压水管上设置一定数量的喷头，为防止冲洗水的四处飞溅，通常在喷头上再安装防溅罩。

☞ 7.63　带式污泥脱水机运行经常出现的问题有哪些？如何解决？

（1）脱水泥饼固含率下降的原因和对策：①污泥性质或进泥量发生改变，脱水剂的投加量或种类不适合情况的变化，导致污泥的脱水性能下降，此时应重新进行试验，确定出合适的脱水剂种类或投加量；②带速太快，使污泥挤压时间不够、泥饼变薄和固含率下降，对策是及时降低带速；③滤带张力太小，不能产生足够的压榨力和剪切力，使脱水泥饼的固含率下降，此时应适当增大滤带张力；④滤带堵塞，水分无法滤出，使脱水污泥含水率上升，应停止运行，认真冲洗滤带后再重新投入运行。

（2）滤液混浊的原因和对策：①污泥性质或进泥量发生改变，脱水剂的投加量或种类不适合情况的变化，导致污泥的脱水性能下降，此时应重新进行试验，确定出合适的脱水剂种类或投加量；②滤带接缝不合理或损坏及滤带老化等，使污泥进入滤液中导致滤液混浊，此时应修补或更换滤带；③滤带张力太大或带速太大会导致挤压区跑料使滤液混浊，此时应将滤带的张力或带速适当减小。

（3）滤带打滑的原因和对策：①进泥量超负荷、滤带张力太小或辊压筒损坏等原因都可能造成滤带打滑，此时应分别采取减少进泥量、增大滤带张力或更换辊压筒等措施予以解决。

（4）滤带堵塞的原因和对策：滤带冲洗不彻底、滤带张力太大、进泥中细沙含量太多、脱水剂投加过多使污泥黏度过大等原因会造成滤带的严重堵塞，可相应采取加强冲洗、调整带速、加强污水沉淀预处理效果、减少投药量等方法予以解决。

（5）滤带跑偏的原因和对策：进泥不均匀、辊压筒位置不对、辊压筒局部磨损或纠偏措施不灵敏等都会引起滤带跑偏，解决办法分别是调整进泥口或平泥装置、检查调整辊压筒位置、检查更换辊压筒或检查修复纠偏装置。

☞ **7.64　离心脱水机的结构和特点有哪些？**

污泥脱水所用的卧式离心脱水机一般为转筒离心机，按进泥方向和出泥方向是否相同又分为顺流式和逆流式两种。高速离心机通常采用逆流中心进泥方式，而低速离心机则采用顺流始端进泥方式。污泥脱水使用较多的是低速顺流式离心机（见图7-12）。

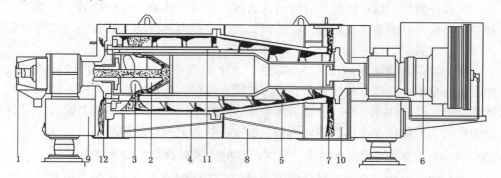

图 7-12　转筒离心机结构示意图

1—进料管；2—入口容器；3—输料孔；4—转筒；5—螺旋卸料器；6—变速箱；
7—出料口；8—机罩；9—机架；10—斜槽；11—回流管；12—堰板

顺流离心机进泥和脱水污泥的流出方向是一致的，这样可以消除逆流离心脱水机不可避免的涡流现象。始端进泥方式还可以使离心脱水机全长都起到了净化作用，与逆流离心机相比，延长了沉淀距离和时间，使微细的颗粒也能沉淀下来，因而可以得到含水率更低的脱水污泥和更清澈的分离液，并能有效地减少脱水药剂的投加量。由于顺流离心机内污泥流态得到了很大改善，而且可以加大转筒直径来提高离心力，因此这种脱水机的转速可以降低到 $500\sim1000r/min$，不仅节约了电能，而且降低了机器的噪声，延长了使用寿命。

顺流转筒离心机按转筒的外形又可以划分为全圆筒形、全圆锥形和圆筒圆锥结合型三种类型。其中全圆筒形离心机的特点是分离液透明度好，全圆锥形的特点是脱水污泥的固含率高，而圆筒圆锥结合型则兼有前两者的优点，即分离液透明度好、脱水污泥的固含率也较高。因此，根据脱水污泥固含率、分离液透明度及固体回收率等不同要求，可以生产出配置不同圆筒和圆锥长度配比的离心机。圆筒长度较大而圆锥长度较小甚至没有圆锥的离心机可以用于污泥的浓缩工艺，相反，圆筒较短而圆锥较长的离心机则用于污泥脱水。

顺流式圆筒圆锥离心机的锥角大小对于污泥的脱水与固体回收率的影响很大。由于离心力的作用，在圆筒圆锥交界处以上的圆锥壁上已部分脱水的泥饼受到一个向下滑移力的作用，这个力随着离心机转筒圆锥角度的减小而变弱。为达到脱水效果，这个滑移力必须不能破坏已部分脱水污泥的内聚力，否则脱水泥饼的含水率就高，部分甚至会重新成为分离液中的悬浮物。脱水用离心机的锥角一般为 $6°\sim8°$，对难脱水的污泥，以降低到 $4°$ 为宜。

转筒式离心机特别适用于含油污泥和难以脱水污泥的处理，不适用于处理固液密度差较小的污泥，一般也不用于无机成分较多的污泥的脱水处理。

☞ **7.65 离心式污泥脱水机运行经常出现的问题有哪些？如何解决？**

（1）泥饼固含率下降和滤液混浊的原因和对策：脱水剂的种类或投加量不合适、进泥量太大、进泥固体负荷超标、转速差过大、转筒转速太低、液环层厚度太薄或螺旋输送器磨损严重等都可以引起脱水泥饼固含率的下降和滤液混浊，解决的办法是更换脱水剂的种类或调整投加量、减少进泥量、降低转速差、加快转筒转速、更换螺旋输送器等。

（2）离心机转轴扭矩太大的原因和对策：进泥量太多、入流固体量太大、浮渣或砂进入离心机、转速差太小、齿轮箱出现故障等会使离心脱水机的转轴扭矩太大，解决的方法是减少进泥量、加强污水沉淀预处理效果、提高转速差、检查维修齿轮箱等。

（3）离心机震动过大的原因和对策：有浮渣进入机内且缠绕在螺旋输送器上而造成的转动失衡、润滑系统出现故障、机座固定螺丝松动等会导致离心脱水机震动过大，相应的解决方法是清理进入离心机的浮渣、检查维修润滑系统、紧固机座螺丝等。

☞ **7.66 流化床焚烧炉的构造和特点有哪些？**

流化床焚烧炉炉型结构简单，主体设备类似圆柱形塔体，下部设有空气分配板，塔内装填一定形状和数量的耐热粒状载体(通常使用粗石英砂等)，可燃气体从下部通入，并以一定的速度通过分配板孔，进入炉内使载体"沸腾"呈流化状态。污泥从塔的上部投入，在流化床层内进行干燥、粉碎、气化后迅速燃烧，流化床内的温度为700~850℃。燃烧气从塔顶排出，尾气中夹带的载体颗粒和灰渣经过除尘器捕集后，载体颗粒可以再返回流化床内循环使用。

流化床内气、固相接触均匀，燃烧效率高，炉内床层温度均匀，容易操作控制。炉内热载体蓄热量大，当进泥量有波动时，仍可以保持稳定运行。流化床结构简单，机械传动部件少，维护检修工作量小。其缺点是进泥的颗粒粒度不能过大，否则需要进行粉碎处理；排出的粉尘量大，需要设置除尘设施。

☞ **7.67 卧式回转焚烧炉的构造和特点有哪些？**

卧式回转焚烧炉为倾斜安装的旋转圆筒炉，特征是长度较长，直径与长度之比为1:（10~16），炉室的倾斜度为1/100~3/100，转速为0.5~3r/min，炉体内设有提升挡板，依靠挡板的作用，可将污泥在焚烧炉内破碎、搅拌，并在燃烧区的热气流的作用下进行干燥、着火、燃烧。按气流与污泥的行进方向的不同，回转式焚烧炉可分为并流式和逆流式两种，其中以逆流式最常见。焚烧时，将污泥从炉室前面的上方投入，在炉室的另一端烧火加热，使冷污泥与燃烧气逆流接触，利用燃烧气放出的湿热将污泥在炉室前部（约1/3长度）200~400℃的干燥区内干燥，然后进入燃烧区（后段约2/3长度）在700~900℃温度下进行燃烧，最后再进入1100~1300℃的高温熔融烧结区，实现完全燃烧。

卧式回转焚烧炉的优点是能适应污泥处理量、含水率及热值的变化，操作弹性较大，炉型结构简单、容易实现长周期连续运行。其缺点是热效率低（仅为40%左右），排放尾气中带有恶臭，需要设置脱臭炉对尾气进行二次焚烧脱臭。

☞ **7.68 多段立式焚烧炉的构造和特点有哪些？**

多段立式焚烧炉又称耙式炉，是一个钢制圆筒炉，炉膛内衬耐火材料，一般由5~12个水平燃烧室组成。炉体分为三个操作区，上部两层为干燥区，其中温度为310~540℃；中部为焚烧区，其中温度为760~980℃；下部几层是温度为260~350℃的灰渣冷却区，同时起对空气预热的作用。炉中心有一个顺时针旋转的空心中心轴，此轴带动各段中心轴上的搅拌杆（即耙背）用以搅拌分散在各段上的固体物质，使这些固体物在1、3、5等奇数段从外向里落入下一段，而在2、4、6等偶数段从里向外落入下一段，从而实现将污泥搅拌、破碎、干燥、燃烧的目的。同时常温空气连续不断地进入中心轴的空心内，起到对中心轴冷却的作用，以保持中心轴温度较低而能连续运行。

多段立式焚烧炉结构紧凑，操作弹性大，适用于各种污泥的焚烧处理。多段炉的污泥自上而下进行干燥和焚烧，焚烧后的气体在炉内上升，在顶部与处于干燥阶段的含水率为65%~75%的泥饼逆向接触，对气体起到一定脱臭作用，因此排出的气体臭味较小，不必建造脱臭装置。其缺点是排出的气体中含有大量的飞灰，需要使用旋流分离器或文丘里水冲式洗涤器分离飞灰后再排放；而且机械设备较多，维护检修的工作量大，有时需要对产生的尾气进行二次燃烧处理。

☞ **7.69　脱水污泥堆肥的设备有哪些？各自的作用是什么？**

污泥高温好氧堆肥的方式有静态堆肥和动态堆肥两种，静态堆肥采用传统的条形静态通风垛，动态堆肥则采用现代工业化的发酵仓工艺，并拥有一系列配套设备。动态堆肥装置工艺流程如图 7-13 所示。

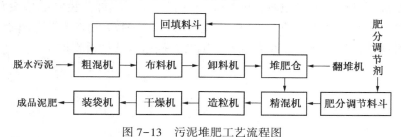

图 7-13　污泥堆肥工艺流程图

污泥堆肥装置分堆肥和制肥两个环节，使用的设备除了上面流程图中提到的机械外，还有穿插于各个环节之间的螺旋输送机和皮带输送机等各种配套设备。根据堆肥过程的进行，需要的设备有螺旋输送器、带式输送机、粗混机、带式输送布料机、气动侧犁式卸料器、翻堆机、装载机、精混机、造粒机、气流干燥机、装袋机等，另外还需要在各个机械设备之间设置各种转接料斗。其中翻堆机是污泥堆肥发酵仓中的核心设备，其他设备的作用是向堆肥仓进料或将堆肥仓出料进行加工。

☞ **7.70　链条式翻堆机的结构有哪些？**

链条式翻堆机具有输送和翻动两个功能，主要由机架、行走部分、翻堆部分和耙子提起部分等组成。

（1）机架：由钢板和槽钢等焊接而成，行走部分、翻堆部分、耙子提起部分安装在机架上面。

（2）行走部分：驱动行走部分的减速机出轴通过链轮-链条带动行走主动轴的链轮使主动轴和两个行走轮旋转，从动轴及其行走轮也随着转动，这四个行走轮在轨道上带动整台翻堆机匀速行走。当减速机配套电磁调速电机在低速挡时，翻堆机处于工作行程，此时翻堆部分工作，而提起耙子部分不动作。当减速机配套电磁调速电机在高速挡且反向旋转时，翻堆机处于回程行程，此时翻堆部分和提起耙子部分均不动作。

（3）翻堆部分：驱动翻堆部分的减速机出轴通过链轮-链条传动使提升长轴旋转，并由两端的链轮-链条使框架上面的长轴旋转，再通过多组链轮-长链条-链轮结构使框架下面的长轴和安装在长链条上的齿耙一起旋转。翻动齿耙框架与水平呈 45°布置，并分成上下两部分，上半部分固定、下半部分可活动。在齿耙从发酵仓的最底部(距池底约 20mm)旋转到最上面的过程中，将堆料从下层带到上层并落下，同时堆料在水平方向向前搬动一定距离。比如堆层高度为 1.4m 时，搬动距离约为 2.9m。

（4）耙子提起部分：驱动耙子提起部分的减速机出轴通过链轮–链条传动使提升长轴的两个钢丝绳卷筒旋转，两条钢丝绳固定在翻动齿耙框架的下半部分的侧面，使可活动的下半部分框架转动到水平位置，即将齿耙提起、使齿耙离开堆层。需要放下下半部分齿耙时，电机反向旋转，使下半部分齿耙框架旋转到 45°位置并停止，此时和固定的上半部分齿耙框架方向一致。翻堆机在工作行程前需要放下可活动齿耙框架，而在回程行程前需要提起可活动齿耙框架。

第8章 废水处理常用药剂

☞ **8.1 废水处理中常用药剂的种类有哪些?**

为了使废水处理后达标排放或进行回用,在处理过程需要使用多种化学药剂。根据用途的不同,可以将这些药剂分成以下几类:

(1)絮凝剂:有时又称为混凝剂,可作为强化固液分离的手段,用于沉淀、浮选等。

(2)助凝剂:辅助絮凝剂发挥作用,加强混凝效果。

(3)调理剂:又称为脱水剂,用于对脱水前剩余污泥的调理,其品种包括上述的部分絮凝剂和助凝剂。

(4)破乳剂:有时也称脱稳剂,主要用于对含有乳化油的含油废水气浮前的预处理,其品种包括上述的部分絮凝剂和助凝剂。

(5)消泡剂:主要用于消除曝气或搅拌过程中出现的大量泡沫。

(6)pH 调整剂:用于将酸性废水和碱性废水的 pH 值调整为中性。

(7)氧化还原剂:用于含有氧化性物质或还原性物质的工业废水的处理。

(8)碳源:用于碳氮比低的废水反硝化处理。

(9)消毒剂:用于在废水处理后排放或回用前的消毒处理。

以上药剂的种类虽然很多,但一种药剂在不同的场合使用,起到的作用不同,也就会拥有不同的称呼。比如说 Cl_2,应用在加强污水的混凝处理效果时被称为助凝剂,用于氧化废水中的氰化物或氨氮时被称为氧化剂,用于消毒处理自然就被称为消毒剂。

☞ **8.2 什么是絮凝剂? 其作用是什么?**

絮凝剂是能够降低或消除水中分散微粒的沉淀稳定性和聚合稳定性,使分散微粒凝聚、絮凝成聚集体而除去的一类物质。絮凝剂在污水处理领域作为强化固液分离的手段,可用于强化污水的初次沉淀、浮选处理及活性污泥法之后的二次沉淀,还可用于污水三级处理或深度处理。当用于剩余污泥脱水前的调理时,絮凝剂和助凝剂就变成了污泥调理剂或脱水剂。

在应用传统的絮凝剂时,可以使用投加助凝剂的方法来加强絮凝效果。例如把活化硅酸作为硫酸亚铁、硫酸铝等无机絮凝剂的助凝剂并分前后顺序投加,可以取得很好的絮凝作用。因此,通俗地讲,无机高分子絮凝剂其实就是把助凝剂与絮凝剂结合在一起制备然后合并投加来简化用户的操作。

混凝处理通常置于固液分离设施前，与分离设施组合起来、有效地去除原水中的粒度为 1nm~100μm 的悬浮物和胶体物质，降低出水浊度和 COD_{Cr}，可用在污水处理流程的预处理、深度处理，也可用于剩余污泥处理。混凝处理可去除污水中的乳化油、色度、重金属离子及其他一些污染物，利用混凝沉淀处理污水中含有的磷酸根时去除率可高达 90%~95%，是最便宜而又高效的除磷方法。

☞ **8.3 絮凝剂的作用机理是什么？**

水中胶体颗粒微小、表面水化和带电使其具有稳定性，絮凝剂投加到水中后水解成带电胶体与其周围的离子组成双电层结构的胶团。采用投药后快速搅拌的方式，增加水中胶体杂质颗粒与絮凝剂水解成的胶团的碰撞机会和次数。水中的杂质颗粒在絮凝剂的作用下首先失去稳定性，然后相互凝聚成尺寸较大的颗粒，再在分离设施中沉淀下去或漂浮上来。

促使絮凝剂迅速向水中扩散，并与全部废水混合均匀的过程就是混合。水中的杂质颗粒与絮凝剂作用，通过压缩双电层和电中和等机理，失去或降低稳定性，生成微絮粒的过程称为凝聚。凝聚生成微絮粒在架桥物质和水流的搅动下，通过吸附架桥和沉淀物网捕等机理成长为大絮体的过程称为絮凝。混合、凝聚和絮凝合起来称为混凝，混合过程一般在混合池中完成，凝聚和絮凝在反应池中进行。

☞ **8.4 絮凝剂的种类有哪些？**

按照化学成分，絮凝剂可分为无机絮凝剂、有机絮凝剂以及微生物絮凝剂三大类。

无机絮凝剂包括铝盐、铁盐及其聚合物。有机絮凝剂按照聚合单体带电集团的电荷性质，可分为阴离子型、阳离子型、非离子型、两性型等几种，按其来源又可分为人工合成和天然高分子絮凝剂两大类。微生物絮凝剂则是现代生物学与水处理技术相结合的产物，是当前絮凝剂研究发展和应用的一个重要方向。

在实际应用中，往往根据无机絮凝剂和有机絮凝剂性质的不同，把它们加以复合，制成无机、有机复合型絮凝剂。

☞ **8.5 无机絮凝剂的种类有哪些？**

传统应用的无机絮凝剂为低分子的铝盐和铁盐，铝盐主要有硫酸铝 $[Al_2(SO_4)_3 \cdot 18H_2O]$、明矾 $[Al_2(SO_4)_3 \cdot K_2SO_4 \cdot 24H_2O]$、偏铝酸钠（$NaAlO_2$）、铁盐主要有三氯化铁（$FeCl_3 \cdot 6H_2O$）、硫酸亚铁（$FeSO_4 \cdot 6H_2O$）和硫酸铁 $[Fe_2(SO_4)_3 \cdot 2H_2O]$。

一般来讲，无机絮凝剂具有原料易得，制备简便、价格便宜、处理效果适中等特点，因而在水处理中应用较多。

☞ 8.6 无机絮凝剂硫酸铝的特点有哪些？

硫酸铝是目前世界上使用最多的絮凝剂，有固、液两种形态，固态的又按其中不溶物的含量分为精制和粗制两种。民间常用于饮用水净化的固态产品明矾，就是硫酸铝与硫酸钾的复盐。

硫酸铝适用的 pH 值范围与原水的硬度有关，处理软水时，适宜 pH 值为 5～6.6；处理中硬水时，适宜 pH 值为 6.6～7.2；处理高硬水时，适宜 pH 值为 7.2～7.8。硫酸铝适用的水温范围是 20～40℃，低于 10℃ 时混凝效果很差。硫酸铝的腐蚀性较小、使用方便，但水解反应慢，需要消耗一定的碱量。

☞ 8.7 无机絮凝剂三氯化铁的特点有哪些？

三氯化铁是另一种常用的无机低分子凝聚剂，产品有固体的黑褐色结晶体，也有较高浓度的液体。其具有易溶于水，矾花大而重，沉淀性能好，对温度、水质及 pH 的适应范围宽等优点。三氯化铁的适用 pH 值范围是 9～11，形成的絮体密度大，容易沉淀，低温或高浊度时效果仍很好。固体三氯化铁具有强烈的吸水性，腐蚀性较强，易腐蚀设备，对溶解和投加设备的防腐要求较高，具有刺激性气味，操作条件较差。

三氯化铁的作用机理是利用三价铁离子逐级水解生成的各种羟基铁离子来实现对水中杂质颗粒的絮凝，而羟基铁离子的形成需要利用水中大量的羟基，因此使用过程中会消耗大量的碱，当原水碱度不够时，需要补充石灰等碱源。

☞ 8.8 什么是无机高分子絮凝剂？

无机高分子絮凝剂（IPF）是从无机絮凝剂的基础上发展起来的新型絮凝剂，铝、铁和硅类的无机高分子絮凝剂实际上分别是它们由水解、溶胶到沉淀过程的中间产物，即 Al(Ⅲ)、Fe(Ⅲ)、Si(Ⅳ) 的羟基和氧基聚合物。

铝和铁是阳离子型荷正电，硅是阴离子型荷负电，它们在水溶态的单元分子量约为数百到数千，可以相互结合成为具有分形结构的集聚体。它们的凝聚—絮凝过程是对水中颗粒物的电中和与黏附架桥两种作用的综合体现。水中悬浮颗粒大多带负电荷，因此 IPF 及其形态的电荷正负、电性强弱和分子量、聚集体的粒度大小是决定其絮凝效果的主要因素。

☞ 8.9 无机高分子絮凝剂的种类有哪些？

无机高分子絮凝剂的种类已有几十种，主要品种见表 8-1。其中，使用最广泛的为聚合氯化铝。

表 8-1 常用无机高分子絮凝剂的类别和品种

类　别	品　种
阳离子型	聚合氯化铝(PAC、PACl),聚合硫酸铝(PAS),聚合氯化铁(PFC),聚合硫酸铁(PFS),聚合磷酸铝(PAP),聚合磷酸铁(PEP)
阴离子型	活化硅酸(AS),聚合硅酸(PS)
无机复合型	聚合氯化铝铁(PAFC),聚合硫酸铝铁(PAFS),聚合硅酸铝(PASiC,PASiS),聚合硅酸铁(PFSiC,PFSiS),聚合硅酸铝铁(PAFSi),聚合磷酸铝铁(PAFP),聚合磷酸氯化铝(PAPCl),聚合氯化硫酸铝(PASCl),聚合氯化硫酸铝铁(PAFSCl),聚合复合型铝酸钙,聚合硅酸硫酸铝(PSiAS)
无机有机复合型	聚合铝-聚丙烯酰胺(PACM),聚合铁-聚丙烯酰胺(PFCM),聚合铝-阳离子有机高分子(PCAT),聚合铁-阳离子有机高分子(PCFT),聚合铝-甲壳素(PAPCh)

☞　**8.10　无机高分子絮凝剂的特点有哪些?**

　　Al(Ⅲ)、Fe(Ⅲ)、Si(Ⅳ)的羟基和氧基聚合物都会进一步结合为聚集体,在一定条件下保持在水溶液中,其粒度大致在纳米级范围,以此发挥凝聚—絮凝作用会得到低投加量高效果的结果。若比较它们的反应聚合速度,由 Al →Fe →Si 是趋于强烈的,同时由羟基桥联转为氧基桥联的趋势也按此顺序。因此,铝聚合物的反应较缓和,形态较稳定,铁的水解聚合物则反应迅速,容易失去稳定而发生沉淀,硅聚合物则更趋于生成溶胶及凝胶颗粒。

　　IPF 的优点反映在它比传统无机絮凝剂如硫酸铝、氯化铁的效能更优异,而比有机高分子絮凝剂(OPF)价格低廉。现在它成功地应用在给水、工业废水以及城市污水的各种处理流程,包括预处理、中间处理和深度处理中,逐渐成为主流絮凝剂。

　　在形态、聚合度及相应的凝聚—絮凝效果方面,IPF 仍处于传统无机絮凝剂与有机高分子絮凝剂之间的位置。IPF 分子量和粒度大小以及絮凝架桥能力,仍比有机絮凝剂差很多,而且还存在对进一步水解反应的不稳定性问题。IPF 的这些弱点促进了各种复合型无机高分子絮凝剂的研究和开发。

☞　**8.11　聚合氯化铝的特点有哪些?**

　　聚合氯化铝(PAC),又称碱式氯化铝,化学式为 $Al_n(OH)_mCl_{3n-m}$。PAC 是一种多价电解质,能显著地降低水中黏土类杂质(多带负电荷)的胶体电荷。PAC 聚合度较高,投加后快速搅拌,可以大大缩短絮凝体形成时间。PAC 受水温影响较小,低水温时使用效果也很好。它对水的 pH 值降低较少,适用的 pH 值范围宽(可在 pH 值为 5~9 范围内使用),故可不投加碱剂。

　　从溶液化学的角度看,PAC 是铝盐水解→聚合→沉淀反应过程的动力学中间产物,热力学上是不稳定的,因此,液体 PAC 产品均应在半年内使用。添加某些无机盐(如 $CaCl_2$、$MnCl_2$ 等)或高分子(如聚乙烯醇、聚丙烯酰胺等)可提高

PAC 的稳定性，同时可增加凝聚能力。

从生产工艺讲，在 PAC 的制造过程中引入一种或几种不同的阴离子（如 SO_4^{2-}、PO_4^{3-} 等），利用增聚作用可以提高 PAC 的稳定性和功效；如果在 PAC 的制造过程中引入其他阳离子组分，如 Fe^{3+}，使 Al^{3+} 和 Fe^{3+} 交错水解聚合，可制得复合絮凝剂聚合铝铁。

三氧化二铝含量是聚合氯化铝有效成分的衡量指标，絮凝剂产品密度越大，三氧化二铝含量越高。一般来说，碱化度越高的聚合氯化铝吸附架桥能力越好，但因接近 $[Al(OH)_3]_n$ 而易产生沉淀，因此稳定性也较差。

☞ **8.12　PAC 的碱化度是什么？**

由于聚合氯化铝可以看作是 $AlCl_3$ 逐步水解转化为 $Al(OH)_3$ 过程中的中间产物，也就是 Cl^- 逐步被羟基（—OH）取代的各种产物。聚合氯化铝的某种形态中羟基化程度就是碱化度，碱化度是聚合氯化铝中羟基当量与铝的当量之比。

碱化度是聚合氯化铝的最重要指标之一，聚合氯化铝的聚合度、电荷量、混凝效果、成品的 pH 值、使用时的稀释率和储存的稳定性等都与碱化度有密切关系。常用聚合氯化铝的碱化度多为 50%~80%。

☞ **8.13　复合絮凝剂的特点和使用的注意事项有哪些？**

复合絮凝剂有各种成分，其主要原料是铝盐、铁盐和硅酸盐。从制造工艺方面讲，它们可以预先分别羟基化聚合再加以混合，也可以先混合再加以羟基化聚合，但最终总是要形成羟基化的更高聚合度的无机高分子形态，才能达到优异的絮凝效果。复合剂中每种组分在总体结构和凝聚—絮凝过程中都会发挥一定作用，但在不同的方面，可能有正效应，也可能有负效应。

复合 IPF 产品通常要综合考虑稳定性、电中和能力和吸附架桥能力三种因素的综合效果。聚合铝、聚合铁类絮凝剂的弱点是分子量和粒度尚不够高而聚集体的黏附架桥能力不够强，因而需要加入粒度较大的硅聚合物来增强絮凝性能。但加入阴离子型的硅聚合物后，总体电荷会有所降低，从而减弱了电中和能力。

因此，目前的复合絮凝剂即使制造质量优良，与聚合铝相比，其效果只能提高10%~30%。作为使用 IPF 的废水处理技术人员，必须了解不同种类复合絮凝剂的特性、适应性、优点及不足是同样重要的。在选用最合适的絮凝剂和投加工艺操作程序时，只有根据废水水质特点，仔细分析和判断，才能获得最佳的处理效果。

☞ **8.14　人工合成有机高分子絮凝剂的种类有哪些？**

人工合成有机高分子絮凝剂多为聚丙烯、聚乙烯物质，如聚丙烯酰胺、聚乙烯亚胺等。这些絮凝剂都是水溶性的线型高分子物质，每个大分子由许多包含带电基团的重复单元组成，因而也称为聚电解质。包含带正电基团的为阳离子型聚电解质，包含带负电基团的为阴离子型聚电解质，既包含带正电基团又包含带负电基团的，称之为非离子型聚电解质。

常用高分子絮凝剂是阴离子型聚丙烯酰胺类非离子型高聚物，它们对水中负电胶体杂质只能发挥助凝作用。很少单独使用，而是配合铝盐、铁盐使用，利用铁、铝盐对胶体微粒的电性中和作用和高分子絮凝剂的絮凝功能，可以得到满意的处理效果。

阳离子型絮凝剂能同时发挥凝聚和絮凝作用而单独使用，故得到较快发展。

☞ **8.15　聚丙烯酰胺类絮凝剂的特点有哪些？**

聚丙烯酰胺（PAM）是一种目前应用最广泛的人工合成有机高分子絮凝剂，有时也被用作助凝剂。聚丙烯酰胺的生产原料是丙烯腈 $CH_2\!=\!CHCN$，丙烯腈水解生成丙烯酰胺，丙烯酰胺再通过悬浮聚合得到聚丙烯酰胺。聚丙烯酰胺属于水溶性树脂，产品有粒状固体和一定浓度的黏稠水溶液两种。

聚丙烯酰胺在水中的实际存在形态是无规线团，由于无规线团具有一定的粒径尺寸，其表面又有一些酰胺基团，因此能够起到相应的架桥和吸附能力。但酰胺基卷藏在线团结构的内部，不能与水中的杂质颗粒相接触和吸附，所以其拥有的吸附能力不能充分发挥。

为提高 PAM 吸附架桥能力和电中和压缩双电层的作用，又衍生出一系列性质各异的聚丙烯酰胺类絮凝剂或助凝剂。例如，在聚丙烯酰胺中加碱，生成部分水解的阴离子型聚丙烯酰胺，促使分子链由线团状逐渐伸展成长链状，从而使架桥范围扩大、提高絮凝能力，作为助凝剂其优势表现得更为出色。

阴离子型聚丙烯酰胺的使用效果与其"水解度"有关，"水解度"过小会导致混凝或助凝效果较差。

☞ **8.16　什么是阴离子型聚丙烯酰胺的水解度？**

阴离子型聚丙烯酰胺"水解度"是水解时 PAM 分子中酰胺基转化成羧基的百分比，但由于羧基数测定很困难，实际应用中常用"水解比"即水解时氢氧化钠用量与 PAM 用量的质量比来衡量。

水解比过大，加碱费用较高，水解比过小，又会使反应不足、阴离子型聚丙烯酰胺的混凝或助凝效果较差。一般将水解比控制在 20% 左右，水解时间控制在 2~4h。

☞ **8.17　影响絮凝剂使用的因素有哪些？**

（1）水的 pH 值。水中的 H^+ 和 OH^- 参与无机絮凝剂的水解反应，因此，pH 值强烈影响絮凝剂的水解速度、水解产物的存在形态和性能。水的碱度对 pH 值有缓冲作用，当碱度不够时，应添加石灰等药剂予以补充。相比之下，高分子絮凝剂受 pH 值的影响较小。

（2）水温。水温影响絮凝剂的水解速度和矾花形成的速度及结构。混凝的水解多是吸热反应，水温较低时，水解速度慢且不完全，需要增加絮凝剂的投加量，提高搅拌混合强度。但低温对高分子絮凝剂的影响较小。

（3）水中杂质成分。水中杂质颗粒大小参差不齐对混凝有利，细小而均匀会导致混凝效果很差。杂质颗粒浓度过低往往对混凝不利，此时回流沉淀物或投加助凝剂可提高混凝效果。水中杂质颗粒含有大量有机物时，混凝效果会变差，需要增加投药量或投加氧化剂等起助凝作用的药剂。水中的钙镁离子、硫化物、磷化物一般对混凝有利，而某些阴离子、表面活性物质对混凝有不利影响。

（4）絮凝剂种类。如果水中污染物主要呈胶体状态，则应首选无机絮凝剂使其脱稳凝聚，如果絮体细小，则需要投加高分子絮凝剂或配合使用活化硅胶等助凝剂。很多情况下，将无机絮凝剂与高分子絮凝剂联合使用，可明显提高混凝效果，扩大应用范围。

（5）絮凝剂投加量。使用混凝法处理任何废水，都存在最佳絮凝剂和最佳投药量，通常都要通过试验确定，投加量过大可能造成胶体的再稳定。一般普通铁盐、铝盐的投加范围是 $10 \sim 100mg/L$，有机高分子絮凝剂的投加范围是 $1 \sim 5mg/L$。

（6）絮凝剂投加顺序。当使用多种絮凝剂时，需要通过试验确定最佳投加顺序。当无机絮凝剂与有机絮凝剂并用时，应先投加无机絮凝剂，再投加有机絮凝剂。

（7）水力条件。从混合阶段到反应阶段，搅拌强度要逐步减小，反应时间要足够长。

☞ **8.18　天然有机高分子絮凝剂的种类有哪些?**

天然高分子絮凝剂电荷密度较小，分子量较低，且易发生生物降解而失去絮凝活性。按照其主要天然成分(包括改性所用的基质成分)，可以分为：壳聚糖类絮凝剂、改性淀粉絮凝剂、改性纤维素絮凝剂、木质素类絮凝剂、树胶类絮凝剂、褐藻胶絮凝剂、动物胶和明胶絮凝剂等。这些天然高分子多数具有多糖结构，其中淀粉主链中仅含有一种单糖结构，属于同多糖；壳聚糖、树胶、褐藻胶等含有多种单糖结构，属于杂多糖；木质素是一种特殊的芳香型天然高聚物；动物胶和明胶属于蛋白质类物质。

☞ **8.19　使用高分子有机絮凝剂时，应注意哪些事项?**

固体产品或高浓度液体产品必须用自来水配制成 0.1%左右水溶液，再投加到待处理水中。配制水溶液的溶药池必须安装机械搅拌设备，溶药连续搅拌时间要控制在 30min 以上。

对固体有机高分子絮凝剂进行溶解时，固体颗粒的投加点一定要在水流紊动最强烈的地方，同时一定要以最小投加量向溶药池中缓慢投入，使固体颗粒分散进入水中，以防固体投加量太快在水中分散不及而相互黏结形成团块。团块的结构是内部有固体颗粒、外部包围部分水解物，这样的团块一旦形成，往往要花费很长时间才能再均匀地溶入水中，在连续溶药池中甚至可以存在长达数天。

固体颗粒的投加点一定要远离机械搅拌器的搅拌轴，因为搅拌轴通常是溶药池中水流紊动性最差的地方。溶解不充分的有机高分子絮凝剂经常会附着在轴上，日益积累，有时可以形成相当大的黏团，如果不及时认真地予以清理，黏团会越变越大，影响范围也就越来越大。

作为助凝剂时，在无机絮凝剂投加充足的条件下，有机高分子絮凝剂的助凝效果不会因投加量的差异而有较大差别。因此，作为助凝剂时，有机高分子絮凝剂的投加量一般为 0.1mg/L。

固体有机高分子絮凝剂容易吸水潮解成块，必须使用防水包装，保存地点也必须干燥，避免露天存放。

☞ **8.20 微生物絮凝剂的种类有哪些？**

微生物絮凝剂与传统无机或有机絮凝剂有显著不同，它们或是直接利用微生物细胞，或是利用微生物细胞壁提取物、细胞壁代谢产物等。前者是微生物絮凝剂研究的主要方面，至今发现的具有絮凝性能的微生物有 20 种以上，包括霉菌、细菌、放线菌和酵母，后者与有机絮凝剂为同类物质。

微生物絮凝剂的絮凝性能受诸多因素影响，内在因素包括絮凝基因的遗传和表达，外在因素则有微生物培养基的组成、细胞表面疏水性的变化、环境中二价金属离子的存在等。

☞ **8.21 如何确定使用絮凝剂的种类和投加剂量？**

絮凝剂的选择和用量应根据相似条件下的水厂运行经验或原水混凝沉淀试验结果，结合当地药剂供应情况，通过技术经济比较后确定。选用的原则是价格便宜、易得，净水效果好，使用方便，生成的絮凝体密实、沉淀快、容易与水分离等。

混凝的目的在于生成较大的絮凝体，由于影响因素较多，一般通过混凝烧杯搅拌试验来取得相应数据。混凝试验在烧杯中进行，包括快速搅拌、慢速搅拌和静止沉降三个步骤。投入的絮凝剂经过快速搅拌迅速分散并与水样中的胶粒相接触，胶粒开始凝聚并产生微絮体；通过慢速搅拌，微絮体进一步互相接触长成较大的颗粒；停止搅拌后，形成的胶粒聚集体依靠重力自然沉降至烧杯底部。通过对混凝效果的综合评价，如絮凝体沉降性、上清液浊度、色度、pH 值、耗氧量等，确定合适的絮凝剂品种及其最佳用量。

试验多用六联搅拌机，可分单因素试验和多因素试验两种。试验时要做到所用原水与实际水质完全相同，同时根据水的 pH 值、杂质性质等因素考虑确定絮凝剂的种类、投加量、投加顺序，而且试验应该是实际过程的模拟，两者的水力条件(主要是 GT 值)必须相同或接近。

☞ **8.22 什么是助凝剂？其作用是什么？**

在废水的混凝处理中，有时使用单一的絮凝剂不能取得良好的混凝效果，往往需要投加某些辅助药剂以提高混凝效果，这种辅助药剂称为助凝剂。

有的助凝剂本身不起混凝作用，而是通过调节和改善混凝条件起到辅助絮凝剂产生混凝效果的作用。有的助凝剂则参与絮体的生成，改善絮凝体的结构，可以使无机絮凝剂产生的细小松散的絮凝体变成粗大而紧密的矾花。

☞ **8.23 常用助凝剂的种类有哪些？**

助凝剂种类较多，但按它们在混凝过程中所起的作用，大致可分为如下两类：

（1）调节或改善混凝条件的药剂。此类助凝剂有氯、石灰等。比如原水 pH 值较低、碱度不足而使絮凝剂水解困难时，可以投加石灰辅助絮凝。

（2）加大矾花粒度、密度和结实性的助凝剂。此类助凝剂有活化硅酸、骨胶和海藻酸钠、活性炭和各种黏土等。比如采用铝盐、铁盐作絮凝剂只能产生细小而松散的絮凝体时，可投加聚丙烯酰胺、活化硅酸及骨胶等高分子助凝剂，利用它们的强烈吸附架桥作用，使细小而松散的絮凝体变得粗大而密实。

☞ **8.24 絮凝剂、助凝剂在强化废水处理中的应用有哪些？**

废水处理中投加絮凝剂可加速废水中固体颗粒物的聚集和沉降，同时也能去除部分溶解性有机物。这种方法具有投资少，操作简单，灵活等优点。采用无机絮凝剂时，因为投药量大，产生的污泥量也大，所以实际应用中主要采用无机与有机絮凝剂相配合的方式。

在用沉淀法去除水中带色有机胶体杂质时，可使用双电解质系统。先用带有高正电荷的阳离子型聚电解质使这些有机胶体脱稳，然后再用大分子量非离子型或阴离子型聚电解质使已脱稳的有机胶体絮凝成易沉淀的絮体。

在废水的初级沉淀处理中，将有机高分子聚电解质与无机絮凝剂混合使用，要比它们各自单独使用效果更好。二次沉淀池中常使用阳离子型聚电解质作絮凝剂，但其投加量要比在初次沉淀池中少一些。

混凝法除磷是废水化学除磷的常规手段，通常采用投加金属盐类无机絮凝剂为主+PAM 为辅的方法。采用混凝处理后，可以使活性污泥阶段产生的污泥中无机物成分减少。

废水处理中使用的混凝过滤、浮选等处理工艺中，通过使用无机絮凝剂和聚电解质助凝剂，可以提高出水水质。

☞ **8.25 常用污泥调理剂的种类有哪些？**

调理剂又称脱水剂，可分为无机调理剂和有机调理剂两大类。

（1）无机调理剂

最有效、最便宜也是最常用的无机调理剂主要有铁盐和铝盐两大类。铁盐调理剂主要包括氯化铁（$FeCl_3 \cdot 6H_2O$）、硫酸铁[$Fe_2(SO_4)_3 \cdot 4H_2O$]、硫酸亚铁（$FeSO_4 \cdot 7H_2O$）以及聚合硫酸铁（PFS）$\{[Fe_2(OH)_n(SO_4)_{3-n/2}]_m\}$等，铝盐调理剂主要有硫酸铝[$Al_2(SO_4)_3 \cdot 18H_2O$]、三氯化铝（$AlCl_3$）、碱式氯化铝[$Al(OH)_2Cl$]、聚合氯化铝（PAC）$\{[Al_2(OH)_n \cdot Cl_{6-n}]_m\}$等。

（2）有机调理剂

有机合成高分子调理剂种类很多，按聚合度可分为低聚合度（分子量约为1000至几万）和高聚合度（分子量约为几十万至几百万）两种；按离子型分为阳离子型、阴离子型、非离子型、阴阳离子型等。与无机调理剂相比，有机调理剂投加量较少，一般为污泥干固体质量的0.1%~0.5%，而且没有腐蚀性。

用于污泥调理的有机调理剂主要是高聚合度的聚丙烯酰胺系列的絮凝剂产品，主要有阳离子型聚丙烯酰胺、阴离子型聚丙烯酰胺和非离子型聚丙烯酰胺三类。

☞ **8.26　为什么污泥调理时尽可能少用无机调理剂？**

污泥投加无机调理剂处理后，可以大大加速污泥的浓缩过程，改善脱水效果。尤其是铁盐和石灰联用后，效果更加明显。

但是，投加无机调理剂的缺点也很突出：一是用量较大，投加量要达到污泥干固体质量的5%~20%，从而导致滤饼体积增大，脱水污泥产量加大；二是无机调理剂本身具有腐蚀性，投加系统乃至污泥系统所用设备设施的材质要具有相应防腐性能。尤其是采用氯化铁作为调理剂时，会增加对脱水污泥处理设备金属构件的腐蚀性，因此所配备的脱水污泥处理设备的防腐等级应适当提高。

☞ **8.27　选择使用污泥调理剂应考虑的因素有哪些？**

（1）脱水机的型式。利用真空过滤机和板框压滤机使污泥脱水时，可以考虑采用无机调理剂；利用离心脱水机和带式压滤机使污泥脱水时，可以考虑采用有机调理剂。

（2）调理剂的品种特点。在选用无机调理剂时，尽可能采用铁盐；当使用铁盐会带来许多问题时，再考虑采用铝盐。在选用无机调理剂时，优先选用阳离子型PAM。

（3）污泥性质。对有机物含量高的污泥，较为有效的调理剂是阳离子型有机高分子调理剂，而且有机物含量越高，越适宜选用聚合度越高的阳离子型有机高分子调理剂。而对以无机物为主的污泥，则可以考虑采用阴离子型有机高分子调理剂。

（4）温度。如果污泥温度低于10℃，调理效果会明显变差。冬季气温较低时，要重视污泥输送系统的保温环节，尽量减少污泥输送过程中热量的损失。在

324

必要的情况下，可以采取对污泥储罐保温甚至加热的措施。使用有机高分子调理剂时，冬季考虑采取对 PAM 溶解罐加热或适当延长混合溶解时间和加大搅拌强度的方法改善溶解条件。

（5）配制浓度。一般来说，有机高分子调理剂配制浓度越低，药剂消耗量越少，调理效果越好。有机高分子调理剂配制浓度在 0.05%~0.1% 之间比较合适，三氯化铁配制浓度 10% 最佳，而铝盐配制浓度在 4%~5% 最为适宜。

（6）投加顺序。当采用铁盐和石灰作调理剂时，一般先投加铁盐，再投加石灰，这样形成的絮体与水较易分离，而且调理剂总的消耗量也较少。当采用无机调理剂和有机高分子调理剂联合调理污泥时，先投加无机调理剂，再投加有机高分子调理剂。

（7）混合反应条件。污泥与调理剂混合反应形成絮体后，绝不能再被破坏，因为絮体一旦受到破坏就很难恢复到原来的状态。因此，要尽可能快地使调理后的污泥进入脱水机。

☞ 8.28 调理剂的投加量如何确定?

污泥调理的药剂消耗量没有固定的标准，根据污泥的品种、消化程度、固体浓度等具体性质的不同，投加量会出现一定的差异。因此，大多是在实验室或在现场直接试验确定调理剂的种类及具体投加量。

一般来说，按污泥干固体质量的百分比计，三氯化铁的投加量为 5%~10%，硫酸亚铁约为 10%~15%，消石灰的投加量为 20%~40%，聚合氯化铝和聚合硫酸铁约为 1%~3%，阳离子型聚丙烯酰胺为 0.1%~0.3%。

由于常用的聚丙烯酰胺系列有机合成高分子调理剂的价格较为昂贵，虽然其投加量较少，但折合调理每吨污泥的费用，使用有机合成高分子调理剂的成本仍然较高。普遍的做法是优选无机调理剂，当无机调理剂作用较差、难以达到理想的调理效果时，再考虑使用有机合成高分子调理剂或将无机和有机调理剂复配使用。

☞ 8.29 使用调理剂的注意事项有哪些?

为了更好地使用调理剂，应注意以下事项：①充分了解和掌握被处理污泥的性质(浓度、成分等)；②试验确定适合于污泥性质和脱水机性质的调理剂种类；③试验确定调理剂的注入点、反应条件、投加量等；④根据调理剂的性质确定调理剂的溶解、储存等使用方法。

污泥浓度高时，使用高分子量的调理剂效果较好，而污泥浓度低时，使用分子量较低的调理剂效果较好。就阳离子调理剂而言，对于同样污泥，和离心脱水机相比，带式压力脱水机要求调理剂的阳离子度较高、而投加量较少。

☞ **8.30 脱水剂、调理剂与絮凝剂、助凝剂的关系是什么?**

脱水剂是对污泥进行脱水之前投加的药剂,也就是污泥的调理剂,因此脱水剂和调理剂的意义是一样的。脱水剂或调理剂的投加量一般都以污泥干固体质量的百分比计。

絮凝剂应用于去除污水中悬浮物,是水处理领域的重要药剂。絮凝剂的投加量一般以待处理水的单位体积内投加的数量来表示。

脱水剂(调理剂)与絮凝剂、助凝剂的投加量都可以称为加药量。同一种药剂既可以在处理污水时应用为絮凝剂,又可以在剩余污泥处理过程中应用为调理剂或脱水剂。

助凝剂用在水处理领域作为絮凝剂的助剂时被称为助凝剂,同一种助凝剂在剩余污泥处理时一般不称助凝剂,而是统称为调理剂或脱水剂。

☞ **8.31 消泡剂的种类有哪些?**

消泡剂的效果与发泡液的种类有关,即有的消泡剂对某些发泡液效果显著,而对其他发泡液效果不明显,甚至没有作用。常用的消泡剂按成分不同可分为硅(树脂)类、表面活性剂类、链烷烃类和矿物油类。

(1)硅(树脂)类:硅树脂消泡剂又称乳剂型消泡剂,使用方法是将硅树脂用乳化剂(表面活性剂)乳化分散在水中后投加到废水中。二氧化硅细粉是另一种消泡效果较好的硅类消泡剂。

(2)表面活性剂类:此类消泡剂其实是乳化剂,即利用表面活性剂的分散作用,使形成泡沫的物质在水中保持稳定的乳化状态分散,从而避免生成泡沫。

(3)链烷烃类:链烷烃类消泡剂是用乳化剂把链烷烃蜡或其衍生物乳化分散后制成的消泡剂,其用途与表面活性剂类的乳化型消泡剂类似。

(4)矿物油类:以矿物油为主要消泡成分。为了改善效果,有时混合金属皂、硅油、二氧化硅等物质一起使用。此外,为使矿物油容易扩散到发泡液表面,或者使金属皂等均匀分散在矿物油中,有时还可投加各种表面活性剂。

☞ **8.32 常用 pH 调整剂有哪些?**

将含酸废水 pH 值调高时,以碱或碱性氧化物为中和剂,而将碱性废水 pH 值调低时则以酸或酸性氧化物为中和剂。调整酸性废水 pH 值时经常采用的中和剂有石灰、石灰石、白云石、氢氧化钠、碳酸钠等,调整碱性废水 pH 值时一般采用硫酸、盐酸。

在对含酸废水进行中和时,还可以就近使用一些碱性工业废渣,比如化学软水站排出的碳酸钙废渣、有机化工厂或乙炔发生站排放的电石废渣(主要成分为氢氧化钙)、钢厂或电石厂筛下的废石灰、热电厂的炉灰渣和硼酸厂的硼泥等。在对碱性废水进行处理时,也可以使用烟道气利用其中的 CO_2、SO_2 等酸性气体对废水中的碱进行中和。

当废水的 pH 值过大或过小时，为减少 pH 值调整时所需的溶药池和药剂池容积及实现 pH 值调整的自动化控制，可以使用 40%NaOH 和 98%H_2SO_4 分别作为含酸废水和含碱废水的 pH 值调整剂。同时可以避免使用石灰类碱剂所带来的污泥问题，减少二次污染的机会。

☞ **8.33 消毒剂的选择应考虑哪些因素？**

废水经一级或二级处理后，水质改善，但仍有存在病原菌的可能。因此，废水排入水体前应进行消毒处理，各种常用消毒剂的优缺点和适用条件见表 8-2。

表 8-2 各种消毒剂的优缺点和适用条件

消毒剂	优 点	缺 点	适用条件
液 氯	效果可靠、投配设备简单、投量准确，价格便宜	氯化形成的余氯及某些含氯化合物低浓度时，对水生物有毒害，当废水含工业废水比例大时，氯化可能生成致癌化合物	适用于大、中规模的废水处理厂
漂白粉	投加设备简单，价格便宜	除具有上述液氯的缺点外，尚有投量不准确，溶解调制不便，劳动强度大	适用于消毒要求不高或间断投加的小型废水处理厂
氯 片	设备简单，管理方便，只需定时清理消毒器内残渣及补充氯片；基建费用低	要有特制氯片及专用消毒器，消毒水量小	适用于医院、生物制品所等小型废水处理站
次氯酸钠	用海水或一定浓度的盐水，由处理厂就地电解自制产生消毒剂，也可购买商品次氯酸钠	需要有专用次氯酸钠电解设备和投配设备	适用于边远地区，购液氯等消毒剂困难的小型废水处理厂
二氧化氯	只起氧化作用、不起氯化作用，杀菌效果好，不受 pH 值影响，可同时除臭、脱色	制取设备复杂、管理要求高，不能久存，一般需要现场制备	适用于中、小型废水处理厂
臭 氧	消毒效率高，并能有效地降解废水中残留的有机物、色、味等，废水 pH 值、温度对消毒效果影响很小，不产生难处理的或生物积累性残余物	投资大、成本高，设备管理复杂，没有持续消毒作用	适用于出水水质较好，排入水体卫生条件要求高的废水处理厂
紫外线	利用紫外线照射废水的物理化学方法，消毒效率高，不改变水的成分	紫外线照射灯具货源不足，技术数据较少	适用于小型废水处理厂
超 滤	物理截留的方法将细菌及悬浮物等从水中去除掉，消毒效率高	投资大、运行成本高，设备管理复杂；而且没有将细菌杀死	适用于小型废水处理厂

☞ **8.34 消毒剂的种类有哪些？各自的特点是怎样的？**

常用的消毒剂有次氯酸类、二氧化氯、臭氧、紫外线辐射等。

次氯酸类消毒剂有液氯、漂白粉、漂粉精、氯片、次氯酸钠等形态，主要是通过次氯酸（HOCl）起消毒作用，次氯酸向微生物的细胞壁内扩散，与细胞的蛋白质反应生成化学稳定性极好的 N—Cl 键。次氯酸类消毒剂消毒时往往发生的是取代反应，这也是使用次氯酸类消毒剂会产生氯代烃的原因所在。

臭氧和二氧化氯消毒时发生的是纯氧化反应，可以破坏有机物的结构，在杀菌的同时还可以提高废水的可生化性（BOD_5/COD_{Cr} 值），去除水中的部分 COD_{Cr}，且不会生成卤代烃。

臭氧消毒和紫外线消毒可以在很短的时间内达到消毒的效果，但缺点是瞬时反应，无法保持效果，抵抗管道内微生物的滋生和繁殖，因此在回用水系统使用这两种方法消毒时，往往需要在其出水中再投加 0.05～0.1mg/L 二氧化氯或 0.3～0.5mg/L 的氯，以保持管网末梢有足够的余氯量。

☞ **8.35 如何防止氯中毒？**

（1）操作人员的值班室要和加氯间分开设置，没有任何直接连通。并在加氯间安装监测及警报装置，随时对其中的氯浓度进行检测。

（2）加氯间建筑要大门外开，加氯间的强制排风设施必须安装在低部，进气孔要设在高处。

（3）加氯间门外要备有防毒面具和抢救器具等，照明和通风设备的开关也要设在室外，在进入加氯间之前，先进行通风。

（4）加氯间内要设置碱液池，当发现氯瓶有严重泄漏时，戴好防毒面具，然后将氯瓶迅速移入碱液池中。

（5）通向加氯间的压力水管必须保证不间断供水，并保持水压稳定，同时还要有应对突然停水的措施。

☞ **8.36 使用次氯酸钠消毒时的注意事项有哪些？**

由于次氯酸钠容易因阳光、温度的作用而分解，一般用次氯酸钠发生器就地制备后立即投加。利用钛阳极电解食盐水（沿海地区可用海水作为盐溶液），得到的次氯酸钠溶液是淡黄色透明液体，含有效氯 6～11g/L。

气温低于 30℃ 时，每天损失有效氯 0.1～0.15mg/L，如果气温超过 30℃，每天损失有效氯可达 0.3～0.7mg/L。因此，如果为了具有一定储备量以备用，一般夏天储存时间不超过 1d，冬天不超过 7d。

☞ **8.37 使用漂白粉消毒时的注意事项有哪些？**

漂白粉 $CaCl_2 \cdot Ca(OCl)_2 \cdot 2H_2O$ 为白色粉末，易吸潮，性质极不稳定，日光照射、受热均能使其变质而降低有效氯成分。氯片是用漂粉精 $3Ca(OCl)_2 \cdot$

$2Ca(OH)_2 \cdot 2H_2O$ 加工成的片剂，氯片和漂粉精稳定性比漂白粉高，可以在常温下储存 200d 以上不分解。

使用漂白粉作消毒剂，需配成溶液加注，而且一般需设混合池。每包 50kg 的漂白粉先加 400~500kg 水搅拌成 10%~15% 溶液，再加水调成 1%~2% 浓度的溶液。

用氯片消毒时，废水流入特制的氯片消毒器，浸润溶解氯片，并与之混合，然后再进接触池。

☞ **8.38　使用二氧化氯时的注意事项有哪些?**

（1）在水处理中，二氧化氯的投加量一般为 0.1~1.5mg/L，具体投加量随原水性质和投加用途而定。当仅作为消毒剂时，投加范围是 0.1~1.3mg/L；当兼用作除嗅剂时，投加范围是 0.6~1.3mg/L；当兼用作氧化剂去除铁、锰和有机物时，投加范围是 1~1.5mg/L。

（2）二氧化氯是一种强氧化剂，其输送和存储都要使用防腐蚀、抗氧化的惰性材料，要避免与还原剂接触，以免引起爆炸。

（3）采用现场制备二氧化氯的方法时，要防止二氧化氯在空气中的积聚浓度过高而引起爆炸，一般要配备收集和中和二氧化氯制取过程中析出或泄漏气体的措施。

（4）在工作区和成品储藏室内，要有通风装置和监测及警报装置，门外配备防护用品。

（5）使用商品稳定二氧化氯溶液时，要控制好活化反应强度，以免产生的二氧化氯在空气中的积聚浓度过高而引起爆炸。

（6）二氧化氯溶液要采用深色塑料桶密闭包装，储存于阴凉通风处，避免阳光直射和与空气接触，运输时要注意避开高温和强光环境，并尽量平稳。

☞ **8.39　二氧化氯的制备方法有哪些?**

二氧化氯的制备方法有很多种，在水处理行业中，一般用氯、盐酸或稀硫酸与亚氯酸钠或氯酸钠反应的办法生产，还有使用次氯酸钠酸化后与亚氯酸钠合成二氧化氯的。反应式分别如下：

$$2NaClO_3 + 2NaCl + 2H_2SO_4 \longrightarrow 2ClO_2 + Cl_2 + 2Na_2SO_4 + 2H_2O$$
$$Cl_2 + 2NaClO_2 \longrightarrow 2ClO_2 + 2NaCl$$
$$5NaClO_2 + 4HCl \longrightarrow 4ClO_2 + 5NaCl + 2H_2O$$
$$10NaClO_2 + 5H_2SO_4 \longrightarrow 8ClO_2 + 5Na_2SO_4 + 4H_2O + 2HCl$$
$$NaClO + 2HCl + 2NaClO_2 \longrightarrow 2ClO_2 + 3NaCl + H_2O$$

为保证反应过程的安全性，酸和氯酸钠或次氯酸钠都配成水溶液，也都要加入过量的酸，以提高氯酸钠或次氯酸钠的转化率。生成的 ClO_2 溶液可按照合适的投加量直接加到水中进行消毒。

国内市场上有许多使用电解法生产二氧化氯的设备，但实际上，这些设备制造的所谓二氧化氯至多是二氧化氯和氯的复合物，不可能彻底解决氯类消毒剂会产生氯代烃的问题，而且已经有使用复合二氧化氯时发生爆炸的事例。

☞ **8.40 臭氧氧化的特点是怎样的?**

臭氧的氧化还原电位是 2.07V，因此，臭氧的氧化性仅次于羟基自由基(·OH)和氟，在水处理中可以作为氧化剂或消毒剂。

作为消毒剂消毒时，所需接触时间较短，不会产生卤代烃类有毒物质，同时具有脱色作用。

利用臭氧的强氧化性，可以将污水中的 Fe^{2+}、Mn^{2+} 等金属离子氧化到较高或最高氧化态，再加碱形成更难溶的氢氧化物沉淀从水中除去。当废水中含有氰化物、硫化物、亚硝酸盐等有毒还原性无机物时，可以使用臭氧氧化的方法，将其氧化为 CO_2、N_2O、SO_4^{2-}、NO_3^- 等无毒或毒性较小的物质。

与有机物反应时，臭氧的氧化作用可导致不饱和的有机分子破裂而发生臭氧分解。即臭氧分子在极性有机分子原来的双键位置上发生反应，把其分子分裂为两个羧酸类分子。臭氧化物的自发性分裂产生一个羧基化合物和带有酸性和碱性基团的两性离子，后者是不稳定的，可分解成酸和醛。因此，在废水处理领域，已开始广泛利用臭氧的这一性质对一些难以生物降解的有机废水进行处理，作为二级生物处理的预处理。

紫外/臭氧光化学系统能促进臭氧分解产生氧化能力更强的·OH自由基，从而提高臭氧的氧化速率和效率，实现对有机物彻底的矿化处理。比如这样的系统对含二甲苯废水进行处理时，可以将二甲苯彻底氧化成无毒的水及二氧化碳。

☞ **8.41 使用臭氧时的注意事项有哪些?**

(1) 臭氧是一种有毒气体，对人体眼和呼吸器官有强烈的刺激作用，正常大气中的臭氧的体积比浓度是 $(1\sim4)\times10^{-8}m^3/m^3$，当空气中臭氧体积比浓度达到 $(1\sim10)\times10^{-6}m^3/m^3$ 时，就会使人出现头痛、恶心等症状。GBZ 2.1—2019《工作场所有害因素职业接触限值 第1部分：化学有害因素》规定车间空气中 O_3 的最高容许浓度为 $0.3mg/m^3$。

(2) 臭氧极不稳定，臭氧在水中的分解速度比在空气中的分解速度要快得多，水中的氢氧根离子对其分解有强烈的催化作用，所以 pH 值越高，臭氧分解越快。因此不能储存和运输，必须在使用现场制备。

(3) 臭氧具有强烈的腐蚀性，除铂、金、铱、氟以外，臭氧几乎可与元素周期表中的所有元素反应，因此凡与其接触的容器、管道、扩散器均要采用不锈钢、陶瓷、聚氯乙烯塑料等耐腐蚀材料或作防腐处理。

(4) 臭氧在水中的溶解度只有 10mg/L，因此通入污水中的臭氧往往不能被全部利用。为了提高臭氧的利用率，接触反应池最好建成水深 $5\sim6m$ 的深水池，或建成封闭的多格串联式接触池，并设置管式或板式微孔扩散器散布臭氧。

为了提高臭氧的溶水效果，一般使用水深较大（5~6m）的接触池，而且应使臭氧以微气泡形式，在水中迅速混合和扩散。常用臭氧加注方法有静态混合器、文丘里管和微孔曝气等形式，这一过程要在接触池内完成，接触时间通常只要数分钟，结合不同的水质，臭氧的投加量一般为1~5mg/L之间。为此，臭氧氧化工艺主要包括空气净化干燥装置、臭氧发生器以及水-臭氧的接触池。

☞ 8.42 臭氧的制备方法是怎样的？

水处理中应用的臭氧的制备方法是无声放电法，其原理是在两平行高压电极之间隔以一层介电体（又称诱电体，通常是特种玻璃材料）并保持一定的放电间隙；通入15000~17500V高压交流电后，在放电间隙形成均匀的蓝紫色电晕放电，经过净化和干燥的空气或氧气通过放电间隙，氧分子受高能电子激发获得能量，并相互发生碰撞聚合形成臭氧分子。生产1kg臭氧耗电约15~30kW·h。

臭氧由臭氧发生器制取，一般以空气或氧气为原料，空气中含有的蒸气和灰尘都会形成弧电损坏电极和降低臭氧产量，所以进入臭氧发生器的空气必须预先经过净化和干燥。利用氧气作为制造臭氧的原料时，氧气浓度在92%~99%时臭氧产率最高。

☞ 8.43 反硝化脱氮使用的碳源能分成几类？

反硝化过程中使用的碳源大体能分成两类：一是以低分子有机物和糖类等可溶性液体碳源为主的传统碳源以及以其为原料的复合碳源；二是以天然纤维素植物及人工合成高聚物为主的新型固体碳源和以工业废水、污泥水解液及垃圾渗滤液等为主的新型液体碳源。

☞ 8.44 传统碳源有哪些？

传统型外加碳源主要以乙酸钠、乙酸、甲醇、乙醇、葡萄糖等简单的有机物为主。简单有机物作为异养微生物生长所需的有机碳源，由于其分子量低，代谢途径简单，更有利于微生物对碳源的利用。一般而言，碳源分子量越小，微生物越易吸收利用。乙酸钠等简单的有机物被认为是比较合适的外加碳源。

☞ 8.45 新型碳源有哪些？

新型碳源包括纤维素类、垃圾渗滤液、水解酸化液、可生物降解的和经过特殊处理的有机物、剩余污泥等碳源。纤维素类碳源主要包括麦秆、棉花、腐朽木及甘草等天然植物。纤维素代谢途径复杂，在生物脱氮除磷反应过程中能持续释放碳源且价格低廉。可生物降解的和经过特殊处理的有机碳源以聚己内酯、可降解餐盒、纸、聚乙烯醇等为主，此类碳源结构复杂，分子量大。

☞ 8.46 废水处理中常用的氧化剂和还原剂有哪些？

在废水处理实践中能够使用的氧化剂或还原剂必须满足以下要求：①对废水中希望去除的污染物质有良好的氧化或还原作用；②反应后生成的物质应当无害

以避免二次污染；③价格便宜，来源可靠；④能在常温下快速反应，不需要加热；⑤反应时所需的 pH 值最好在中性，不能太高或太低。

在废水处理中常用的氧化剂有：①在接受电子后还原变成带负电荷离子的中性原子，如 O_2、Cl_2、O_3 等；②带正电荷的原子，接受电子后还原成带负电荷的离子，比如在碱性条件下，漂白粉、次氯酸钠等药剂中的次氯酸根 OCl^- 中的 Cl^+ 和二氧化氯中的 Cl^{4+} 接受电子还原成 Cl^-；③带高价正电荷的离子在接受电子后还原成带低价正电荷的离子，例如三氯化铁中的 Fe^{3+} 和高锰酸钾中的 Mn^{7+} 在接受电子后还原成 Fe^{2+} 和 Mn^{2+}。

在废水处理中常用的还原剂有：①在给出电子后被氧化成带正电荷的离子，例如铁屑、锌粉等；②带负电荷的离子在给出电子后被氧化成带正电荷的离子，例如硼氢化钠中的负五价硼，在碱性条件下可以将汞离子还原成金属汞，同时自身被氧化成正三价；③金属或非金属的带正电荷的离子，在给出电子后被氧化成带有更高正电荷的离子，例如硫酸亚铁、氯化亚铁中的二价铁离子（Fe^{2+}）在给出一个电子后被氧化成三价铁离子（Fe^{3+}），二氧化硫 SO_2 和亚硫酸盐 SO_3^{2-} 中的四价硫在给出两个电子后，被氧化成六价硫，形成 SO_4^{2-}。

第9章　废水处理常规分析控制指标

☞　**9.1　废水的主要物理特性指标有哪些?**

（1）温度：废水的温度对废水处理过程的影响很大，温度的高低直接影响微生物活性。一般城市污水处理厂的水温为 $10\sim25℃$ 之间，工业废水温度的高低与排放废水的生产工艺过程有关。

（2）颜色：废水的颜色取决于水中溶解性物质、悬浮物或胶体物质的含量。新鲜的城市污水一般是暗灰色，如果呈厌氧状态，颜色会变深、呈黑褐色。工业废水的颜色多种多样，造纸废水一般为黑色，酒糟废水为黄褐色，而电镀废水为蓝绿色。

（3）气味：废水的气味是由生活污水或工业废水中的污染物引起的，通过闻气味可以直接判断废水的大致成分。新鲜的城市污水有一股发霉的气味，如果出现臭鸡蛋味，往往表明污水已经厌氧发酵产生了硫化氢气体，运行人员应当严格遵守防毒规定进行操作。

（4）浊度：浊度是描述废水中悬浮颗粒数量的指标，一般可用浊度仪来检测，但浊度不能直接代替悬浮固体的浓度，因为颜色对浊度的检测有干扰作用。

（5）电导率：废水中的电导率一般表示水中无机离子的数量，其与来水中溶解性无机物质的浓度紧密相关，如果电导率急剧上升，往往是有异常工业废水排入的迹象。

（6）固体物质：废水中固体物质的形式（SS、DS 等）和浓度反映了废水的性质，对控制处理过程也是非常有用的。

（7）可沉淀性：废水中的杂质可分为溶解态、胶体态、游离态和可沉淀态四种，前三种是不可沉淀的，可沉淀态杂质一般表示在 30min 或 1h 内沉淀下来的物质。

☞　**9.2　废水的化学特性指标有哪些?**

废水的化学特性指标很多，可以分为四类：①一般性水质指标，如 pH 值、硬度、碱度、余氯、各种阴、阳离子等；②有机物含量指标，生物化学需氧量 BOD_5、化学需氧量 COD_{Cr}、总需氧量 TOD 和总有机碳 TOC 等；③植物性营养物质含量指标，如氨氮、硝酸盐氮、亚硝酸盐氮、磷酸盐等；④有毒物质指标，如石油类、重金属、氰化物、硫化物、多环芳烃、各种氯代有机物和各种农药等。

在不同的污水处理厂，要根据来水中污染物种类和数量的不同确定适合各自水质特点的分析项目。

☞ **9.3　一般污水处理厂需要分析的主要化学指标有哪些?**

一般污水处理厂需要分析的主要化学指标如下:

(1) pH 值: pH 值可以通过测量水中的氢离子浓度来确定。pH 值对废水的生物处理影响很大, 硝化反应对 pH 值更加敏感。城市污水的 pH 值一般在 6~8 之间, 如果超出这一范围, 往往表明有大量工业废水排入。对于含有酸性物质或碱性物质的工业废水, 在进入生物处理系统之前需要进行中和处理。

(2) 碱度: 碱度能反映出废水在处理过程中所具有的对酸的缓冲能力, 如果废水具有相对高的碱度, 就可以对 pH 值的变化起到缓冲作用, 使 pH 值相对稳定。碱度表示水样中与强酸中的氢离子结合的物质的含量, 碱度的大小可用水样在滴定过程中消耗的强酸量来测定。

(3) COD_{Cr}: COD_{Cr} 是废水中能被强氧化剂重铬酸钾所氧化的有机物的数量, 单位为以氧计的 mg/L。

(4) BOD_5: BOD_5 是废水中有机物被生物降解所需要的氧量, 是衡量废水可生化性的指标。

(5) 氮: 在污水处理厂中, 氮的变化和含量分布为工艺提供参数。污水处理厂进水中的有机氮和氨氮含量一般较高, 而硝酸盐氮和亚硝酸盐氮含量一般较低。初沉池氨氮的增加一般表明沉淀污泥开始厌氧, 而二沉池硝酸氮和亚硝酸氮的增加, 表明硝化作用已经发生。生活污水中氮的含量一般为 20~80mg/L, 其中有机氮为 8~35mg/L, 氨氮为 12~50mg/L, 硝酸氮和亚硝酸氮的含量很低。工业废水中有机氮、氨氮、硝酸氮和亚硝酸氮含量因水而异, 有的工业废水中氮的含量极低, 在利用生物法处理时, 需要投加氮肥以补充微生物所需的氮含量, 而出水中氮的含量过高时, 又需要进行脱氮处理, 以防止受纳水体出现富营养化现象。

(6) 磷: 生物污水中磷的含量一般为 2~20mg/L, 其中有机磷为 1~5mg/L, 无机磷为 1~15mg/L。工业废水中磷的含量差别很大, 有的工业废水中磷的含量极低, 在利用生物法处理时, 需要投加磷肥以补充微生物所需的磷含量, 而出水中磷的含量过高时, 又需要进行除磷处理, 以防止受纳水体出现富营养化现象。

(7) 石油类: 废水中的油大多是不溶于水的, 且浮在水面上。进水中的油会影响充氧效果, 导致活性污泥中的微生物活性降低, 进入到生物处理构筑物的混合污水含油浓度通常不能大于 30~50mg/L。

(8) 重金属: 废水中的重金属主要来自工业废水, 其毒性很大。污水处理厂通常没有较好的处理方法, 通常需要在排放车间内进行就地处理达到国家排放标准后再进入排水系统, 如果污水处理厂出水中重金属含量上升, 往往说明预处理出现了问题。

(9) 硫化物: 水中的硫化物超过 0.5mg/L 后, 就带有令人厌恶的臭鸡蛋味,且有腐蚀性，有时甚至会引起硫化氢中毒事件。

（10）余氯：使用氯消毒时，为保证在输送过程中微生物的繁殖，出水中余氯（包括游离性余氯和化合性余氯）是消毒工艺的控制指标，一般不超过 0.3mg/L。

☞ **9.4 废水的微生物特性指标有哪些？**

废水的生物性指标有细菌总数、大肠菌群数、各种病原微生物和病毒等。医院、肉类联合加工企业等废水排放前必须进行消毒处理，国家有关污水排放标准对此已经做出了规定。污水处理厂一般不对进水中的生物性指标进行检测和控制，但对处理后的污水排放之前要进行消毒处理，以控制处理污水对受纳水体的污染。如果对二级生物处理出水再进行深度处理后回用，就更需要在回用前进行消毒处理。

（1）细菌总数：细菌总数可作为评价水质清洁程度和考核水净化效果的指标，细菌总数增多说明水的消毒效果较差，但不能直接说明对人体的危害性有多大，必须结合粪大肠菌群数来判断水质对人体的安全程度。

（2）大肠菌群数：水中大肠菌群数可间接地表明水中含有肠道病菌（如伤寒、痢疾、霍乱等）存在的可能性，因此作为保证人体健康的卫生指标。污水回用作杂用水或景观用水时，就有可能与人体接触，此时必须检测其中粪大肠菌群数。

（3）各种病原微生物和病毒：许多病毒性疾病都可以通过水传染，比如引起肝炎、小儿麻痹症等疾病的病毒存在于人体的肠道中，通过病人粪便进入生活污水系统，再排入污水处理厂。污水处理工艺对这些病毒的去除作用有限，在将处理后污水排放时，如果受纳水体的使用价值对这些病原微生物和病毒有特殊要求时，就需要消毒并进行检测。

☞ **9.5 反映水中有机物含量的常用指标有哪些？**

有机物进入水体后，将在微生物的作用下进行氧化分解，使水中的溶解氧逐渐减少。当氧化作用进行得太快，而水体不能及时从大气中吸收足够的氧来补充消耗的氧时，水中的溶解氧可能降得很低（如低于 $3\sim4mg/L$），进而影响水中生物正常生长的需要。当水中的溶解氧耗尽后，有机物开始厌氧消化，发生臭气，影响环境卫生。

由于污水中所含的有机物往往是多种组分的极其复杂的混合体，因而难以一一分别测定各种组分的定量数值。实际上常用一些综合指标，间接表征水中有机物含量的多少。表示水中有机物含量的综合指标有两类，一类是以与水中有机物量相当的需氧量（O_2）表示的指标，如生化需氧量 BOD、化学需氧量 COD 和总需氧量 TOD 等；另一类是以碳（C）表示的指标，如总有机碳 TOC。对于同一种污水来讲，这几种指标的数值一般是不同的，按数值大小的排列顺序为 $TOD>COD_{Cr}>BOD_5>TOC$。

☞ **9.6 什么是总有机碳?**

总有机碳 TOC(Total Organic Carbon)是间接表示水中有机物含量的一种综合指标,其显示的数据是污水中有机物的总含碳量,单位为以碳(C)计的 mg/L。TOC 的测定原理是先将水样酸化,利用氮气吹脱水样中的碳酸盐以排除干扰,然后向氧含量已知的氧气流中注入一定量的水样,并将其送入以铂钢为触媒的石英燃烧管中,在 900~950℃ 的高温下燃烧,用非色散红外气体分析仪测定燃烧过程中产生的 CO_2 量,再折算出其中的含碳量,就是总有机碳 TOC(详见 HJ 501—2009)。测定时间只需要几分钟。

一般城市污水的 TOC 可达 200mg/L,工业废水的 TOC 范围较宽,最高的可达几万 mg/L,污水经过二级生物处理后的 TOC 一般小于 50mg/L,较清洁的河水 TOC 一般小于 10mg/L。在污水处理的研究中有用 TOC 作为污水有机物指标的,但在常规污水处理运行中一般不分析这个指标。

☞ **9.7 什么是总需氧量?**

总需氧量 TOD(Total Oxygen Demand)是指水中的还原性物质(主要是有机物)在高温下燃烧后变成稳定的氧化物时所需要的氧量,结果以 mg/L 计。TOD 值可以反映出水中几乎全部有机物(包括碳、氢、氧、氮、磷、硫等成分)经燃烧后变成 CO_2、H_2O、NO_x、SO_2 等时所需要消耗的氧量。可见 TOD 值一般大于 COD_{Cr} 值。目前我国尚未将 TOD 纳入水质标准,只是在污水处理的理论研究中应用。

TOD 的测定原理是向氧含量已知的氧气流中注入一定量的水样,并将其送入以铂钢为触媒的石英燃烧管中,在 900℃ 的高温下瞬间燃烧,水样中的有机物即被氧化,消耗掉氧气流中的氧。氧气流中原有氧量减去剩余氧量就是总需氧量 TOD。氧气流中的氧量可以用电极测定,因而 TOD 的测定只需几分钟。

☞ **9.8 什么是生化需氧量?**

生化需氧量全称为生物化学需氧量(Biochemical Oxygen Demand,简写为 BOD),表示在温度为 20℃ 和有氧的条件下,好氧微生物分解水中有机物的生物化学氧化过程中消耗的溶解氧量,也就是水中可生物降解有机物稳定化所需要的氧量,单位为 mg/L。BOD 不仅包括水中好氧微生物的增长繁殖或呼吸作用所消耗的氧量,还包括了硫化物、亚铁等还原性无机物所耗用的氧量,但这一部分所占的比例通常很小。因此,BOD 值越大,说明水中的有机物含量越多。

在好氧条件下,微生物分解有机物分为含碳有机物的氧化阶段和含氮有机物的硝化阶段两个过程。在 20℃ 的自然条件下,有机物从氧化到硝化阶段,即实现全部分解稳定所需时间在 100d 以上,但实际上常用 20℃ 时 20d 的生化需氧量(BOD_{20})近似地代表完全生化需氧量。生产应用中仍嫌 20d 的时间太长,一般采用 20℃ 时 5d 的生化需氧量(BOD_5)作为衡量污水有机物含量的指标。经验表明,生活污水和各种生产污水的 BOD_5 约为完全生化需氧量 BOD_{20} 的 70%~80%。

BOD_5 是确定污水处理厂负荷的一个重要参数，可用 BOD_5 值计算废水中有机物氧化所需要的氧量。含碳有机物稳定化所需要的氧量可称为碳类 BOD_5，如果进一步氧化，就可以发生硝化反应，硝化菌将氨氮转化为硝酸盐氮和亚硝酸盐氮时所需要的氧量可称为硝化 BOD_5。一般的二级污水处理厂只能去除碳类 BOD_5，而不去除硝化类 BOD_5。由于在去除碳类 BOD_5 的生物处理过程中，硝化反应不可避免地要发生，因此使得 BOD_5 的测定值比实际有机物的耗氧量要高一些。

BOD 测定时间较长，常用的 BOD 测定需要 5d 时间，因此一般只能用于工艺效果评价和长周期的工艺调控。对于特定的污水处理场，可以建立 BOD_5 和 COD_{Cr} 的相关关系，用 COD_{Cr} 粗略估计 BOD_5 值来指导处理工艺的调整。

☞ **9.9　什么是化学需氧量?**

化学需氧量(Chemical Oxygen Demand)是指在一定条件下，水中有机物与强氧化剂(如重铬酸钾、高锰酸钾等)作用所消耗的氧化剂折合成氧的量，单位为以氧计的 mg/L。

当用重铬酸钾作为氧化剂时，水中有机物几乎全部(90%~95%)可以被氧化，此时所消耗的氧化剂折合成氧的量即是通常所称的化学需氧量，常简写为 COD_{Cr}(测定方法见 HJ 828—2017)。污水的 COD_{Cr} 值不仅包含了水中的几乎所有有机物被氧化的耗氧量，同时还包括了水中亚硝酸盐、亚铁盐、硫化物等还原性无机物被氧化的耗氧量。

☞ **9.10　什么是高锰酸钾指数(耗氧量)?**

用高锰酸钾作为氧化剂测得的化学需氧量被称为高锰酸钾指数(测定方法见 GB/T 11892—1989)或耗氧量，英文简写为 COD_{Mn} 或 OC，单位为 mg/L。

由于高锰酸钾的氧化能力比重铬酸钾要弱，同一水样的高锰酸钾指数 COD_{Mn} 的具体值一般都低于其重铬酸钾指数 COD_{Cr} 值，即 COD_{Mn} 只能表示水中容易氧化的有机物或无机物的含量。因此，我国及欧美等许多国家都把 COD_{Cr} 作为控制有机物污染的综合性指标，而只将高锰酸钾指数 COD_{Mn} 作为评价、监测海水、河流、湖泊等地表水体或饮用水有机物含量的一种指标。

由于高锰酸钾对苯、纤维素、有机酸类和氨基酸类等有机物几乎没有氧化作用，而重铬酸钾对这些有机物差不多都能氧化，因此使用 COD_{Cr} 作为表示废水的污染程度和控制污水处理过程的参数更为合适。但由于高锰酸钾指数 COD_{Mn} 测定简单、迅速，在对较清净的地表水进行水质评价时仍使用 COD_{Mn} 来表示其受到的污染程度，即其中的有机物数量。

☞ **9.11　如何通过分析废水的 BOD_5 与 COD_{Cr} 来判定废水的可生化性?**

当水中含有有毒有机物时，一般不能准确测定废水中的 BOD_5 值，而采用

COD$_{Cr}$值可以较准确地测定水中有机物的含量，但COD$_{Cr}$值又不能区别可生物降解和不可生物降解的物质。人们习惯于利用测定污水的BOD$_5$/COD$_{Cr}$来判断其可生化性。一般认为，污水的BOD$_5$/COD$_{Cr}$大于0.3就可以利用生物降解法进行处理，如果污水的BOD$_5$/COD$_{Cr}$低于0.2，则只能考虑采用其他方法进行处理。

☞ **9.12　BOD$_5$与COD$_{Cr}$的关系如何？**

生化需氧量BOD$_5$表示的是污水中有机污染物在进行生化分解过程中所需要的氧量，能够直接从生物化学意义上说明问题，因此BOD$_5$不仅仅是一个重要的水质指标，更是污水生物处理过程中的一个极为重要的控制参数。但是，BOD$_5$在使用上也受到一定限制，一是测定时间较长（5d），不能及时反映和指导污水处理装置的运行，二是因为有些生产污水不具备微生物生长繁殖的条件（如存在有毒有机物），无法测定其BOD$_5$值。

化学需氧量COD$_{Cr}$则反映了污水中几乎所有有机物和还原性无机物的含量，只是不能像生化需氧量BOD$_5$那样直接从生化意义上说明问题。也就是说，化验污水的化学需氧量COD$_{Cr}$值可以较准确地测定水中有机物含量，但化学需氧量COD$_{Cr}$不能区别可生物降解有机物和不可生物降解的有机物。

化学需氧量COD$_{Cr}$值一般高于生化需氧量BOD$_5$值，其间的差值能够约略地反映污水中不能被微生物降解的有机物含量。对于污染物成分相对固定的污水来说，COD$_{Cr}$与BOD$_5$之间一般都有一定的比例关系，可以互相推算。加上COD$_{Cr}$的测定所用时间较少，按回流2h的国家标准方法来化验，从取样到出结果，只需要3~4h，而测定BOD$_5$值却需要5d时间，因此在实际污水处理运行管理中，常利用COD$_{Cr}$作为控制指标。

为了尽快指导生产运行，有的污水处理场还制定了回流5min测定COD$_{Cr}$的企业标准，测得结果虽然与国家标准方法有一定误差，但由于误差为系统误差，连续监测的结果可以正确地反应水质的实际变化趋势，测定时间却可以减少到1h以内，对及时调整污水处理运行参数和防止水质突变对污水处理系统造成冲击，提供了时间上的保证，也就提高了污水处理装置出水的合格率。

☞ **9.13　表示废水中植物营养物质指标有哪些？**

植物营养物质包括氮、磷及其他一些物质，它们是植物生长发育所需要的养料。适度的营养元素可以促进生物和微生物的生长，过多的植物营养物质进入水体，会使水体中藻类大量繁殖，产生所谓"富营养化"现象，进而恶化水质、影响渔业生产和危害人体健康。浅水湖泊严重的富营养化可以导致湖泊沼泽化，直至致使湖泊死亡。

同时，植物营养物质又是活性污泥中微生物生长繁殖所必需的成分，是关系到生物处理工艺能否正常运转的关键因素。因此常规污水处理运行中都将水中植物营养物质指标作为一项重要的控制指标。

表示污水中植物营养物质的水质指标主要是氮素化合物（如有机氮、氨氮、亚硝酸盐和硝酸盐等）和磷素化合物（如总磷、磷酸盐等），常规污水处理运行中一般都监测进出水中的氨氮和磷酸盐。一方面为了维持生物处理运转正常，另一方面为了检测出水是否达到国家排放标准。

☞ **9.14   常用氮素化合物的水质指标有哪些？它们的关系如何？**

常用的代表水中氮素化合物的水质指标有总氮、凯氏氮、氨氮、亚硝酸盐和硝酸盐等。

氨氮是水中以 NH_3 和 NH_4^+ 形式存在的氮，它是有机氮化物氧化分解的第一步产物，是水体受污染的一种标志。氨氮在亚硝酸盐菌作用下可以被氧化成亚硝酸盐（以 NO_2^- 表示），而亚硝酸盐在硝酸盐菌的作用下可以被氧化成硝酸盐（以 NO_3^- 表示）。而硝酸盐也可以在无氧环境中在微生物的作用下还原为亚硝酸盐。当水中的氮主要以硝酸盐形式为主时，可以表明水中含氮有机物含量已很少，水体已达到自净。

有机氮和氨氮的总和可以使用凯氏（Kjeldahl）法测定（GB/T 11891—1989），凯氏法测得的水样氮含量又称为凯氏氮，因而通常所称的凯氏氮是氨氮和有机氮之和。将水样先行除去氨氮后，再以凯氏法测定，其测得值即是有机氮。如果分别对水样测定凯氏氮和氨氮，则其差值也是有机氮。凯氏氮可作为污水处理装置进水氮含量的控制指标，还可以作为控制江河湖海等自然水体富营养化的参考指标。

总氮为水中有机氮、氨氮、亚硝酸盐氮和硝酸盐氮的总和，也就是凯氏氮与总氧化氮之和。总氮、亚硝酸盐氮和硝酸盐氮都可使用分光光度法测定，亚硝酸盐氮的测定方法见 GB/T 7493—1987，硝酸盐氮的测定方法见 GB/T 7480—1987，总氮的测定方法见 GB/T 11894—1989。总氮代表了水中氮素化合物的总和，是自然水体污染控制的一个重要指标，也是污水处理过程中的一个重要控制参数。

☞ **9.15   反映水中含磷化合物含量的水质指标有哪些？它们的关系如何？**

磷是水生生物生长必需的元素之一，水中的磷绝大部分以各种形式的磷酸盐存在，少量以有机磷化合物的形式存在。水中的磷酸盐可分为正磷酸盐和缩合磷酸盐两大类，其中正磷酸盐指以 PO_4^{3-}、HPO_4^{2-}、$H_2PO_4^-$ 等形式存在的磷酸盐，而缩合磷酸盐包括焦磷酸盐、偏磷酸盐和聚合磷酸盐等，如 $P_2O_7^{4-}$、$P_3O_{10}^{5-}$、$HP_3O_9^{2-}$、$(PO_3)_6^{3-}$ 等。有机磷化合物主要包括磷酸酯、亚磷酸酯、焦磷酸酯、次磷酸酯和磷酸胺等类型。磷酸盐和有机磷之和称为总磷，也是一项重要的水质指标。

总磷的测定方法（GB/T 11893—1989）由两个基本步骤组成，第一步用氧化剂将水样中不同形态的磷转化为磷酸盐，第二步测定正磷酸盐，再反算求得总磷含量。常规污水处理运行中，都要监控和测定进入生化处理装置的污水及二沉池出水的磷酸盐含量。如果进水磷酸盐含量不足，就要投加一定量的磷肥加以补充；如果二沉池出水的磷酸盐含量超过国家一级排放标准 0.5mg/L，就要考虑采取除磷措施。

☞ **9.16　反映水中固体物质含量的各种指标有哪些?**

污水中的固体物质包括水面的漂浮物、水中的悬浮物、沉于底部的可沉物及溶解于水中的固体物质。漂浮物是漂浮在水面上的、密度小于水的大块或大颗粒杂质，悬浮物是悬浮于水中的小颗粒杂质，可沉物是经过一段时间能在水体底部沉淀下来的杂质。几乎所有的污水中都有成分复杂的可沉物，成分以有机物为主的可沉物被称为污泥，成分以无机物为主的可沉物被称为残渣。漂浮物一般难以定量化，其他几种固体物质则可以用以下指标衡量。

反映水中固体总含量的指标是总固体，或称全固形物。根据水中固体的溶解性，总固体可分为溶解性固体(Dissolved Solid，简写为 DS)和悬浮固体(Suspend Solid，简写为 SS)。根据水中固体的挥发性能，总固体可分为挥发性固体(VS)和固定性固体(FS，也叫灰分)。其中，溶解性固体(DS)和悬浮固体(SS)还可以进一步细分为挥发性溶解固体、不可挥发性溶解固体和挥发性悬浮固体、不可挥发性悬浮固体等指标。

☞ **9.17　什么是水的全固形物?**

反映水中固体总含量的指标是总固体，或称全固形物，分为挥发性总固体和不可挥发性总固体两部分。总固体包括悬浮固体(SS)和溶解性固体(DS)，每一种也可进一步细分为挥发性固体和不可挥发性固体两部分。

总固体的测定方法是测定废水经过 103~105℃ 蒸发后残留下来的固体物质的质量，其干燥时间、固体颗粒的大小与所用的干燥器有关，但在任何情况下，干燥时间的长短都必须以水样中的水分完全蒸干为基础，并以干燥后质量恒定为止。

挥发性总固体表示总固体在 600℃ 高温下灼烧后所减轻的固体质量，因此也叫作灼烧减重，可以粗略代表水中有机物的含量。灼烧时间也像测定总固体时的干燥时间一样，应灼烧至样品中的所有碳全部挥发掉为止。灼烧后剩余的部分物质的质量，即为固定性固体，也称为灰分，可以粗略代表水中无机物的含量。

☞ **9.18　什么是溶解性固体?**

溶解性固体也称为可过滤物质，通过对过滤悬浮固体后的滤液在 103~105℃ 温度下进行蒸发干燥后，测定残留物质的质量，就是溶解性固体。溶解性固体中包括溶解于水的无机盐类和有机物质。可用总固体减去悬浮固体的量来粗略计算，常用单位是 mg/L。

将污水深度处理后回用时，必须将其溶解性固体控制在一定范围内，否则不论用于绿化、冲厕、洗车等杂用水还是作为工业循环水，都会出现一些不利影响。城镇建设行业标准 CJ/T 48—1999《生活杂用水水质标准》规定：用于绿化、冲厕的回用水溶解性固体不能超过 1200mg/L，用于洗车、扫除时的回用水溶解性固体不能超过 1000mg/L。

☞ **9.19　什么是水的含盐量和矿化度？**

水的含盐量也称矿化度，表示水中所含盐类的总数量，常用单位是 mg/L。由于水中的盐类均以离子的形式存在，所以含盐量也就是水中各种阴阳离子的数量之和。

从定义可以看出，水的溶解性固体含量比其含盐量要大一些，因为溶解性固体中还含有一部分有机物质。在水中有机物含量很低时，有时也可用溶解性固体近似表示水中的含盐量。

☞ **9.20　什么是水的电导率？**

电导率是水溶液电阻的倒数，单位是 $\mu S/cm$。水中各种溶解性盐类都以离子状态存在，而这些离子均具有导电能力，水中溶解的盐类越多，离子含量就越大，水的电导率就越大。因此，根据电导率的大小，可以间接表示水中盐类总量或水的溶解性固体含量的多少。

新鲜蒸馏水的电导率为 $0.5\sim2\mu S/cm$，超纯水的电导率小于 $0.1\mu S/cm$，而软化水站排放的浓水电导率可高达数千 $\mu S/cm$。

☞ **9.21　什么是悬浮固体？**

悬浮固体 SS 也称为不可过滤物质，测定方法是对水样利用 $0.45\mu m$ 的滤膜过滤后，过滤残渣经 $103\sim105℃$ 蒸发干燥后剩余物质的质量。挥发性悬浮固体 VSS 指的是悬浮固体在 600℃ 高温下灼烧后挥发掉的质量，可以粗略代表悬浮固体中有机物的含量。灼烧后剩余的那部分物质就是不可挥发性悬浮固体，可以粗略代表悬浮固体中无机物的含量。

废水或受污染的水体中，不溶性悬浮固体的含量和性质随污染物的性质和污染程度而变化。悬浮固体和挥发性悬浮固体是污水处理设计和运行管理的重要指标。

☞ **9.22　为什么悬浮固体和挥发性悬浮固体是废水处理设计和运行管理的重要参数？**

废水中悬浮固体和挥发性悬浮固体是污水处理设计和运行管理的重要参数。

对于二沉池出水的悬浮物含量，国家污水排放一级标准规定不得超过 70mg/L（城镇二级污水处理厂不得超过 20mg/L），这是一项最重要的水质控制指标之一。同时悬浮物又是常规污水处理系统运行是否正常的指示指标，二沉池出水的悬浮物量发生异常变化或出现超标现象，说明污水处理系统出现了问题，必须采取有关措施使其恢复正常。

生物处理装置内的活性污泥中悬浮固体（MLSS）和挥发性悬浮固体含量（MLVSS）必须在一定数量范围内，而且对于水质相对稳定的污水生物处理系统，两者之间存在一定比例关系，如果 MLSS 或 MLVSS 超出特定范围或二者比值发生较大改变，必须设法使其恢复正常，否则势必造成生物处理系统出水水质发生变化，甚至导致包括悬浮物在内的各种排放指标超标。另外，通过测定 MLSS，还可以监测曝气池混合液的污泥体积指数，从而了解活性污泥及其他生物悬浮液的沉降特性和活性。

☞ **9.23 什么是水的浊度？**

水的浊度是一种表示水样的透光性能的指标，是由于水中泥沙、黏土、微生物等细微的无机物和有机物及其他悬浮物使通过水样的光线被散射或吸收、而不能直接穿透所造成的，一般以每升蒸馏水中含有 $1mgSiO_2$（或硅藻土）时对特定光源透过所发生的阻碍程度为 1 个浊度的标准，称为杰克逊度，以 JTU 表示。

浊度计是利用水中悬浮杂质对光具有散射作用的原理制成的，其测得的浊度是散射浊度单位，以 NTU 表示。水的浊度不仅与水中存在的颗粒物质的含量有关，而且和这些颗粒的粒径大小、形状、性质等有密切的关系。

水的浊度高，不仅增加消毒剂的用量，而且影响消毒效果。浊度的降低，往往意味着水中有害物质、细菌和病毒的减少。水的浊度达到 10 度时，人们就可以看出水质浑浊。

☞ **9.24 什么是水的色度？**

水的色度是测量水的颜色时所规定的指标，水质分析中所称的色度通常是指水的真实颜色，即仅指水样中溶解性物质产生的颜色。因此在测定前，需要对水样进行澄清、离心分离或用 $0.45\mu m$ 滤膜过滤去除 SS，但不能用滤纸过滤，因为滤纸能吸收水的部分颜色。

用未经过滤或离心分离的原始样品进行测定的结果是水的表观颜色，即由溶解性物质和不溶解性悬浮物质共同产生的颜色。一般不能用测定真实颜色的铂钴比色法测定和量化水的表观颜色，通常用文字来描述其深浅、色调以及透明程度等特征，然后用稀释倍数法进行测定。用铂钴比色法测得的结果和用稀释倍数法测定的色度值往往没有可比性。

☞ **9.25 什么是水的酸度和碱度？**

水的酸度是指水中所含有的能与强碱发生中和作用的物质的量。形成酸度的物质有能全部离解出 H^+ 的强酸（如 HCl、H_2SO_4）、部分离解出 H^+ 的弱酸（H_2CO_3、有机酸）和强酸弱碱组成的盐类（如 NH_4Cl、$FeSO_4$）等三类。酸度是用强碱溶液滴定而测定的。滴定时以甲基橙为指示剂测得的酸度称为甲基橙酸度，包括第一类强酸和第三类强酸盐形成的酸度；用酚酞为指示剂测得的酸度称为酚酞酸度，是上述三类酸度的总和，因此也称总酸度。天然水中一般不含强酸酸度，而是由于含有碳酸盐和重碳酸盐使水呈碱性，当水中有酸度存在时，往往表示水已受到酸污染。

与酸度相反，水的碱度是指水中所含有的能与强酸发生中和作用的物质的量。形成碱度的物质有能全部离解出 OH^- 的强碱（如 NaOH、KOH）、部分离解出 OH^- 的弱碱（如 NH_3、$C_6H_5NH_2$）和强碱弱酸组成的盐类（如 Na_2CO_3、K_3PO_4、Na_2S）等三类。碱度是用强酸溶液滴定而测定的。滴定时以甲基橙为指示剂测得的碱度是上述三类碱度的总合，称为总碱度或甲基橙碱度；用酚酞为指示剂测得的碱度称为酚酞碱度，包括第一类强碱形成的碱度和第三类强碱盐形成的部分碱度。

酸度和碱度的测定方法有酸碱指示剂滴定法和电位滴定法，一般都折合成 $CaCO_3$ 来计量，单位是 mg/L。

☞ **9.26　什么是水的 pH 值？**

pH 值是被测水溶液中氢离子活度的负对数，即 $pH = -\lg\alpha(H^+)$，是污水处理工艺中最常用的指标之一。在 25℃ 条件下，pH 值为 7 时，水中氢离子和氢氧根离子的活度相等，相应的浓度为 10^{-7} mol/L，此时水为中性，pH 值>7 表示水呈碱性，而 pH 值<7 则表示水呈酸性。

pH 值的大小反映了水的酸性和碱性，但不能直接表明水的酸度和碱度。比如 0.1mol/L 的盐酸溶液和 0.1mol/L 的乙酸溶液，酸度同样都是 100mmol/L，但两者的 pH 值却大不相同，0.1mol/L 的盐酸溶液的 pH 值是 1，而 0.1mol/L 的乙酸溶液的 pH 值是 2.9。

☞ **9.27　常用的 pH 值测定方法有哪些？**

在实际生产中，为了快速方便地掌握进入废水处理场废水的 pH 值变化情况，最简单的方法是用 pH 试纸粗略测定。对于无色、无悬浮杂质的废水，还可以使用比色法。目前，我国测定水质 pH 值的标准方法是电位法（GB/T 6920—1986 玻璃电极法），它通常不受颜色、浊度、胶体物质以及氧化剂、还原剂的影响，既可以测定清洁水的 pH 值，又可以测定受不同程度污染的工业废水的 pH 值，这也是广大废水处理场广泛使用的测定 pH 值的方式。

pH 值的电位法测定原理是通过测定玻璃电极与已知电位的参比电极的电位差，从而得到指示电极的电位，即 pH 值。参比电极一般使用甘汞电极或 Ag-AgCl 电极，以甘汞电极应用最为普遍。pH 电位计的核心是一个直流放大器，使电极产生的电位在仪器上放大后以数字或指针的形式在表头上显示出来。电位计通常装有温度补偿装置，用以校正温度对电极的影响。

废水处理场使用的在线 pH 计的工作原理是电位法，使用注意事项和实验室的 pH 计基本相同。但由于其使用的电极长期连续浸泡在废水或曝气池等含有大量油污或微生物的地方，因此除了要求 pH 计设置对电极的自动清洗装置外，还需要根据水质情况和运行经验进行人工清洗。一般对用在进水或曝气池中的 pH 计每周进行一次人工清洗，而对用在出水中的 pH 计可每月进行一次人工清洗。对于能同时测定温度和 ORP 等项目的 pH 计，应当按照测定功能所需要的使用注意事项进行维护和保养。

☞ 9.28 什么是溶解氧？

溶解氧 DO(Dissolved Oxygen)表示的是溶解于水中分子态氧的数量，单位是 mg/L。水中的溶解氧饱和含量与水温、大气压和水的化学组成有关，在一个大气压下，0℃的蒸馏水中溶解氧达到饱和时的氧含量为 14.62mg/L，在 20℃时则为 9.17mg/L。水温升高、含盐量增加或大气压力下降，都会导致水中溶解氧含量降低。

溶解氧是鱼类和好氧菌生存和繁殖所必需的物质，溶解氧低于 4mg/L，鱼类就难以生存。当水被有机物污染后，好氧微生物氧化有机物会消耗水中的溶解氧，如果不能及时从空气中得到补充，水中的溶解氧就会逐渐减少，直到接近于 0，引起厌氧微生物的大量繁殖，使水变黑变臭。

☞ 9.29 为什么溶解氧指标是废水生物处理系统正常运转的关键指标之一？

水中保持一定的溶解氧是好氧水生生物得以生存繁殖的基本条件，因而溶解氧指标也是污水生物处理系统正常运转的关键指标之一。

好氧生物处理装置要求水中溶解氧最好在 2mg/L 以上，厌氧生物处理装置要求溶解氧在 0.5mg/L 以下，如果想进入理想的产甲烷阶段则最好检测不到溶解氧(为 0)，而 A/O 工艺的 A 段为缺氧状态时，溶解氧最好在 0.5~1mg/L。在好氧生物法的二沉池出水合格时，其溶解氧含量一般不低于 1mg/L，过低(<0.5mg/L)或过高(空气曝气法>2mg/L)都会导致出水水质变差、甚至超标。因此需对生物处理装置内部和其沉淀池出水的溶解氧含量监测予以充分重视。

碘量滴定法不适合做现场检验，也难以用于连续监测或就地测定溶解氧。在污水处理系统的溶解氧连续监测中采用的都是电化学法中的薄膜电极法。为了实时连续掌握污水处理过程中曝气池内混合液 DO 的变化，一般采用在线式电化学探头 DO 测定仪，同时 DO 仪也是曝气池溶氧自动控制调节系统的重要组成部分，对于调节控制系统的正常运行起着重要的作用，另外也是工艺操作人员调整、控制污水生物处理正常运转的重要依据。

☞ 9.30 反映水中有毒有害有机物的指标有哪些？

常见污水中的有毒有害有机物，除了少部分(如挥发酚等)外，大部分是难以生物降解的，而且对人体还有较大危害性，如石油类、阴离子表面活性剂(LAS)、有机氯和有机磷农药、多氯联苯(PCBs)、多环芳烃(PAHs)、高分子合成聚合物(如塑料、合成橡胶、人造纤维等)、燃料等有机物。

GB 8978—1996《污水综合排放标准》对各个行业排放的含有以上有毒有害有机物污水浓度做出了严格的规定，具体水质指标有苯并(a)芘、石油类、挥发酚、有机磷农药(以 P 计)、四氯甲烷、四氯乙烯、苯、甲苯、间–甲酚等 36 项。行业不同，其排放的废水需要控制的指标也不同，应当根据各自排放的污水的具体成分，监测其水质指标是否符合国家排放标准。

☞ **9.31　水中酚类化合物的类型有几种？**

酚是苯的羟基衍生物，其羟基直接与苯环相连。按照苯环上所含羟基数目的多少，可分为单元酚(如苯酚)和多元酚。按照能否与水蒸气共沸而挥发，又分为挥发酚和不挥发酚。因此，酚类不单指苯酚，而且还包括邻位、间位和对位被羟基、卤素、硝基、羧基等取代的酚化物的总称。

酚类化合物是指苯及其稠环的羟基衍生物，种类繁多，通常认为沸点在230℃以下的为挥发酚，而沸点在 230℃以上的为不挥发酚。水质标准中的挥发酚是指在蒸馏时，能与水蒸气一起挥发的酚类化合物。

☞ **9.32　常见重金属及无机性非金属有毒有害物质的水质指标有哪些？**

常见的水中重金属及无机性非金属有毒有害物质主要有汞、镉、铬、铅及硫化物、氰化物、氟化物、砷、硒等，这些水质指标都是保证人体健康或保护水生生物的毒理学指标。GB 8978—1996《污水综合排放标准》对含有这些物质的污水排放指标做出了严格的规定。

对于来水中含有这些物质的污水处理场，必须认真检测进水和二沉池出水的这些有毒有害物质的含量，以保证达标排放。一旦发现进水或出水超标，都应当立即采取措施，通过加强预处理和调整污水处理运行参数，使出水尽快达标。在常规的二级污水处理中，硫化物和氰化物是两种最常见的无机性非金属有毒有害物质水质指标。

☞ **9.33　水中硫化物的形式有哪些？**

硫在水中存在的主要形式有硫酸盐、硫化物和有机硫化物等，其中硫化物有H_2S、HS^-、S^{2-}等三种形式，每种形式的数量与水的 pH 值有关，在酸性条件下，主要以 H_2S 形式存在，pH 值>8 时，主要以 HS^-、S^{2-} 形式存在。水体中检出硫化物，往往可说明其已受到污染。某些工业尤其是石油炼制排放的污水中常含有一定量的硫化物，在厌氧菌的作用下，水中的硫酸盐也能还原成硫化物。

必须认真分析化验污水处理系统有关部位污水的硫化物含量，以防出现硫化氢中毒现象。尤其是对汽提脱硫装置的进出水，因硫化物含量高低直接反映了汽提装置的效果，是一项控制指标。为防止自然水体中硫化物过高，国家污水综合排放标准规定硫化物含量不得超过 1.0mg/L，采用好氧二级生物处理污水时，如果进水硫化物浓度在 20mg/L 以下，在活性污泥性能良好并及时排出剩余污泥的情况下，二沉池出水的硫化物是能够达标的。必须定时监测二沉池出水硫化物的含量，以便观察出水是否达标和确定如何调整运行参数。

☞ **9.34　氰化物测定的方法有哪些？**

氰化物的常用分析方法是容量滴定法和分光光度法，GB/T 7486—1987 和 GB/T 7487—1987 分别规定了总氰化物和氰化物的测定方法。容量滴定法适用于高浓度氰化物水样的分析，测定范围为 1~100mg/L；分光光度法有异烟酸-吡唑啉酮比色法和砒啶-巴比妥酸比色法两种，适用于低浓度氰化物水样的分析，测定范围为 0.004~0.25mg/L。

容量滴定法的原理是用标准硝酸银溶液滴定，氰离子与硝酸银生成可溶性银氰络合离子，过量的银离子与试银灵指示液反应，溶液由黄色变成橙红色。分光光度法的原理是在中性条件下，氰化物与氯胺 T 反应生成氯化氰，氯化氰再与砒啶反应生成戊烯二醛，戊烯二醛与砒唑啉酮或巴比妥酸生成蓝色或红紫色染料，颜色的深浅与氰化物的含量成正比。

滴定法和分光光度法测定时都存在一些干扰因素，通常需要加入特定药剂等预处理措施，并进行预蒸馏。当干扰物质浓度不是很大时，只通过预蒸馏即可达到目的。

☞ **9.35　什么是生物相？**

在好氧生物处理过程中，不管采用何种构筑物的形式及何种工艺流程，都是通过处理系统中的活性污泥和生物膜微生物的代谢活动，将废水中的有机物氧化分解为无机物，从而使废水得到净化。处理后出水水质的好坏都同组成活性污泥和生物膜微生物的种类、数量及代谢活力等有关。废水处理构筑物的设计及日产运行管理主要是为活性污泥和生物膜微生物提供一个较好的生活环境条件，以便发挥其最大的代谢活力。

在废水生物处理过程中，微生物是一个综合群体：活性污泥由多种微生物组成，各种微生物之间必然相互影响，并共同栖息于一个生态平衡的环境中。不同种类的微生物在生物处理系统中，都有自己的生长规律。比如说，有机物浓度较高时，微生物是以有机物为食料的细菌占优势，数量自然最多。而当细菌数量多时，必然出现以细菌为食料的原生动物，再后出现以细菌和原生动物为食料的微型后生动物。

活性污泥中微生物的生长规律，有助于通过微生物镜检去掌握废水处理过程的水质情况。如果镜检中发现有大量鞭毛虫存在，说明废水中有机物浓度还较高，需要做进一步处理；当镜检发现游动型纤毛虫时，表明废水已经得到一定程度的处理；当镜检发现固着型纤毛虫，而游动型纤毛虫数量不多见时，则表明废水中有机物和游离细菌已相当少，废水已经接近稳定；当镜检发现轮虫时，表明水质已经比较稳定。

☞ **9.36　什么是生物相镜检？其作用是什么？**

生物相镜检一般只能作为对水质总体状况的估计，是一种定性的检测，不能作为废水处理厂出水水质的控制指标。为了监测微型动物演替变化状况，还需要定时进行记数。

活性污泥和生物膜是生物法处理废水的主体，污泥中微生物的生长、繁殖、代谢活动以及微生物种类之间的演替情况可以直接反映处理状况。和有机物浓度及有毒物质的测定相比，生物相镜检要简便得多，随时可以了解活性污泥中原生动物种类变化和数量消长情况，由此可以初步判断污水的净化程度，或进水水质和运行条件是否正常。因此，除了利用物理、化学的手段来测定活性污泥的性质，还可以借助于显微镜观察微生物的个体形态、生长运动以及相对数量状况来判断废水处理的运行情况，以便及早发现异常情况，及时采取适当的对策，保证处理装置运行稳定，提高处理效果。

☞ **9.37　低倍镜观察生物相应注意哪些事项？**

低倍镜观察是为了观察生物相的全貌，要注意观察污泥絮粒的大小、污泥结构的松紧程度、菌胶团和丝状菌的比例及其生长状况，并加以记录和做出必要的描述。污泥絮粒大的污泥沉降性能好，抗高负荷冲击能力强。

污泥絮粒按平均直径的大小可以分为三等：污泥絮粒平均直径>500μm 的称为大粒污泥，<150μm 为小粒污泥，介于 150~500μm 之间的为中粒污泥。

污泥絮粒性状是指污泥絮粒的形状、结构、紧密程度及污泥中丝状菌的数量。镜检时可把近似圆形的污泥絮粒称为圆形絮粒，与圆形截然不同的称为不规则形状絮粒。

絮粒中网状空隙与絮粒外面悬液相连的称为开放结构，无开放空隙的称为封闭结构。絮粒中菌胶团细菌排列致密，絮粒边缘与外部悬液界限清楚的称为紧密絮粒，边缘界限不清的称为疏松絮粒。

实践证明，圆形、封闭、紧密的絮粒相互间易于凝聚、浓缩，沉降性能良好，反之则沉降性能差。

☞ **9.38　高倍镜观察生物相应注意哪些事项？**

用高倍镜观察，可以进一步看清微型动物的结构特征，观察时要注意微型动物的外形和内部结构，例如钟虫体内是否存在食物泡，纤毛虫的摆动情况等。观察菌胶团时，应注意胶质的厚薄和色泽，新生菌胶团出现的比例等。观察丝状菌时，要注意丝状菌体内是否有类脂物质和硫粒积累，同时注意丝状菌体内细胞的排列、形态和运动特征，以便初步判断丝状菌的种类（进一步鉴别丝状菌的种类需要使用油镜并将活性污泥样品染色）。

☞ **9.39　生物相观察时对丝状微生物如何分级?**

活性污泥中丝状微生物包括丝状细菌、丝状真菌、丝状藻类(蓝细菌)等细胞相连且形成丝状的菌体,其中以丝状细菌最为常见,它们同菌胶团细菌一起,构成了活性污泥絮体的主要成分。丝状细菌具有很强的氧化分解有机物的能力,但由于丝状细菌的比表面积较大,当污泥中丝状菌超过菌胶团细菌而占优势生长时,丝状菌从絮粒中向外伸展,阻碍絮粒间的凝聚使污泥 SV 值和 SVI 值升高,严重时会造成污泥膨胀现象。因此,丝状细菌数量是影响污泥沉降性能的最重要因素。

根据活性污泥中丝状菌与菌胶团细菌的比例,可将丝状菌分成五个等级:①0 级——污泥中几乎无丝状菌;②±级——污泥中存在少量丝状菌;③+级——污泥中存在中等数量丝状菌,总量少于菌胶团细菌;④++级——污泥中存在大量丝状菌,总量与菌胶团细菌大致相等;⑤+++级——污泥絮粒以丝状菌为骨架,数量明显超过菌胶团细菌而占优势。

☞ **9.40　生物相观察应注意活性污泥微生物的哪些变化?**

城市污水处理厂活性污泥中微生物种类很多,比较容易地通过观察微生物种类、形态、数量和运动状态的变化来掌握活性污泥的状态。而工业废水处理场活性污泥中会因为水质的原因,可能观察不到某种微生物,甚至完全没有微型动物,即不同的工业废水处理场的生物相会有很大差异。

(1)微生物种类的变化。污泥中的微生物种类会随水质变化,随运行阶段而变化。污泥培养阶段,随着活性污泥的逐渐形成,出水由浊变清,污泥中的微生物发生有规律的演变。正常运行中,污泥微生物种类的变化也遵循一定的规律,由污泥微生物种类的变化可以推测运行状况的变化。比如,污泥结构变得松散时,游动纤毛虫较多,而出水混浊变差时,变形虫和鞭毛虫就会大量出现。

(2)微生物活动状态的变化。当水质发生变化时,微生物的活动状态也会发生一些变化,甚至微生物的形体也会随废水变化而变化。以钟虫为例,纤毛摆动的快慢、体内积累食物泡的多少、伸缩泡的大小等形态都会随生长环境的改变而变化。当水中溶解氧过高或过低时,钟虫的头部常会突出一个空泡。进水中难降解物质过多或温度过低时,钟虫会变得不活跃,其体内可见到食物颗粒的积累,最后会导致虫体中毒死亡。pH 值突变时,钟虫体上的纤毛会停止摆动。

(3)微生物数量的变化。活性污泥中的微生物种类很多,但某些微生物数量的变化也能反映出水质的变化。比如丝状菌,在正常运行时适量存在是非常有利的,但其大量出现会导致菌胶团数量的减少、污泥膨胀和出水水质变差。活性污泥中鞭毛虫的出现预示着污泥开始增长繁殖,但鞭毛虫数量增多又往往是处理效果降低的征兆。钟虫的大量出现一般是活性污泥生长成熟的表现,此时处理效果良好，同时可见极少量的轮虫出现。如果活性污泥中轮虫大量出现，则往往意味着污泥的老化或过度氧化，随后就有可能出现污泥解体和出水水质变差。

☞ **9.41 镜检结果如何记录？**

对活性污泥或生物膜生物相进行镜检后，其结果记录方式可以参考表9-1。

表9-1 生物相镜检结果记录表

生物相镜检项目		检测结果
絮体大小		大，中，小
絮体形态		圆形，不规则形
絮体结构		开放，封闭
絮体紧密度		紧密，疏松
丝状菌数量		0，±，+，++，+++
游离细菌		几乎不见，少，多
微型动物	优势种(数量及形态)	
	其他种(种类、数量及形态)	

☞ **9.42 生物膜法生物相与活性污泥有哪些不同？**

生物膜法处理系统的生物相特征与活性污泥工艺有所不同，主要表现在微生物种类和分布方面。表9-2列出了生物膜和活性污泥中出现的微生物在类型、种属和数量上的比较。

表9-2 生物膜和活性污泥中微生物对比

微生物种类	活性污泥法	生物膜法	微生物种类	活性污泥法	生物膜法
细菌	++++	++++	其他纤毛虫	++	+++
真菌	++	+++	轮虫	+	+++
藻类	—	++	线虫	+	++
鞭毛虫	++	+++	寡毛类	—	++
肉足虫	++	+++	其他后生动物	—	+
纤毛虫缘毛虫	++++	++++	昆虫类		++
纤毛虫吸管虫	+	+			

一般来说，由于水质呈逐级变化的趋势和微生物生长环境条件的改善，生物膜系统存在的微生物种类和数量均比活性污泥工艺多，食物链长且较为复杂，尤其是丝状菌、原生动物和后生动物种类增加较多，而且还有一定比例的厌氧菌和兼性菌。在日光照射到的部位能够出现藻类，还能够出现滤池蝇这样的昆虫类生物。在分布方面的特点是沿生物膜厚度(由表及里)或进水流向(与进水接触时间不同)，微生物的种类和数量呈现出较大差异。在多级处理的第一级或下向流填

料层的上部，生物膜往往以菌胶团细菌为主，膜厚度亦较大(2~3mm)；随着级数的增加或下向流填料层的下部，由于其接触到的水质已经经过部分处理，生物膜中会逐渐出现较多的丝状菌、原生动物和后生动物；微生物的种类不断增多，但生物膜的厚度却在不断减薄(1~2mm)。生物膜表层的微生物都是好氧性的，而随着厚度的加大，微生物逐渐变成兼性乃至厌氧性。

生物膜固着在滤料或填料上，生物固体停留时间 SRT(泥龄)较长，因此能够生长世代时间长、增殖速度很小的微生物，如硝化菌等。在生物膜上还可能出现大量丝状菌，但不会出现污泥膨胀。和活性污泥法相比，生物膜上的生物中动物性营养者比例较大，微型动物的存活率也较高，能够栖息高营养水平生物，在捕食性纤毛虫、轮虫类、线虫类之上还栖息着寡毛类和昆虫。因此，生物膜上的食物链要比活性污泥中的食物链长，这也是生物膜法产生的污泥量少于活性污泥法的原因。

废水水质的不同，每一级或每层填料上的特征微生物也会不同，即水质的变化会引起生物膜中微生物种类和数量的变化。在进水浓度增高时，可以观察到原有层次的特征性微生物下移的现象，即原先在前级或上层填料上的微生物可在后级或下层填料上出现。因此，通过生物相观察发现这样类似的变化来推断废水浓度或污泥负荷的变化。

☞ 9.43　什么是余氯？

余氯是水经加氯消毒接触一定时间后余留在水中的氯，其作用是保持持续的杀菌能力。从水进入管网到用水点之前，必须维持水中消毒剂的作用，以防止可能出现的病原体危害和再增殖。这就要求向水中投加的消毒剂，其投加量不仅能满足杀灭水中病原体的需要，而且还要保留一定的剩余量防止在水的输送过程中出现病原体的再增殖，如果使用氯消毒，那么超出当时消毒需要的这部分消毒剂就是余氯。

余氯有游离性余氯(Cl_2、HOCl 和 OCl^-)和化合性余氯(NH_2Cl、$NHCl_2$ 和 NCl_3)两种形式，这两种形式能同时存在于同一水样中，两者之和称为总余氯。游离性余氯杀菌能力强，但容易分解，化合性余氯杀菌能力较弱，但在水中持续的时间较长。一般水中没有氨或铵存在时，余氯为游离性余氯，而水中含有氨或铵时，余氯通常只含有化合性余氯，有时是余氯和化合性余氯共存。余氯量必须适当，过低起不到防治病原体的作用，过高则不仅造成消毒成本的增加，而且在人体接触时可能造成对人体的伤害。

从概念上看，余氯是针对氯气及氯系列消毒剂而言的，当使用二氧化氯等其他非氯类消毒剂时，就应该将余氯理解为接触一定时间后留在水中的剩余消毒剂。

第10章　废水处理场(厂)基本常识

☞　**10.1　如何选择确定废水的处理流程？**

　　废水处理方法或流程的确定需要综合考虑多方面的因素。除了考虑废水的特性及主要成分的可处理性以外，还要结合国家或地方污水排放标准对排放污水各种成分的具体指标，确定应去除的主要污染物及其处理程度，同时考虑处理系统的基建投资和建成后的运行维护费用。因此，必须综合考虑各种客观因素，因地制宜地选择确定废水的处理流程，在达到既定的水质目标的条件下，技术上可行、经济上适宜，做到环境效益、经济效益和社会效益的和谐统一。

☞　**10.2　针对废水中污染物种类的常规处理方法分别有哪些？**

　　表10-1列出了针对废水中的具体污染物成分而通常使用的处理方法。

表10-1　不同污染物的常规处理方法

污染物	处 理 方 法
悬浮物	格栅、筛网、过滤、磨碎、沉淀、浮选、离心分离、混凝沉淀
油、脂	隔油、浮选、聚结除油、过滤、混凝过滤
酸、碱	中和、渗析分离、热力法回收
溶解性无机固体	离子交换、反渗透、电渗析、蒸发
重金属	离子交换、反渗透、电渗析、活性炭吸附、铁氧体法、离子浮选、混凝沉淀或浮选
热	冷却池、冷却塔、均质池
病原体	加氯、臭氧、二氧化氯、紫外线、辐射、超声波、溴或碘等氧化剂消毒
放射性污染	混凝沉淀、离子交换、蒸发、储存
硫化物	蒸汽汽提、生物处理
可生物降解有机物	活性污泥法、生物膜法、稳定塘
难生物降解有机物	活性炭吸附、臭氧或其他高级氧化
氮	生物硝化与脱氮、氨吹脱解析、离子交换
磷	混凝沉淀、生物-化学法、A/A/O生物法

☞　**10.3　废水处理场的常规流程是怎样的？**

　　为达到国家污水排放标准，一般的废水处理场都采用一级处理(物理法或化学法)+二级生物法处理的处理流程(见图10-1)，为避免工业废水水质不均衡引起对出水水质的影响，在二级生物法处理前后分别设置均质调节池(事故池)和监测池。

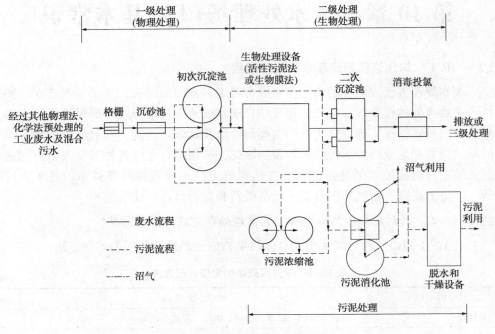

图 10-1　工业废水处理场常规流程图

☞　**10.4　废水处理场的常规检测和控制项目有哪些?**

在废水处理的各个工艺环节，一般都需要对运行情况进行了解或控制，因此需要进行一些必要的检测。废水处理场的检测和控制项目见表 10-2。

表 10-2　常规废水处理场检测与控制项目

构筑物	检测项目	控制项目
进水管、渠	水量、水质污染指标	闸门
格栅、集水池	水位、pH 值、温度	格栅除污机
进水泵房	压力、水量、阀门开启度	水泵、阀门
计量槽、沉砂池	水位、水量、pH 值、温度	阀门、除砂机
预曝气池	温度、风量、风压、回流污泥量	鼓风机、回流泵及阀门
一次沉淀池	水量、温度、pH 值、泥位、溶解氧	刮泥机、排泥阀门
曝气池	水量、溶解氧、水位、pH 值、温度、回流污泥量	进水阀门、回流污泥阀门
鼓风机房、曝气机	风压、风量、曝气机转速	风机及阀门、曝气机

构筑物	检测项目	控制项目
回流泵房	回流污泥量、阀门开启度、回流污泥浓度	回流泵及阀门
二次沉淀池	水量、溶解氧、pH 值、温度、泥位	刮泥机、排泥阀门
污泥浓缩池	进泥浓度、排泥浓度、上清液 SS	浓缩刮泥机、阀门
污泥泵房	进泥量、排泥量、阀门开启度	阀门、污泥泵、搅拌机
污泥加热池	蒸汽压力、温度、泥位、阀门开启度	阀门、污泥泵
消化池	泥位、pH 值、温度、上清液 SS 及进、排泥浓度	阀门、搅拌设备
加药间	加药量、溶液池液位、阀门开启度	阀门、加药设备
反应池	泥位、pH 值、阀门开启度	搅拌机、加药泵阀门
污泥脱水间	污泥浓度、分离液 SS、压力、阀门开启度、进泥量、脱水污泥固含率	脱水机、空压机、真空泵、阀门、输送机
污泥干化、焚烧间	温度、压力、SO_2 浓度、空气量、泥量	焚烧炉、鼓风机、输送机
排放管渠	水量、浊度、pH 值、余氯	阀门
污水回用	水量、TDS、压力、	
废水零排放	水量、温度、压力、液位	

☞ **10.5 废水处理场的调试过程是怎样的?**

废水处理场的调试也称试运行,包括单机试运与联动试车两个环节,是其正式运行前必须进行的一项工作,通过试运行可以及时修理和改正工程缺陷和错误,确保处理场达到设计功能。在调试废水处理工艺过程中,离不开机电设备、自控仪表、化验分析等相关专业的配合,因此调试实际是设备、自控、工艺实现联动的过程。具体可以归纳如下:

(1)单机试运:包括各种设备安装后的单机运转和各处理单元构筑物的试水。在未进水和已进水两种情况下对污水处理设备进行试运行,同时检查水工构筑物的水位和高程等是否满足设计要求。

(2)对整个工艺系统进行设计水量的清水联动试运行,打通工艺流程。考察设备在清水流动下的运行情况,检验部分自控仪表和连接各个工艺单元的管道、阀门等是否满足设计要求。

(3)对各级处理的各个处理单元分别进入要处理的废水,检验各处理单元的处理效果或进行正式运行前的准备工作(如培养驯化活性污泥等)。

（4）全工艺流程废水联动试运行，直至出水水质达标。此阶段进一步检验设备运转的稳定性，同时实现自控系统的联动。

☞ **10.6　废水处理场试运行的主要作用有哪些？**

（1）进一步检验土建、设备和安装工程的质量，建立相关设施的档案资料，对相关机械、设备、仪表的设计合理性及运行操作注意事项等提出建议。

（2）通过污水处理设备的带负荷运转，测试其能力是否达到铭牌值或设计值。如水泵和风机的流量、压力、温度、噪声与震动等，曝气设备的充氧能力和氧利用率，刮、排泥机械的运行稳定性、保护装置的效果等。

（3）检验泵站、均质池、沉砂池、曝气池、沉淀池等工艺单元构筑物的处理效果是否达到设计值，二级处理采用生物法时要根据来水水质情况选择合适的方法培养驯化活性污泥。

（4）在单项处理设施带负荷试运行的基础上，连续进水打通整个工艺流程，在参照同类型污水处理场运行经验的条件下，经过调整各个工艺环节的操作数据，使污水处理尽早达标排放，同时摸索整个系统及各个处理构筑物在转入正常运行后的最佳工艺参数。

☞ **10.7　沉淀池调试时的主要内容有哪些？**

（1）检查刮泥机或吸刮泥机等金属部件的防腐是否完好合格，以及其在无水情况下的运转状况。

（2）沉淀池进水后观察是否漏水，做好沉降观测，检查观测沉淀池是否存在不均匀沉降(沉淀池的不均匀沉降对刮泥机或吸刮泥机的运行影响很大)，通过观察出水三角堰的出水情况也能发现沉淀池的沉降情况。

（3）检查刮泥机或吸刮泥机的带负荷运行状况。主要观察震动、噪声和驱动电机的运转情况是否正常，线速度、角速度等是否在设定范围内。

（4）试验和确定刮泥机或吸刮泥机的刮、吸泥功能和刮渣功能是否正常。观察沉淀池表面的浮渣能否及时排出，观察排泥量在一定范围内变化时的刮、吸泥效果。

（5）分别测定进、出水的SS，验证沉淀池在设计进水负荷下的作用是否符合设计要求。比如二沉池的回流污泥浓度和初沉池的排泥浓度是否在合理范围内。

（6）检验与沉淀池有关的自控系统能否正常联动。如初沉池的自动开停功能和二沉池根据泥位计测得泥位的自动排放剩余污泥或浮渣功能等。

☞ **10.8　活性污泥法试运行时的注意事项有哪些？**

（1）活性污泥法试运行的主要工作是培养和驯化活性污泥，对于生活污水比例较大的城市污水和混有较大比例生活污水的工业废水，可以使用间歇培养法或连续培养法直接培养，而对于成分主要是难降解有机物的工业废水来说，通常需要接种培养或间接培养，即先用生活污水培养污泥，再逐步排入工业废水对污泥进行驯化。

（2）活性污泥培养初期，由于污泥尚未大量形成，产生的污泥也处于离散状态，因而曝气量一定不能太大，一般控制在设计曝气量的1/2即可，否则不易形成污泥絮体。

（3）试运行时应当随时进行镜检，观察生物相的变化情况，并及时测量 SV、MLSS 等指标，并根据观测结果随时调整试运行的工况条件。

（4）活性污泥达到设计浓度，并不能说明试运行已经完成，而应当以出水水质连续相当长的时间(6~12 个月)达到设计指标为试运行的完成标志。

（5）为提高活性污泥的培养速度，缩短培养时间，废水处理场一般应避免在冬季试运行。冬季水温较低，不利于微生物的快速繁殖。

（6）试运行的目的是确定最佳的运行工艺条件，如确定最佳的 MLSS、鼓风量、污水投加方式等，如果工业废水中的养料不足，还应确定氮、磷的投加量。可以将这些参数组合成几种运行条件，结合设计值分阶段进行试验，观察各种条件的处理效果，最后确定最佳的运行数据。

☞ **10.9　生物膜法试运行时的注意事项有哪些？**

（1）在生物培养阶段，除氮磷等营养元素的数量必须充足外，采用小负荷进水的方式，减少对生物膜的冲刷作用，增加填料或滤料的挂膜速度。

（2）试运行时应当随时进行镜检，观察生物膜的生长情况和生物相的变化情况，注意特征微生物的种类和数量变化情况。

（3）控制生物膜的厚度，保持在 2mm 左右，不使厌氧层过分增长，通过调整水力负荷(改变回流水量)等形式使生物膜的脱落均衡进行。

☞ **10.10　废水处理操作工巡检时应该注意观察哪些现象？**

在活性污泥法污水处理场中，一个有经验的操作工或管理者对污水处理正常运转的各种表现应该心中有数，即可以通过巡检时观察污水处理系统各个环节的感官现象和指标，初步判断进出水水质是否变化、各构筑物运转是否正常、处理效果是否稳定，从而较快地对一些运行参数进行调整，避免因水质化验结果出来得较晚而贻误调整的最佳时机。巡检时应该注意观察的现象有以下几个方面：

（1）颜色与气味

对于一个已经正常运行的污水处理场来说，进场的污水颜色与气味一般变化不大，变化时一般也是有规律的，按流程进入和流出各个工艺构筑物的污水或污泥的颜色与气味也是固定或有规律地变化的。如果出现异常，就说明遇到了不正常情况，需要进行适当调整或提前采取一些应对措施，为发生突变做好准备。比如活性污泥正常的颜色应当是黄褐色，正常气味应当是土腥味或霉香味，如果发现颜色变黑或闻到腐败性气味，则说明供氧不足，污泥已发生腐败，需要采取增加供氧的措施。

（2）气泡与泡沫

在供氧充足、污水处理效果良好时，无论采用哪种曝气方式，曝气池内都会出现少量分布均匀的气泡与泡沫。气泡与泡沫的大小和曝气方式等因素有关，外观类似肥皂泡，风吹即散，这往往是水中含有少量油脂或表面活性剂而造成的。如果曝气池内有大量白色泡沫翻滚，泡沫有黏性不易自然破碎，堆积满池甚至飘逸到池顶走道上，这往往说明来水中油脂或表面活性剂过多或活性污泥发生了异常变化。在二沉池表面一般看不到气泡与泡沫，但有时因污泥在二沉池局部停留时间太长，产生厌氧分解或出现反硝化而析出气体，二沉池表面也能见到气泡，甚至有时气泡会将污泥颗粒带到二沉池表面形成浮渣。

（3）水流状态

曝气池表面的水流应当平稳翻滚，如果局部翻动缓慢，往往说明此处扩散器堵塞；如果局部剧烈翻动，往往说明此处曝气过多或曝气头脱落。在机械曝气池中如果发现近池壁处水流翻动不剧烈，近叶轮处溅花高度及范围很小，则说明叶轮浸没深度不够，应当予以调整。

如果沉淀池或沉砂池边角处有积泥或积渣，应当检查排泥排渣管道是否通畅，排泥排渣的数量是否及时和合适。如果二沉池出水悬浮物增加，透明度下降，则应当检查剩余污泥排放和进水水量是否正常。如果出水渠中有泡沫积聚和水位变化等现象，则应当检查进水水质和水量是否发生了变化。

（4）温度、流量、压力等

污水处理场一般都有一系列现场显示仪表，比如温度、流量、压力等，巡检时要认真负责地观察和记录，并与正常值进行对比。如果发现异常，就应当立即采取多种形式的应对措施。

（5）声音与震动

对污水处理场的泵、风机、表曝机等设备正常运转的声音与震动等感官指标应当了如指掌，巡检时利用听、看、摸等简单手段判断出设备的运转状况。

（6）二沉池的现象

观察二沉池泥面的高低、上清液透明程度、出水悬浮物、水面漂浮物等现象及变化情况。正常运行时，二沉池上清液的厚度应该为 0.5～0.7m 以上，站在二沉池走道上能清晰地看到泥面。泥面上升说明污泥的沉降性能较差，上清液变得混浊说明负荷过高，上清液透明但含有一些细小污泥颗粒或碎片，往往是污泥解絮的表现，液面不连续大块污泥上浮说明池底出现反硝化或局部厌氧，而污泥大范围成层上浮可能是污泥中毒所致。

☞ **10.11 废水处理场管道的常用清通方法有哪些？**

废水管道清通的方法主要有水力清通、机械清通两种。

水力清通是利用水流对管道进行冲洗，具体方法是用一个充气橡皮垫或木筒橡皮刷堵住检查井下游管段的进口，并用绞车上的钢丝绳自由端拴牢，然后设法使上游管段充水。当检查井的水位抬高到1m左右后，突然放掉气塞中的空气，气塞缩小后便在水流的推动下向下游滑动而刮走污泥，同时水流在上游水压作用下，因气塞堵塞部分过水面积而以较大的流速从气塞底部冲向下游。这样一来，沉积在管底的淤泥便在气塞和水流冲刷的双重作用下排向下游检查井，管道本身得到清刷。

当管道淤塞严重、淤泥已经黏结密实后，水力清刷效果往往不是十分理想，这时候就需要采用机械清通的方法。机械清通是用逐根相连的竹片从需要清通的管段一端的检查井穿进，直到下游的检查井穿出来，从竹片的一端系上钢丝绳，钢丝绳的另一端系住清通工具的一端（清通工具的另一端也用钢丝绳系住）。在需要清通的管段两端的检查井上各设一架手动或机动绞车，竹片从下游的检查井抽出来时将钢丝绳带出后，清通工具两端的钢丝绳分别系在两架绞车上。然后利用绞车往复绞动钢丝绳，带动清通工具将淤泥刮到下游检查井内，使管道得到清通。清通工具有铁牛、胶皮刷、钢丝刷等很多种，其大小应与管道管径相适应，当淤泥数量较多时，可先用小号清通工具清通，等污泥清除到一定程度后，再使用与管径相适应的清通工具清通。

☞ **10.12 清通管道时下井作业的注意事项有哪些？**

（1）下井作业前必须履行各种手续，检查井井盖开启后，必须设置护栏和明显标志。

（2）下井前必须提前打开检查井井盖及其上下游井盖进行自然通风，并用竹棒搅动井内泥水，以散发其中的有害气体。必要时可采用人工强制通风，使有毒有害气体浓度降到允许值以下，而氧含量达到规定值。

（3）人员下井前，必须进行气体检测，测定井下空气中常见有害气体的浓度和氧含量，其氧含量不得少于18%。准确量化的测定方法是使用多功能气体检测仪，检测方便快捷。简易的方法可以将安全灯放入井内，如果缺氧，灯会熄灭；如果有可燃性爆炸性气体（未到爆炸极限），灯熄灭前会爆闪。简易的方法还可以将鸽子等小鸟放入井内，观察小鸟的活动是否异常来判定人能否下井。

（4）严禁进入管径0.8m以下的管道作业，对井深不超过3m的检查井，在穿竹片牵引钢丝绳和掏挖淤泥时，也不宜下井作业。

（5）井下严禁使用明火。照明必须使用防爆型设备，而且供电电压不得大于12V。井下作业面上的照度要高于50lx。

进入污水处理场的其他井、池作业时的注意事项也可以参照以上内容。

☞ **10.13   对进入井、池作业的人员有哪些要求?**

（1）下井、池作业人员必须经过安全技术培训,懂得人工急救的基本方法,明白防护用具、照明器具和通讯器具的使用方法。

（2）患深度近视、高血压、心脏病等严重慢性疾病及有外伤疮口尚未愈合者不得从事井、池下作业。

（3）操作人员下井作业时,必须穿戴必要的防护用品,比如悬托式安全带、安全帽、手套、防护鞋和防护服等。如果已采取常规措施仍无法保证井下空气的安全性而又必须下井时,严禁使用过滤式防毒面具和隔离式供氧面具,而应当佩戴供压缩空气的隔离式防护装具。

（4）有人在井下作业时,井上应有两人以上监护。如果进入管道,还应在井内增加监护人员作为中间联络人。无论出现什么情况,只要有人在井下作业,监护人就不得擅离职守。

（5）每次下井作业的时间不宜超过 1h。

☞ **10.14   废水处理场提升泵房集水池的管理注意事项有哪些?**

集水池的布置应该充分考虑清理池底淤泥时操作的方便性,比如要设置吊物孔、出泥孔和爬梯等。

废水中含有有毒有害或易燃性挥发性物质时,集水池应当设置成封闭式,在集水池顶部设废气收集管,引至废气处理系统。

清理池底淤泥时,因为集水池都很深,所以一定要严格遵守下井、池作业的规定,注意操作人员的人身安全。

清池前,先关闭进水闸或堵塞靠近集水池的检查井停止进水,并用泵将池内存水排空,再用高压水将淤泥反复搅动几次,然后要采用强制通风,在通风最不利点检测有毒气体(H_2S、CH_4 及可燃气等)的浓度和氧含量,在达到安全部门的规定要求后,操作人员方可下池工作,同时池上必须有人监护。

特别值得注意的是,操作人员下池后,仍要保持一定的强制通风量,防止下池人员进入后对淤泥层的搅动仍可能释放出的有毒气体。

☞ **10.15   废水处理场的不安全因素有哪些?**

（1）硫化氢等有害气体导致的中毒危险。进水格栅、潜水泵间、沉砂池、配水井、工艺闸井和箱涵、贮泥池、消化池、沼气柜、脱水机房、地下泵房、雨污水管道和检查井等处存在硫化氢、沼气等有毒有害气体,另外,生产过程使用的盐酸、硫酸、烧碱、药剂和化验室使用的分析试剂使用不当也会发生中毒事件。

（2）触电危险。高低压变电所、设备控制箱、临时用电设施等处会由于操作不当、设备故障及接地防雷保护系统不在安全状态时容易发生触电伤亡事故。

（3）火灾、爆炸危险。建、构筑物电源老化、雷击、电器使用不当、使用明火作业及其他不安全行为时会发生火灾危险，在可燃气浓度较高的均质、隔油等预处理、高浓度废气处理设施、污泥干化等处，存在爆燃或爆炸的危险。

（4）溺水危险。污水处理构筑物的有效水深一般有 3～6m，人落入后可能造成溺水伤亡事故。

（5）高处坠落危险。为保证处理过程实现重力流，在高程设计时最末端构筑物二沉池顶部一般距地面 1.5m，均质罐高度可达到 15m 以上，构筑物的池深一般也有 3～7m，操作人员不慎坠落空池内或地面上，会造成摔伤事故。

（6）机械伤害危险。污水处理机械设备转动部件会对人员造成机械伤害，比如泵轴、刮泥机传动轮等伤害到手、脚等。

☞　**10.16　在废水处理场如何防止溺水和高空坠落事故的发生？**

（1）污水池等构筑物必须安装符合国家有关规定的栏杆，栏杆高度不低于 1.2m。

（2）池上走道不能高低不平，也不能太滑，尤其是北方寒冷地区必须有防滑措施。雨、雪、风天和有霜的季节，有关人员在构筑物爬梯和池顶上行走时，必须手扶栏杆，注意脚下。

（3）有关人员不准随便跨越栏杆，必须跨越栏杆工作时，必须穿好救生衣或系好安全带，并有专人监护。

（4）污水池栏杆必须设置救生圈等救生措施，以备不时之需。

（5）各种井盖、排水沟盖板、走道踏板等要定期检查，一旦发现腐蚀损坏，必须及时更换。

（6）在对污水处理设施放空后进行检修或在外池壁上作业时，必须要配备登高作业的"三件宝"（安全帽、安全带、安全网），并遵守登高作业的其他有关规定。

☞　**10.17　废水处理场可能出现的有害气体有哪些？**

在污水管道和处理场的各种构筑物和井内，都有可能存在对人体有害的气体。这些有害气体成分复杂、种类繁多，根据危害方式的不同，可将它们分为有毒有害气体(窒息性气体)和易燃易爆气体两大类。

有毒有害气体主要通过人的呼吸器官对人体造成伤害，比如硫化氢、一氧化碳等气体，这些气体进入人体内部后会抑制人体细胞的换氧能力，引起肌体组织缺氧而发生窒息性中毒。

易燃易爆气体是遇到各种明火或温度升高到一定程度能引起燃烧甚至爆炸的气体，比如沼气、石油气等，在污泥井、集水井(池)等气体流通不畅或长时间没有任何操作的地方，这些气体容易积聚成害。

☞ **10.18 在废水处理场发现有人气体中毒如何实施抢救？**

（1）报警：操作人员或管理人员发现有人中毒后，立即大声呼救并迅速跑向值班室报告，当班负责人问明大致情况后，立即安排人员拨打急救电话120和气防电话119（一般和火警电话相同），同时通知上级有关管理部门。

（2）抢救：在有人报警的同时，当班负责人还应安排其他人员立即施救。施救人员要按要求穿戴好空气呼吸器后，力争在最短的时间内把中毒人员抢救到通风无毒区，然后立即实施正确的心肺复苏术。

（3）心肺复苏：在发现中毒人员无意识后，应立即实施人工呼吸、胸外按压等急救措施。如果是氯气中毒，为防止施救人员中毒，不能进行口对口的人工呼吸，应采用胸外按压法急救。

（4）注意事项：施救人员在到中毒区抢救中毒人员时，一定要注意做好自身的防护。在将中毒人员抢救出来后，立即隔离事故现场，防止未佩戴防护器具的人员进入而引起再次中毒事故。

☞ **10.19 如何防止硫化氢中毒？**

（1）掌握污水成分和性质，弄清硫化氢污染物的来源。对各个排水管线的硫化物浓度及其变化规律要做到心中有数，酸性废水和含硫废水是造成下水道、阀门井、计量表井、集水井（池）、泵站和构筑物腐蚀和其中硫化氢超标准的直接原因，因此要严格控制和及时检测酸性废水和含硫废水的pH值和硫化物浓度。

（2）经常检测集水井（池）、泵站、构筑物等污水处理操作工巡检时所到之处的硫化氢浓度，进入污水处理场的所有井、池或构筑物内工作时，必须连续检测池内、井内的硫化氢浓度。

（3）泵站尤其是地下泵站必须安装通风设施，硫化氢比空气重，所以排风机一定要装在泵站的低处，在泵房高处同时设置进风口。

（4）进入检测到含有硫化氢气体的井、池或构筑物内工作时，要先用通风机通风，降低其浓度，进入时要佩戴对硫化氢具有过滤作用的防毒面具或使用压缩空气供氧的防毒面具。

（5）严格执行下井、进池作业票制度。进入污水集水井（池）、污水管道及检查井清理淤泥属于危险作业，必须按有关规定填写各种作业票证，经过有关管理人员会签才能进行。施行这一管理制度能够有效控制下井、进池的次数，避免下井、进池的随意性；并能督促下井、进池人员重视安全，避免事故的发生。

（6）必须对有关人员进行必要的气防知识培训。要使有关人员懂得硫化氢的性质、特征、预防常识和中毒后的抢救措施等，尽量做到事前预防，一旦发生问题，还要做到不慌不乱，及时施救，杜绝连死连伤事故的发生。

（7）在污水处理场有可能存在硫化氢的地方，操作工巡检或化验工取样时不能一人独往，必须要有人监护。

☞　**10.20　什么是沼气?**

厌氧消化污泥或厌氧处理高浓度有机废水产生的气体被称为沼气,其中 CH_4 约占 50%~75%,CO_2 约占 20%~30%,其余是 H_2、CO、N_2、H_2S 等。当空气中含有 8.6%~20.8%(以体积计)的沼气时,就可能形成爆炸性的混合气体。

沼气是一种很好的燃料,发热量为 5000~6000kcal/m³,可用于锅炉、燃气发电机、汽车发动机等。

为防止污染大气,在确有沼气而又无法利用时,可安装燃烧器将其焚烧。

☞　**10.21　如何防止沼气爆炸和中毒?**

为杜绝沼气的泄漏,要定期对厌氧系统进行有效的检测和维护,如果发现泄漏,应立即进行停气修复,这是防止沼气中毒与爆炸的最佳措施。检修过的厌氧反应池、管道和储存柜等相关设施,重新投入使用前必须进行气密性试验,合格后方可使用。埋地沼气管道上面不能有建筑物或堆放障碍物。

应当在值班或操作位置及巡检路线上设置甲烷浓度超标报警装置,在进入厌氧反应器内作业之前要进行空气置换,并对其中的甲烷和硫化氢浓度进行检测,符合安全要求后才能进入,作业中要有强制排风设施或连续向池内通入压缩空气。

沼气系统区域周围应设防护栏,建立出入检查制度,严禁将火柴、打火机等火种带入。沼气系统的所有厂房均应符合国家规定的甲级防爆要求,例如是否有泄漏天窗,门窗与墙的比例、非承重墙与承重墙的比例等要达到防爆要求。

☞　**10.22　废水处理过程中的恶臭异味来源有哪些?**

污水处理厂产生的恶臭物质主要是煤中所含的硫、氮等物质所产生的含硫和含氮的物质如硫化氢、氨气等无机物和低分子脂肪酸、胺类、硫醇、硫醚、挥发酚、氰化物等有机物,不同的污水处理设施和处理过程散发的恶臭物质也有所不同。

一般来说,各种废水处理设施均会散发不同浓度的恶臭物质,其中进水部分(格栅间、进水泵房、调节池、初沉池),预处理部分如隔油池、气浮池等,厌氧处理工段(如 A²/O 工艺的 A 段、水解酸化段)和污泥处理部分(污泥贮池、污泥脱水机房、污泥储存、污泥堆肥、污泥干化)散发的恶臭物质浓度较高,好氧处理段前期产生臭气较多(如曝气池)需要密封收集处理。

出水 COD 降低到 100mg/L 以下的二沉池,以及后续的进一步降低深度处理、污水回用处理设施一般无须收集处理。

☞　**10.23　废水处理中恶臭异味处理的常用方法有哪些?**

(1)掩蔽法。喷洒植物提取液掩蔽异味,类似喷洒香水,只适用于较低浓度异味废气的治理。

（2）扩散法。安装厂房排风系统，用引风机高空排放后扩散稀释、自然降解，只适用于较低浓度异味废气的治理。

（3）生物处理法。利用微生物降解异味成分，适用于大气量、低浓度易降解废气的治理。

（4）化学吸收法。采用酸洗去除氨气、胺类碱性气体，碱洗去除硫化氢、硫醇等酸性气体，氧化剂洗去除可氧化的硫醇、硫醚等恶臭物质。适用于异味成分特征单一废气的治理。

（5）燃烧或催化氧化燃烧法。适用于高浓度异味废气的治理。

（6）吸附法。利用活性炭吸附等吸附剂吸附异味成分，一般适用于较低浓度异味废气的治理，比如化学吸收法或生物处理无法处理的难降解、难溶组分，配套简易脱附系统，热脱附后的脱附气返回污水池。

（7）离子除臭。利用等离子体去除异味 VOC，一般适用于较低浓度异味废气的治理，比如化学吸收法或生物处理无法处理的难降解、难溶组分。

☞ **10.24　恶臭异味废气治理技术选择的原则有哪些？**

选择异味废气治理技术时，要注意以下方面：

（1）废气的成分和浓度。

（2）废气的气量（排放规律性，间歇或连续）。

（3）废气成分的生物降解性和毒害性。

（4）废气的温度、湿度、颗粒物含量。

对于有机成分浓度较高的异味废气，可以使用燃烧热氧化法，或输送到燃烧炉作为空气助燃；对于大气量、低浓度的异味废气，可以考虑生物法+吸附法净化后达标排放。

☞ **10.25　什么是生物除臭工艺？**

生物除臭原理是通过附着在填料上的或悬浮液中的微生物吸收降解臭味物质。恶臭异味废气经过碱洗去除酸性组分后，通过生物滤床的布气系统，沿滤料均匀向上移动，同时运行填料水喷淋进行加湿和补充氮磷营养成分。在一定停留时间内，气相物质通过平流效应、扩散效应、吸附等综合作用，进入包围在滤料表面的活性生物层，与生物层内的微生物发生好氧反应，进行生物降解，最终生成 CO_2 和 H_2O。其工艺流程示意图见图 10-2。

生物降解法具有设备简单、运行维护费用低、无二次污染等优点，尤其在处理低浓度、生物可降解性好的气态污染物时更显其经济性。生物法的主要缺点是停留时间长而致体积大，同时该法对难生物降解或有生物毒性成分的异味废气去除效果较差。

362

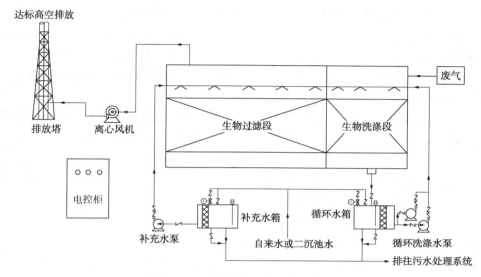

图 10-2　生物除臭工艺流程示意图

☞　**10.26　常用废气燃烧处理法有哪些？**

燃烧法可分为催化燃烧（CO/RCO）和热力燃烧（TO/RTO）两大类。

（1）催化燃烧法

在催化剂作用下，使废气中具有不同程度的恶臭有机化合物完全氧化为 CO_2 和 H_2O 等。催化燃烧法在 300～450℃ 之间即可完成反应，因此其优点是要求的燃烧温度低、无火焰燃烧，安全性较好；缺点是催化剂需要定期更换，且容易中毒，对超过设计燃烧温度范围的进气没有去除效果。

（2）直燃式高温氧化（TO）

直燃式废气燃烧将异味废气通过引风机的作用直接送入废气焚烧炉，利用辅助燃料燃烧所发生热量，把温度提高到反应温度（一般在 760℃ 以上），使混合气体分解成二氧化碳和水，从而使可燃的异味气体发生氧化分解。直燃式优点是处理效果非常好，苯系物等难氧化物质能被完全氧化；缺点是出口温度一般要高于入口温度 250℃ 以上，热量损失比较大，造成运行能耗比较高。

（3）蓄热式氧化炉（RTO）

RTO 是把废气加热到 800℃ 左右，使废气中的 VOC 氧化分解，氧化产生的高温气体经陶瓷蓄热体，使之升温蓄热，并用来预热后续进入的有机废气。陶瓷蓄热体应分成三个（含三个）以上的区或室，每个蓄热室依次经历蓄热—放热—清扫等程序，周而复始，实现连续工作。其优点是能处理组成成分复杂的异味气体；缺点是装置质量大、体积大，重新开机需要时间较长。

☞ **10.27　恶臭废气收集盖板、管道的注意事项有哪些？**

（1）收集罩应设置必要的观察口、呼吸阀等，收集罩施工前对建构筑物内壁和内部设备的材质进行防腐升级，检维修人员进入施工属于受限空间作业。

（2）废气湿度大、池内外温差大，收集管道敷设坡度应满足排凝水收集的要求，合理设置排凝管及排凝水井，慎重选用埋地式风管。

（3）管道和收集罩应采用不锈钢、掺入阻燃剂的玻璃钢等耐光、耐风化、难燃、耐腐蚀材料，并满足强度要求，尤其是管道优先选用不锈钢材质。

（4）废气治理设施应设置风量、压力等在线监测仪表。

（5）有机组分较高的均质罐、隔油池、浮选池等废气出口管道上应设置风阀、阻火器，引风机应采用防爆电机。

（6）废气收集、输送和处理设施应设置防静电措施。

☞ **10.28　水质分析化验室的安全操作规则有哪些？**

污水处理厂都设置水质分析化验室，进行分析化验时必须遵守以下规则：

（1）加热挥发性或易燃性有机溶剂时，严禁用火焰或电炉直接加热，必须在水浴锅或电热板上缓慢进行。

（2）可燃性物质如汽油、酒精、煤油等物品，不可放在电炉、火源或其他热源附近。

（3）当加热蒸馏、高温消毒及有关用火或电热工作中，必须有人在现场负责看管，不能无人值守。从电热炉上、烘干箱中或其他热处用手取玻璃仪器或试样时，要佩戴隔热手套。

（4）剧毒物品必须制订保管、使用制度，并设专用保险柜双人双锁管理，杜绝单人取用管理现象。

（5）倾倒硝酸、硫酸、烧碱溶液、氨水和氢氟酸等强腐蚀性药剂时必须带好橡皮手套，开启乙醇和氨水等容易挥发性的试剂瓶时，绝不可使瓶口对着自己或他人，尤其是夏季高温时极易大量冲出，如果不小心有可能产生严重的伤害事故。

（6）酸、碱，尤其是挥发性酸、碱必须在不同的仓库内保存。

（7）用移液管吸取水样或化学试剂时，不能用口吸，而必须使用橡皮球吸取。

（8）应经常检查电热设备所用电线是否完整无损，电炉等加热设施必须放在隔热垫板上，电源开关应安装坚固的外罩，开关电闸时，一定要精力集中，而且绝不能湿手操作。

（9）使用挥发性溶剂、试验会产生有害气体或进行加热消解（如测定 COD_{Cr}）时，必须在通风橱内进行。

（10）操作离心分离机、六联搅拌机等转动仪器时，必须在仪器完全停止转动后才能进行开盖等操作。

（11）氢气钢瓶、氮气钢瓶等压力容器必须远离热源，并停放稳定，且不能放在操作间内，而应在隔开的单独存放间内存放。

（12）化验室内应配备干粉灭火器等消防设备，以便及时扑救初期火灾。

（13）接触污水和药品后，应注意及时洗手，手上有伤口时不可接触污水或药品。

☞ **10.29 废水处理场的安全生产制度有哪些？**

（1）安全生产责任制

安全生产责任制是根据"管生产必须管安全"的原则，以制度形式规定污水处理厂各级领导和各岗位工作人员在生产活动中应负的安全责任。它是污水处理厂搞好安全生产的一项最基本的制度，规定了各级领导、各职能部门、安全管理部门及其他各岗位的安全生产职责范围。

（2）安全生产教育制

必须对新入厂的职工进行三级安全教育（入厂教育、车间教育和班组岗位教育），经考试合格后，才能进入岗位操作。设备更新或对操作人员调换岗位都必须进行相应的安全教育。电气、起重吊装、焊接、车辆驾驶等特殊作业的人员必须经过专门培训，并持有相应特殊工种的合格操作证。

（3）安全生产检查制

操作人员上班后的第一项工作就是必须对所操作的设备和工艺系统进行检查，安全管理部门定期检查各个生产岗位存在的各种安全隐患，厂领导还要组织各职能部门定期分专业进行安全检查。在较长的节假日前，还要组织专项检查。

（4）事故报告处理制

发生事故必须及时向有关管理部门报告，按照有关规定进行处理，严格执行"四不放过原则"（事故原因分析不清不放过、事故责任者没有受到处理不放过、群众没有受到教育不放过、没有防范措施不放过）。

（5）防火防爆制度

对含油污水处理区、污泥消化区等容易可能发生火灾爆炸的区域要建立严格的防火防爆制度，规范用火或临时用电的管理和审批，按规定设置必要的消防器材和设施。

（6）各工种、岗位安全操作规程

污水处理厂要根据本厂的工艺特点和采用的仪器设备的特性制定各个工种或各生产岗位的安全操作规程。各通用工种如化验工、电工、焊工等要执行国家或地区统一规定的安全操作规程。

☞ **10.30 废水处理场的运行记录和统计报表应当包括哪些内容？**

（1）污水处理中每个工艺过程的进、出水的特征指标和分析化验数据，如温度、水位、压力、流量、COD_{Cr}、BOD_5、颜色、气味、污泥指标等。

（2）污水处理设备的运行情况，如水泵运行台数、台号、电流、电压、温度及调整水量后有关阀门的开度等。

（3）设备维修情况，如对巡检发现的设备隐患进行的抢修和设备的正常维修时间、修理原因、修理结果等。

（4）工作日志性记录，主要是与污水处理没有直接关系的工作，比如场地清理和绿化、电器设备的安全校验等。

（5）污水处理场其他情况，如总的电量消耗、自来水消耗、药剂消耗及其他物资的消耗。

（6）污水处理成本分析，将污水处理的水量、COD_{Cr}总量、去除量、排放量及消耗情况进行核算，为降低污水处理的运行费用和提高管理水平提供依据。

☞ **10.31　污水处理工应该掌握哪些基本知识？**

污水与污泥处理是分不开的，污水处理工要做到"四懂四会"。

"四懂"是：懂污水处理的基本知识，懂污水处理场内各构筑物的作用和管理方法，懂污水处理场内各种管道的分布和使用方法，懂污水处理系统分析化验指标的含义及其应用。

"四会"是：会合理配水配泥，会合理调度空气，会正确回流与排放污泥，会排除运行中的常见故障。

☞ **10.32　污水处理初级工的"应知应会"水平的标准是什么？**

知识要求：①污水流量及其单位换算，污水水质指标 COD_{Cr}、BOD_5 和 SS 等基本知识；②污水处理工艺流程、各构筑物及附件名称、用途及相互关系；③污水来源及水质、水量变化规律，出水水质的要求；④污水处理安全操作规程及岗位责任制；⑤污水处理主要设备的名称、性能、功率、流量、扬程、转数及电器机械基本知识；⑥主要工艺管路的走向、用途及相互关系，各种阀门的启闭要求及对工艺的影响；⑦污水一级处理的原理及污水二级生物处理的基本知识。

技能要求：①正确、及时、清晰填写值班记录；②按时、定点采集代表性的水样，并加以妥善保存；③各种与工艺有关的设备、阀门的操作、维护保养及控制步骤；④能识别一级处理及二级生物处理构筑物运行是否正常；⑤二级生物处理曝气池-二沉池系统配水、布气、回流、排泥的基本操作；⑥各构筑物排渣、排泥的基本操作；⑦掌握除砂机、刮泥机、螺旋回流泵、排泥泵等关键设备的基本操作；⑧能使用一般测试仪器进行观察和测试。

☞ **10.33　污水处理中级工的"应知应会"水平的标准是什么？**

知识要求：①识图的基本知识；②水体自净及污水排放标准的基本知识；③污水处理的常见方法及要点；④污水处理运行参数的概念；⑤影响生物处理运

行的因素及其与运行效果的关系；⑥污水消毒的基本知识；⑦常用污水处理机电设备的性能和使用方法；⑧污水处理基本数据（流量、BOD_5总量、COD_{Cr}总量、电耗、沉淀时间、曝气时间等）的计算方法；⑨污水处理常规分析项目的名称及含义；⑩与污水生物处理有关的微生物知识。

技能要求：①看懂污水处理场构筑物设计图纸及部分机电设备装配图；②运用检测和分析数据，进行污水处理的工艺调整和操作；③解决一般污泥上浮及活性污泥不正常现象；④工艺流程中机电设备的操作、维护、保养和一般故障的正确判断及排除；⑤加氯机操作及接触反应池的操作管理；⑥微生物镜检操作和显微镜的一般保养；⑦掌握初级电工、钳工的基本操作技能；⑧本岗位各项数据统计和计算；⑨能发现安全生产隐患，并及时正确处理。

☞ 10.34　污水处理高级工的"应知应会"水平的标准是什么？

知识要求：①环境保护和污水处理的理论知识及水利学、水分析化学的基本知识；②污水处理运行数据的计算方法；③污水污泥综合利用及污水深度处理的基本知识；④提高污水处理机电设备完好率及延长设备使用寿命的知识；⑤了解污水处理新技术、新工艺、新设备的发展动态及应用知识；⑥计算机应用的有关常识。

技能要求：①灵活掌握活性污泥系统四大操作环节（配水、布气、回流、排泥）之间的相互关系，并能正确调节，使系统运行处于最佳状态；②能解决污水处理运行中出现的疑难问题，并提出安全技术措施；③能进行新工艺及新设备的调试和试运转工作；④掌握中级电工、钳工的基本操作技能；⑤污水主要化验项目的基本操作；⑥能为污水处理场技术改造和改扩建提供管理经验及部分资料参数，并能参加设计图纸的会审，提出合理化建议；⑦在专业技术人员指导下进行污水处理新技术、新工艺、新设备的试验与应用；⑧能对初级、中级工传授技艺及进行改革技术考核。

☞ 10.35　机泵操作工应该掌握哪些基本知识？

知识要求：①掌握泵站内各岗位工艺操作条件、调节手段、输送介质的工艺参数、控制指标，变、配电装置的原理和电气操作原理及操作方法；②掌握各种型号泵的规格、结构、性能、特点及维护保养知识，熟悉泵站各种自动控制设备和电气设备的性能、各种仪表设备的计量原理和维护常识；③掌握机械润滑的基本理论知识、各种润滑油（脂）的使用范围和条件；④掌握功率因数 $\cos\varphi$ 的意义、作用及调整的方法；⑤掌握机械、水力学及电学专业的基本理论知识，熟悉有关自动化概念及仪表检测知识；⑥熟悉泵站内各种事故隐患、预防措施及手段，掌握安全用电的组织措施和技术措施并能对触电、灼伤人员进行紧急救护；⑦了解泵及电气专业工艺、设备自控技术的现状和发展方向。

技能要求：①能组织开、停泵并对出现的各种异常情况及时做出处理，能制定和实施泵站的各种停、送电方案；②能根据运行状况及时判断机泵、电气系统、仪表及其他设备运行故障及隐患并做相应处理；③能对设备隐患、检修重点部位全面了解，提出处理和改进措施；④能编制泵站生产操作程序框图、工艺流程图；⑤能编写生产技术总结、提出符合实际要求的可行性强的合理化建议和方案。

☞ **10.36　污泥处理工应该掌握哪些基本知识？**

（1）了解污泥的分类、表示污泥性质的指标、污泥中水的存在形式等有关污泥的基本理论知识，掌握污泥浓缩、消化稳定、调理、脱水、干化、焚烧、填埋、堆肥等处理过程的基本原理和相关的设备设施有关知识，了解污泥处理新技术和发展方向。

（2）灵活掌握浓缩、消化、调理、脱水、干化、焚烧、填埋、堆肥等污泥处理过程的进泥量、排上清液或分离液、调理剂的配制和投加等基本操作，能根据运行经验及时对操作过程进行合理的调整，使污泥处理对污水处理的影响减少到最小程度。

（3）掌握污泥脱水机、焚烧炉等设备的规格、结构、性能、特点及维护保养知识，熟悉其自动控制设备和电气设备的性能、各种仪表设备的计量原理和维护常识。

（4）掌握机械润滑的基本理论知识、各种润滑油（脂）的使用范围和条件，并能正确、及时对设备进行润滑保养。

（5）掌握污泥处理过程中可能存在的各种隐患及其预防措施或手段，掌握有毒有害气体防护、消防器材使用、安全用电等基本知识，能对气体中毒、触电的人员进行紧急救护和扑救初期火灾。

☞ **10.37　废水处理场化验工应该掌握哪些基本知识？**

（1）废水处理场化验工应具有中专以上文化程度，经过一定时期的培训，经过一定级别的考核，并取得相应的合格证件。

（2）掌握分析化学的基本理论知识，对标准溶液的配制、滴定分析、常用药品的基本理化特征等理论知识能熟练应用，并能利用数理统计计算知识对化验结果进行计算和核定。

（3）熟练掌握采样、水样预处理和检测技术等方面的基本操作技能，能正确使用玻璃器皿（包括洗涤、器皿量具的选取），能规范地操作分析仪器。

（4）进行分析时，能理解分析方法的原理，并能正确操作和严格遵守操作规程，对存在或可能发生的危害能够独立处理。

（5）能清楚、完整、真实地记录化验过程中的数据，对数据异常具有一定的敏锐判断能力，并主动向技术管理人员报告所发现的问题。

（6）在操作过程中，能够做到实验前有准备，分析过程有安全、质量控制，实验后对所使用的器皿和用具进行洗涤、清理，并合理摆放整齐。

（7）掌握强酸强碱防护、有毒有害气体防护、消防器材使用、安全用电等基本知识，在出现酸碱伤害时能及时、冷静、合理地自行救助和处理，同时能对气体中毒、触电的人员进行紧急救护和扑救初期火灾。

☞ **10.38 水质分析常用的方法有哪些？**

水质分析的方法与水中待测定成分的性质和含量有关系。常用的水质分析方法有化学法、气相色谱法、离子色谱法、原子吸收法、原子荧光法、电极法等。其中化学法包括重量法、容量滴定法和光度法三种，容量滴定法又可分为沉淀滴定法、氧化还原滴定法、络合滴定法和酸碱滴定法等，光度法又可分为比浊法、比色法、紫外分光光度法、红外分光光度法和可见光光度法等。表10-3列出了以上这些方法在水质分析中的应用举例。

表 10-3　常用水质分析方法的应用

方法名称	主要测定成分
重量法	悬浮物、石油类、溶解性固体、矿化度、总固体、灼烧减重、灰分、SO_4^{2-}、Cl^-、Ca^{2+} 等
容量滴定法	酸度、碱度、溶解氧、总硬度、挥发酚、氨氮、余氯、硫化物、硫酸盐、氯化物、氰化物、氟化物、CO_2、COD_{Cr}、COD_{Mn}、BOD_5、Ca^{2+}、Mg^{2+} 等
光度法	挥发酚、甲醛、苯胺类、硝基苯类、阴离子合成洗涤剂、凯氏氮、氨氮、亚硝酸盐氮、硝酸盐氮、余氯、硫化物、硫酸盐、氯化物、氰化物、氟化物、磷酸盐及各种金属离子
气相色谱法	苯系物、挥发性卤代烃、氯苯类、有机磷农药、三氯乙醛、硝基苯类、PCB、DDT、BHC
离子色谱法	硫酸盐、亚硫酸盐、氯化物、溴化物、氟化物、K^+、Na^+、NH_4^+、硝酸盐、亚硝酸盐等
原子吸收法	银、汞、铅、锌、铬、镉、镍、铜、锰等
原子荧光法	砷、汞等
电极法	硫化物、氯化物、氰化物、氟化物、硫酸盐、溶解氧、氨、pH、ORP 等

为了方便迅速地得到检测结果，现在各种水质分析项目的检测有向仪器方法发展的趋势，但水质的常规分析还是以化学法为主，只有待测成分含量较少、使用普通化学分析法无法准确测量时，才考虑使用仪器法，而且仪器法往往也需要用化学法予以校正。

☞ **10.39 废水处理场的常规分析化验项目有哪些？频率是多少？**

（1）反映处理效果的项目：进、出水的 BOD_5、COD_{Cr}、SS 及特征有毒有害物质等，三班运行的污水处理场监测频率一般为一班1次，即一日3次。

（2）反映污泥状况的项目：包括曝气池混合液的各种指标 SV、SVI、MLSS、

MLVSS 及生物相观察等和回流污泥的各种指标 RSSS、RSVSS、RSSV 及生物相观察等，监测频率一般为一日 1 次。

（3）反映污泥环境条件和营养的项目：水温、pH、溶解氧、氮、磷等，水温、pH、溶解氧等一般采用在线仪表随时监测，氮、磷的监测频率一般为一日 1 次。

理论上讲，废水处理场的监测项目越多、监测频率越高，越能反映实际情况，分析结果越准确可靠，但是还要根据在线分析化验仪表的配备率等实际情况来确定。

☞ 10.40　废水处理场污泥的常规监测项目有哪些？

（1）含水率：污泥进行浓缩、消化、脱水、干化处理后，含水率会有明显改变，含水率的变化可以反映浓缩、消化、脱水等处理过程的效果。

（2）挥发性物质：挥发性物质代表污泥中所含有机成分的数量，以在污泥干重中所占百分比表示。

（3）微生物：在绿化、农用等最终处置之前，必须对其中的致病微生物如大肠菌群等进行检测。

（4）有毒物质：为了评价污泥利用或处置时对环境的影响，需要对最终排放污泥或利用污泥及其制品的氰化物、汞、铅等有毒物质或有毒重金属及某些难以分解的有毒有机物含量进行检测。

（5）植物营养成分：为了评价污泥或污泥制品的肥力，对污泥中的氮、磷等植物营养成分进行检测。

☞ 10.41　采集废水水样的方式有哪些？

取样方式可以分为瞬时取样和混合取样，瞬时样代表的是某一时间在取样位置取样瞬时的水流水质情况，只有被取样水流在一段时间内成分相对稳定，瞬时样才能代表整个水流的特性。工业废水的排放与生产过程有关，往往是随时变化的，因此，瞬时样只能代表取样时的水流水质情况。混合样可以分析废水一日内的平均浓度，因此对于废水处理厂来说，混合样可用于对来水或出水水质进行综合分析。

水样可以人工采集，也可以在重要取样位置安装自动取样器。自动取样器既可以进行瞬时样采集，也可以进行混合样的采集。混合样可由每隔相同的时间间隔采集等量的水样混合而成，也可由在不同的时间按废水流量的一定比例采样混合而成，上述两种方法分别适用于废水流量稳定和多变的情况。

☞ 10.42　采集水样时应注意哪些安全事项？

（1）在排水检查井、泵房集水池及均质池等存在高浓度有机废水或未处理废水的地方取样时，要有预防可燃性气体引发爆炸的措施。

（2）在泵房、检查井等半地下式或地下式构筑物处取样时，要当心硫化氢、一氧化碳等有毒气体引起的中毒危险和缺氧引起的窒息危险。

（3）取样时，如果需要上、下曝气池、二沉池、事故池等较高构筑物和地下式泵房的爬梯，要注意预防滑跌摔伤，尤其是在雨、雪、霜、风等恶劣天气条件时上、下室外爬梯更要十分当心。

（4）在泵房集水池、曝气池等各种水处理构筑物上取样时，必须小心操作，以防止溺水事故的发生。

10.43 废水水样的保存方法有哪些？

根据所测定的项目不同，采集水样所用的容器一般为硼硅玻璃瓶或聚乙烯瓶。水样的保存方法应根据不同的分析内容加以确定。

（1）充满容器或单独采样

采样时使样品充满取样瓶，样品上方没有空隙，减少运输过程中水样的晃动。有时对某些特殊项目需要单独定容采样保存，比如测定悬浮物时定容采样保存，然后可以将全部样品用于分析，防止样品分层或吸附在取样瓶壁上而影响测定结果。

（2）冷藏或冷冻

水样通常应在 4℃冷藏，有时也可将水样迅速冷冻，储存在暗处。其作用是阻止生物活动、减少物理挥发作用和降低化学反应速度。比如测定电导、COD_{Cr}、BOD_5、氨氮、硝酸盐氮、亚硝酸盐氮、磷酸盐、硫酸盐及微生物项目时，都可以使用冷藏法保存。但在冷冻过程中，溶质会逐渐向中心溶液富集，最后集中于中心冷冻处，产生分层作用，而且在冷冻时有可能使生物细胞破裂，导致生物体内的化学成分进入水溶液，改变水样的成分，因此尽可能不使用冷冻的方法保存水样。

（3）化学保护

向水样中投加某些化学药剂，使其中待测成分性质稳定或固定，可以确保分析的准确性。比如测定 COD_{Cr} 时，用 H_2SO_4 将水样 pH 值调节到 2 以下，可以用玻璃瓶保存一周时间；测定总磷、氨氮、硝酸盐氮时，用 H_2SO_4 将水样 pH 值调节到 2 以下，也可以保存水样 24h。

10.44 什么是水头损失？

当水从有压管路或构筑物中流过时，由于管道或构筑物局部及沿程阻力的作用，会产生一部分能量损失，此损失即称为水头损失。表示符号是 h，常用单位有 kPa、MPa 和 m 水柱，其中水柱高度是工程和实际中应用较多的单位。

10.45 废水处理场常用阀门有哪些？常用阀门型号的含义是什么？

污水处理场的阀门安装在封闭的管道之间，用以控制介质的流量或者完全截断介质的流动。按介质的种类分，有污水阀门、污泥阀门、加药阀门、清水阀门、低压气体阀门、高压气体阀门、安全阀、油阀门等。这些阀门的作用有截止、止回、控制流量、安全保护等，结构有闸阀、蝶阀、球阀、角阀和锥形阀等多种，驱动方式有手动、电动、气动、液动等。表10-4和表10-5列出了常用阀门型号的含义。

表 10-4　阀门型号的含义

1	2	3	4	5	6	7
汉语拼音字母表示阀门类型	一位数字表示驱动方式	一位数字表示连接方式	一位数字表示结构形式	汉语拼音字母表示密封面或衬里材料	数字表示公称压力	字母表示阀体材料
Z 闸阀 J 截止阀 L 节流阀 Q 球阀 D 蝶阀 H 止回阀 A 安全阀 G 隔膜阀 T 调节阀 X 旋塞阀 Y 减压阀 S 输水器 U 柱塞阀	0 电磁动 1 电磁-液动 2 电-液动 3 涡轮 4 正齿轮 5 伞齿轮 6 气动 7 液动 8 气-液动 9 电动	1 内螺纹 2 外螺纹 3 法兰（用于双弹簧安全阀） 4 法兰 5 法兰（用于杠杆式安全阀、单弹簧安全阀） 6 焊接 7 对夹式 8 卡箍 9 卡套	见表 10-5	T 铜合金 X 橡胶 N 尼龙塑料 F 氟塑料 B 锡基轴承合金(巴氏合金) H 合金钢 D 渗氮钢 Y 硬质合金 J 衬胶 Q 衬铅 C 搪瓷 P 渗硼钢 W 由阀体直接加工的密封材料	MPa	Z 灰铸铁 K 可锻铸铁 Q 球墨铸铁 T 铜及铜合金 C 碳钢 I Cr5Mo P 1Cr18Ni9Ti R Cr18Ni12Mo2Ti V 12Cr1MoV

表 10-5　表示阀门结构形式的数字含义

阀门类别 ＼ 代号	1	2	3	4	5
闸　阀	明杆楔式单闸板	明杆楔式双闸板	明杆平行式单闸板	明杆平行式双闸板	暗杆楔式单闸板
截止阀或节流阀	直通式			角式	直流式
蝶　阀	垂直板式		斜板式		
球　阀	浮动直通式			浮动 L 形三通式	浮动 T 形三通式
旋塞阀			填料直通式	填料 T 形三通式	填料四通式
隔膜阀	屋脊式		截止式		

代号 阀门类别	1	2	3	4	5
止回阀或底阀	升降直通式	升降立式		旋启单瓣式	旋启多瓣式
安全阀	弹簧、封闭、微启	弹簧、封闭、全启	弹簧、不封闭、带扳手、双弹簧、微启式	弹簧、封闭、带扳手、全启式	弹簧、不封闭、带扳手、微启式
减压阀	薄膜式	弹簧薄膜式	活塞式	波纹管式	杠杆式
疏水阀				钟罩浮子式	

代号 阀门类别	6	7	8	9	10
闸阀	暗杆楔式双闸板		明杆平行式双闸板		明杆楔式弹性闸板
截止阀或节流阀	平衡直通式	平衡角式			
蝶阀					杠杆式
球阀		固定直通式			
旋塞阀		油封直通式	油封T形三通形		
隔膜阀		闸板式			
止回阀或底阀	旋启双瓣式				
安全阀	弹簧、不封闭、全启式	弹簧、不封闭、带扳手、微启式	弹簧、不封闭、带扳手、微启式	脉冲式	弹簧、封闭、带散热片、全启式
减压阀					
疏水阀		脉冲式	热动力式		

☞ **10.46 阀门常见故障的原因和解决方法有哪些?**

（1）闸板等关闭件损坏：原因是材料选择不当或利用管道上的阀门经常当作调节阀用、高速流动的介质造成密封面的磨损。此时应查明损坏的原因，改用其他材料的关闭件；当输送高压水或水中杂质较多时，避免将闭路阀门当作调节阀门使用。

（2）填料室泄漏：其原因主要是填料的选型或装填方式不正确、阀杆存在质量问题等。首先应选用合适的填料，并使用正确的方法在填料室内填装填料。在输送介质温度超过100℃时，不能使用油浸填料，而应使用耐热的石墨填料，以避免油浸填料中的油在高温时炭化后刮伤阀杆。当因为阀杆有椭圆度或划痕等缺陷而引起泄漏时，应修整或更换阀杆，保证阀杆圆整且表面粗糙度较低。

（3）阀杆升降不灵活：阀杆螺纹表面光洁度不合要求或阀杆不直，需要重新打磨或调整。阀杆及其衬套采用同一种材料或采用的材料不当会使阀杆升降不灵活，阀杆使用碳钢或不锈钢材料时，应当采用青铜或含铬铸铁作为阀杆衬套材料。阀杆有轻微锈蚀使阀杆升降不灵活时，可用手锤沿阀杆衬套轻轻敲击，将阀杆旋转出来后加上润滑油脂。如果发现阀杆螺纹有磨损现象，应更换新的阀杆衬套或新的阀杆。

（4）密封圈不严密：阀门安装前没有遵守安装规程，比如没有清理阀体内腔的污垢，表面留有焊渣、铁锈、泥砂或其他机械杂质，引起密封面上有划痕、凹痕等缺陷引起阀门故障。因此，必须严格遵守安装规程，确保安装质量。阀门本身因为加工精度不够会使密封件与关闭件（阀板与阀座）配合不严密，此时必须修理或更换。关闭阀门时用力过大，也会造成密封部件的损坏，操作时用力必须适当。

（5）安全阀或减压阀的弹簧损坏：造成弹簧损坏的原因往往是弹簧材料选择的不合适，或弹簧制造质量有问题，应当更换弹簧材料，或更换质量优良的弹簧。

☞ **10.47 测量仪表的性能指标有哪些？**

（1）准确度：也称精确度，即仪表的测量结果接近真实值的准确程度。可用绝对误差或相对误差来表示。但因为每台仪表的测量范围不同，两台绝对误差相同的仪表，其准确度也可能不同。

（2）重现性：是指在测量条件不变的情况下，用同一仪表对某一参数进行多次重复测量时，各测定值与平均值之差相对于最大刻度量程的百分比。这是仪器、仪表稳定性的重要指标，一般需要在投运时和日常校核时进行检验。

（3）灵敏度：指的是仪表测量的灵敏程度，常用仪表输出的变化量与引起此变化的被测参数的变化量之比来表示。

（4）响应时间：当被测参数发生变化时，仪表指示的被测值总要经过一段时间才能准确地表示出来，这段和被测参数发生变化滞后的时间就是仪表的反应时间。有的用时间常数表示（如热电阻测温），有的用阻尼时间表示（如电流表测电流）。

（5）零点漂移和量程漂移：是指对仪表确认的相对零点和最大量程进行多次测量后，平均变化值相对于量程的百分比。

☞ **10.48 废水处理场的常用在线仪表有哪些？安装部位在哪里？**

在污水处理过程中，需要测量的运行控制参数是多种多样的，比如污水处理场的进出、水温度、液位、流量、浊度，进入曝气池的空气流量、压力，曝气池混合液的溶解氧、pH 值、污泥浓度，二沉池的污泥界面等。随着科学技术的发展和污水处理工艺的要求，污水处理过程的自动化控制水平越来越高，因而不仅需要大量的现场仪表，尤其需要应用大量的在线仪表。表 10-6 列出了污水处理场常用在线仪表和安装位置。

表 10-6 污水处理场的常用在线仪表及安装位置

工艺参数	测量介质	测量部位	常用仪表
流量	污水	进、出水管道	电磁流量计、超声波流量计、涡街流量计
		明渠	超声波流量计
	污泥	回流污泥管道	电磁流量计
		剩余污泥管道	
		消化污泥管道	
	沼气	消化池沼气管道	孔板流量计、喷嘴流量计、质量流量计
	空气	压缩空气管道	
压力	污水	污水泵站出口管道	压力变送器
	污泥	污泥泵站出口管道	
	空气	鼓风机出口管道	
	沼气	消化池	压力变送器(微压)
		沼气柜	
液位	污水	格栅前后	超声波液位计、沉入式液位计
		进水泵站集水池	
		调节池、均质池	
	污泥	回流污泥泵站集水池	超声波液位计
		氧化沟曝气池	
		浓缩池	
		消化池	
温度	污水	曝气池进水	Pt100 热电阻型温度仪
		曝气池、厌氧池内	
	污泥	消化池	
pH	污水	进、出水管道	
		曝气池、厌氧池内	
浊度	污水	进水管道	穿透光浊度计
		出水管道	散射光浊度计
溶解氧	污水	曝气池内	复膜电极或无膜电极 DO 测定仪
氧化还原电位	污水	厌氧池内	ORP 仪
		A/O 工艺厌氧段	
污泥浓度	污泥	曝气池内	污泥浓度计
		回流污泥管道	
		剩余污泥管道	

工艺参数	测量介质	测量部位	常用仪表
污泥界面	污水、污泥	二沉池内	超声波式污泥界面计
COD_{Cr}	污水	进、出水管道	COD_{Cr} 在线测定仪
BOD_5	污水	进、出水管道	BOD_5 在线测定仪
余氯	污水	接触池出水管渠	余氯测定仪
连续水样	污水	进、出水管道	自动取样仪
污水回用	污水	进、出水管道	电导率仪、ORP 仪
废气处理	废气	废气进管道	可燃气浓度仪

☞ **10.49 在线 COD_{Cr} 测定仪的工作原理是怎样的？**

国家规定在最终排放口必须安装在线 COD_{Cr} 测定仪，这种测定仪是将 COD_{Cr} 的化验室分析过程，通过仪器系统化、程序化地实现，常见的 COD_{Cr} 分析仪工作原理见图 10-3。

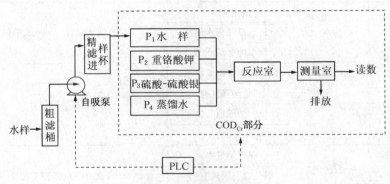

图 10-3　COD_{Cr} 测定仪工艺流程图

COD_{Cr} 测定仪先由自吸泵将水样从排放明渠内提升至进水精滤采样杯内，再由进水蠕动泵 P_1 将水样提加到反应室内。然后，依顺序再由蠕动泵 P_2、P_3、P_4 分别将重铬酸钾、硫酸—硫酸银和蒸馏水提加到反应室内。进样完毕开始微波加热 5min（加热时间可自行设定和修改），待加热完毕注入蒸馏水稀释并冷却到室温，之后再由气压泵将混合液吹至测量室进行测量，并自动计算和显示测量结果。最后，由气压泵将混合液排放掉并将管路吹扫干净，进入下一次测量循环过程。整个循环过程由 PLC 进行控制，自动进行。

☞ **10.50 在线 COD_{Cr} 测定仪的使用注意事项有哪些？**

在线 COD_{Cr} 测定仪日常维护和管理的注意事项有以下内容：

（1）日常的检查：主要包括检查仪器工作是否正常，比如进出管路是否通畅，有无泄漏，并保持仪器的清洁，尤其是对转动部分和易损件要定期检查和更换，防止其损坏造成泄漏而腐蚀仪器。

（2）试剂的更换：重铬酸钾和硫酸-硫酸银属于强腐蚀性试剂，并且在工作现场容易挥发和吸潮，所以应定期更换。更换周期依据使用情况而定，一般至少3个月更换一次。

（3）防护性检修：由于蠕动泵管吸取强腐蚀性试剂，所以应3个月更换一次。测量室和反应室应每年至少彻底检查清洗检修一次。

（4）日常校准：除程序设定的自动零循环校准外，在第一次使用、更换试剂或防护性检修之后要进行零点和标准溶液的校正。采用实验室制备的蒸馏水作为零点校准液。校准过程与测量循环过程相同，校准后保留新零点的参数，并对工作曲线进行校准。

（5）仪器在出厂时虽然保存已经设定了原始的工作曲线，但因使用场所不同，原有工作曲线往往不能满足任何监测场合，所以应该对其工作曲线进行定期的校核。可由实验室配制 COD_{Cr} 标准溶液进行校核，校准过程与测量循环过程相同，校核后更改有关界面参数，对工作曲线进行校准。

（6）安装环境：要保证在线 COD_{Cr} 测定仪安装场所的温度、湿度恒定，必要时需要安装空调等加热、制冷和除湿设施。同时使用独立的稳压电源。

（7）仪器暂停使用时，要用蒸馏水彻底清洗后排空，再依次关闭进、出口阀门和电源，重新启用时用新试剂进行彻底清洗，并对工作曲线进行校准。

☞ **10.51　自动连续采样器的使用注意事项有哪些？**

自动连续采样器一般安装在污水处理场的进水口和排放口，可以较好地进行混合样的采集，而且大部分带有冷藏功能，可以在一定时间内保持采集水样的稳定性。其使用注意事项有：

（1）后配的取样管一定要使用洁净无污染的管道，管道的材质不能和废水中的成分发生反应，如果没有特殊要求，一般使用 PVC 软管。

（2）及时将自动连续采样器采集的水样取出分析化验，防止水样超过保存的稳定时间和取样瓶装满后溢出损坏采样器。

（3）定期清洗或更换取样管和取样瓶。

（4）定期对采样器的控制和机械部分进行维护和保养。

（5）北方地区污水处理场安装的自动连续采样器必须有防冻措施。

☞ **10.52　废水处理场如何实现自动化控制？**

废水处理自动化是污水处理场的污水、污泥处理过程实现自动化的简称。污水或污泥在处理过程中经过管道、构筑物、设备、容器时，不停地进行着物理、化学或生物化学变化，各种工艺参数时刻在发生变化。为了保证污水污泥处理能高效地运行，可以利用各种自动化仪表对处理过程进行检测和调节。另外，废水处理场还涉及腐蚀、易燃易爆气体、有毒有害气体、臭味、高温等因素，为了保证安全运行和改善劳动条件，在这些危险区域的操作也应实现自动化。

污水处理场工艺过程中要使用大量的阀门、泵、风机及吸、刮泥机等机械设备，这些设备经常需要根据一定的程序、时间或逻辑关系开启或关闭。在采用氧化沟处理工艺的污水处理厂，氧化沟中的转刷要根据时间定时启动或停止，并根据溶解氧浓度等条件高速运转或低速运转。在采用 SBR 工艺的污水处理厂，曝气、搅拌、沉淀、滗水和排泥要按照预定的时间程序周期性运行。在采用普通活性污泥法的污水处理厂，初沉池的排泥、消化池的进泥、排泥也要根据一定的时间顺序进行。这种设定时间予以调整的自动调节可通过程序调节即顺序逻辑控制来实现。

另外，污水处理要在一定的温度、压力、流量、液位、浓度等工艺条件下才能正常进行，但由于种种原因，这些参数总会与理想值存在一定差距，从而对处理效果产生不利影响。为了维持这些参数的相对稳定，就必须对工艺过程施加一个作用以消除这种差距，使这些参数回到设定的理想值。例如消化池内的污泥温度需要控制在一定的范围内，鼓风机的出口压力需要控制在一个定值，曝气池内的溶解氧浓度必须根据工艺要求控制在一定的范围内。这种设定定值的自动调节可通过闭环回路控制来实现。

☞ **10.53　废水处理场的自动化装置有哪些？**

废水处理场的自动化装置主要有以下四类：

（1）自动检测和报警装置：为了解废水处理各个环节的参数变化情况，需要利用自动检测仪表将这些参数自动、连续地检测并显示出来，这是废水处理过程实现自动化的前提和条件。自动报警装置是指用声、光等信号自动反映废水处理过程中工艺参数或机器设备运转出现异常的情形。

（2）自动保护装置：当废水处理过程中工艺参数或机器设备运转出现异常、有可能出现事故时，自动保护装置能自动采取联锁措施，防止事故的发生和扩大，保护人身和设备的安全。实际上，自动保护装置和自动报警装置往往是配合使用的，即在自动报警后如果不能及时采取补救措施，自动保护装置就会发生作用。

（3）自动操作装置：根据废水处理的工艺条件的需要，利用自动操作装置启动或停运某台设备，或使设备交替运行。例如利用自动操作装置定时自动启动排泥泵前阀门、排泥泵等设备，实现对初沉池的自动定时排泥。

（4）自动调节装置：在废水处理过程中，有些工艺参数如温度、溶解氧等必须保持在规定的范围内。为使废水处理有效地运行，当因某种干扰使实际参数发生变化后，可以通过自动调节装置对运行状况进行调节，使参数恢复到最佳值。例如普通活性污泥法曝气池内的溶解氧需要保持在 2mg/L 左右，当实际 DO 值低于此值时，自动调节装置可以自动增加运转风机的台数或提高表面曝气机的运转速度来升高曝气池混合液溶解氧的含量。

上述四种自动化装置有时没有明显的区别，测量仪表、计算机监控系统和被控制设备，是实现自动报警、自动保护、自动调节和自动操作的基础，也构成了现代化废水处理场的自动化系统。

☞ **10.54　北方废水处理场冬季运行时的注意事项有哪些?**

（1）尽量保持水温在20℃以上，必要时可以采取保温措施，比如对曝气池加盖和通入蒸汽、合理曝气（过量曝气不利于保持温度）等。

（2）由于冬季污泥活性差，尽量保持进水负荷的稳定，减少冲击，防止污泥流失。同时要减少剩余污泥排放量，使曝气池内保持较高的污泥浓度。

（3）对流通介质为废水和污泥的管线、阀门等设施采取保温措施，以防冻坏，对暂不运行和加酸、碱、絮凝剂、调理剂、消毒剂等小直径加药管线尤其要当心，必要时可以对这些管道进行电或蒸汽伴热等。

（4）大风天和雪、霜天，有关工作人员在污水处理构筑物爬梯和池顶上巡检或维修设备时，必须注意防滑伤人。

（5）制定冬季操作法，要包括以上所有防冻措施的具体内容，并要求在巡检时检查各项保温措施的实际效果。

☞ **10.55　降低废水处理成本的措施有哪些?**

污水厂的成本大致包括电费、药剂费、污泥处置费、维修费和人工费等，降低成本的措施就是围绕减少这些费用的支出。

（1）电费。比如合理控制曝气池溶解氧含量减少风机的运行台数，选用空气悬浮或磁悬浮风机等节能风机等。

（2）药剂费。要注意考察进水和各工艺环节水质和水量的变化，根据水质的不同，对药剂浓度和投加药剂的比例进行适当调整，以达到多污水处理的最佳效果。

（3）污泥处置费。一是减少污泥处理过程的费用，比如减少药剂使用量，延长运行周期减少开停车费用等；二是减少污泥外运处置的费用，通过降低含水率减量，进行非危废的鉴定实行一般固废处理等。

（4）维修费。实施设备状态监控等预判措施，及时对污水处理设备进行维修和保养，尽可能延长大修周期。

☞ **10.56　提高污水处理机电设备综合能效的措施有哪些?**

污水处理机电设备主要包括水力输送、混合搅拌和鼓风曝气三大类，提高这些设备能效的措施主要有三个方面：

第一，采用高效机电设备，新建设施直接采购高效设备，已有低效设施逐步更新成高效设备。采用高效电机通常可实现5%~10%的效率提高。

第二，优化运行设备合理匹配，满足工艺要求的前提下要使总设备负荷最低，同时，单台设备尽可能满负荷运行，避免"大马拉小车"。比如污泥回流按照最小回流比运行，同时每台运行的回流泵接近于满负荷状态。

第三，建立自动化调整系统，根据实际工况的需求及其变化，动态调整设备的运行状态。采用变频控制系统的水泵，可根据水量或液位变化调整泵的转速，与传统设备相比，可以节省30%以上的能耗。

附录　书中部分英文与中文对照

AB	Adsorption Biodegradation	吸附-生物降解工艺
ABF	Activated Bio-filter	活性生物滤池
	Advanced Treatment	深度处理
AF	Anaerobic Filter	厌氧生物滤池
ALK	Alkali	碱度
A/O	Anoxic/Oxic	缺氧/好氧工艺
A/O	Anaerobic/Oxic	厌氧/好氧工艺
A^2/O	Anaerobic/Anoxic/Oxic	厌氧/缺氧/好氧工艺
AOPs	Advanced Oxidation Process	高级氧化工艺
	Bardenpho	巴颠甫工艺(一种生物脱氮除磷技术)
BAC	Biological Activated Carbon	生物活性炭
BAF	Biological Aerated Filter	曝气生物滤池
BDP	Bio-Doubling Process	生物倍增工艺
BOD	Bio-chemical Oxygen Demand	生物化学需氧量
	Carrousel	卡鲁塞尔氧化沟
CASP	Cyclic Activated Sludge Process	循环活性污泥法
CASS	Cyclic Activated Sludge System	循环活性污泥法
CAST	Cyclic Activated Sludge Technology	循环活性污泥工艺
CFS	Continuous Flow System	连续流活性污泥法
COD	Chemical Oxygen Demand	化学需氧量
	Cross-flow	错流过滤
DAT-IAT	Demand Aeration Tank-Intermittent Aeration Tank	连续曝气-间歇曝气法
	Dead-end	死端过滤
DNF	Denitrification Filter	反硝化滤池
DS	Dissolved Solid	溶解性固体
ED	Electro Dialysis	电渗析
EDR	Electrodialysis Reversal	倒级电渗析
EDI	Electrodeionization	电渗析脱盐工艺
EGSB	Expanded Granular Sludge Bed	膨胀颗粒污泥床
FI	F Index	污染指数
FS	Fixed Solid	固定性固体、灰分

HRT	Hydraulic Retention Time	水力停留时间
IC	Internal Circulation	内循环厌氧反应器
ICEAS	Intermittent Cyclic Extended Aeration Activated Sludge Process	间歇式循环延时曝气活性污泥法
IPF	Inorganic Polymer Flocculent	无机高分子絮凝剂
JTU	Jackson Turbidity Units	杰克逊浊度单位
MABR	Membrane Aerated Biofilm Reactor	膜曝气生物反应器
MBR	Membrane Bioreactor	膜生物反应器
MED	Multiple Effect Distillation	多效蒸发
MF	Micro-porous Filtration	微滤
MLSS	Mixed Liquor Suspended Solid	混合液悬浮固体浓度
MLVSS	Mixed Liquor Volatile Suspended Solid	混合液挥发性悬浮固体浓度
MSBR	Modified Sequencing Bath Reactor	改良式序列间歇反应器
MVR	Mechanical Vapor Recompresure	机械式蒸汽再压缩
NF	Nanometer-Filtration	纳滤
NTU	Nephelometric Turbidity Units	散射浊度单位
OC	Oxygen Consumed	耗氧量、高锰酸钾指数
OPF	Organic Polymer Flocculent	有机高分子絮凝剂
	Orbal	奥贝尔氧化沟
ORP	Oxygen Reduction Potential	氧化还原电位
	Phostrip	弗斯特利普工艺(一种生物除磷工艺)
	Phoredox	五段巴颠甫工艺
PAC	Poly Aluminum Chloride	聚合氯化铝、碱式氯化铝
PAM	Poly Acrylamide	聚丙烯酰胺
PFS	Poly Ferric Sulfate	聚合硫酸铁
RW	Reclaimed Water, Recycled Water, Reuse Water	中水、再生水、回用水
RO	Reverse Osmosis	反渗透
RS	Return Sludge	回流污泥
RSSS	Return Sludge Suspended Solid	回流污泥固体浓度
RSV	Return Sludge Volume	回流污泥沉降比
RTO	Regenerative Thermal Oxidizer	蓄热式热力焚化炉
SBR	Sequencing Batch Reactor	序批式活性污泥法
SDI	Sludge Density Index	污泥密度指数
SRT	Solids Retention Time	固体停留时间
SS	Suspend Solid	悬浮物
SV	Settling Velocity	污泥沉降比

SVI	Sludge Volume Index	污泥容积指数
TDS	Total Dissolved Solids	总溶解固体
TOC	Total Organic Carbon	总有机碳
TOD	Total Oxygen Demand	总需氧量
TN	Total Nitrogen	总氮
TP	Total Phosphorus	总磷
TPM	Total Productive Maintenance	全面生产维护
UASB	Upflow Anaerobic Sludge Blanket	升流式厌氧污泥反应器
UBF	Upflow Blanket Filter	厌氧复合床反应器
UCT	University of Cape Town	UCT 工艺(SBR 形式之一)
UF	Ultra-Filtration	超滤
	Up Graded Secondary Treatment	二级强化处理
UNITANK		UNITANK 工艺(SBR 形式之一)
UV	Ultraviolet	紫外线
UV-A	Ultraviolet A	紫外线 A(波长 315~400nm)
UV-B	Ultraviolet B	紫外线 B(波长 280~315nm)
UV-C	Ultraviolet C	紫外线 C(波长 200~280nm)
VFA	Volatile Fatty Acid	挥发性脂肪酸
VIP		VIP 工艺(SBR 形式之一)
VS	Volatile Solid	挥发性固体
VSS	Volatile Suspend Solid	挥发性悬浮固体
WAO	Wet Air Oxidation	湿式氧化
ZLDC	Zero Liquid Discharge	零排放